国家级智能科学基础系列课程教学团队示范教材

高级专家系统：
原理、设计及应用

（第二版）

蔡自兴　〔美〕约翰·德尔金　龚　涛　著

U0252455

科学出版社
北　京

内 容 简 介

本书第二版介绍专家系统的理论基础、设计技术及其应用，共 11 章。书中概述专家系统定义、发展历史、类型、结构和特点以及专家系统构建的步骤；讨论开发专家系统时可能采用的人工智能的知识表示方法和搜索推理技术；探讨专家的解释机制；研究基于规则专家系统、基于框架专家系统、基于模型专家系统、基于 Web 专家系统和实时专家系统的结构、推理技术、设计方法及应用示例；介绍人工智能和专家系统的编程语言和开发工具；展望专家系统的发展趋势和研究课题，并简介新型专家系统的特征与示例。本书内容比第一版有较大的更新，特别是补充了许多专家系统的设计方法、编程技术和应用实例。

本书作为专著和教材，可供高等学校计算机、智能科学与技术、自动化、自动控制、机电工程、电子信息和电子工程及其他专业本科高年级学生和研究生作为"专家系统"课程的教材或参考书，也可供从事专家系统、人工智能和智能系统研究、开发和应用的科技工作者使用。

图书在版编目(CIP)数据

高级专家系统：原理、设计及应用/蔡自兴，（美）德尔金，龚涛著.
—2 版. —北京：科学出版社，2014.6
国家级智能科学基础系列课程教学团队示范教材
ISBN 978-7-03-040959-1

Ⅰ. ①高⋯　Ⅱ. ①蔡⋯ ②德⋯ ③龚⋯　Ⅲ. ①专家系统–研究生–教材
Ⅳ.①TP182

中国版本图书馆 CIP 数据核字(2014)第 121932 号

责任编辑：余　江　于海云　陈　琪／责任校对：刘亚琦
责任印制：赵　博／封面设计：迷底书装

科学出版社出版
北京东黄城根北街 16 号
邮政编码：100717
http://www.sciencep.com
北京富资园科技发展有限公司印刷
科学出版社发行　各地新华书店经销
*
2005 年 5 月第 一 版　　开本：787×1092　1/16
2014 年 6 月第 二 版　　印张：25 1/4
2024 年 8 月第八次印刷　　字数：592 000
定价：**128.00 元**
（如有印装质量问题，我社负责调换）

Advanced Expert Systems:
Principles, Design and Applications
Second Edition

by Zixing Cai, John Durkin, Tao Gong

Science Press
Beijing

第二版前言

专家系统是人工智能最重要和最广泛的应用研究领域之一，在过去 40 多年中获得很大发展，对国民经济各个部门和科学技术各个领域以及人民文化生活与物质生活的方方面面做出不可磨灭的贡献。

本书第一版于 2005 年出版后，受到广大高校师生和其他读者的热烈欢迎。据书市调查显示：本书第一版与中译本《专家系统原理与编程》曾成为国内最受欢迎的两部专家系统著作。本书第一版曾长期脱销，读者反映"一书难求"。这次第二版的问世，将为书籍市场提供一本面貌一新的专家系统著作，尽可能满足读者多年来的渴求。

本书第二版介绍专家系统的理论基础、设计技术及其应用，共 11 章。书中概述专家系统定义、发展历史、类型、结构和特点以及专家系统构建的步骤；讨论开发专家系统时可能采用的人工智能的知识表示方法和搜索推理技术；探讨专家的解释机制；研究基于规则专家系统、基于框架专家系统、基于模型专家系统、基于 Web 专家系统和实时专家系统的结构、推理技术、设计方法及应用示例；介绍工智能专家系统的编程语言和开发工具；展望专家系统的发展趋势和研究课题，并简介新型专家系统的特征与示例。本书内容比第一版有较大的更新，特别是补充了许多专家系统的设计方法、编程技术和应用实例，使本书整体水平得到进一步提升。新版增加内容的篇幅较大，主要包括专家系统的发展史、分类和人在专家系统中的作用；基于规则的反向推理专家系统、基于规则的正向推理专家系统、基于框架专家系统的设计；各种实时专家系统的案例；MATLAB 等专家系统的新型编程工具等。

本书既是教材又是专著，可作为高等学校计算机、智能科学与技术、自动化、控制工程、机电工程、电子信息和电子工程及其他专业本科高年级学生和研究生的"专家系统"课程教材或参考书，也可供从事专家系统、人工智能和智能系统研究、开发和应用的科技工作者参考。

本书第一版和第二版都是由蔡自兴、（美）约翰·德尔金（John Durkin）和龚涛三人合作编著的。约翰·德尔金博士是国际著名的专家系统专家、美国阿克伦大学（University of Akron）电气与计算机系教授。他在麦克米兰（Macmillan）出版公司发表的专著 *Expert Systems：Design and Development* 至今仍不失为专家系统的国际经典之作。该书更多的精粹内容已被收入本书，以飨读者。我们在本书修订过程中的合作，使我们的友谊获得持续发展，并希望为中美两国学者和人民的友谊和合作做出微薄贡献。借本书第二版问世之际，我衷心祝愿约翰·德尔金先生健康快乐、生活美满、学术之树常青。

龚涛为本书第一版的编著发挥过重要作用。当年他还是我指导的一位博士研究生，尚未毕业，处于学习阶段。现在，他已取得长足进步，是东华大学信息科学与技术学院的一位比较有为的青年学者，在免疫计算等领域崭露头角。我希望他攻坚克难，继续攀登，争取新的突破，获得更大的进步，做出更大贡献。

本书第二版编写过程中，我们从国内外许多专家系统著作中吸取了丰富的营养；在参考文献中列出这些著作及其作者，谨向他们致以诚挚感谢。中南大学及其信息科学与工程学院、美国阿克伦大学及其电气与计算机工程系、东华大学及其信息科学与技术学院的有关领导和老师，对本书修订工作提供了有力支持和无私帮助；在此谨向他们表示由衷感谢。蔡竞峰和蔡清波两位博士为本书提供了大量的最新参考资料，并提出不少宝贵建议；《冶金自动化》杂志沈黎颖主编也提供了许多资料。郭璠、彭梦、文莎、吴冰璐等绘制了部分插图。科学出版社的有关领导和编辑也为本书的编辑出版付出了智慧和辛劳。在此，一并向他们致以亲切问候和谢意。

专家系统仍处于持续发展时期，尚有许多问题有待解决，我们也需要进一步深入研究与学习。因此，本书修订本难免还存在一些问题与不足，敬请诸位批评指正。

蔡自兴

2014 年 5 月 26 日

于长沙中南大学民主楼

第一版前言

专家系统实质上为一计算机程序系统,它能够以人类专家的水平完成特别困难的某一专业领域的任务。作为人工智能最重要和最广泛的一个应用研究领域,专家系统在过去 30 多年中取得很大进展,其基础理论研究不断深入,有所创新;技术水平不断提高,应用领域不断扩大,研发队伍更加壮大。现在,专家系统正在应用开发中得到进一步发展

专家系统的成功开发与应用,对实现脑力劳动自动化具有特别重要的意义。正如国际知名人工智能专家、首届国家最高科学技术奖得主、中国科学院院士吴文俊教授所说:"现在由于计算机的出现,人类正在进入一个崭新的工业革命时代,它以机器代替或减轻人的脑力劳动为其重要标志。"专家系统已为人类物质文明建设和精神文明建设做出重要贡献,并将在未来岁月中,与时俱进,不断发展和走向成熟,在发展中为人类社会做出新的更大的贡献。专家系统必将成为 21 世纪人类进行智能管理与决策的更加得力工具,成为人类可信赖的重要智能助手。

计算机不可能在每个方面都突然变得具有和人一样的智能。现在的专家系统只不过是傻瓜专家。它只在非常狭窄的有限领域里显得聪明。毫无疑问,更多的智能机器将会逐步出现,专家系统技术将继续发展。智能机器和智能系统的发展势不可挡,是不以人的意志为转移的。

本书介绍专家系统的理论基础、设计技术及其应用,是一部比较系统和全面的专家系统专著与教材,反映出国内外专家系统研究的最新进展。本书共 11 章。第 1 章概述专家系统定义、发展历史、类型、结构和特点以及专家系统构建的步骤。第 2 章讨论开发专家系统时可能采用的人工智能的知识表示方法和搜索推理技术,包括传统人工智能方法和计算智能的一些方法。第 3 章至第 5 章逐一探讨了专家的解释机制、开发工具和评估方法。第 6 章至第 9 章分别研究了基于规则专家系统、基于框架专家系统、基于模型专家系统和基于 Web 专家系统的结构、推理技术、设计方法及应用示例。第 10 章介绍人工智能和专家系统的编程语言,涉及 LISP、Prolog 和关系数据操作语言等。第 11 章展望专家系统的发展趋势和研究课题,并简介新型专家系统的特征与示例。由此也可以看出,专家系统已经形成学科体系,包括基础理论、技术方法和实际应用诸方面。

本书由蔡自兴、约翰·德尔金(John Durkin)和龚涛三人合作完成。德尔金博士是国际著名的专家系统专家、美国阿克伦(Akron)大学电气与计算机系教授。我们的合作是中美两国学者友谊和合作的又一范例,是中美两国人民友好情谊的又一见证。

本书既是一本专著,也可作为高等学校计算机、电子信息、自动化、自动控制和机电工程以及其他专业研究生和高年级学生的"专家系统"课程教材,可供从事专家系统教学、研究、开发和应用的科技工作者及广大高校师生参考。

在本书编写过程中参阅了国内外许多关于专家系统的著作,从这些著作中吸取了新的营养。这些著作的作者 J. S. Albus, K. L. Clark, Hayes-Roth, F. Holtz, B. K. P. Horn, C. A. Kulikowski, C. T. Leondes, G. F. Luger, F. G. McCabe, A. M. Meystel, C. V. Negoita, D. A. Schlobohm, S. M. Weiss, S. M. Weiss, P. H. Winston, Yoshinobu Kitamura, 敖志刚, 白

润，陈洁，陈世福，陈卫芹，段韶芬，蒋慰孙，林尧瑞，刘金琨，刘文礼，石群英，吴信东，武波，徐光祐，尹朝庆，张博锋，张建勋等专家教授。谨向上列各位专家和朋友表示衷心感谢。

中南大学及其信息科学与工程学院、美国 Akron 大学及其电气与计算机工程系的有关领导和师生对本书写作提供了宽松环境和多方协助。蔡自兴主持的国家级研究课题组成员和蔡自兴所指导的研究生们为本书做出特别贡献。蔡清波和蔡竞峰博士为本书提供了大量的最新资料，并提出不少宝贵建议。科学出版社的有关领导和责任编辑匡敏也为本书的编辑出版付出了辛勤劳动。在此，也向他们深表谢意。

专家系统仍然是一门比较年轻的学科，仍处于蓬勃发展时期，对许多问题作者并未深入研究，一些有价值的新内容也来不及收入本书。加上编著时间很紧，作者知识和水平有限，书中难免存在不足之处，敬请诸位批评指正。

蔡自兴　德尔金(Durkin)　龚　涛
2005 年 5 月

目　　录

Contents

第1章 专家系统概述

专家系统的开发与成功应用至今已经有 50 年了。正如专家系统的先驱费根鲍姆(Feigenbaum)所说:专家系统的力量是从它处理的知识中产生的,而不是从某种形式主义及其使用的参考模式中产生的。这正符合一句名言:知识就是力量。到 20 世纪 80 年代,专家系统在全世界范围内得到迅速发展和广泛应用。进入 21 世纪以来,专家系统仍然不失为一种富有价值的智能工具和助手。

专家系统实质上为一计算机程序系统,能够以人类专家的水平完成特别困难的某一专业领域的任务。在设计专家系统时,知识工程师的任务就是使计算机尽可能模拟人类专家解决某些实际问题的决策和工作过程,即模仿人类专家如何运用他们的知识和经验来解决所面临问题的方法、技巧和步骤。

1.1 专家系统的定义

长期以来,专家系统(expert system)是人工智能应用研究最活跃和最广泛的领域之一。自从 1965 年第一个专家系统 DENDRAL 在美国斯坦福大学问世以来,经过 20 年的研究开发,到 20 世纪 80 年代中期,各种专家系统已遍布各个专业领域,取得很大的成功。现在,专家系统得到更为广泛的应用,并在应用开发中得到进一步发展。

构造专家系统的一个源头即与问题相关的专家。什么是专家?专家就是对某些问题有出众理解的个人。专家通过经验发展有效和迅速解决问题的技能。我们的工作就是在专家系统中"克隆"这些专家。

在定义专家系统之前,有必要介绍人工智能(artificial intelligence)、智能机器(intelligent machine)和智能系统(intelligent system)等的定义。

定义 1.1 智能机器是一种能够呈现出人类智能行为的机器,而这种智能行为涉及人类大脑思考问题、创造思想或执行各种拟人任务(anthropomorphic tasks)的那种智力功能。

定义 1.2 人工智能(学科)是计算机科学中涉及研究、设计和应用智能机器的一个分支;其近期主要目标在于研究用机器来模仿和执行人脑的某些智力功能,并开发相关智能理论和技术。

定义 1.3 人工智能(能力)是智能机器所执行的通常与人类智能有关的智能行为,涉及学习、感知、思考、理解、识别、判断、推理、证明、通信、设计、规划、决策和问题求解等活动。

1950 年图灵(Turing)设计和进行的著名实验(后来被称为图灵实验,Turing test),提出并部分回答了"机器能否思维"的问题,也是对人工智能的一个很好注释。

定义 1.4 智能系统是一门通过计算实现智能行为的系统。简而言之,智能系统是具有智能的人工系统(artificial systems with intelligence)。

任何计算都需要某个实体(如概念或数量)和操作过程(运算步骤)。计算、操作和学习是智能系统的要素。而要进行操作,就需要适当的表示。

智能系统还可以有其他定义。

定义 1.5 从工程观点出发，把智能系统定义为一门关于生成表示、推理过程和学习策略以自动（自主）解决人类此前解决过的问题的学科。于是，智能系统是认知科学的工程对应物，而认知科学是一门哲学、语言学和心理学相结合的科学。

定义 1.6 能够驱动智能机器感知环境以实现其目标的系统叫智能系统。

专家系统也是一种智能系统。

专家系统可能存在一些不同的定义。下面按我们的理解，给出专家系统的一个定义。

定义 1.7 专家系统是一种设计用来对人类专家的问题求解能力建模的计算机程序。

专家系统是一个智能计算机程序系统，其内部含有大量的某个领域专家水平的知识与经验，能够利用人类专家的知识和解决问题的方法来处理该领域问题。也就是说，专家系统是一个具有大量的专门知识与经验的程序系统，它应用人工智能技术和计算机技术，根据某领域一个或多个专家提供的知识和经验，进行推理和判断，模拟人类专家的决策过程，以便解决那些需要人类专家处理的复杂问题，简而言之，专家系统是一种模拟人类专家解决领域问题的计算机程序系统。

此外，还有其他一些关于专家系统的定义。这里首先给出专家系统技术先行者和开拓者、美国斯坦福大学教授费根鲍姆 1982 年对人工智能的定义。为便于读者准确理解该定义的原意，下面用英文原文给出：

定义 1.8 Expert system is "an intelligent computer program that uses knowledge and inference procedures to solve problems that are difficult enough to require significant human expertise for their solutions." That is, an expert system is a computer system that emulates the decision-making ability of a human expert. The term emulate means that the expert system is intended to act in all respects like a human expert.

下面是韦斯（Weiss）和库利柯夫斯基（Kulikowski）对专家系统的界定。

定义 1.9 专家系统使用人类专家推理的计算机模型来处理现实世界中需要专家做出解释的复杂问题，并得出与专家相同的结论。

人们为什么要开发与应用专家系统呢？要回答这个问题有必要对专家系统和人类专家进行比较。专家为任何组织提供了有价值的资源，包括提供创造性思想、解决难题或者高效完成日常事务的方法。他们的贡献可以增强组织的生产力，反过来也提高了其自身的市场竞争力。然而，专家系统如何实现这种价值呢？可从表 1.1 中专家系统与人类专家的比较回答这个问题。

表 1.1 人类专家与专家系统的比较

因素	人类专家	专家系统
可用时间	工作日	全天候
地理位置	局部	任何可行地方
安全性	不可取代	可取代
耐用性	较次	较优
性能	可变	恒定
速度	可变	恒定（较快）
代价	高	偿付得起

表1.1的比较显示，建造专家系统主要有两个理由：代替人类专家和辅助人类专家。专家系统文献的调查也显示大多数组织赞成这两点理由是开发专家系统的动机。

有人声称，开发专家系统代替人类会产生不祥的影响，可能带来人类祖先想象的令人愤恨的景象，就跟他们看到工业革命的进程一样：以机器代替人。尽管这个潜在可能性存在，但使用专家系统代替人类工作的实践已经取得了并不那么倒霉的作用。开发专家系统来代替人类专家的工作主要理由是：让专家技术不受时间和空间的限制；促使需要专家的常规任务自动化；专家正在退休或者离开；专家太贵；在恶劣环境中也需要专家技术。有代表性的此类专家系统包括：法国的 Elf-Aquitaine 石油开采公司委托以加利福尼亚为基地的 Teknowl-edge 公司开发的钻井顾问（Drilling Advisor，1983）专家系统，坎贝尔汤食公司（Campbell Soup Company）开发的厨师顾问（Cooker Advisor，1986）专家系统等。

辅助人类专家是专家系统最常见的应用。在这类应用中，该系统辅助人类专家进行常规或者平凡任务。例如，医生可能有大多数疾病的知识，但由于疾病太多医生仍需要专家系统支持以加快疾病的筛选过程。银行贷款员也能借此加快每天大量贷款申请的处理。在这两种应用情况下，在专家系统的辅助下人类专家都能充分完成任务。这种应用的目标就是改进当前实际总产量。开发专家系统来辅助人类专家的具体理由包括：辅助专家做常规工作以提高产量；辅助专家完成一些困难任务；让难以回想的专家信息重新可行。此类专家系统的实例主要有：数字设备公司（Digital Equipment Company，DEC）委托卡内基·梅隆大学（Carnegie Mellon University，CMU）开发的计算机辅助配置专家系统 XCON（最初叫 R1，1980），辅助银行及其他借款机构进行决策的借款顾问（Lending Advisor，1986）专家系统等。

专家系统作为机器可以持续工作，可以比人类专家工作日时间长得多。作为计算机程序，专家系统复制简便，可分应用到人类专家缺乏的不同地方。你可以把专家系统送到恶劣环境中，然后去睡大觉，因为在该恶劣环境中专家系统的技能不会受到伤害。

人类专家的技术会消失。随着死亡、退休或者工作调动，一个组织会失去专家的才干。一旦把人类专家的技术收入专家系统中，人类专家的技术就能为组织长期拥有，获得持续支持。组织也能按照训练模式使用专家系统，用来向新手传授人类专家技术。

专家系统能够比人类专家产生更持续的结果。人类决策受到许多冲突性因素的影响。例如，个人问题可能困住专家，阻碍多产。在紧急情况下，专家可能会由于时间压力或紧张而忘记一些重要的知识。在没有情感的 1 和 0 的世界，专家系统不会受这些分心事件的干扰。

人类专家解决问题的速度也受到许多因素的影响。相反地，专家系统保持稳定的速度，在许多情况下能比专家更快地完成任务。例如，开发用在信用清理机构（Credit Clearing House，CHH）的专家系统，能够在服饰产业中辅助客户信用等级评价和限定美元的信用极限建议分配。这个系统对于过去需要三天才能完成的任务现在只需 10s 就够了。

人类专家总是昂贵的。他们要求高薪水或高服务费，并且由于缺乏人类专家不难达到他们的要求。相反地，专家系统相对而言就不昂贵。开发代价可能高，但在大多数情况下这种代价可以在专家系统投产后得到有效补偿。例如，授权助手（Authorizer's Assistant，AA）专家系统开发用来辅助美国快递（American Express）公司的信用卡申请处理。它帮助信用授权器在 12 个数据库中排序，以决定是否批准个人费用。这个系统缩短了处理信用卡客户购买授权请求所需的时间，将错误的信用决定的损失降为最小，并且改进了人为授权的整个商业性能。美国快递公司使用专家系统后产量增加 20%，因而可使这笔开发代价在两年内获得回报。

1.2 专家系统的发展历史

我们曾经按时期来说明国际人工智能的发展过程,尽管这种时期划分方法有时难以严谨,因为许多事件可能跨接不同时期,另外一些事件虽然时间相隔甚远但又可能密切相关。现在,我们又按时期来说明国际专家系统的发展过程,因为专家系统是人工智能的一个重要研究与应用领域,而且专家系统的发展和命运是与人工智能的发展和命运休戚与共的。

1. 孕育时期(1956 年以前)

人类对智能机器和人工智能的梦想和追求可以追溯到三千多年前。早在我国西周时代(公元前 1066 年~公元前 771 年),就流传有关巧匠偃师献给周穆王一个歌舞艺伎的故事。作为第一批自动化动物之一的能够飞翔的木鸟是在公元前 400 年~公元前 350 年制成的。在公元前 2 世纪出现的书籍中,描写过一个具有类似机器人角色的机械化剧院,这些人造角色能够在宫廷仪式上进行舞蹈和列队表演。这就是一个古典的"智能系统",一个表现当时人类专家构建的舞台角色的"专家系统"。

我们不打算列举三千多年来人类在追梦智能机器和人工智能道路上的万千遐想、无数实践和众多成果,而是跨越三千年转到 20 世纪。对于人工智能的发展来说,20 世纪 30 年代和 40 年代的智能界,出现了两件最重要的事:数理逻辑和关于计算的新思想。弗雷治(Frege)、怀特赫德(Whitehead)、罗素(Russell)和塔斯基(Tarski)以及另外一些人的研究表明,推理的某些方面可以用比较简单的结构加以形式化。1948 年维纳(Wiener)创立的控制论(cybernetics),对人工智能的早期思潮产生了重要影响,后来成为人工智能行为主义学派。数理逻辑仍然是人工智能研究的一个活跃领域,其部分原因是一些逻辑-演绎系统已经在计算机上实现过。不过,即使在计算机出现之前,逻辑推理的数学公式就为人们建立了计算与智能关系的概念。

丘奇(Church)、图灵和其他一些人关于计算本质的思想,提供了形式推理概念与即将发明的计算机之间的联系。在这方面的重要工作是关于计算和符号处理的理论概念。1936年,年仅 26 岁的图灵创立了自动机理论(后来人们又称为图灵机),提出一个理论计算机模型,为电子计算机设计奠定了基础,促进了人工智能,特别是思维机器的研究。第一批数字计算机(实际上为数字计算器)看来不包含任何真实智能。早在这些机器设计之前,丘奇和图灵就已发现,数字并不是计算的主要方面,它们仅是一种解释机器内部状态的方法。被称为人工智能之父的图灵,不仅创造了一个简单、通用的非数字计算模型,而且直接证明了计算机可能以某种被理解为智能的方法工作。

麦卡洛克(McCulloch)和皮茨(Pitts)于 1943 年提出的"拟脑机器"(mindlike machine)是世界上第一个神经网络模型(称为 MP 模型),开创了从结构上研究人类大脑的途径。神经网络连接机制,后来发展为人工智能连接主义学派的代表。

值得一提的是控制论思想对人工智能早期研究的影响。20 世纪中叶,在人工智能的奠基者们人工智能研究中出现了几股强有力的思潮。维纳、麦卡洛克和其他一些人提出的控制论和自组织系统的概念集中讨论了"局部简单"系统的宏观特性。尤其重要的是,1948 年维纳发表的控制论(或动物与机器中的控制与通讯)论文,不但开创了近代控制论,而且为人工智能的控制论学派(即行为主义学派)树立了新的里程碑。控制论影响了许多领域,因为控制论的概念跨接了许多领域,把神经系统的工作原理与信息理论、控制理论、逻辑以及计算联系起来。控制论的这些思想是时代思潮的一部分,而且在许多情况下影响了许多早期和近期人工智能工作者,成为他们的指导思想。

从上述情况可以看出,人工智能开拓者们在数理逻辑、计算本质、控制论、信息论、自动机理论、神经网络模型和电子计算机等方面做出的创造性贡献,奠定了人工智能发展的理论基础,孕育了人工智能的胎儿,也为专家系统的建立与发展提供了重要的理论基础和必不可少的重要条件。

2. 形成时期(1956~1970年)

到了20世纪50年代,人工智能已躁动于人类科技社会的母胎,即将分娩。1956年夏季,由年轻的美国数学家和计算机专家麦卡锡(McCarthy)、数学家和神经学家明斯基(Minsky)、IBM公司信息中心主任朗彻斯特(Lochester)以及贝尔实验室信息部数学家和信息学家香农(Shannon)共同发起,邀请IBM公司莫尔(More)和塞缪尔(Samuel)、MIT的塞尔夫里奇(Selfridge)和索罗蒙夫(Solomonff)以及兰德公司和CMU的纽厄尔(Newell)和西蒙(Simon)共10人,在美国麻省的达特茅斯(Dartmouth)大学举办了一次长达2个月的研讨会,认真热烈地讨论用机器模拟人类智能的问题。会上,由麦卡锡提议正式使用了"人工智能"这一术语。这是人类历史上第一次人工智能研讨会,标志着人工智能学科的诞生,具有十分重要的历史意义。这些从事数学、心理学、信息论、计算机科学和神经学研究的杰出年轻学者,后来绝大多数都成为著名的人工智能专家,为人工智能和专家系统的发展做出了历史性的重要贡献。

最终把这些不同思想连接起来的是由巴贝奇(Babbage)、图灵、冯·诺依曼(Von Neumman)和其他一些人所研制的计算机本身。在机器的应用成为可行之后不久,人们就开始试图编写程序以解决智力测验难题、数学定理和其他命题的自动证明、下棋以及把文本从一种语言翻译成另一种语言。这是第一批人工智能程序。对于计算机,促使人工智能发展的是什么?是出现在早期设计中的许多与人工智能有关的计算概念,包括存储器和处理器的概念、系统和控制的概念以及语言的程序级别的概念。不过,引起新学科出现的新机器的唯一特征是这些机器的复杂性,它促进了对描述复杂过程方法的新的更直接的研究(采用复杂的数据结构和具有数以百计的不同步骤的过程来描述这些方法)。

人工智能的大多数早期工作本质上都是学术性的,其程序都是用来开发游戏。比较好的例子有香农(Shannon)的国际象棋程序和赛缪尔(Samuel)的格子棋程序。尽管这些努力产生了一些有趣的游戏,但其真实目的在于为计算机编码加入人的推理能力,以期达到更好的理解。

这个早期阶段研究的另一个重要领域是计算逻辑。1957年诞生了第一个自动定理证明程序,称为逻辑理论家(Logic Theorist)。

1965年,被誉为"专家系统和知识工程之父"的费根鲍姆所领导的研究小组,开始研究专家系统,并于1968年研究成功世界上第一个专家系统DENDRAL,用于质谱仪分析有机化合物的分子结构。后来又开发出其他一些专家系统,为人工智能的应用研究做出开创性贡献。

1969年召开了第一届国际人工智能联合会议(International Joint Conference on AI, IJ-

CAI)，标志着人工智能作为一门独立学科登上国际学术舞台。1970年《国际人工智能杂志》（*International Journal of AI*）创刊。这些事件对开展人工智能国际学术活动和交流、促进人工智能的研究和发展起到积极作用。

上述事件表明，人工智能经历了从诞生到形成的热烈时期，已形成为一门独立学科，为人工智能和专家系统建立了良好的学术和科技环境，打下了进一步发展的重要基础。

3. 暗淡时期(1966～1974年)

在形成期和后面的知识应用期之间，交叠地存在一个人工智能的暗淡（低潮）期。在取得"热烈"发展的同时，人工智能也遇到一些困难和问题。

一方面，由于一些人工智能研究者被"胜利冲昏了头脑"，盲目乐观，对人工智能的未来发展和成果做出了过高的预言，而这些预言的失败，给人工智能的声誉造成重大伤害。同时，许多人工智能理论和方法未能得到通用化和推广应用，专家系统也尚未获得广泛开发。因此，看不出人工智能的重要价值。追究其因，当时的人工智能主要存在下列三个局限性：

(1) 知识局限性。早期开发的人工智能程序包含太少的主题知识，甚至没有知识，而且只采用简单的句法处理。例如，对于自然语言理解或机器翻译，如果缺乏足够的专业知识和常识，就无法正确处理语言，甚至会产生令人啼笑皆非的翻译。

(2) 解法局限性。人工智能试图解决的许多问题因其求解方法和步骤的局限性，往往使得设计的程序在实际上无法求得问题的解答，或者只能得到简单问题的解答，而这种简单问题并不需要人工智能的参与。

(3) 结构局限性。用于产生智能行为的人工智能系统或程序存在一些基本结构上的严重局限，如没有考虑不良结构，无法处理组合爆炸问题，因而只能用于解决比较简单的问题，影响到推广应用。

另一方面，科学技术的发展对人工智能提出新的要求甚至挑战。例如，当时认知生理学研究发现，人类大脑含有10^{11}个以上神经元，而人工智能系统或智能机器在现有技术条件下无法从结构上模拟大脑的功能。此外，哲学、心理学、认知生理学和计算机科学各学术界，对人工智能的本质、理论和应用各方面，一直抱有怀疑和批评，也使人工智能四面楚歌。

到了1970年，围绕人工智能的兴高采烈情绪被一种冷静的意识所替代；构建智能程序来解决实际问题是一个困难的挑战。

1971年英国剑桥大学数学家詹姆士(James)按照英国政府的旨意，发表一份关于人工智能的综合报告，声称"人工智能不是骗局，也是庸人自扰"。在这个报告影响下，英国政府削减了人工智能研究经费，解散了人工智能研究机构。在人工智能的发源地美国，连在人工智能研究方面颇有影响的IBM，也被迫取消了该公司的所有人工智能研究。人工智能包括专家系统研究在世界范围内陷入困境，处于低潮，由此可见一斑。

4. 蓬勃发展时期(20世纪70年代～80年代)

后来，引导研究者们进入正确方向的"灯塔"是一个称为DENDRAL的专家系统程序，其开发过程从1965年开始，按照美国国家航空航天局(NASA)的要求在斯坦福大学进行。那时，NASA正打算发送一个无人太空飞船到火星上去，并需要开发一个能够执行火星土壤化学分析的计算机程序；给定土壤的大量光谱数据，这个程序就能决定其分子结构。该研究一直持续 10 多年，1978 年费根鲍姆等在《人工智能》(*Artificial Intelligence*) 杂志上发表了关于 DENDRAL 和 Meta-DENDRAL 及其应用情况的论文。

在化学实验室里，解决这个问题的传统方法就是通过一种产生-测试技术。先产生能够解释大量光谱数据的可能结构，然后测试每个结构看看它是否与参考数据匹配。斯坦福大学研究小组面临的基本困难就是第一次可能产生数百万个可能结构。他们需要找到一种把这个数目减小到可管理程度的方法。

斯坦福大学研究小组在实践中发现，有知识的化学家首先使用拇指规则(启发信息)来排除不可能解释这些数据的结构。他们决定在其程序中捕获这些启发信息，用以约束所生成的结构数目。其结果就产生了能够像化学专家那样辨识未知成分的分子结构的计算机程序。更重要的是，该程序是第一个因问题本身的知识而不是复杂的搜索技术而成功的程序。

DENDRAL 的初创工作引导人工智能研究者意识到智能行为不仅依赖于推理方法，更依赖于其推理所用的知识。对知识的强调让斯坦福大学的费根鲍姆声称：“知识中有力量(in the knowledge lies the power)”，而构造这样系统的过程就被称为知识工程。本研究结果也产生了“基于知识的系统”或专家系统的概念，从此专家系统的时代开始了。

专家系统通过新方向获得新生之后，研究者们很快开始寻求计算机程序中知识表示和搜索的更好方法。因为 DENDRAL 系统通过规则形式编码的知识获得成功，所以这似乎是一条可行的途径。可以使用一种简单的体系结构来构建程序；这个体系结构包含存储于知识库模块规则中的问题知识、通过第二个称为推理机的模块处理规则的处理器和另一个包含问题特定事实和推理机得出的结论的工作内存模块。这三个模块共同形成所谓的基于规则的专家系统。于是在 20 世纪 70 年代，拥有这个体系结构“利器”的专家系统开发者们，知道已经是开发系统和学习经验的时候了，也是构建带来实际好处系统的时候了。

能够帮助我们更好地理解基于规则专家系统的构建方法的莫过于 MYCIN 系统了。MYCIN 的目标是诊断感染性血液疾病，它利用大约 500 条能够执行专家职能的规则，其效果要比中级水平的医生更好。但是，按照专家系统开发者的观点，MYCIN 的成功更依赖于基于规则专家系统设计中所提供的见识。

第一个研制成功的商用专家系统是在 20 世纪 70 年代在卡内基·梅隆大学(CMU)完成的，称为 XCON。XCON 原称 R1，用于辅助数据设备公司(DEC)的 VAX 计算机系统的配置设计。使用 OPS 开发 XCON，OPS 是一种今日专家系统设计者仍然爱用的基于规则的程序设计语言。XCON 为 DEC 提供了一种有用的工具。到 1986 年为止，它为这个公司每年大约节省了 2000 万美元。XCON 的成功促使 DEC 公司创建了独立的小组，致力于人工智能的研究。该小组到 1988 年为止已开发了超过 40 个其他用途的专家系统。

另一个非常成功的专家系统 PROSPECTOR 也在 20 世纪 70 年代建成。它在斯坦福研究所制造，用于辅助地质学家探测矿藏。该系统因在东华盛顿的托尔曼山脉(Mount Tolman)附近钻探开采成功而获得巨大的声望；这里被证实含有大量价值约 1 亿美元的钼矿藏。

1979 年一批与早期专家系统开发有密切关系的人，以沃特曼和费若德瑞克为主席召开了讨论会，交换对专家系统和知识工程领域的看法。他们回顾过去十年的发展，通过对这种技术的能力和潜能的理解预测：“随着时间的推移，知识工程领域将影响所有知识对重要问题求解提供力量的人类活动领域。"这是另一个相当大胆的预测。到 20 世纪 70 年代末，专家系统领域是一种已经建立起来的成功技术。诸如 MYCIN、XCON 和 PROSPECTOR 等系统的成功重新点燃了人们对这个领域的兴趣和希望；还提供了其他人设计专家系统时可遵循的路径。在许多应用领域大规模建造专家系统的时机已经成熟了。

此时，已把专家系统看作一种解决实际世界问题的实用工具。20 世纪 80 年代这门技术走出小团体，许多人都参加进来。大多数大学迅速开设和提供专家系统课程。公司启动专家系统项目，还经常形成人工智能团队。例如，DuPont 公司拥有自己的人工智能专家组队，到 1988 年他们已经建造约 100 个专家系统，每年为公司节省约 1000 万美元；还有另外 500 个系统正在开发。超过 2/3 的"财富 1000"公司开始在日常商业活动中应用这门技术。政府机构对专家系统研发的可行资助的增长做出了响应。国际上对这门技术的兴趣也掀起了巨浪。1981 年日本宣布了第五代计算机项目，即建造智能机器的十年计划。与此计划相呼应的是，在美国诞生了微电子和计算机技术公司（MCC），作为致力于进一步开发专家系统的研究协会。在英国，政府尽管仍然因詹姆士报告而害怕，但还是采纳了更乐观的有关这门技术的爱尔卫（Alvey）报告，来恢复对该领域的投资。

20 世纪 80 年代初，医疗专家系统占了主流，其主要原因是它属于诊断类型而且开发比较容易。但是，到了 20 世纪 80 年代中期，低处的"果实"都"摘"完了，轮到高处更难的问题了。开发对商业部门产生好处的系统的时机到来了。遗憾的是，最初的努力往往只能满足有限的成功。后来发现，三个主要原因有助于解释这个结果。首先，工业专家系统的早期应用对这门技术提出过高的要求，导致较差的结果。受到会思考机器的幻想小说激发，许多设计者甚至试图建造超过最好专家能力限度的问题求解系统。其次，一些设计者经常开发范围广泛以至于不可能在合理的时间内完成的项目。第三，有些开发者开发了一些特别的智能系统，它们往往与对集成系统到现存硬件和软件资源的客户需求分离开来。其结果就是束之高阁的"强有力"的已完成的产品。

由于这段时间取得的成功较少，加上以前对这门技术的过高的承诺，评论家们快速突袭这个局面。杂志、会议论文、时事通信和国家媒体都切换到其缺点上。例如，在《财富》（福布斯，Forbes）杂志中有篇报告，问了一个问题："那些必定永远改变商业世界的专家系统现在怎么啦？"专家系统设计者已经开始意识到：想为这门技术找个合适的位置可能就像在灰姑娘的脚上穿玻璃鞋一样冗长乏味。

到 20 世纪 80 年代中叶，当设计者们开始专注于研究执行非常狭窄和很好定义的甚至相当平凡的任务时，转折点发生了。他们也花时间和精力察看可以在哪里嵌入这种技术。尽管遵循主旋律开发的系统可能给那些坐在象牙塔上看风景的人工智能研究者们印象不深，但却被工业经理们很好地接受了，因为它们产生了商业价值。

费根鲍姆研究小组对专家系统的发展做出杰出贡献。自 1965 年开始研究专家系统，并于 1968 年开发成功第一个专家系统 DENDRAL。1972～1976 年，他们又开发成功 MYCIN 医疗专家系统，用于抗生素药物治疗。此后，许多著名的专家系统，如斯坦福国际人工智能研究中心的杜达（Duda）开发的 PROSPECTOR 地质勘探专家系统，拉特格尔大学的 CASNET 青光眼诊断治疗专家系统，MIT 的 MACSYMA 符号积分和数学专家系统，以及 R1(XCON) 计算机结构设计专家系统、ELAS 钻井数据分析专家系统和 ACE 电话电缆维护专家系统等被相继开发，为工矿数据分析处理、医疗诊断、计算机设计、符号运算等提供强有力的工具。在 1977 年举行的第五届国际人工智能联合会议上，费根鲍姆正式提出了知识工程(knowledge engineering)的概念,并预言 20 世纪 80 年代将是专家系统蓬勃发展的时代。

整个 20 世纪 80 年代,专家系统和知识工程在全世界得到迅速发展,使人工智能度过困难时期,促进人工智能的发展。专家系统为企业等用户赢得巨大的经济效益。例如,第一个成功应用的商用专家系统 R1,1982 年开始在 DEC 公司运行,用于进行新计算机系统的结构设计。到 1986 年,R1 每年为该公司节省 400 万美元。到 1988 年,DEC 公司的人工智能团队,开发了 40 个专家系统。几乎每个美国大公司都拥有自己的人工智能小组,并应用专家系统或投资专家系统技术。20 世纪 80 年代,日本和西欧也争先恐后地投入对专家系统的智能计算机系统的开发,并应用于工业部门。在开发专家系统过程中,许多研究者获得共识,即人工智能系统是一个知识处理系统,而知识表示、知识利用和知识获取则成为人工智能系统的三个基本问题。

5. 集成发展时期(1986 年至今)

在这个新方向下开发的专家系统的数目迅速增长。20 世纪 70 年代只开发了一小批系统,而到 20 世纪 80 年代末其数目增到了几千个。观察这门技术的广泛应用也是很有趣的。已经开发应用范围从辅助地下采矿到辅助宇航员在太空站外行走的系统。1992 年进行的已开发专家系统的文献调查揭示其主要应用如表 1.2 所示。广阔的应用范围是惊人的。现在很难找出这门技术还没有触及的领域。实际上,我们常会在一些奇怪的地方发现它。例如,需要帮你建猪场吗?那么你可以获取 TEP(电子猪)系统的一个拷贝。这是一个辅助诊断猪窝大小问题的专家系统。性生活有问题吗?那么启用 SEXPERT 系统,用它来评定和治疗性功能障碍。在解聘问题雇员方面需要帮助吗?那么买个 CLARIFYING DISMISSAL 系统,用它来辅助老板决定开除哪些雇员。

表 1.2　专家系统的主要应用领域

农业	法律
商业	制造
化学	数学
通信	医学
计算机系统	气象学
教育	军事
电子	采矿
工程	电力系统
环境	科学
生态	空间技术
图像处理	交通
信息管理	地质

直到 20 世纪 80 年代中期,专家系统一直由基于规则的系统主宰。然而,80 年代后期开始向面向对象的系统转变。在专家系统世界中,基于框架的专家系统开始走到中央舞台。框架(frame)的概念是由明斯基提出的。由于具有更容易表示描述性和行为性对象信息的能力以及一套强有力的表工具,基于框架的专家系统能够处理比基于规则的专家系统更复杂的应用,其适用领域正在扩大和发展。大多数的早期基于框架的专家系统解决仿真问题。这是一个好的选择,因为一个仿真任务本质上与交互对象有关。现在,基于框架的专家系统用于处理过去使用基于规则的方法处理的诸如诊断和设计的问题。

神经网络自 1969 年被明斯基和帕伯特(Papert)的《感知器》(Perceptrons)一书埋葬之后,又在 20 世纪 80 年代重新露面。在这十年里,两个主要事件促使了人们对这门技术的兴趣的再生。1982 年,霍普菲尔德(John Hopfield)写了一篇描述 Hopfield 模型的神经系统的论文,这个模型表示作为极端操作的神经元活动和作为存储于神经元之间连接的信息存储器。该模型第一次建立了动态稳定网络中存储信息的原理。特别从工程视角来看，下一个重要事件就是用来训练多层感知器网络的反向传播（back-propagation，BP）算法的发展。BP已经成为训练神经网络的最流行的学习算法。它已经用于处理大量神经网络应用问题，使得这门技术成为解决实际数据分类问题的有效工具。

1965年扎德（Zadeh）提出一个新领域，称为模糊逻辑，它第一次提供了计算机内执行公共感知推理的能力。20世纪70年代，曼达尼（Mamdani）和阿司里安（Assilian）建立了模糊控制器的框架，并用它开发了第一个实际模糊专家系统，以控制蒸汽发动机。模糊逻辑作为有效的专家系统工具使用始于20世纪70年代。但是不幸的是，很少有人注意到它的潜在价值。在美国，这门技术的诞生地，该领域在20世纪80年代进展非常缓慢，主要是因为非常少的人在这个领域工作。幸运的是，日本看到了这门技术的潜在商业价值，并开始开发许多系统。日本的成功引起了专家系统界的注意。

到20世纪80年代后期，各个争相进行的智能计算机研究计划先后遇到严峻挑战和困难，无法实现其预期目标。这促使人工智能研究者们对已有的人工智能和专家系统思想和方法进行反思。已有的专家系统存在缺乏常识知识、应用领域狭窄、知识获取困难、推理机制单一、未能分布处理等问题。他们发现，困难反映出人工智能和知识工程的一些根本问题，如交互问题、扩展问题和体系问题等，都没有很好解决。对存在问题的探讨和对基本观点的争论，有助于人工智能摆脱困境，迎来新的发展机遇。

20世纪90年代在美国商业和政府方面的模糊逻辑项目的数目惊人增长。随后，欧洲、韩国和加拿大在该领域的活动也已经开始增长。中国对专家系统的开发与应用也紧跟其后，研究兴趣有增无减。

人工智能不同观点、方法和技术的集成，是人工智能和专家系统发展之必需和必然。现在基于规则的专家系统、基于框架的专家系统、基于模型（包括神经网络模型和模糊逻辑模型）的专家系统、基于网络的专家系统等不同专家系统，竞相发展，集成开发，优势互补，迎来专家系统百花齐放的春天；在专家系统应用方面，也是开发势头不减，应用领域愈加宽广，几乎无所不包，成为人工智能科技园地上一支鲜艳的奇葩。专家系统已再不是基于规则系统单枪匹马打天下，而是与其他专家系统技术携手合作，走综合集成、优势互补、共同发展的康庄大道。我们有理由相信，人工智能和专家系统工作者一定能够抓住机遇，不负众望，创造更多更大的新成果，开创人工智能和专家系统发展的新时期。

我国的人工智能和专家系统研究起步较晚。早期的专家系统有20世纪80年代开发的机器人规划专家系统（中南工业大学，现中南大学）、战场指挥决策专家系统（国防科学技术大学）、地质勘探多领域专家系统（桂林地质研究所）和汽车运输调度专家系统、铁路货物运输调度管理专家系统和课表编排专家系统等。经过30多年的开发，已迎头赶上国际专家系统发展的大趋势，全国已有成百上千的各类专家系统投入运行，其应用涉及工业、建筑、国防、科学、工程、医学、农业、商业、矿业、教育和决策管理等领域。其中，仅就高炉专家系统而言，应用比较成功的就有人工智能高炉冶炼专家系统（首钢）、高炉炉况监视和管理系统（宝钢与复旦大学合作）、高炉炉况诊断专家系统（冶金自动化研究设计院与马钢合作）、高炉冶炼专家系统（武钢与芬兰罗德洛基联合开发）、高炉炼铁优化专家系统（浙江大学与杭钢等合作）、高炉操作管理专家系统（南京钢铁与重庆大学合作）、高炉智能控制专家系统（浙江大学）和高炉智能诊断与决策支持专家系统（冶金自动化研究设计院）等。

在科技著作方面，除了数以千计的各类科技和学术论文外，已有 60 多部国内编著的具有知识产权的人工智能与专家系统的专著和教材出版，其中专家系统著作 10 多部。《模式识别与人工智能》杂志和《智能系统学报》已分别于 1987 年和 2006 年创刊。2006 年 8 月，中国人工智能学会联合兄弟学会和有关部门，在北京举办了包括人工智能国际会议和中国象棋人机大战等在内的"庆祝人工智能学科诞生 50 周年"大型庆祝活动，产生了很好的影响。中国的人工智能工作者，已在人工智能领域取得许多具有国际领先水平的创造性成果。其中，尤以吴文俊院士关于几何定理证明的"吴氏方法"最为突出，已在国际上产生了重大影响，并荣获 2001 年(首届)国家科学技术最高奖。农业专家系统开发也在国际上产生积极影响。现在，我国已有数以万计的科技人员和大学师生从事不同层次的人工智能和专家系统研究与学习，人工智能和专家系统研究已在我国深入开展，它必将为促进其他学科的发展和我国的现代化建设做出新的重大的贡献。

1.3 专家系统的分类

在 20 世纪 90 年代早期，专家系统继续发展，使用的专家系统数目继续迅速增长。许多没有涉足早期专家系统项目开发的组织，开始研究整个程序。有更多的新杂志、职业组织中新的特定兴趣小组和会议致力于这门新兴技术的推广。

可按照专家系统的应用领域、问题求解任务、工作原理，对专家系统进行分类。

1.3.1 系统应用领域

回顾 1978 年以瓦特曼(Watermam)和黑斯·若斯(Hayes-Roth)为主席的讨论会上的早期预测：这个领域将影响人类活动的所有领域。调查的结果显示这个预测正好说对了。图 1.1 显示表 1.2 中所示的不同领域里开发的系统的数目。不同时期或年份各应用领域开发系统的百分比有所变化，但总体上的分布是可供参考的。不必为应用的范围而惊奇。专家系统本质上是一个辅助人类决策的工具，需要应用专家技术来完成知识密集任务。因此，无论观察人类活动的任何领域，如诊断系统、设计结构或教育学生等，都会发现这门技术的家园。

图 1.1 也提供了关于技术方向的见解。在 20 世纪 70 年代，对许多人来说人工智能几乎是一种信仰。研究者们以生产智能通用推理机为中心目标。对完成这个学术挑战的迷恋驱动他们致力于研究工作。直到 20 世纪 80 年代，当技术发展的原料出现在需要投资回报的部门时，研究者们才开始意识到人工智能不是一种信仰活动，而是一种经济活动。瓦特曼 1986 年进行的调查显示，在医疗领域的应用约占 30%。图 1.1 显示医疗领域对专家系统开发者仍具有吸引力(10%)，但从百分比来看，这个领域的活动显著减少。近十年来，更显著的是商业和制造业等工业领域的活动。按照瓦特曼的调查，在 1986 年这些领域的应用约占 10%；而到 1996 年却大约占 60%。事实上，这段时期建造的专家系统中五个就有一个应用于商业领域。1995 年在英国进行的调查发现，已运行的专家系统有 24% 属于财经服务部门。这是一个清楚的信号，表明专家系统正以信息处理的主流兴起，以代替传统的数据处理器。这也表明最近几年内这个领域已经足够成熟，现在发现这门技术已很好地被商业部门接受了。

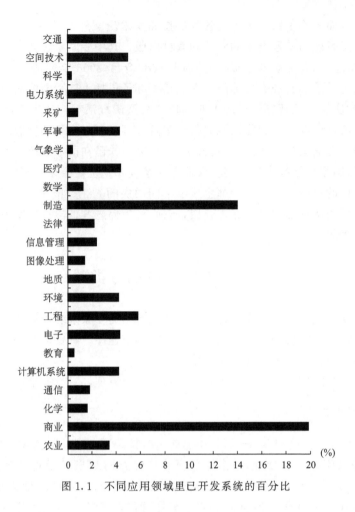

图 1.1 不同应用领域里已开发系统的百分比

1.3.2 问题求解任务

专家系统分类的另一个途径就是根据问题求解的类型。无论哪种应用领域，给定了问题的类型，专家系统都相似地收集信息并利用信息进行推理。按照待求解问题的任务可对专家系统进行分类，如表 1.3 所示。

表 1.3 专家系统所解决的问题的类型

问题求解的类型	描述
控制	管理系统行为以满足要求
设计	按约束配置对象
诊断	从观察到的现象推断出系统的故障
教学	诊断、调试并修复学生的行为
解释	从数据推断出现状描述
监视	把观察到的现象与期望相比较
规划	设计行为

问题求解的类型	描述
预测	推断出给定情况下的可能结论
调试	推荐系统故障的解决方案
筛选	从一组可能性中挑出最好的选择
仿真	对系统组件之间的交互进行建模
决策	为用户的各种请求寻找最佳的实施方案

图 1.2 显示了表 1.3 中的每种问题类型应用的百分比。这个百分比可能随着时期和年份的变化而有所改变，但作为整体分布考虑还是有借鉴作用的。要知道许多应用使用于多种活动。例如，一个诊断系统可能首先要解释现有的数据，随后给出找到的故障的解决方法。

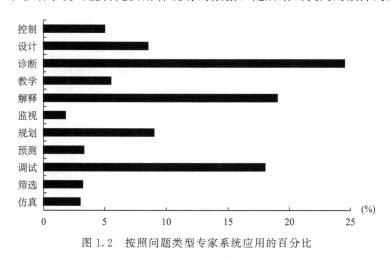

图 1.2　按照问题类型专家系统应用的百分比

图 1.2 所示专家系统的主要功能就是诊断。调查显示每四个已建造的专家系统中就有一个是用于诊断的。其原因之一就是大多数专家发挥这种作用。在诸如医疗、工程和制造领域有许多人都帮助诊断。另一个原因就是大多数诊断系统相对容易开发，有确切的可能解组，并且解决问题只需要比较有限的信息。这些提供了有利于高效系统设计的开发环境。

对于很大一部分诊断专家系统的另一种解释可追寻到一些组织引用新技术的实际考虑。大多数组织在考虑新技术时希望有较低的风险，喜欢需要最少资源且最可能成功的项目。由于这些系统相对更易于开发，所以它们对在这个领域投资的公司有吸引力。

和大量的诊断应用相比，其他问题类型的应用数量的急剧下降是惊人的。两个理由可以解释这个结果。其一，设计和规划任务在专家系统中难于实现，因为对于不同的应用领域它们的步骤变化非常大，而且经常难于精确地定义这些步骤。其二，尽管诸如教学、控制和仿真的任务属于专家系统应用的优秀领域，但它们相对而言是一种新的风险。

具体说来，专家系统按其问题求解任务的性质可分为以下几种类型。

1. 解释专家系统（expert system for interpretation）

解释专家系统的任务是通过对已知信息和数据的分析与解释，确定它们的涵义。解释专家系统具有下列特点：

（1）系统处理的数据量很大，而且往往是不准确的、有错误的或不完全的。

（2）系统能够从不完全的信息中得出解释，并能对数据做出某些假设。

（3）系统的推理过程可能很复杂且很长，因而要求系统具有对自身的推理过程做出解释的能力。

作为解释专家系统的例子有语音理解、图像分析、系统监视、化学结构分析和信号解释等。例如，卫星图像（云图等）分析、集成电路分析、DENDRAL 化学结构分析、ELAS 石油测井数据分析、染色体分类、PROSPECTOR 地质勘探数据解释和丘陵找水等实用系统。

2. 预测专家系统 (expert system for prediction)

预测专家系统的任务是通过对过去和现在已知状况的分析，推断未来可能发生的情况。预测专家系统具有下列特点：

（1）系统处理的数据随时间变化，而且可能是不准确和不完全的。

（2）系统需要有适应时间变化的动态模型，能够从不完全和不准确的信息中得出预报，并达到快速响应的要求。

预测专家系统的例子有气象预报、军事预测、人口预测、交通预测、经济预测和谷物产量预测等。例如，恶劣气候（包括暴雨、飓风、冰雹等）预报、战场前景预测和农作物病虫害预报等专家系统。

3. 诊断专家系统 (expert system for diagnosis)

诊断专家系统的任务是根据观察到的情况（数据）来推断出某个对象机能失常（即故障）的原因。诊断专家系统具有下列特点：

（1）能够了解被诊断对象或客体各组成部分的特性以及它们之间的联系。

（2）能够区分一种现象及其所掩盖的另一种现象。

（3）能够向用户提出测量的数据，并从不确切信息中得出尽可能正确的诊断。

诊断专家系统的例子特别多，有医疗诊断、电子机械和软件故障诊断以及材料失效诊断等。用于抗生素治疗的 MYCIN、肝功能检验的 PUFF、青光眼治疗的 CASNET、内科疾病诊断的 INTERNIST-I 和血清蛋白诊断等医疗诊断专家系统，计算机故障诊断系统 DART/DASD，火电厂锅炉给水系统故障检测与诊断系统、雷达故障诊断系统和太空站热力控制系统的故障检测与诊断系统等，都是国内外颇有名气的实例。

4. 设计专家系统 (expert system for design)

设计专家系统的任务是根据设计要求，求出满足设计问题约束的目标配置。设计专家系统具有如下特点：

（1）善于从多方面的约束中得到符合要求的设计结果。

（2）系统需要检索较大的可能解空间。

（3）善于分析各种子问题，并处理好子问题间的相互作用。

（4）能够试验性地构造出可能设计，并易于对所得设计方案进行修改。

（5）能够使用已被证明是正确的设计来解释当前新的设计。

设计专家系统涉及电路（如数字电路和集成电路）设计、土木建筑工程设计、计算机结构设计、机械产品设计和生产工艺设计等。比较有影响的专家设计系统有 VAX 计算机结构设计专家系统 R1(XCOM)、花布立体感图案设计和花布印染专家系统、大规模集成电路设计专家系统以及齿轮加工工艺设计专家系统等。

5. 规划专家系统（expert system for planning）

规划专家系统的任务在于寻找出能够达到某个给定目标的动作序列或步骤。规划专家系统的特点如下：

（1）所要规划的目标可能是动态的或静态的，因而需要对未来动作做出预测。

（2）所涉及的问题可能很复杂，要求系统能抓住重点，处理好各子目标间的关系和不确定的数据信息，并通过试验性动作得出可行规划。

规划专家系统可用于机器人规划、交通运输调度、工程项目论证、通信与军事指挥以及农作物施肥方案规划等。比较典型的规划专家系统的例子有军事指挥调度系统、ROPES 机器人规划专家系统、汽车和火车运行调度专家系统以及小麦和水稻施肥专家系统等。

6. 监视专家系统（expert system for monitoring）

监视专家系统的任务在于对系统、对象或过程的行为进行不断观察，并把观察到的行为与其应当具有的行为进行比较，以发现异常情况，发出警报。监视专家系统具有下列特点：

（1）系统应具有快速反应能力，应在造成事故之前及时发出警报。

（2）系统发出的警报要有很高的准确性。在需要发出警报时发警报，在不需要发出警报时不得轻易发警报（假警报）。

（3）系统能够随时间和条件的变化而动态地处理其输入信息。

监视专家系统可用于核电站的安全监视、防空监视与预警、国家财政的监控、传染病疫情监视及农作物病虫害监视与警报等。黏虫测报专家系统是监视专家系统的一个实例。

7. 控制专家系统（expert system for control）

控制专家系统的任务是自适应地管理一个受控对象或客体的全面行为，使之满足预期要求。

控制专家系统的特点为：能够解释当前情况，预测未来可能发生的情况，诊断可能发生的问题及其原因，不断修正计划，并控制计划的执行。也就是说，控制专家系统具有解释、预报、诊断、规划和执行等多种功能。

空中交通管制、商业管理、自主机器人控制、作战管理、生产过程控制和生产质量控制等都是控制专家系统的潜在应用方面。例如，已经对海、陆、空无人驾驶车、生产线调度和产品质量控制等课题进行控制专家系统的研究。

8. 调试专家系统（expert system for debugging）

调试专家系统的任务是对失灵的对象给出处理意见和方法。

调试专家系统的特点是同时具有规划、设计、预报和诊断等专家系统的功能。

调试专家系统可用于新产品或新系统的调试，也可用于维修站进行被修设备的调整、测量与试验。在这方面的实例还比较少见。

9. 教学专家系统 (expert system for instruction)

教学专家系统的任务是根据学生的特点、弱点和基础知识，以最适当的教案和教学方法对学生进行教学和辅导。

教学专家系统的特点为：

（1）同时具有诊断和调试等功能。

（2）具有良好的人机界面。

已经开发和应用的教学专家系统有 MACSYMA 符号积分与定理证明系统，计算机程序设计语言和物理智能计算机辅助教学系统以及聋哑人语言训练专家系统等。

10. 修理专家系统 (expert system for repair)

修理专家系统的任务是对发生故障的对象（系统或设备）进行处理，使其恢复正常工作。

修理专家系统具有诊断、调试、计划和执行等功能。

ACI 电话和有线电视维护修理系统是修理专家系统的一个应用实例。

此外，还有决策专家系统和咨询专家系统等。

1.3.3 系统工作原理

按照工作原理可把专家系统分类为：

（1）基于规则的专家系统。

（2）基于框架的专家系统。

（3）基于模型的专家系统。

（4）基于网络的专家系统。

（5）实时专家系统。

将在本书第 4 章～第 8 章逐一深入讨论这些专家系统。

1.4　专家系统的结构

专家系统的结构是指专家系统各组成部分的构造方法和组织形式。系统结构选择恰当与否，是与专家系统的适用性和有效性密切相关的。选择什么结构最为恰当，要根据系统的应用环境和所执行任务的特点而定。例如，MYCIN 系统的任务是疾病诊断与解释，其问题的特点是需要较小的可能空间、可靠的数据及比较可靠的知识，这就决定了它可采用穷尽检索解空间和单链推理等较简单的控制方法和系统结构。HEARSAY-Ⅱ系统的任务是进行口语理解需要检索巨大的可能解空间，数据和知识都不可靠，缺少问题的比较固定的路线，经常需要猜测才能继续推理等。这些特点决定了它必须采用比 MYCIN 更为复杂的系统结构。

试图在专家系统中采用专家的两种主要优点建模：专家的知识和推理。要实现这一点，专家系统必需有两个主要模块：知识库和推理机。图 1.3 表示专家系统的简化结构图。

专家系统将专家的领域知识集中存储在知识库模块中。

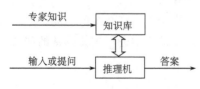

图 1.3　专家系统简化结构图

定义 1.10 知识库是专家系统包含领域知识的部分。

定义 1.11 工作内存是专家系统包含执行任务时发现的问题事实的部分。

定义 1.12 推理机是专家系统的知识处理器，它将工作内存中的事实与知识库中的领域知识相匹配，以得出问题的结论。推理机处理工作内存中的事实和知识库中的领域知识，以提取新信息。它搜寻约定与工作内存里的信息之间的匹配规则。当推理机找到匹配时，它就把规则的结论加入到工作内存中，并继续扫描规则，寻求新的匹配。

图 1.4 为理想专家系统的结构图。由于每个专家系统所需要完成的任务和特点不相同，其系统结构也不尽相同，一般只具有图中部分模块。

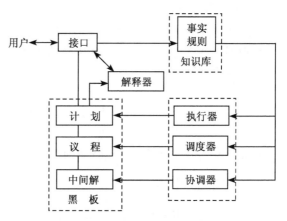

图 1.4 理想专家系统结构图

接口是人与系统进行信息交流的媒介，它为用户提供了直观方便的交互手段。接口的功能是识别与解释用户向系统提供的命令、问题和数据等信息，并把这些信息转化为系统的内部表示形式。另外，接口也将系统向用户提出的问题、得出的结果和做出的解释以用户易于理解的形式提供给用户。

黑板是用来记录系统推理过程中用到的控制信息、中间假设和中间结果的数据库。它包括计划、议程和中间解三部分。计划记录了当前问题总的处理计划、目标、问题的当前状态和问题背景。议程记录了一些待执行的动作，这些动作大多是由黑板中已有结果与知识库中的规则作用而得到的。中间解区域中存放当前系统已产生的结果和候选假设。

知识库包括两部分内容。一部分是已知的同当前问题有关的数据信息；另一部分是进行推理时要用到的一般知识和领域知识。这些知识大多以规则、网络和过程等形式表示。

调度器按照系统建造者所给的控制知识（通常使用优先权办法），从议程中选择一个项作为系统下一步要执行的动作。执行器使用知识库中的及黑板中记录的信息，执行调度器所选定的动作。协调器的主要作用就是当得到新数据或新假设时，对已得到的结果进行修正，以保持结果前后的一致性。

解释器向用户解释系统的行为，包括解释结论的正确性及系统输出其他候选解的原因。为完成这一功能，通常需要利用黑板中记录的中间结果、中间假设和知识库中的知识。

下面把专家系统的主要组成部分归纳如下：

1）知识库（knowledge base）

知识库用于存储某领域专家系统的专门知识，包括事实、可行操作与规则等。为了建立知识库，要解决知识获取和知识表示问题。知识获取涉及知识工程师（knowledge engineer）如何从专家那里获得专门知识的问题；知识表示则要解决如何用计算机能够理解的形式表达和存储知识的问题。例如，它可能包含医生所提供的用来诊断血液疾病的知识、投资顾问所提供的部门规划知识或者石油工程师所提供的用来解释地球物理调查数据的知识。

2）综合数据库（global database）

综合数据库又称全局数据库或总数据库，它用于存储领域或问题的初始数据和推理过程中得到的中间数据（信息），即被处理对象的一些当前事实。

3）推理机（reasoning machine）

推理机用于记忆所采用的规则和控制策略的程序，使整个专家系统能够以逻辑方式协调地工作。推理机能够根据知识进行推理和导出结论，而不是简单地搜索现成的答案。

4）解释器（interpreter）

解释器能够向用户解释专家系统的行为，包括解释推理结论的正确性以及系统输出其他候选解的原因。

5）接口（interface）

接口又称界面，它能够使系统与用户进行对话，使用户能够输入必要的数据、提出问题和了解推理过程及推理结果等。系统则通过接口，要求用户回答提问，并回答用户提出的问题，进行必要的解释。

1.5 专家系统的特点

在总体上，专家系统具有一些共同的特点和优点。

1. 专家系统的特点

专家系统具有下列几个特点：

1）符号推理

专家系统按照符号形式表示知识，能运用专家的知识与经验进行推理、判断和决策。可以使用符号表示大量知识，如事实、概念或者规则。世界上的大部分工作和知识都是非数学性的，只有小部分的人类活动是以数学公式或数字计算为核心的（约占 8％）。即使是化学和物理学科，大部分也是靠推理进行思考的；对于生物学、大部分医学和全部法律，情况也是这样。企业管理的思考几乎全靠符号推理，而不是数值计算。专家系统通过符号操作而不是数字处理来解决问题。一般而言，可把传统的程序看作数据处理器，而把专家系统看作知识处理器。

2）启发式推理

专家擅长提取经验，以加快当前问题的求解过程。他们凭经验形成对问题的实际理解，并把经验运用于拇指规则或者启发信息中。专家解决问题时用到的典型启发信息有：

（1）我总是首先检查电子系统。

（2）人们很少在夏天感冒。

（3）如果我担心癌症，那么我总要检查家庭历史。

大多数早期的人工智能工作都寻求应用启发式搜索技术来解决问题。明斯基是这样评价计算机的启发式搜索的：“如果您不能告诉计算机做什么最好，那么就编程让它试试很多方法。”

专家利用启发信息找到求解的捷径。要想在专家系统中也套用这种推理策略，就使用非传统程序中严格过程的方法。

传统程序使用算法处理数据，但专家系统常使用启发式推理技术。一个算法表示一系列严格定义的将要执行任务。例如：

算法：

（1）获取温度和压力。

（2）按照一定约束关系把将它们乘在一起。

（3）计算出流速。

（4）如果流速大于100，那么……

这个算法总是按照同样的顺序执行相同的操作。传统程序在数字处理方面以精确为长。

启发式推理使用可行的信息来得出问题的结论，但不会遵循预定的步骤顺序。为了决定是否存在低流速，启发式程序可使用不同的方法。例如：

启发信息：老管道在处于低流速时经常振动

启发式推理：

IF 管道正在振动

AND 这些管道是老的

THEN 猜测该管道可能处于低流速

专家系统可以使用这条启发式规则来引导推理，并决定正在振动的管道的原因。这条规则没有担保问题一定在于低流速，但它提供了合适的入手点。如果这个方法失败了，然后专家系统可能依靠更基本的方法，比如传统程序中所用的方法。

传统程序在信息完整且精确的情况下提出问题，如数据库管理系统或者财会系统。但是如果数据是不完整的或者有丢失的，传统程序将无能为力，这就是说要么什么都能干，要么什么也干不成。

如前所述，专家系统处理的问题类型比传统程序所处理的缺乏结构性。可用的信息可能是不充分的，以致得不到精确的解。然而，专家系统仍然能得出合理的结论，尽管这个结果可能不是最优的。这就可能使用非精确推理的技术。专家系统与传统程序的一些区别如表1.4所示。

表1.4 专家系统与传统程序的区别

传统程序	专家系统
数字的	符号的
算法式	启发式
信息与控制集成	知识与控制分离
难于修改	易于修改
精确信息	不确定信息
指令界面	带解释自然对话
给出最终结果	解释性建议
最优解	可接受解

3）透明性

专家系统能够解释本身的推理过程和回答用户提出的问题，以便让用户能够了解推理过程，提高对专家系统的信赖感。例如，一个医疗诊断专家系统诊断某患者患有肺炎，而且必须用某种抗生素治疗，那么，这一专家系统将会向患者解释为什么他患有肺炎，而且必须用某种抗生素治疗，就像一位医疗专家对患者详细解释病情和治疗方案一样。

4）灵活性

专家系统能不断地增长知识，修改原有知识，不断更新。由于这一特点，专家系统具有十分广泛的应用领域。

5) 知识与控制分离

如图 1.6 所示，知识库和推理机是专家系统中独立的模块。把系统的知识与其控制分离是专家系统的颇有价值的特征。这种分离也是专家系统区别于传统程序的特征。

一般应用程序与专家系统的区别在于：前者把问题求解的知识隐含地编入程序，而后者则把其应用领域的问题求解知识单独组成一个实体，即知识库。知识库的处理是通过与知识库分开的控制策略进行的。更明确地说，一般应用程序把知识组织为两级：数据级和程序级；大多数专家系统则将知识组织成三级：数据、知识库和控制。

在数据级上，是已经解决了的特定问题的说明性知识以及需要求解问题的有关事件的当前状态。知识库级保存专家系统的专门知识与经验。是否拥有大量知识是专家系统成功与否的关键，因而知识表示就成为设计专家系统的关键。在控制程序级，根据既定的控制策略和所求解问题的性质来决定应用知识库中的哪些知识。这里的控制策略是指推理方式。按照是否需要概率信息来决定采用非精确推理或精确推理。推理方式还取决于所需搜索的程度。

6) 处理专家知识

专家系统所用知识的重要特征就是它体现了人类专家的专业技术。在专家系统中力求获取和表示的就是这个专家技术。它包括领域知识和问题求解的技能。

专家技术是少数个人拥有的资源，他们成功地用专家技术解决其他人不能解决的问题。它也不是唯一的，但它是特别的，值得在专家系统中提取。

"专家"这个词意味着熟练地以高效的方式解决问题的人。诊断疾病的医生、审查抵押申请的银行贷款经理或者修理一些系统的机师可能都是相应领域的专家。当他们在其专业上展示出胜过他人的推理能力时，就称他们为专家。

7) 聚焦专家技术

大多数专家都能够在其狭窄的专业领域内熟练地解决问题，但他们在这个领域之外就能力有限。类似于人类专家，专家系统在它们知道的方面娴熟，但在专家技术领域之外却做得很差劲。

这个问题从某种程度上说是明显的。例如，不期望设计用来汽车故障诊断的专家系统在用于金融规划时也有效。然而，当设计者试图在专家系统中表示广泛的知识时，另一个更微妙的难题出现了。

专家系统开发者遇到的共同难题，一个给开发过程增加负担并造成一些挫折的难题，可能要追寻到问题范围的话题上。最成功的专家系统项目就是那些直接很好聚焦的专家系统。四面出击的设计者们经常很少成功。

8) 允许非精确推理

专家系统在非精确推理的应用上已经获得相当的成功。这类应用的特征有不确定、模糊或者不可行的信息和本来就不精确的领域知识。例如，在急诊室里为患者诊断的医生可能由于时间紧迫而无法得到更详尽的测试信息。这种情况每天都在大多数医院里发生，然而主治医生仍能通过好的判断做出救人决定。

下面给出一些不精确信息和知识的例子。

不精确信息：

（1）我将可能从鲍勃（Bob）处买得汉堡包。

（2）我没有心电图测试结果。

（3）摩托车跑得热了。

不精确知识：

（1）鲍勃的汉堡包经常是好的。

（2）如果没有心电图测试结果，而患者正承受胸痛，我可能仍怀疑是心脏病。

（3）在热的摩托车里添加一些油。

9）局限于可解问题

专家系统项目启动之前，首先必须决定这个问题是否可以被解决。初次涉足专家系统领域的新手可能以为人工智能能解决任何问题，这可能是受太多的科技小说和影片的影响。现实就是，如果能解决这个问题的专家不存在，那么专家系统不太可能做得更好。如果问题太新或者变化太快，实际上就可能没有专家能解决这个问题。不应该设计专家系统用于提出新的研究专题，它们只用于人类专家现在能解决的问题。

10）擅长复杂推理

问题应该是相当复杂、不太容易或者很难的。一般来说，如果任务太容易，只需专家几分钟就能解决，评估这种努力就困难。然而，对于一些简单任务，专家系统仍然有价值，甚至专家只需花几分钟时间就可以解决。例如，一个证实旅行费用的秘书可能只需几分钟就处理一项。但是需要证实大量的费用表，对每个表必须做出相似的决策。专家系统能对每个旅行费用进行相同的决策，从而简化这个任务。

问题不能难得连专家系统都处理不了。如果这个任务需要专家花几小时才能解决，那么它可能就在专家系统的能力之上了。需要专家约几分钟解决的问题就是专家系统的合适问题。如果这个问题更复杂，那就试着把它拆成多个子问题，每个子问题可能由简单的专家系统解决。

11）会犯错误

一些专家很厉害，但他们也跟其他人一样有相同的缺点；他们也是人，都可能犯错误。无论何时咨询专家都要意识到这种可能性，但是仍然相信他们的判断。因为其任务是尽可能获取专家的知识，就应该意识到专家系统和人类一样会犯错误。

因为专家系统可能出错，所以可以相信传统程序具有一种超过专家系统的优点。但是这种优点的感知只是一种幻觉。要公正地比较两者，必须考虑每个所提出的问题的类型。

2. 专家系统的优点

近 20 多年来，专家系统获得迅速发展，应用领域越来越广，解决实际问题的能力越来越强，这是专家系统的优良性能以及对国民经济的重大作用决定的。具体地说，专家系统的优点主要包括下列几个方面：

（1）专家系统能够高效率、准确、周到、迅速和不知疲倦地进行工作。

（2）专家系统解决实际问题时不受周围环境的影响，也不可能遗漏忘记。

（3）可以使专家的专长不受时间和空间的限制，以便推广珍稀的专家知识与经验。

（4）专家系统能促进各领域的发展，它使各领域专家的专业知识和经验得到总结和精炼，能够广泛有力地传播专家的知识、经验和能力。

（5）专家系统能汇集和集成多领域专家的知识和经验以及他们协作解决重大问题的能力，它拥有更渊博的知识、更丰富的经验和更强的工作能力。

（6）军事专家系统的水平是一个国家国防现代化和国防能力的重要标志之一。

（7）专家系统的研制和应用，具有巨大的经济效益和社会效益。

(8) 研究专家系统能够促进整个科学技术的发展。专家系统对人工智能的各个领域的发展起了很大的促进作用，并将对科技、经济、国防、教育、社会和人民生活产生极其深远的影响。

1.6　构建专家系统的步骤

第一台计算机诞生后，许多人都在开发程序，进行快速计算、访问信息或者对复杂过程进行建模。在系统开发中可获取经验，程序员已经开发出许多成熟的程序开发技术。专家系统较晚加入到计算机编程行列中来。相对于那些成熟的程序开发技术，专家系统还不成熟。值得讨论构建专家系统的主要步骤，看看这个过程和传统程序设计有什么不同。

1. 建立系统的步骤

和传统的程序设计不同的是，专家系统的开发是一个不断重复的过程。成功地建立系统的关键在于尽可能早地着手建立系统，从一个比较小的系统开始，逐步扩充为一个具有相当规模和日臻完善的试验系统。

建立系统的一般步骤如下：

(1) 设计初始知识库。知识库的设计是建立专家系统最重要和最艰巨的任务。初始知识库的设计包括：

① 问题知识化，即辨别所研究问题的实质，如要解决的任务是什么，它是如何定义的，可否把它分解为子问题或子任务，它包含哪些典型数据等。

② 知识概念化，即概括知识表示所需要的关键概念及其关系，如数据类型、已知条件(状态)和目标(状态)、提出的假设以及控制策略等。

③ 概念形式化，即确定用来组织知识的数据结构形式，应用人工智能中各种知识表示方法把与概念化过程有关的关键概念、子问题及信息流特性等变换为比较正式的表达，它包括假设空间、过程模型和数据特性等。

④ 形式规则化，即编制规则、把形式化了的知识变换为由编程语言表示的可供计算机执行的语句和程序。

⑤ 规则合法化，即确认规则化了的知识的合理性，检验规则的有效性。

(2) 原型机(prototype)的开发与试验。在选定知识表达方法之后，即可着手建立整个系统所需要的实验子集，它包括整个模型的典型知识，而且只涉及与试验有关的足够简单的任务和推理过程。

(3) 知识库的改进与归纳。反复对知识库及推理规则进行改进试验，归纳出更完善的结果。经过相当长时间(如数月至两三年)的努力，使系统在一定范围内达到人类专家的水平。

这种设计与建立步骤，如图 1.5 所示。

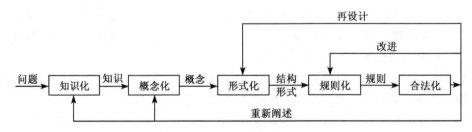

图 1.5　建立专家系统的步骤

知识获取的目标在于掌握可指引开发的有关问题的知识。这些知识提供问题的见解，为专家系统的设计提供材料。从专家获取知识的过程称为知识获取。

定义 1.13 知识获取是获得、组织和学习知识的过程。

学习涉及和专家在一起研讨问题的某些方面的会议。在项目的早期阶段，涉及的内容就是关于一般本质的。其目标在于找出专家所用的关键概念和问题求解的一般方法。然后利用系统测试得到的信息来探索更多的信息。知识获取一直被认为是专家系统开发的瓶颈。

传统程序员的兴趣世界是数据。他们的焦点在于问题的数据，通过数据他们努力找到求解的方法。专家系统设计者的兴趣在于问题的知识。他们获取、组织并学习知识，以达到对问题的理解。他们也开发并测试系统，来强化其理解。最终解是这种理解的自然副产品。专家系统设计者为专家系统的开发过程起了个术语，称为知识工程。

定义 1.14 知识工程是构建专家系统的过程。

2. 传统程序设计与专家系统开发的区别

传统程序设计与专家系统开发之间的主要区别体现在开发焦点、编程力量和程序开发等方面，如表 1.5 所示。

表 1.5 传统程序设计与专家系统开发之间的主要区别

传统程序设计	专家系统开发
聚焦于解答	聚焦于问题
程序员单独工作	团队努力
顺序式开发	重复式开发

1）开发焦点

传统程序员首先尝试在处理问题之前获得对问题的完全理解。当这步完成时，程序员通常能预想出最后的解，并且大部分时间花在问题求解的算法开发上。专家系统设计者所遵循的过程没有这么严格。设计者一边开发系统，一边获得对问题的更好理解，比传统程序员更难预想出最后的解。专家系统开发是一个通过一系列重复步骤完成的探索过程。设计者使用每个知识以改进系统和自己对问题的理解。通过在专家系统开发中不断引入新的知识而自然地得出解答。

2）编程力量

传统程序设计中，程序员大部分单独工作，只有当发生困难或者需要新的指导时才进行相互交流。专家系统设计者在整个项目中都与专家紧密合作。他们一起工作，发现每个关键的知识、知识之间的自然联系以及问题求解的策略。他们也在系统测试阶段一起合作，以发现知识和问题求解方法的不足。他们一起把专家系统变成对专家的问题求解能力建模的形式。项目的成功依赖于专家和设计者之间的团队努力。

3）程序开发

直到程序员完成了设计、编码和调试三个主要任务之后，传统程序才可以交付使用。这时，程序的性能级别应该已达到最初的期望。专家系统设计者按照重复风格开发程序。先是少量的知识添加到专家系统中，然后测试评估系统对问题的理解。专家系统开发类似于教小孩一些新概念。首先教小孩少量的有关概念的知识，然后就测试和评估这个小孩对这些概念的理解。当向这个小孩提供新的知识来增强小孩对概念的理解时就常提出已发现的缺点。

总之，关键在于传统程序是建造而成，而专家系统是发展而成的。

1.7　人在专家系统中的作用

任何科学技术都是人创造的，专家系统也不例外。在专家系统研究、设计、开发、应用和管理过程中，人起到关键作用。专家系统中起主要作用的有：领域专家、知识工程师和终端用户。在专家系统开发过程中，他们都发挥了关键作用。图 1.6 表示专家系统开发过程中人的作用，而表 1.6 表示每种人为有效完成项目所需要的重要资格条件。

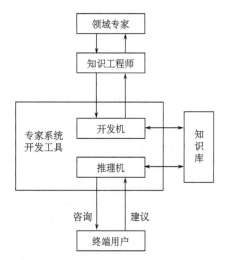

图 1.6　专家系统开发中人的作用

表 1.6　专家系统项目的工作人员所需要的资格条件

领域专家	知识工程师	终端用户
具有专家知识 有效的问题求解技能 能进行知识通信 能投入时间 不怀敌对心理	具有知识工程师的技能 具有良好的通信技能 能够协调软件问题 具有专家系统编程技能	能帮助定义界面说明 能辅助知识获取 能辅助系统开发

1. 领域专家

定义 1.15　领域专家（domain expert）是指那些具有以超越他人的方式求解特定问题的知识和技能的人。

"领域"一词在专家系统中具有特别重要的意义。建立专家系统来解决给定领域的专门具体问题。采用专家知识求解具体问题的个人称为领域专家。简而言之，领域专家具有特定问题领域的知识，即具有专家知识，是专家系统的知识之源；专家知识是建立专家系统，特别是专家系统知识库的基础和关键。

专家和非专家的主要区别在于专家所具备的有关问题的知识。戴维斯（Davis）于 1983 年有趣地提出这一点。他说："专家的绝对值就是他具备的有关给定问题的知识。"

$$|专家|＝专家－非专家＝知识$$

类似地，专家系统的绝对值直接取决于它所包含的有关给定问题的知识。

专家这个术语经常被误解为那些具有有关一些复杂主题知识的人。例如，大多数人把哲学博士当作专家。但是，应该意识到秘书在一些问题上也可以是专家。例如，审阅和批准公司的销售人员提交的一套旅行费用报告就需要专家技术。

在构建专家系统时，要寻找有能力解决感兴趣问题的人。可能有些人能够在一个组织内解决这个问题。但是，要找到在这个问题上具备优于他人能力的人——专家。

2. 知识工程师

专家系统设计者在项目中起到几种作用。他一定不仅要有良好的心理状态、善于交际，而且也是精通计算机技术的研究人员。设计者必须具备这三种功能的任何一个，因为他们的主要职责就是获取知识、处理知识，并对知识进行编码。

由于专家系统项目设计者的工作的焦点在问题的知识上，所以就称专家系统的设计开发者为知识工程师(knowledge engineer)。

定义 1.16 知识工程师是设计、构建和测试专家系统的人。

从某种意义上讲，知识工程师类似于传统程序员，因为他们都要进行计算机编码。但是，知识工程师总是负责与传统程序员不同的任务。要完成这些任务，知识工程师必须熟悉知识工程。

知识工程师的主要职责如下：

(1) 评估问题，看看采用专家系统解决某个问题是否需要和可行。需要研究问题的特征和难点，对项目进行成本/效益分析等。

(2) 会见领域专家，与他们交换意见，发现专家知识，揭示问题的关键概念和专家的问题求解方法。需要某些交际技巧来引导会谈，有效地发现专家知识。这是一个挑战性的任务。

(3) 辨识概念，组织从领域专家那里收集到的知识并有效地映射至专家系统；辨识问题求解方法，能够让专家系统以类似于人类专家求解问题的方式工作。

(4) 选择适合于所设计专家系统的软件包，用于表示专家知识和推理策略。

(5) 具备较强的编程能力，对获取的专家知识进行编码、试验和修改，直至系统能够显示领域专家具有的性能。

(6) 把专家系统集成于工作场所，并负责系统的日常维护。

3. 终端用户

终端用户(end-user)是最终应用专家系统进行工作的个体或人员。专家系统是否成功在很大程度上取决于系统如何迎合用户的需要。专家系统历史上一些自认为技术上是成功的系统，由于没有很好地考虑终端用户的需要而未能投入应用。

终端用户的主要职责如下：

(1) 规定接口技术规范，涉及系统存取、信息登记、系统解释、形成最终结果和效用支持等。

(2) 辅助知识获取，在项目一开始就为知识工程师们提供专家系统要解决问题的广泛理解和细节描述。

从上述讨论可以看出，与其说专家系统是个智能计算机程序系统，还不如说专家系统是一类领域专家、知识工程师和终端用户有效合作形成的智慧的结晶。人力资源，尤其是高级智力资源是一种最宝贵的资源。

1.8 本章小结

本章讨论了专家系统的定义、发展历史、类型、结构、特点和构建步骤等问题。

1.1 节讨论专家系统的定义，把专家系统定义为一个其内部含有大量的某个领域专家水平的知识与经验，能够利用人类专家的知识和解决问题的方法来处理该领域问题的智能计算机程序系统。简而言之，专家系统是一种模拟人类专家解决领域问题的计算机程序系统。

1.2 节综述专家系统的发展过程。专家系统已有近 50 年的发展历史，经历了酝酿、热烈、冷静、蓬勃发展和集成发展的过程，并从应用领域角度分析了专家系统的发展情况。专家系统因其巨大的经济利益而获得广泛应用，特别是在工业、商业和医疗等领域的应用。

1.3 节探讨专家系统的分类。可按照专家系统的应用领域、问题求解任务、工作原理对专家系统进行分类。专家系统的应用领域是极其宽广的，已在商业、制造业、工程、医疗、交通、军事、电子、电力、计算机系统、空间技术和农业等行业获得广泛应用。按问题求解的性质可把专家系统分为以下几种类型：控制专家系统、设计专家系统、诊断专家系统、教学专家系统、解释专家系统、监视专家系统、规划专家系统、预测专家系统、调试专家系统、筛选专家系统和仿真专家系统等。各种类型都具有各自的特点和典型例子。按照工作原理可把专家系统分类为基于规则的专家系统、基于框架的专家系统、基于模型的专家系统、基于网络的专家系统、实时专家系统等。这是本书即将深入讨论的重点。

1.4 节阐明专家系统的结构。专家系统主要由知识库和推理机组成，还有综合数据库、解释器和接口等。专家系统的各个部分协调工作，以完成问题求解任务。

1.5 节介绍专家系统的特点和优点。专家系统具有许多特点和优点，因而获得日益广泛的应用。

1.6 节叙述专家系统的构建步骤。按照 3 个步骤来建造专家系统，即设计初始知识库、原型机的开发与试验及知识库的改进与归纳。其中，初始知识库的设计是至关重要的，它包括问题知识化、知识概念化、概念形式化、形式规则化和规则合法化等过程。

尽管我们易于接受在机械式任务方面被机器超过的事实，但是认为下棋所需的那种创造性仍然是人类的专长。卡斯帕罗夫（Kasparov）与"深蓝"的比赛是一次能给人带来害怕、着迷和希望的事件——呼唤智能机器的历史事件。

1.7 节分析人在专家系统中的作用。在专家系统研究、设计、开发、应用和管理过程中，领域专家、知识工程师和终端用户都发挥了关键作用。

关于人与智能系统的关系，或者说人与智能机器的关系，长期以来是人们关注的热点话题。关注的核心是一个简单的问题：如果机器能思考，那么我们应处于什么位置？我们已经习惯于把我们区分和凌驾于自然世界的其余部分的理论。但是，当我们发现错了时，由于这些理论与我们自我看重的情感联系在一起，我们就感到没有那么特殊了。为了巩固我们的地位，我们争辩说是我们的推理能力让我们区别于动物。今天，我们感到不是受到动物的威胁，而是受到我们自己的创造——智能机器的威胁。

我们已逐渐接受计算机属于我们生活的一部分。它们帮助我们进行计算，平衡支票簿，还带我们在 Internet 虚拟世界中旅行。但是，计算机的发明遭到了许多人的敌视，他们相信人类单独享用智力活动是其与生俱来的权利。后来我们适应了这门技术。今天我们没有把我们的硅片朋友看作威胁，而把它当作合作者。

沿着这条路,我们一览明天的机器。对大多数人来说,它最初来自科学小说作家的故事。我们已经目睹计算机变得更聪明——聪明得比我们快。一种取代只是信息处理的功能花了我们一些时间来适应,那就是计算机掌握了信息推理的能力。专家系统是这种功能的典范。它们诊断患者,给出投资建议,还能修理汽车。许多人都赞同这门新技术。其他一些人把它看作对人类理性思考的合法垄断权的威胁。数十年以前,计算机在象棋方面打败人的想法似乎是荒谬的。今天我们认为它是理所当然的。我们甚至正在开始接受计算机能打败我们的象棋冠军。我们习惯了这些事情。

计算机不可能在每个方面都突然变得具有和人一样的智能。就现在来说,专家系统只不过是傻瓜专家。它只在非常狭窄的领域里聪明。假如做智商(IQ)测试,它将比一年级小学生差。目前,我们人类继续保持高智商的地位。更多的智能机器将会逐步出现,经过数十年改进,给了我们充足的时间来适应它。专家系统技术将继续发展,其回报将是,明天的智能机器将不需要我们的智力努力就能帮助我们。计算机和人在这方面是志同道合的,而且这是我们能够取得胜利的游戏。智能机器和智能系统的发展势不可挡,是不以人的意志为转移的;谁想阻止这一趋势,必将失败;谁顺应这一潮流,必将获胜和赢利。这也验证了孙中山先生的伟大断言:世界潮流,浩浩荡荡,顺之者昌,逆之者亡。

习 题 1

1.1 什么是专家系统?人们对专家系统是否有不同的理解?

1.2 简述专家系统的发展过程或发展阶段。专家系统的发展过程与人工智能的发展过程有何关系?

1.3 专家系统有哪些主要应用领域?

1.4 按照工作原理可把专家系统分为哪几种类型?

1.5 专家系统由哪些主要部分组成的?各部分的作用为何?

1.6 专家系统有哪些特点?

1.7 建造专家系统的关键是什么?

1.8 专家系统包含从人类专家那里获得的知识。解释"专家知识"术语的含义。

1.9 列出专家系统应用得好的3个问题和应用不适当的3个问题,仔细讨论其选择决策。

1.10 为什么专家系统会犯错以及为什么我们愿意接受这种情况?

1.11 传统问题求解程序设计与专家系统程序开发有何区别?

1.12 让你建造一个模拟国际象棋大师的专家系统。你会遇到什么困难?

1.13 开发专家系统项目需要哪些主要人员?他们的作用是什么?

1.14 讨论为什么和怎么可能使专家系统项目失败。

1.15 一位计算机程序员、一位哲学家和一位商业经理,都想成为专家系统的设计者。你相信要达到目标哪位的困难最少?为什么?

第2章　专家系统的知识表示和推理

本章将探讨专家系统的知识表示和推理技术。这些技术和传统程序里的过程区别很大。一个程序必须处理数据，但专家系统必须处理知识。要做到这一点，就必须按照专家系统能够操作的一些符号形式来表示知识。本章将介绍几种常用的符号形式的知识表示方法。由于没有一种技术能够适合于任何应用，这里还介绍了一些为应用选择最佳知识表示方法的见解。

然后，本章介绍了系统如何进行知识推理来进行问题求解。在专家系统中使用推理技术和控制策略进行推理，推理技术让系统能够把知识库中的知识与工作内存中的问题事实结合起来。控制策略为系统设定目标，并引导系统推理。

此外，还介绍了不确定推理、模糊推理、人工神经网络、进化计算和免疫计算等用于专家系统的高级推理技术。

2.1　知　识　表　示

知识就是力量，这个短语常用来强调知识对专家系统的重要性。专家系统的性能直接与专家系统对给定问题具备的知识的质量相关，这一点早已得到共识。

然而什么是知识呢？知识是用来表示个人试图获取的对给定学科理解的抽象术语。要按照专家系统的术语方式定义知识，就应该采取更实际的观点。

定义 2.1　知识是指对学科领域的理解。

例如，对医药领域的理解。但在建造专家系统时，不要试图获取所有的专家知识，而应该从这个学科领域选取与相当集中的主题有关的专家知识。例如，对传染性血液疾病的理解。在专家系统世界里，称这类知识为特定域的知识。

定义 2.2　足够集中的主题领域称为域。

成功开发专家系统的关键点在于域的确定。当学科领域广阔时，就需要大量的主题，那么专家系统的性能就很难提高。

在一些相当集中的域获取相关的专家知识之后，将要在专家系统中表示这些知识。这就需要找到一种在此系统中构造知识的方法，让系统按照专家一样的方式处理问题。这就是本节的主题，常称为知识表示。

定义 2.3　知识表示是一种用来在专家系统的知识库中对知识编码的方法。

2.1.1　知识的类型

认知心理学家已经建立了大量理论来解释人类如何求解问题。这项工作涉及人类共同使用的知识类型、对这些知识的组织以及他们如何高效使用这些知识来解决问题。人工智能研究人员已经应用这些研究成果来在计算机中开发完美地表示这些知识的技术。

如同还没有一个理论可用来解释人类知识组织或在传统计算机程序中最佳构造数据的技术一样，也还没有一个理想的知识表示结构。知识工程师更重要的责任是为给定应用选择最适合的知识表示技术。要做到这一点，就必须理解各种知识表示技术和这些技术能够最佳地表示的知识类型。表 2.1 列举出不同类型的知识。

过程性知识描述如何解决问题。这类知识提供如何做事的建议。规则、策略、议程和过程专家系统是使用过程性知识的典型类型。

陈述性知识描述问题的相关已知信息。这包括断定为真或假的简单语句。这也包括一组更完整地描述一些对象或概念的语句。

元知识是描述有关知识的知识。这类知识用来精选最适合问题求解的其他知识。专家元知识来引导向最有希望的区域推理，以增强问题求解的效率。

表 2.1　知识的不同类型

知识的类型	
过程性知识	规则
	策略
	议程
	过程
陈述性知识	概念
	对象
	事实
元知识	描述有关知识的知识
启发式知识	拇指规则
结构性知识	规则集
	概念关系
	对象关系的概念

启发式知识描述引导推理过程的拇指规则。启发式知识常称为浅知识。它是经验性的，并且表示专家通过以往问题求解的经验编译知识。专家将获取有关问题的基本知识(称作深知识)，如基本法则、函数关系等，并且把它编译成简单的启发信息，以辅助问题求解。

结构知识描述知识的结构。这类知识描述专家对此问题的整体智力模型。专家智力模型由概念、子概念和对象组成，是这类知识的典范。

2.1.2　对象-属性-值三元组

通过人工智能研究者的努力，已经开发了大量的在计算机中进行知识表示的有效方法。每种知识表示技术强调了相关问题的一定信息，而忽略了其他信息。每种技术对高效获取不同类型的知识(表 2.1)既有优势，又有劣势。对于给定应用，选择正确的表示能够产生支持高效问题求解的结构。

所有人类知识组织的认知理论都使用事实作为基本的构建"积木"块。事实就是陈述性知识的一种形式，它提供对事件或问题的一些理解。

在专家系统中，事实用来辅助描述框架部分、语义网络或规则。它们也用来描述更复杂的知识结构间的关系，还用来在问题求解中控制这些结构的使用。在人工智能和专家系统中，事实常指命题。

定义 2.4　命题指真的或假的语句。

命题可以是诸如以下形式的简单短语：

命题：　天正下雨

在专家系统中，把这条语句的布尔真值(即 TRUE 或 FALSE)插入到工作内存中，并在处理其他知识时使用这个断言。

事实也可以用来断定一些对象的特定属性值。例如，语句"球的颜色是红色的"给球的颜色赋予"红色"值。这种事实称为对象-属性-值(object-attribute-value，O-A-V)三元组。

O-A-V 是一种更复杂的命题。它将给定语句分成三种不同的部分：对象、属性和属性值。如考虑"头发的颜色是棕色的"这条语句。可以定义对象为"头发"，属性为"颜色"，而且值为"棕色的"，按照 O-A-V 结构表示这条语句。这个 O-A-V 结构如图 2.1 所示。

对象   属性   值

图 2.1 对象-属性-值

O-A-V 中表示的对象可以是物理项，如轿车、球，或者抽象项，如爱或表彰。属性是所考虑问题的重要对象特征，其值指定属性的赋值可以是布尔的、数字的或者字符串的。

对于专家系统提出的大多数问题，对象有多个重要特征。在这些实例中，给这个对象定义多个属性以及相应的属性值。在以后的章节里将看到框架和语义网络都用到多个属性来更好地描述对象。其中，图 2.2 表示多值 O-A-V 结构的实例。

2.1.3 规则

用户提供的事实对专家系统的运作起到重要作用，因为这些事实有助于理解世界的当前状态。而系统必须具备附加的知识，以便巧妙地利用这些事实，解决给定的问题。提供这种附加知识的专家系统公共知识结构称为规则。

定义 2.5 规则是一种关联已知知识和待推导或推测的其他信息的知识结构。

规则是过程性知识的一种形式，它把给定信息与一些行为关联起来。这个行为可以是对新信息或需要执行过程的断言。在这种情况下，规则描述如何解决一个问题。

规则结构从逻辑上连接 IF 部分中的一个或多个前提(也称条件)到 THEN 部分中的一个或多个后部(也称结论)。例如：

IF 这个球的颜色是红的

THEN 我喜欢这个球

对于这个简单的例子，如果给定的球是红的，那么这条规则就推测出我喜欢这个球。

一般来说，规则可为用 AND 语句(合取)、OR 语句(析取)或两者组合连接起来的多个条件。其结论可以包含单条语句或者 AND 连接的组合。这条规则也可以包含一个 ELSE 语句，当一个或多个条件为 FALSE 时 ELSE 语句就为 TRUE。下面给出一般规则结构的实例：

IF 今天(时间在)上午 10 点之后

AND 今天是工作日

AND 我在家

OR 我的老板打电话来，说我工作迟到了

THEN 我工作迟到了

ELSE 我工作没有迟到

除了推导新信息，规则还能执行一些操作，也可以是简单的计算，如下面的例子所示：

IF 要计算长方形的面积

THEN AREA = LENGTH * WIDTH

当其条件信息加入到工作内存时，这条规则将被激活。激活结果就是面积计算。

为了执行更复杂的操作，大多数基于规则的系统设计成调用外部程序。这个程序可以是传统软件的任何类型，如数据库、C 程序等。下面给出一个例子，但不对其编码。

（1）过程性程序。

Rule 1

 IF 需要设计新盒子

  AND NUMBER = 要包装的项数

```
        AND   SIZE = 项的大小
THEN CALL COMPUTE _ BOX _ VOLUME
        AND SEND NUMBER, SIZE
        AND RETURN VOLUME
```

（2）电子数据表。

```
Rule 2
    IF    需要 1 月销售表
    THEN OPEN SALES
        AND JANUARY _ SALES = B7
```

（3）数据库。

```
Rule 3
    IF   工厂有紧急情况
        AND NAME = 史密斯
    THEN OPEN TELEPHONE
        AND FIND NAME, NAME-FIELD
        AND TELEPHONE = TELEPHONE-FIELD
```

当设计任务需要设计新盒子时，Rule 1 决定盒子的体积。给定盒子里要包装的项数和大小，这条规则执行程序 COMPUTE _ BOX _ VOLUME，来计算并返回盒子的体积。可以使用诸如 Pascal、Fortran、C 等传统语言编码实现这个程序。

Rule 2 决定 1 月的销售额。这条规则获取电子数据表 SALES 的 B7 单元的信息。

当紧急事件发生时，Rule 3 获取工厂领导史密斯的电话号码。它首先定位 NAME-FIELD 域中包含名称史密斯的记录，并从 TELEPHONE 数据库中获取此信息。然后它给变量 TELEPHONE 赋予 TELEPHONE-FIELD 域中所包含的值。

一般而言，可以在外部程序中访问或改变信息。这种能力大大加强了专家系统设计的灵活性。可以使用现有数据库和电子数据表中的大量信息，或者通过专家系统的智能决策改变这些信息。

规则可以表示如下各种形式的知识：

（1）关系。

```
    IF    电池坏了
    THEN  不能开动汽车
```

（2）建议。

```
    IF    不能开动汽车
    THEN  搭计程车
```

（3）提示。

```
    IF    不能开动汽车
    AND   燃料系统是好的
    THEN  检查电子系统
```

（4）策略。

```
    IF    不能开动汽车
    THEN  首先检查燃料系统，然后检查电子系统
```

（5）启发。

```
    IF    不能开动汽车
```

　　　　　　AND　汽车是 1957 年的福特车
　　　　THEN　　进行清洗

也可以按照问题求解策略（常称为问题求解范例）的本质对规则分类。下面列举出公用范例的典型规则。

（1）解释系统。

　　　　IF　　　电阻 R_1 上的电压大于 2.0V
　　　　　　　AND 收集器 Q_1 的电压小于 1.0V
　　　　THEN 前置放大器部分处于正常范围

（2）诊断问题。

　　　　IF　　　该动物有蹄
　　　　　　　AND 它有长腿
　　　　　　　AND 它有长颈
　　　　　　　AND 它的颜色是黄褐色
　　　　　　　AND 它有深色斑点
　　　　THEN 它是长颈鹿

（3）设计问题。

　　　　IF　　　当前任务是分配电力供应
　　　　　　　AND 配电柜里电力供应的位置是已知的
　　　　　　　AND 配电柜里还有电力供应的空位
　　　　THEN 由配电柜进行新的电力供应

2.1.4　框架

语义网络的自然扩充是议程，这是由芭蕾特（Barlett）于 1932 年首次提出的。议程就是包含一些概念或对象的典型知识单元，包括陈述性知识和过程性知识。例如，鸟的议程可能包括它有翅膀和腿、它如何猎食之类的知识。议程具有能用于特定情形的一成不变的概念信息。

专家系统设计者使用这种思想获取和表示专家系统中的概念知识，但常以议程为框架，这是明斯基于 1975 年首次提出的。

定义 2.6　框架是一种表示概念或对象的一成不变知识的数据结构。

明斯基是这样描述框架的："当一个人遇到新情况或对问题的看法有了实质性的改变时，就从记忆中选择称为'框架'的结构。"这就是一个记住的框架，必要时改变其细节以适应现实情况。

心理学的研究结果表明，在人类日常的思维和理解活动中，分析与解释遇到新情况时，要使用到过去经验中积累的知识。这些知识的规模巨大而且用很好的组织形式保留在人们的记忆中。例如，当走进一家从来没去过的饭店时，根据以往的经验，可以预见在这家饭店将会看到菜单、桌子、服务员等。当走进教室时，可以预见在教室里可以看到椅子、黑板等等。人们试图用以往的经验来分析与解释当前遇到的情况，但无法把过去的经验一一都存在脑子里，而只能以一个通用数据结构的形式存储以往的经验。这样的数据结构称为框架。框架提供了一个结构，一种组织。在这个结构或组织中，新的资料可以用过去经验中得到的概念来分析和解释。因此，框架也是一种结构化表示法。

框架通常采用语义网络中的节点-槽-值来而表示结构。所以框架也可以定义为一组语义网络内的节点-槽，该节点-槽可用来描述格式固定的事物、行动和事件。语义网络可看作节点和弧线的集合，也可以视为框架的集合。

框架通常由描述事物的各个方面的槽组成，每个槽可拥有若干个侧面，每个侧面又可以拥有若干个值。这些内容可以根据具体问题的具体需要来取舍。一个框架的一般结构如下：

〈框架名〉
　　　　〈槽 1〉〈侧面 11〉〈值 111〉……
　　　　　　　　〈侧面 12〉〈值 121〉……
　　　　　　　　…………
　　　　〈槽 2〉〈侧面 21〉〈值 211〉……
　　　　　　　　…………
　　　　……
　　　　〈槽 n〉〈侧面 $n1$〉〈值 $n11$〉……
　　　　　　　　…………
　　　　　　　　〈侧面 nm〉〈值 $nm1$〉……

比较简单的情景是用框架来表示诸如人和房子等事物。例如，一个人可以用其职业、身高和体重等项描述，因而可以用这些项目组成框架的槽。当描述一个具体的人时，再用这些项目的具体值填入到相应的槽中。表 2.2 给出的是描述约翰(John)的框架。

表 2.2　简单框架示例

John		
isa	:	PERSON
profession	:	PROGRAMMER
height	:	1.8m
weight	:	79kg

大多数问题不能这样简单地用一个框架表示出来，而必须同时使用许多框架组成一个框架系统。如图 2.2 所示的就是表示立方体一个视图的框架。图中，用 isa 槽说明最上层的框架是一个立方体，并由 region 槽指示出它所拥有的 3 个可见面 A、B、E。而 A、B、E 又分别用 3 个框架来具体描述。用 must-be 槽指出它们必须是一个平行四边形。

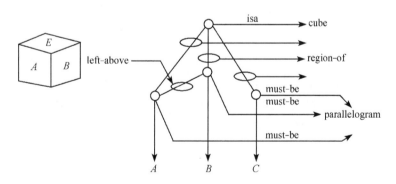

图 2.2　一个立体视图的框架表示

为从各个不同的角度来描述物体，可对不同角度的视图分别建立框架，然后再把它们联系起来组成一个框架系统。如图 2.3 所示的就是从 3 个不同的角度来研究一个立方体的例子。为了简便起见，图中略去了一些细节，在表示立方体表面的槽中，用实线与可见面连接，用虚线与不可见面连接。

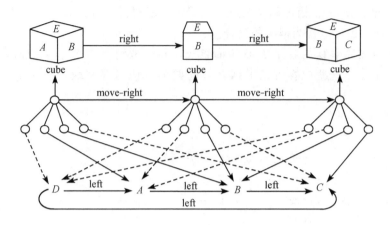

图 2.3 表示立方体的框架系统

从图可见，一个框架结构可以是另一个框架的槽值，并且同一个框架结构可以同时作为几个不同的框架的槽值。这样，一些相同的信息可以不必重复存储，节省了存储空间。框架的一个重要特性是其继承性。为此，一个框架系统往往表示为一种树状结构，树的每一个节点是一个框架结构，子节点与父节点之间用 isa 或 AKO 槽连接。所谓框架的继承性，就是当子节点的某些槽值或侧面值未被直接记录时，可以从其父节点继承这些值。例如，椅子一般都有 4 条腿，如果一把具体的椅子没有说明它有几条腿，则可以通过一般椅子的特性，得出它也有 4 条腿。

框架是一种通用的知识表达形式，对于如何运用框架系统还没有一种统一的形式，常由各种问题的不同需要来决定。

框架系统具有树状结构。树状结构框架系统的每个节点具有如下框架结构形式：

框架名

AKO VALUE〈值〉

PROP DEFAULT〈表 1〉

SF IF-NEEDED〈算术表达式〉

CONFLICT ADD〈表 2〉

其中，框架名用类名表示。AKO 是一个槽，VALUE 是它的侧面，通过填写〈值〉的内容表示出该框架属于哪一类。PROP 槽用来记录该节点所具有的特性，其侧面 DEFAULT 表示该槽的内容是可以进行缺省继承的，即当〈表 1〉为非 NIL 时，PROP 的槽值为〈表 1〉，当〈表 1〉为 NIL 时，PROP 的槽值用其父节点的 PROP 槽值来代替。

2.1.5 语义网络

定义 2.7 语义网络是知识的一种结构化图解表示，它包括节点和弧线/链。节点用于表示实体、概念和情况等，弧线用于表示节点间的关系。

语义网络表示由下列 4 个相关部分组成：

(1) 词法部分。表示词汇表中允许有哪些符号，涉及各个节点和弧线。

(2) 结构部分。叙述符号排列的约束条件，指定各弧线连接的节点对。

(3) 过程部分。说明访问过程，这些过程能用来建立和修正描述，以及回答相关问题。

（4）语义部分。确定与描述相关的、联想的意义的方法，即确定有关节点的排列及其占有物和对应弧线。

语义网络具有下列特点：

（1）能把实体的结构、属性与实体间的因果关系显式地和简明地表达出来，与实体相关的事实、特征和关系可以通过相应的节点弧线推导出来。这样便于以联想方式实现对系统的解释。

（2）由于把与概念相关的属性和联系组织在一个相应的节点中，因而使概念易于受访和学习。

（3）表现问题更加直观，更易于理解，适于知识工程师与领域专家沟通。语义网络中的继承方式也符合人类的思维习惯。

（4）语义网络结构的语义解释依赖于该结构的推理过程而没有结构的约定，因而得到的推理不能保证像谓词逻辑法那样有效。

（5）节点间的联系可能是线状、树状或网状的，甚至是递归状的结构，使相应的知识存储和检索可能需要比较复杂的过程。

2.1.6 谓词逻辑

计算机中知识表示的最早形式就是逻辑。多年来，已经提出并研究了许多种逻辑表示的技术。和智能系统关联最密切的就是命题逻辑和谓词演算。这两种技术都使用符号表示知识，使用与符号对应的操作符进行逻辑推理。它们提供了一种合理的形式化方法，来表示知识和推理。

尽管经典的逻辑知识表示方法很少被专家系统设计者使用，但它形成了大多数人工智能编程语言和外壳的基础。例如，PROLOG 就是一种关键的 AI 编程语言，它是建立在谓词演算基础上的。谓词演算就好比知识表示的汇编语言。对这门语言的理解有助于更好地理解更高级的知识表示技术。

虽然命题逻辑（propositional logic）能够把客观世界的各种事实表示为逻辑命题，但是它具有较大的局限性，即不宜表示比较复杂的问题。谓词逻辑（predicate logic）允许表达那些无法用命题逻辑表达的事情。逻辑语句，更具体地说，一阶谓词演算是一种形式语言，其根本目的在于把数学中的逻辑论证符号化。如果能够采用数学演绎的方式证明一个新语句是从那些已知正确的语句导出的，那么也就能够断定这个新语句也是正确的。

下面简要地介绍谓词逻辑的语言与方法。

1. 语法和语义

谓词逻辑的基本组成部分是谓词符号、变量符号、函数符号和常量符号，并用圆括弧、方括弧、花括弧和逗号隔开，以表示论域内的关系。例如，要表示"机器人（ROBOT）在 1 号房间（ROOM1）内"，可应用简单的原子公式：

$$INROOM(ROBOT，r1)$$

式中，ROBOT 和 r1 为常量符号，INROOM 为谓词符号。一般，原子公式由若干谓词符号和项组成。常量符号是最简单的项，用来表示论域内的物体或实体，它可以是实际的物体和人，也可以是概念或具有名字的任何事情。变量符号也是项，并且不必明确涉及是哪一个实体。函数符号表示论域内的函数。例如，函数符号 mother 可用来表示某人与他（或她）的母亲之间的一个映射。用下列原子公式表示"李(LI)的母亲与他的父亲结婚"这个关系：

$$MARRIED[father(LI)，mother(LI)]$$

在谓词演算中，一个合适公式可以通过规定语言的元素在论域内的关系，实体和函数之间的对应关系来解释。对于每个谓词符号，必须规定定义域内的一个相应关系；对每个常量符号必须规定定义域内相应的一个实体；对每个函数符号，则必须规定定义域内相应的一个函数。这些规定确定了谓词演算语言的语义。在应用中，用谓词演算明确表示有关论域内的确定语句。对于已定义了的某个解释的一个原子公式，只有当其对应的语句在定义域内为真时，才具有值 T(真)；而当其对应的语句在定义域内为假时，该原子公式才具有值 F(假)。因此，INROOM(ROBOT，r1)具有 T 值，而 INROOM(ROBOT，r2)则具有 F 值。

当一个原子公式含有变量符号时，对定义域内实体的变量可能有几个设定。对某几个设定的变量，原子公式取值 T；而对另外几个设定的变量，原子公式则取值 F。

2. 连词和量词

原子公式是谓词演算的基本积木块，应用连词∧(与)、∨(或)以及(蕴涵，或隐含)等(在某些文献中，也用→来表示隐含关系)，能够组合多个原子公式以构成比较复杂的合适公式。

连词∧用来表示复合句子。例如，句子"我喜爱音乐和绘画"可写成

$$LIKE(I，MUSIC)∧LIKE(I，PAINTING)$$

此外，某些较简单的句子也可写成复合形式。例如，"李住在一幢黄色的房子里"，即可用

$$LIVES(LI，HOUSE-1)∧COLOR(HOUSE-1，YELLOW)$$

来表示，其中，谓词 LIVES 表示人与物体(房子)间的关系，而谓词 COLOR 则表示物体与其颜色之间的关系。用连词∧把几个公式连接起来而构成的公式叫做合取，而此合取式的每个组成部分叫做合取项。一些合适公式所构成的任一合取也是一个合适公式。

连词∨用来表示可兼有的"或"。例如，句子"李明打篮球或踢足球"可表示为

$$PLAYS(LIMING，BASKETBALL)∨PLAYS(LIMING，FOOTBALL)$$

用连词∨把几个公式连接起来所构成的公式叫做析取，而此析取式的每一组成部分叫做析取项。由一些合适公式所构成的任一析取也是一个合适公式。

合取和析取的真值由其组成部分的真值决定。如果每个合取项均取值 T，则其合取值为 T，否则合取值为 F。如果析取项中至少有一个取 T 值，则其析取值为 T 值，否则取 F 值。

连词＝＞用来表示"如果…那么"的词句。例如，"如果该书是何平的，那么它是蓝色(封面)的"可表示为

$$OWNS(HEPING，BOOK-1)＝＞COLOR(BOOK-1，BLUE)$$

又如，"如果刘华跑得最快，那么他取得冠军"可表示为

$$RUNS(LIUHUA，FASTEST)＝＞WINS(LIUHUA，CHAMPION)$$

用连词＝＞连接两个公式所构成的公式叫做蕴涵。蕴涵的左式叫做前项，右式叫做后项。如果前项和后项都是合适公式，那么蕴涵也是合适公式。如果后项取值 T(不管其前项的值为何)，或者前项取值 F(不管后项的真值如何)，则蕴涵取值 T；否则，蕴涵取值 F。

符号～(非)用来否定一个公式的真值，也就是说，把一个合适公式的取值从 T 变为 F，或从 F 变为 T。例如，子句"机器人不在 2 号房间内"可表示为

$$\sim INROOM(ROBOT，r_2)$$

前面具有符号～的公式叫做否定。一个合适公式的否定也是合适公式。

在某些文献中，也有用符号 ⌐ 来表示否定的，它与符号～的作用完全一样。

如果把句子限制为至今已介绍过的造句法所能表示的那些句子，而且也不使用变量项，那么可以把这个谓词演算的子集叫做命题演算。命题演算对于许多简化了的定义域来说，是一种有效的表示，但它缺乏用有效的方法来表达多个命题(如"所有的机器人都是灰色的")的能力。要扩大命题演算的能力，需要使公式中的命题带有变量。

有时，一个原子公式如 P(x)，对于所有可能的变量 x 都具有值 T。这个特性可由在 P(x)前面加上全称量词($\forall x$)来表示。如果至少有一个 x 值可使 P(x)具有值 T，那么这一特性可由在 P(x)前面加上存在量词($\exists x$)来表示。例如，句子"所有的机器人都是灰色的"可表示为

$$(\forall x)[ROBOT(x)=>COLOR(x，GRAY)]$$

而句子"1 号房间内有个物体"可表示为

$$(\exists x)INROOM(x，r1)$$

这里，x 是被量化了的变量，即 x 是经过量化的。量化一个合适公式中的某个变量所得到的表达式也是合适公式。如果一个合适公式中某个变量是经过量化的，就把这个变量叫做约束变量，否则就叫它为自由变量。在合适公式中，感兴趣的主要是所有变量都是受约束的。这样的合适公式叫做句子。

值得指出的是，本书中所用到的谓词演算为一阶谓词演算，不允许对谓词符号或函数符号进行量化。例如，在一阶谓词演算中，($\forall P$)P(A)这样一些公式就不是合适公式。

2.2 知 识 获 取

前面已经提到，专家系统从它所包含的知识中获得力量。因此，确保进入系统的每一知识都能有效地提取专家对问题的理解是很重要的。这是个复杂的任务，知识工程师必须与专家交流，来获得、组织和学习问题的知识。这个任务正式地称为知识获取(knowledge acquition)，是开发专家系统的瓶颈问题和最大挑战。

本节将大致介绍知识获取的过程，并讨论最常用的知识获取技术。

2.2.1 基本概念和知识类型

知识获取的目标在于将可在专家系统中编码的感兴趣问题编成知识体。知识的来源可以是书、报告或数据库记录。但是，大多数项目最主要的知识源就是领域专家。

从专家获取知识可能涉及知识工程师和专家之间长期乏味的会议或讨论。这个会议也许是涉及有关问题的思想交流与交互讨论。这种风格的知识获取称为面谈方法。另一种方法也经常使用，称为案例研究，通过观察专家解决实际问题的示例来努力揭示知识。

每种方法的目标都是揭示专家的知识和问题求解技能。完成这个任务之后，知识工程师将信息编码到专家系统中，测试系统，并使用结果来规划新的知识获取任务。图 2.4 显示了知识获取的过程。

图 2.4 知识获取过程

从专家提取知识的过程可能会被认为是一个易懂、简单的任务。也就是说，如果需要系统知识，为什么不简单地向专家要呢？但是，大多数专家系统开发者逐步意识到事情并不是如此简单。事实上，他们已经发现这个任务是专家系统设计中最难的部分。1983 年，杜达(Duda)和硕特莱福(Shortliffe)对于这个问题说道："知识的辨识和编码是构建专家系统过程中所遇到的最复杂、最费劲的任务之一，⋯⋯因此构建知识库的过程已经常常需要在领域专家和人工智能研究者之间进行耗时的协商与协调。当一个有经验的团队能在一两个月内建立一个小原型系统时，那么建造一个经得起认真评估的系统可能要付出远大于几年的努力。"1983 年，黑斯·若斯(Hayes Roth)等使用"瓶颈"这个术语来描述知识获取的困难度。

知识获取仍然是专家系统开发中最难的任务之一。自 20 世纪 80 年代起，专家系统领域已经变成礼拜式的活动。许多业余团队已经集中研究这个领域的特定主题，如知识表示、不精确推理、机器学习技术等。幸运的是，许多团队已经集中开发更好的知识获取方法，并用来帮助引导专家系统开发过程。

从人类专家获取知识有许多种知识提取技术。每种技术都具有获取某种类型知识的价值。理解不同类型的知识，揭示每种类型知识提取技术的能力，以便选择正确的技术。

在一个项目中可以找到许多知识源。每个知识源常提供一些有关给定问题的信息；在整个项目中应该考虑全部这些信息。表 2.3 给出了主要知识源的列表。

表 2.3　知识源
知识源
领域专家
终端用户
多个专家
报告
书籍
规章
方针

1）专家

对大多数专家系统项目，主要的知识源是领域专家。试图获取的就是专家独一无二的专业技术。但是，在项目中不应该忽略一些附加信息。

2）终端用户

终端用户是一种有价值的附加信息源。专家常从底层看待问题，只考虑重要细节。终端用户将从高层看待问题，考虑主要的主题。当需要对问题做一般性理解时，在项目的早期向终端用户咨询特别有价值。终端用户对项目后期发现系统运作中的缺点也有价值。

3）多个专家

另一个知识源存在于其他专家。大多数专家系统项目在知识获取过程中使用一个主要的领域专家。这样可以集中于对一个专家获取知识，而避免多个专家提供冲突性知识所产生的混淆。但是，有时使用附加的专家来收集一些子问题的特定知识或证实从单个专家收集的知识也是有价值的。

4）参考文献

附加信息源可能来自诸如报告、规章、方针和书的文档形式。如果这些文档存在，至少应该获得这些资料，并查阅一下以获得对问题的大致了解。这些文档也有助于定义和澄清领域术语。它们还可以提供对需要提出的主要议题的见解和最终系统要用的知识的细节。

2.2.2 知识提取任务

专家系统开发本质上是一种探索性努力。设计者对问题常缺乏初步了解，这样他们不得不对项目采取谨慎的方法。首先寻求对问题的一般理解，并使用这些信息作为探索附加信息的向导。通过这个知识收集和分析的反复过程，逐渐获得对问题的理解和求解此问题的见解。

这个涉及知识提取的任务创造了一个自然循环过程。该过程从知识收集开始，接着就是对知识进行解释和分析。最后，知识收集的方法就设计出来了。图 2.5 给出了这个循环过程。

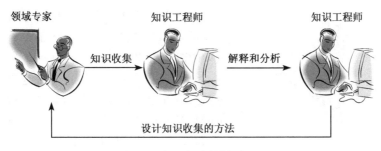

图 2.5　知识提取的循环过程

1. 收集

收集是指从专家获取知识的任务。正如以前讨论的，这个努力是知识提取循环中最难的任务。它需要有效的人际交流技巧和争取专家合作的能力。在项目的早期阶段，首先要获得对问题的基本理解。在后期阶段，将努力收集特定的信息。这个收集信息的重复过程就如漏斗效应从一般到特殊。

2. 解释

收集信息下一个任务就是解释。这涉及对收集到的信息的评述和对关键知识的辨识。在早期阶段，收集到的信息相当一般，兴趣是定义整个问题实例。这个努力涉及对材料的信息评述，其中在专家的帮助下建立问题的目标、约束和范围。在后期阶段，将使用正式方法解释这个任务中所揭示的知识。

3. 分析

通过解释任务中的学习，所发现的关键知识将为知识组织理论和问题求解策略的形成提供建议。在早期努力中，将识别专家所用的重要概念。也可以决定概念关系以及专家如何使用这些关系来解决问题。

4. 设计

完成收集、解释、分析任务之后，就对该问题有了一些新的理解了，这样有助于进一步研究。这个努力应该产生出需要进一步研究的新概念和问题求解策略。所有这些信息为设计收集附加知识的新技术提供了指南。

有些人可能难以接受没有清晰结束点的知识获取循环。从学术上看，专家系统开发没有终止条件。开发专家系统有点像教育孩子新科目。当孩子获得有关这个科目更多的知识时，他就能够理解得更好，并能使用这种理解来解决问题。专家系统按照相似方式可以通过获取更多知识继续提高其性能。从实际意义来看，开发周期有个终止点，即系统性能满足最初的规范要求。

2.2.3 知识获取的时间需求和困难

1. 知识获取的时间需求

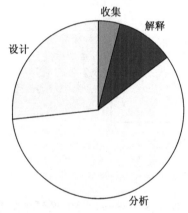

图 2.6 知识提取任务的时间比例

在专家系统项目中，如图 2.6 所示的知识提取过程重复了许多遍。这个过程的每个任务需要不同周期的时间来完成不同的活动。

图 2.7 显示了预计可能花在这个循环每一步的时间。随着专家系统规模和复杂程度的不同，每一步所花时间也有所不同。一般上，规模越大，复杂度越高，花费的时间就越长。

收集任务仅占用整个知识提取周期的一小段时间。专家的大多数的收集任务不会超过一小时。但是这个周期的其他阶段却相当耗时。

首先，不得不转录收集到的信息，对于 1h 收集的信息，转录要花 4～8h。然后需要研究这些信息，以识别和解释关键知识。完成这个工作大约需要 8h。

下一步，需要分析所识别的关键知识，以决定如何让它们同以前的知识相协调。对于

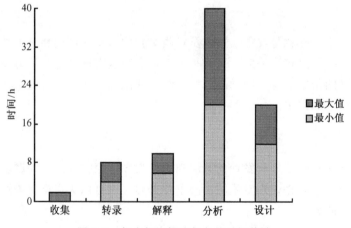

图 2.7 每个知识提取任务的时间估计

1h 收集的信息，这部分过程可能要花 40h。

最后，这个分析可以帮助设计新的知识提取任务。例如，可能发现下一步可以和专家一起探索的新概念。这个努力可能要花费两天时间。图 2.7 显示了完成这些任务预计要花费的时间的最小值和最大值。

2. 知识获取的困难

知识提取周期中收集任务的目的在于从专家提取特定领域的知识。在这个任务中有几个实质性的问题。大部分困难来自所用的提取方法或者与专家的沟通。

为了克服知识获取的困难，有必要从以下几方面理解可能发生的典型问题：

(1) 专家可能不知道要用到的知识。

(2) 专家可能不能描述相关知识。

(3) 专家可能提供不相关的知识。

(4) 专家可能提供不完整的知识。

(5) 专家可能提供不正确的知识。

(6) 专家可能提供不一致的知识。

2.3　知　识　推　理

前面介绍了在专家系统中如何表示知识和获取知识。本节介绍专家系统如何使用知识进行推理，以解决问题。专家系统中使用推理技术和控制策略进行推理。推理技术将知识库中的知识和工作内存中的问题事实组合起来，以引导专家系统。控制策略建立了专家系统的目标，也引导其推理。

首先有必要看看人类是如何推理的。

2.3.1　人类的推理

人类通过将事实和知识组合起来，以求解问题。他们获取特定问题的事实，并利用他们对问题领域的一般理解来得出合乎逻辑的结论。这个过程称为人类的推理。

定义 2.8　人类的推理。人类使用知识、事实和问题求解策略来得出结论的过程。

理解人类如何进行推理以及如何使用给定问题的信息和这个领域的一般知识，就能够增进对专家系统中知识推理的理解。

人类推理大致可分为以下几类：

1. 演绎推理

人类使用演绎推理从与逻辑相关的已知信息中演绎出新的信息。例如，福尔摩斯观察犯罪现场的证据，然后形成断言链，以得出他对犯罪的证据。

演绎推理使用问题事实或公理和规则或暗示形成相关的一般性知识。该过程首先比较公理和规则集，然后得出新的公理。例如：

规则：　如果我站在雨中，我会淋湿。

公理：　我站在雨中。

结论：　我会淋湿。

演绎推理逻辑上吸引人，是人类最常用的通用问题求解技术之一。

2. 归纳推理

人类使用归纳推理，通过一般化过程从有限的事实得出一般性结论。考虑下面的例子：

前提： 匹兹堡动物园的猴子吃香蕉。

前提： 长沙动物园的猴子吃香蕉。

结论： 一般来说，所有猴子都吃香蕉。

通过归纳推理，在有限的案例基础上得出某种类型所有案例的一般化结论。这是从部分到全部的转换，这就是归纳推理的核心。

3. 解释推理

基于解释的学习(explanation-based learning)，简称为解释学习或解释推理，是根据任务所在领域知识和正在学习的概念知识，对当前实例进行分析推理和求解，得出一个表征求解过程的因果解释树，以获取新的知识。在获取新的知识过程中，通过对属性、表征现象和内在关系等进行解释而学习到新的知识。

解释推理一般包括下列3个步骤：①利用基于解释的方法对训练实例进行分析与解释，以说明它是目标概念的一个实例；②对实例的结构进行概括性解释，建立该训练实例的一个解释结构，以满足对所学概念的定义；③从解释结构中识别出训练实例的特性，并从中得到更大一类例子的概括性描述，获取一般控制知识。

4. 类比推理

人类通过其经验形成一些概念的精神模型。他们通过类比推理使用这个模型，来帮助他们理解一些情况或对象。他们得出两者的类比，寻求异同，来引导其推理。

下面看看类比推理的例子：

老虎框架

类别：动物

腿的个数：4

食物：肉

居住地区：印度和南亚

颜色：茶色带斑纹

框架提供了获取典型信息的自然途径。可以用它来表示一些相似对象的典型特征。例如，在这个框架里列举了所有老虎的几个共同特征。如果进一步说明狮子像老虎，就自然地假设它们具备一些相同的特征。例如，都吃肉，并住在印度。但是也有区别，例如，它们的颜色不同，并且住在不同的位置。这样，使用类比推理，可获取对新对象的理解，通过提出一些特殊差别来加深理解。

5. 常识推理

人类通过经验学会高效地求解问题。他们使用常识来快速得出解决方案。常识推理更依赖于恰当的判断而不是精确的逻辑。考虑下面汽车诊断问题的例子。

松散的风扇叶片往往引起奇怪的噪声。

机师可能凭常识处理汽车的问题。当汽车发出奇怪的噪声时，他可能凭常识立即怀疑是风扇叶片松了。这种知识也称为启发信息，即拇指规则。

当启发信息用来指导专家系统中的问题求解时，称它为启发搜索或优先搜索。这种搜索寻求最可能的解。它不保证一定在寻找的方向内找到解；只有找寻的方向是合理的，才能找到。启发搜索对需要快速求解的应用有价值。

6. 非单调推理

大多数情况下，问题使用静态信息。也就是说，在问题求解过程中，各种事实的状态（即真或假）是不变的。这种类型的推理称为单调推理。

但有些问题会改变事实的状态。举例来说，把一则儿歌"风儿轻轻地吹啊 摇篮悠悠地摇哦"表示成如下规则形式：

IF 吹风

THEN 摇篮会摇动

然后，借用另一个消息，作为以下规则：

$$阿姨，坏人来了！\rightarrow 吹风 \rightarrow 摇篮摇动了$$

坏人经过时，要摇动摇篮。但是，坏人走了以后，要停止摇动摇篮。

人类不难跟踪信息的变化。事情改变时，他们易于调整其他相关事件。这种风格的推理称为非单调推理。

如果有真理维护系统（truth maintaince system，TMS），专家系统就可以执行非单调推理。真理维护系统保持引起事实的记录。所以，如果原因消除了，事实也会撤销。对于上面的例子，使用非单调推理的系统将撤销摇篮的摇动。

2.3.2 机器的推理

专家系统使用推理技术对人类的推理过程进行建模。

定义 2.9 机器推理。机器推理是专家系统从已知信息获取新的信息的过程。

专家系统使用推理机模块进行推理。推理机为使用当前信息得出进一步结论的处理机，它组合工作内存中的事实和知识库中的知识。通过这种行为能够推导出新的信息，并加入到工作内存中。图 2.8 显示了这个过程。

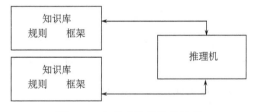

图 2.8 专家系统的推理过程

还要考虑以下推理问题：

(1) 向用户问什么问题？

(2) 如何在知识库中搜索？

(3) 如何从大量规则中选用一个规则？

(4) 得出的信息如何影响搜索过程？

下面给出解决此类问题的逻辑推理基础。

1. 假言推理

前面介绍过演绎逻辑和谓词计算这种知识表示形式方法。逻辑推理也使用简单的规则形式，称为假言推理（modus ponens）。

$$
\begin{array}{ll}
\text{IF} & A \text{ 是正确的} \\
\text{AND} & A \to B \text{ 是正确的} \\
\text{THEN} & B \text{ 是正确的}
\end{array}
$$

定义 2.10 推论。

断言"如果 A 为真,且 A 蕴含 B 也是真的,那么假设 B 是真的"的逻辑规则。

推论使用公理(真命题)来推导出新的事实。例如,如果有形如"$E^1 \to E^2$"的公理,并且有另一个公理 E^1,那么 E^2 就合乎逻辑地得出真值。

2. 消解

假言推理从初始问题的数据求出新的信息。这是一种在应用中选择推理的过程,它对于从可用信息中尽可能多地学习是很重要的。但是,在其他应用情况下,需要搜集特定信息来证明一些目标。例如,试图证明患者患有喉炎的医生会进行适当的测试,以获取支持性的证据。这种推理是罗宾逊(Robinson)于 1965 年首先提出的,并成为 Prolog 语言的基本算法。

定义 2.11 消解。逻辑系统中用于决定断言真值的推理策略,称为消解或归结(resolution)。

3. 非消解

在消解中,目标、前提或规则间没有区别。这些目标、前提或规则都被加到公理集中,然后使用推理的消解规则进行处理。这种处理方式可能是令人混淆的,因为不知道要证明的是什么。非消解或自然演绎技术试图通过指向目标的方法来证明某些语句以克服这种问题。

2.4 不确定推理

对于许多比较复杂的人工智能系统,往往含有复杂性、不完全性、模糊性或不确定性。当采用产生式系统或专家系统的结构时,要求设计者建立某种不确定性的计算和推理过程。有两种不确定性(uncertainty),即关于证据的不确定性和关于结论的不确定性。

2.4.1 关于证据的不确定性

观察事物时,所看到的事实经常具有某种不确定性。例如,当你观察某种动物的颜色时,你可能说这种动物的颜色看起来是白色的,但也可能是灰色的。这就是说,你的观察具有某种程度的不确定性。观察事物时带有的干扰或不精确都会导致证据的不确定性。目前人们用来处理不确定性的启发方法,在理论上大多数是不严格的,甚至是错误的;但在实际应用中,又可解决某些实际问题。至于哪些方法好或更好一些,要视具体情况而定。

一般对事实给予一个介于 0 和 1 之间的系数来表示事实的不确定性。1 代表完全确定,0 代表完全不确定。这个系数被称为可信度(也有一些专家系统,如 MYCIN 和 EXPERT 等,取可信度的范围为 $-1 \sim +1$)。当规则具有一个以上的条件时,就需要根据各个条件的可信度来求得总体条件部分的可信度。已有的方法有两类:

1. 以模糊集理论为基础的方法

按这种方法，把所有条件中最小的可信度作为总条件的可信度。例如，如图 2.9 所示为具有 3 个条件的规则。假设对每个证据分别赋予 0.9、0.5 以及 1.0 的可信度。如何从每个证据各自的可信度得到这个规则的总输入的可信度？这里所用的方法是取其中的最

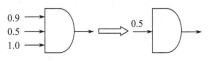

图 2.9　证据可信度的模糊集处理法

小值，即取 0.5。产生式规则的各个条件之间是合取的关系，取其可信度的最小值代表总的可信度，看起来好像符合模糊集理论。有时把这种处理可信度的方法称为基于模糊（集）理论的方法。在 MYCIN 系统中就采用这种方法。这种方法类似于当把几根绳子连接起来使用时，总的绳子强度与强度最差的绳子的相同。

2. 以概率为基础的方法

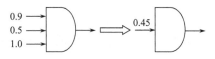

图 2.10　证据可信度的概率论处理法

这种方法同样赋予每个证据以可信度。但当把单独条件的可信度结合起来求取总的可信度时，它取决于各可信度的乘积。采用上述例子，这时规则的输入部分总的可信度为 0.45，如图 2.10 所示。在 PROSPECTOR 系统中就采用这种方法。

2.4.2　关于结论的不确定性

关于结论的不确定性也叫做规则的不确定性，它表示当规则的条件被完全满足时，产生某种结论的不确定程度。它也是以赋予规则在 0 和 1 之间的系数的方法来表示的。例如，有以下规则：

　　如果　启动器发生刺耳的噪声

　　那么　这个启动器坏的可能性是 0.5

以上规则表示，如果"启动器发生刺耳的噪声"这事实完全肯定的可信度为 1.0，那么得出"这个启动器坏"的结论的可信度为 0.8。如果规则的条件部分不完全确定，即可信度不为 1.0 时，如何求得结论的可信度的方法有以下两种：

（1）取结论可信度为条件可信度与上述系数的乘积。如图 2.11 所示的例子，其条件的可信度为 0.5，上述赋予规则的系数为 0.8，则结论的可信度为

$$C_{out}=0.5 \times 0.8 = 0.4$$

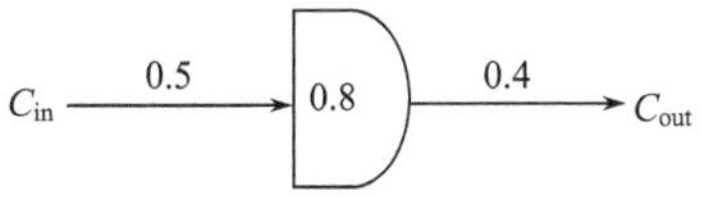

C_{in}　　0.5　　0.8　　0.4　　C_{out}

图 2.11　结论可信度求法

（2）按照某种概率论的解释，我们假设规则的条件部分的可信度 C_{in} 和其结论部分的可信度 C_{out} 之间存在某种关系，这种关系可用来代表规则的不确定性。如图 2.12 所示为 3 种这样的关系曲线。

如图 2.12(a) 所示的 C_{in} 与 C_{out} 的关系所代表的方法实际上和方法(1)相同。结论的可信度 C_{out} 等于条件的可信度 C_{in} 和某个系数的乘积。在图 2.12(b) 所示的情形下，即使在条件这边完全不确定，即 $C_{in}=0$ 时，结论的可信度 C_{out} 仍为 0.2。这意味着，即使条件这边的证据不存在，也可以得到结论。

在大多数情况下，C_{in} 和 C_{out} 的关系曲线由两条直线组成，如图 2.12(c) 所示。这样做的理由是：C_{in} 和 C_{out} 之间的关系不仅要反映终点的条件，而且要反映开始分析前的估计。这

种开始分析前的估计也称为先验值，表示完全没有当前要处理情况的任何知识时的可信度。例如，在你观察动物以前，就对所观察的动物有毛发或是哺乳动物作了估计，也即赋予一定程度的可信度。这就是给予先验可信度。

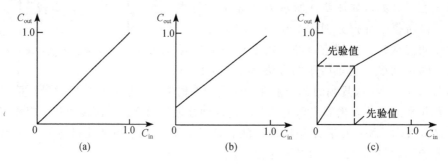

图 2.12　规则的条件可信度与结论可信度的关系

2.4.3　多个规则支持同一事实的不确定性

当多个规则支持同一事实时，这些规则之间的关系是析取。例如，在 IDENTIFIED 的例子中，应用规则 11 和 12 都可以得到"这是哺乳动物"的结论。如何根据这两个证据的可信度求得"这是哺乳动物"这个事实的可信度？与关于证据的可信度相类似，也有两种方法，它们分别基于模糊理论和概率理论。

1. 基于模糊集理论的方法

将支持这个事实的各规则的可信度的最大值作为事实的可信度，如图 2.13（a）所示。这类似于模糊集理论中多个条件相析取时，取这些条件中的隶属函数的最大值作为总的隶属函数值。这种方法被用于 EXPERT 系统中。

2. 基于概率论的方法

这里介绍的只是基于概率的方法中的一种。按这种方法由一组规则支持的事实的可信度，可用以下方法求得，首先把各个证据的可信度转换成可信性比例 r。可信性比例 r 和可信度 c 之间的关系可表示为

$$r = \frac{c}{1-c}, \quad c = \frac{r}{r+1} \tag{2.1}$$

把各证据的可信度比例简单地相乘就可以求得这些证据所支持的事实的可信性比例。然后，再利用上述公式转换为相应的可信度。这样就求得这个事实的可信度。当 $c = 0.5$ 时，相应的 $r = 1$，这时称为中性的可信比例。

在图 2.13（b）所示的例子中，$c_1 = 0.9$，$c_2 = 0.25$，与此相应的 r_1 和 r_2 分别为

$$r_1 = \frac{0.9}{1-0.9} = 9$$

$$r_2 = \frac{0.25}{1-0.25} = \frac{1}{3}$$

取 r_1 和 r_2 的乘积为这个事实的可信性比例 r：

$$r = r_1 \times r_2 = 9 \times \frac{1}{3} = 3$$

与此相应的可信度 c 为

$$c = \frac{r}{r+1} = \frac{3}{3+1} = 0.75$$

这样求得的事实可信度为 0.75。这个数值比按模糊集合为基础的方法求得的可信度 0.9 低。这是因为其中一个证据的可信度为 0.25，这实际上是否定这个事实。如果这个证据的可信度大于 0.5，则按这种方法求得的可信度就会大于 0.9。

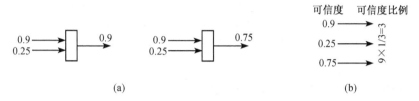

图 2.13　多个规则支持同一事实时的可信度

应用以概率论为基础的方法有以下两个困难：

(1) 按照概率论，应该检查支持同一事实的各个规则之间是否相互独立，而实际上难以进行这样的检查。

(2) 如果我们有以下规则：

如果　启动器发出刺耳噪声

那么　这个启动器坏的可能性是 0.75

按概率论，上述规则自动地意味着存在另一条规则如下：

如果　启动器发出刺耳的噪声

那么　这个启动器好的可能性是 0.25

但在许多场合，专家并不接受这样的规则。

2.5　基于规则的推理系统

20 世纪 60～70 年代开发的大部分专家系统都是基于规则的系统，如著名的 MYCIN、DENDRAL 和 R1 等专家系统。至今，大部分专家系统也是基于规则的系统。

在基于规则的专家系统中，领域知识被提取到规则集，并送到系统知识库。系统使用这些规则和工作内存中的信息来求解问题。当规则的 IF 部分与工作内存中的信息相匹配时，系统执行规则 THEN 部分所指定的行为。这时，规则被激活，其 THEN 语句加入到工作内存。添加到工作内存中的新语句也能激活其他规则。图 2.14 显示了此过程的一个例子。第 1 步，这个过程从专家系统向用户询问球的颜色开始，然后专家系统获得回答"红色"，并将这个事实输入到工作内存中。第 2 步，这个断言匹配第 1 个规则的前提。第 3 步，匹配结果是使用这个规则，向工作内存中添加结论"我喜欢球"。第 4 步，这条新信息与第 2 个规则的前提匹配。第 5 步，结果是使用这个规则，并向工作内存中添加事实"我将买这个球"。对于这个问题，专家系统没有考虑其他规则，因此这个过程停止。

在基于规则的专家系统中由推理机模块处理规则。上面是模块行为的一个简单实例。第

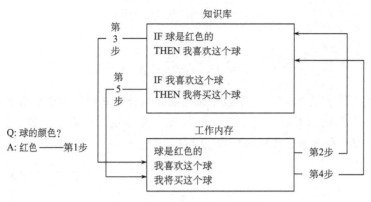

图 2.14　基于规则的系统操作

6 章将详细介绍这个模块处理规则的高级功能。

　　除了得出新的信息外，规则还能执行一些操作。这些操作可以是简单的计算，如下面的例子：

　　　　IF　　　求长方形的面积

　　　　THEN　AREA＝LENGTH * WIDTH

在前提信息加到工作内存中时就使用这个规则。结果是进行面积计算。

　　为了执行更复杂的操作，大多数基于规则的专家系统设计能够访问外部程序。外部程序几乎可以是任何类型的传统软件，如数据库、C 程序等。

2.6　模　糊　逻　辑

　　扎德(Zadeh)于 1965 年提出的模糊集合成为处理现实世界各类物体的方法。此后，对模糊集合和模糊信号处理理论的研究和实际应用获得广泛开展。模糊控制和模糊决策支持系统就是两个突出的研究与应用领域。

　　本节将简要地介绍模糊数学的基本概念、运算法则、模糊逻辑推理和模糊判决等。这些内容构成模糊逻辑的基础知识。模糊计算就是以模糊逻辑为基础的计算。

2.6.1　模糊集合、模糊逻辑及其运算

　　首先介绍模糊集合与模糊逻辑的若干定义。

　　设 U 为某些对象的集合，称为论域，可以是连续的或离散的；u 表示 U 的元素，记作 $U=\{u\}$。

　　定义 2.12　模糊集合(fuzzy sets)。论域 U 到 $[0，1]$ 区间的任一映射 μ_F，即 $\mu_F：U\rightarrow[0，1]$，都确定 U 的一个模糊子集 F；μ_F 称为 F 的隶属函数(membership function)或隶属度(grade of membership)。也就是说，μ_F 表示 u 属于模糊子集 F 的程度或等级。在论域 U 中，可把模糊子集表示为元素 u 与其隶属函数 $\mu_F(u)$ 的序偶集合，记为

$$F=\{(u，\mu_F(u))\mid u\in U\} \tag{2.2}$$

若 U 为连续，则模糊集 F 可记为

$$F = \int_U \mu_F(u)/u \qquad (2.3)$$

若 U 为离散，则模糊集 F 可记为

$$F = \mu_F(u_1)/u_1 + \mu_F(u_2)/u_2 + \cdots + \mu_F(u_n)/u_n$$

$$= \sum_{i=1}^{n} \mu_F(u_i)/u_i, \quad i=1, 2, \cdots, n \qquad (2.4)$$

定义 2.13 模糊支集、交叉点及模糊单点。如果模糊集是论域 U 中所有满足 $\mu_F(u) > 0$ 的元素 u 构成的集合，则称该集合为模糊集 F 的支集。当 u 满足 $\mu_F = 1.0$ 时，则称此模糊集为模糊单点。

定义 2.14 模糊集的运算。设 A 和 B 为论域 U 中的两个模糊集，其隶属函数分别为 μ_A 和 μ_B，则对于所有 $u \in U$，存在下列运算：

（1）A 与 B 的并（逻辑或）记为 $A \cup B$，其隶属函数定义为

$$\mu_{A \cup B}(u) = \mu_A(u) \vee \mu_B(u) = \max\{\mu_A(u), \mu_B(u)\} \qquad (2.5)$$

（2）A 与 B 的交（逻辑与）记为 $A \cap B$，其隶属函数定义为

$$\mu_{A \cap B}(u) = \mu_A(u) \wedge \mu_B(u) = \min\{\mu_A(u), \mu_B(u)\} \qquad (2.6)$$

（3）A 的补（逻辑非）记为 $\overline{A}$，其传递函数定义为

$$\mu_{\overline{A}}(u) = 1 - \mu_A(u) \qquad (2.7)$$

定义 2.15 直积（笛卡儿乘积，代数积）。若 A_1, A_2, $\cdots$, A_n 分别为论域 U_1, U_2, $\cdots$, U_n 中的模糊集合，则这些集合的直积是乘积空间 $U_1 \times U_2 \times \cdots \times U_n$ 中的一个模糊集合，其隶属函数为

$$\mu_{A_1 \times K \times A_n}(u_1, u_2, \cdots, u_n) = \min\{\mu_{A_1}(u_1), \cdots, \mu_{A_n}(u_n)\}$$

$$= \mu_{A_1}(u_1)\mu_{A_2}(u_2)\cdots\mu_{A_n}(u_n) \qquad (2.8)$$

定义 2.16 模糊关系。若 U，V 是两个非空模糊集合，则其直积 $U \times V$ 中的一个模糊子集 R 称为从 U 到 V 的模糊关系，可表示为

$$U \times V = \{((u, v), \mu_R(u, v)) \mid u \in U, v \in V\} \qquad (2.9)$$

定义 2.17 复合关系。若 R 和 S 分别为 $U \times V$ 和 $V \times W$ 中的模糊关系，则 R 和 S 的复合 $R \circ S$ 是一个从 U 到 W 的模糊关系，记为

$$R \circ S = \{[(u, w); \sup_{v \in V}(\mu_R(u, v) * \mu_S(v, w))]u \in U, v \in V, w \in W\} \qquad (2.10)$$

其隶属函数为

$$\mu_{R \circ S}(u, w) = \bigvee_{v \in V}(\mu_R(u, v) \wedge \mu_S(u, v))(u, w) \in (U \times W) \qquad (2.11)$$

式（2.10）中的 $*$ 号可为三角范式内的任意一种算子，包括模糊交、代数积、有界积和直积等。

定义 2.18 正态模糊集、凸模糊集和模糊数。

以实数 R 为论域的模糊集 F，若其隶属函数满足

$$\max_{x \in R} \mu_F(x) = 1$$

则 F 为正态模糊集；若对于任意实数 x，$a < x < b$，有

$$\mu_F(x) \geqslant \min\{\mu_F(a), \mu_F(b)\}$$

则 F 为凸模糊集;若 F 既是正态的又是凸的,则称 F 为一模糊数。

定义 2.19 语言变量。一个语言变量可定义为多元组 $(x,T(x),U,G,M)$。其中,x 为变量名;$T(x)$ 为 x 的词集,即语言值名称的集合;U 为论域;G 是产生语言值名称的语法规则;M 是与各语言值含义有关的语法规则。语言变量的每个语言值对应一个定义在论域 U 中的模糊数。语言变量的基本词集将模糊概念与精确值相联系,实现对定性概念的定量化以及定量数据的定性模糊化。

例如,某工业窑炉模糊控制系统,把温度作为一个语言变量,其词集 T(温度)可为

$$T(温度)=\{超高,很高,较高,中等,较低,很低,过低\}$$

定义 2.20 常规集合的许多运算特性对模糊集合也同样成立。设模糊集合 A、B、$C \in U$,则其并、交和补运算满足下列基本规律:

(1) 幂等律。

$$A \cup A=A, \qquad A \cap A=A \tag{2.12}$$

(2) 交换律。

$$A \cup B=B \cup A, \qquad A \cap B=B \cap A \tag{2.13}$$

(3) 结合律。

$$(A \cup B) \cup C=A \cup (B \cup C)$$
$$(A \cap B) \cap C=A \cap (B \cap C) \tag{2.14}$$

(4) 分配律。

$$A \cup (B \cap C)=(A \cup B) \cap (A \cup C)$$
$$A \cap (B \cup C)=(A \cap B) \cup (A \cap C) \tag{2.15}$$

(5) 吸收律。

$$A \cup (A \cap B)=A, \qquad A \cap (A \cup B)=A \tag{2.16}$$

(6) 同一律。

$$A \cap E=A, \qquad A \cup E=E$$
$$A \cap \phi=\phi, \qquad A \cup \phi=A \tag{2.17}$$

式中,ϕ 为空集,E 为全集,即 $\phi=\bar{E}$。

(7) DeMorgan 律。

$$-(A \cap B)=-A \cup -B$$
$$-(A \cup B)=-A \cap -B \tag{2.18}$$

(8) 复原律。

$$\bar{\bar{A}}=A, \qquad 即 -(-A)=A \tag{2.19}$$

(9) 对偶律(逆否律)。

$$\overline{A \cup B}=\bar{A} \cap \bar{B}, \qquad \overline{A \cap B}=\bar{A} \cup \bar{B}$$

即

$$-(A \cup B)=-A \cap -B, \qquad -(A \cap B)=-A \cup -B \tag{2.20}$$

(10) 互补律不成立,即

$$-A \cup A \neq E, \qquad -A \cap A \neq \phi \tag{2.21}$$

2.6.2　模糊逻辑推理

模糊逻辑推理是建立在模糊逻辑基础上的，它是一种不确定性推理方法，是在二值逻辑三段论基础上发展起来的。这种推理方法以模糊判断为前提，动用模糊语言规则，推导出一个近似的模糊判断结论。模糊逻辑推理方法尚在继续研究与发展中。已经提出了 Zadeh 法、Baldwin 法、Tsukamoto 法、Yager 法和 Mizumoto 法等方法。在此仅介绍扎德（Zadeh）的推理方法。

在模糊逻辑和近似推理中，有两种重要的模糊推理规则，即广义取式（肯定前提）假言推理法（generalized modus ponens，GMP）和广义拒式（否定结论）假言推理法（generalized modus tollens，GMT），分别简称为广义前向推理法和广义后向推理法。

GMP 推理规则可表示为

$$前提 1：x\ 为\ A'$$
$$前提 2：若\ x\ 为\ A，则\ y\ 为\ B$$
$$结论：y\ 为\ B' \tag{2.22}$$

GMT 推理规则可表示为

$$前提 1：y\ 为\ B$$
$$前提 2：若\ x\ 为\ A，则\ y\ 为\ B$$
$$结论：x\ 为\ A' \tag{2.23}$$

上述两式中的 A、A'、B 和 B' 为模糊集合，x 和 y 为语言变量。

当 $A=A'$ 和 $B=B'$ 时，GMP 就退化为"肯定前提的假言推理"，它与正向数据驱动推理有密切关系，在模糊逻辑控制中特别有用。当 $B'=\overline{B}$ 和 $A'=\overline{A}$ 时，GMT 退化为"否定结论的假言推理"，它与反向目标驱动推理有密切关系，在专家系统（尤其是医疗诊断）中特别有用。

自从扎德在近似推理中引入复合推理规则以来，已提出数十种具有模糊变量的隐含函数，它们基本上可分为三类，即模糊合取、模糊析取和模糊蕴涵。以合取、析取和蕴涵等定义为基础，利用三角范式和三角协范式，能够产生模糊推理中常用的模糊蕴涵关系。

定义 2.21　三角范式。三角范式 $*$ 是从 $[0,1]\times[0,1]$ 到 $[0,1]$ 的两位函数，即 $*：[0,1]\times[0,1]\rightarrow[0,1]$，它包括交、代数积、有界积和强积。对于所有 $x，y\in[0,1]$，有

交：$x\wedge y=\min\{x，y\}$

代数积：$x\cdot y=xy$

有界积：$x\odot y=\max\{0，x+y-1\}$

强　积：$x\mathbin{\dot\frown}y=\begin{cases}x，&y=1\\y，&x=1\\0，&x<1，y<1\end{cases}$

定义 2.22　三角协范式。三角协范式 $\dotplus$ 是从 $[0,1]\times[0,1]$ 到 $[0,1]$ 的两位函数，即 $\dotplus：[0,1]\times[0,1]\rightarrow[0,1]$，它包括并、代数和、有界和、强和以及不相交和。对于所有 $x，y\in[0,1]$，有

并：$x\vee y=\max\{x，y\}$

代数和：$x + y = x + y - xy$

有界和：$x \oplus y = \min(1, x + y)$

强和：$x \cup y = \begin{cases} x & y = 0 \\ y & x = 0 \\ 1 & x > 0, y > 0 \end{cases}$

不相交和：$x \Delta y = \max\{\min(x, 1-y), \min(1-x, y)\}$

三角范式用于定义近似推理中的合取，三角协范式则用于定义近似推理中的析取。

一个模糊控制规则：

$$\text{IF} \quad x \text{ 为 } A \qquad \text{THEN} \quad y \text{ 为 } B$$

用模糊隐函数表示为

$$A \rightarrow B$$

其中，A 和 B 分别为论域 U 和 V 中的模糊集合，其隶属函数分别为 μ_A 和 μ_B。以此假设为基础，可给出下列三个定义。

定义 2.23 模糊合取。对于所有 $u \in U$，$v \in V$，模糊合取为

$$A \rightarrow B = A \times B$$
$$= \int_{U \times A} \mu_A(u) * \mu_B(v)/(u, v)$$

式中，$*$ 为三角范式的一个算子。

定义 2.24 模糊析取。对于所有 $u \in U$，$v \in V$，模糊析取为

$$A \rightarrow B = A + B$$
$$= \int_{U \times V} \mu_A(u) \dotplus \mu_B(v)/(u, v)$$

式中，$\dotplus$ 是三角协范式的一个算子。

定义 2.25 模糊蕴涵。由 $A \rightarrow B$ 所表示的模糊蕴涵是定义在 $U \times V$ 上一个特殊的模糊关系，其关系及隶属函数如下：

(1) 模糊合取。

$$A \rightarrow B = A \times B$$
$$\mu_{A \rightarrow B}(u, v) = \mu_A(u) * \mu_B(u) \tag{2.24}$$

(2) 模糊析取。

$$A \rightarrow B = A + B$$
$$\mu_{A \rightarrow B}(u, v) = \mu_A(u) \dotplus \mu_B(u) \tag{2.25}$$

(3) 基本蕴涵。

$$A \rightarrow B = \overline{A} \dotplus B$$
$$\mu_{A \rightarrow B}(u, v) = \mu_{\overline{A}}(u) \dotplus \mu_B(u) \tag{2.26}$$

(4) 命题演算。

$$A \rightarrow B = \overline{A} \dotplus (A * B)$$
$$\mu_{A \rightarrow B}(u, v) = \mu_{\overline{A}}(u) \dotplus \mu_{A * B}(u) \tag{2.27}$$

(5) GMP 推理。

$$A \rightarrow B = \sup\{c \in [0, 1], A * c \leqslant B\}$$

$$\mu_{A \to B}(u, v) = \sup\{c \in [0, 1] \mid \mu_A(u) * c \leqslant \mu_B(v)\} \qquad (2.28)$$

（6）GMT 推理。

$$A \to B = \inf\{c \in [0, 1], B \dotplus c \leqslant A\}$$

$$\mu_{A \to B}(u, v) = \inf\{c \in [0, 1] \mid \mu_B(v) \dotplus c \leqslant \mu_A(u)\} \qquad (2.29)$$

可以把模糊蕴涵 $A \to B$ 理解为一条 IF-THEN 规则：如果 x 为 A，则 y 为 B，其中 $x \in U$，$y \in V$，x，y 均为语言变量。因此，式(2.24)～式(2.29)对应于六种 IF-THEN 规则的表达式，形成六种模糊推理规则。

2.6.3 模糊判决方法

通过模糊推理得到的结果是一个模糊集合或者隶属函数，但在实际使用中，特别是在模糊逻辑控制中，必须用一个确定的值才能去控制伺服机构。在推理得到的模糊集合中取一个相对最能代表这个模糊集合的单值的过程就称作解模糊或模糊判决（defuzzification）。模糊判决可以采用不同的方法，用不同的方法所得到的结果也是不同的。理论上用重心法比较合理，但是计算比较复杂，因而在实时性要求较高的系统中不采用这种方法。最简单的方法是最大隶属度方法，这种方法取所有模糊集合或者隶属函数中隶属度最大的那个值作为输出，但是这种方法未考虑其他隶属度较小的值的影响，代表性不好，所以它往往用于比较简单的系统。介于这两者之间的还有几种平均法，如加权平均法、隶属度限幅（α-cut）元素平均法等。下面介绍各种模糊判决方法，并以"水温适中"为例，说明不同方法的计算过程。

这里假设"水温适中"的隶属函数为

$$\mu_N(x_i) = \{X: \ 0.0/0 + 0.0/10 + 0.33/20 + 0.67/30 + 1.0/40 + 1.0/50$$
$$+ 0.75/60 + 0.5/70 + 0.25/80 + 0.0/90 + 0.0/100\}$$

1. 重心法

所谓重心法就是取模糊隶属函数曲线与横坐标轴围成面积的重心作为代表点。理论上应该计算输出范围内一系列连续点的重心，即

$$u = \frac{\displaystyle\int_x x\mu_N(x)\mathrm{d}x}{\displaystyle\int_x \mu_N(x)\mathrm{d}x} \qquad (2.30)$$

但实际上是计算输出范围内整个采样点（即若干离散值）的重心。这样，在不花太多时间的情况下，用足够小的取样间隔来提供所需的精度，这是一种最好的折中方案。即

$$u = \frac{\sum x_i \cdot \mu_N(x_i)}{\sum \mu_N(x_i)}$$

$$= (0 \cdot 0.0 + 10 \cdot 0.0 + 20 \cdot 0.33 + 30 \cdot 0.67 + 40 \cdot 1.0 + 50 \cdot 1.0$$
$$+ 60 \cdot 0.75 + 70 \cdot 0.5 + 80 \cdot 0.25 + 90 \cdot 0.0 + 100 \cdot 0.0)$$
$$/(0.0 + 0.0 + 0.33 + 0.67 + 1.0 + 1.0 + 0.75 + 0.5 + 0.25 + 0.0 + 0.0)$$
$$= 48.2$$

在隶属函数不对称的情况下，其输出的代表值是 48.2℃。如果模糊集合中没有 48.2℃，

那么就选取最靠近的一个温度值 50℃ 输出。

2. 最大隶属度法

这种方法最简单，只要在推理结论的模糊集合中取隶属度最大的那个元素作为输出量即可。不过，要求这种情况下其隶属函数曲线一定是正规凸模糊集合（即其曲线只能是单峰曲线）。如果该曲线是梯形平顶的，那么具有最大隶属度的元素就可能不止一个，这时就要对所有取最大隶属度的元素求平均值。

例如，对于"水温适中"，按最大隶属度原则，有两个元素 40 和 50 具有最大隶属度 1.0，那就要对所有取最大隶属度的元素 40 和 50 求平均值，执行量应取

$$u_{\max} = (40 + 50)/2 = 45$$

3. 系数加权平均法

系数加权平均法的输出执行量由下式决定：

$$u = \frac{\sum k_i \cdot x_i}{\sum k_i} \tag{2.31}$$

式中，系数 k_i 的选择要根据实际情况而定，不同的系数就决定系统有不同的响应特性。当该系数选择 $k_i = \mu_N(x_i)$ 时，即取其隶属函数时，这就是重心法。在模糊逻辑控制中，可以通过选择和调整该系数来改善系统的响应特性。因而这种方法具有灵活性。

4. 隶属度限幅元素平均法

用所确定的隶属度值 α 对隶属度函数曲线进行切割，再对切割后等于该隶属度的所有元素进行平均，用这个平均值作为输出执行量，这种方法就称为隶属度限幅元素平均法。

例如，当取 α 为最大隶属度值时，表示"完全隶属"关系，这时 $\alpha = 1.0$。在"水温适中"的情况下，40℃ 和 50℃ 的隶属度是 1.0，求其平均值得到输出代表量

$$u = (40 + 50)/2 = 45$$

这样，当"完全隶属"时，其代表量为 45℃。

如果当 $\alpha = 0.5$ 时，表示"大概隶属"关系，切割隶属度函数曲线后，这时从 30℃ 到 70℃ 的隶属度值都包含在其中，所以求其平均值得到输出代表量

$$u = (30 + 40 + 50 + 60 + 70)/5 = 50$$

这样，当"大概隶属"时，其代表量为 50℃。

2.7 人工神经网络

作为动态系统辨识、建模和控制的一种新的和令人感兴趣的工具，人工神经网络（ANN）在过去近 20 年中得到大力研究并取得重要进展。涉及 ANN 的杂志和会议论文剧增；有关 ANN 的专著、教材、会议录和专辑相继出版，对推动这一思潮起到重要作用。

本节将首先介绍人工神经网络的由来、特性、结构、模型和算法；然后讨论神经网络的表示和推理。这些内容是神经网络的基础知识。神经计算是以神经网络为基础的计算。

2.7.1　人工神经网络研究的进展

人工神经网络研究的先锋麦卡洛克（McCulloch）和皮茨（Pitts）曾于 1943 年提出一种叫做"似脑机器"（mindlike machine）的思想，这种机器可由基于生物神经元特性的互连模型来制造；这就是"神经学网络"的概念。他们构造了一个表示大脑基本组分的神经元模型，对逻辑操作系统表现出通用性。随着大脑和计算机研究的进展，研究目标已从"似脑机器"变为"学习机器"，为此一直关心神经系统适应律的赫布（Hebb）提出了学习模型。罗森布拉特（Rosenblatt）命名感知器，并设计了一个引人注目的结构。到 20 世纪 60 年代初期，关于学习系统的专用设计方法有威德罗（Widrow）等提出的自适应线性元（adaptive linear element，Adaline）以及斯坦巴克（Steinbuch）等提出的学习矩阵。由于感知器的概念简单，因而在开始介绍时人们对它寄托很大希望。然而，不久之后明斯基和帕伯特从数学上证明了感知器不能实现复杂逻辑功能。

到了 20 世纪 70 年代，格罗斯伯格（Grossberg）、科霍恩（Kohonen）对神经网络研究做出重要贡献。以生物学和心理学证据为基础，格罗斯伯格提出了几种具有新颖特性的非线性动态系统结构。该系统的网络动力学由一阶微分方程建模，而网络结构为模式聚集算法的自组织神经实现。基于神经元组织自调整各种模式的思想，科霍恩发展了他在自组织映射方面的研究工作。沃博斯（Werbos）在 20 世纪 70 年代开发了一种反向传播算法。霍普菲尔德在神经元交互作用的基础上引入一种递归型神经网络，这种网络就是有名的霍普菲尔德网络。在 20 世纪 80 年代中叶，作为一种前馈神经网络的学习算法，帕克（Parker）和鲁姆尔哈特（Rumelhart）等重新发现了返回传播算法。近 20 多年来，神经网络已在从家用电器到工业对象的广泛领域找到它的用武之地，主要应用涉及模式识别、图像处理、自动控制、机器人、信号处理、管理、商业、医疗和军事等领域。

人工神经网络的下列特性是至关重要的：

（1）并行分布处理。神经网络具有高度的并行结构和并行实现能力，因而能够有较好的耐故障能力和较快的总体处理能力。这特别适于实时和动态处理。

（2）非线性映射。神经网络具有固有的非线性特性，这源于其近似任意非线性映射（变换）能力。这一特性给处理非线性问题带来新的希望。

（3）通过训练进行学习。神经网络是通过所研究系统过去的数据记录进行训练的。一个经过适当训练的神经网络具有归纳全部数据的能力。因此，神经网络能够解决那些由数学模型或描述规则难以处理的问题。

（4）适应与集成。神经网络能够适应在线运行，并能同时进行定量和定性操作。神经网络的强适应和信息融合能力使得网络过程可以同时输入大量不同的控制信号，解决输入信息间的互补和冗余问题，并实现信息集成和融合处理。这些特性特别适于复杂、大规模和多变量系统。

（5）硬件实现。神经网络不仅能够通过软件而且可借助软件实现并行处理。近年来，一些超大规模集成电路实现硬件已经问世，而且可从市场上购到。这使得神经网络具有快速和大规模处理能力的实现网络。

显然，神经网络由于其学习和适应、自组织、函数逼近和大规模并行处理等能力，具有用于智能系统的潜力。

神经网络在模式识别、信号处理、系统辨识和优化等方面的应用，已有广泛研究。在控制领域，已经做出许多努力，把神经网络用于控制系统，处理控制系统的非线性和不确定性以及逼近系统的辨识函数等。

2.7.2 人工神经网络的结构

神经网络的结构是由基本处理单元及其互连方法决定的。

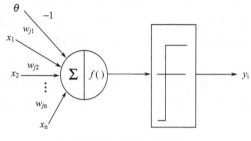

图 2.15　神经元模型

1. 神经元及其特性

连接机制结构的基本处理单元与神经生理学类比往往称为神经元。每个构造起网络的神经元模型模拟一个生物神经元，如图 2.15 所示。该神经元单元由多个输入 x_i（$i=1$，2，$\cdots$，n）和一个输出 y 组成。中间状态由输入信号的权和表示，而输出为

$$y_j(t) = f(\sum_{i=1}^{n} w_{ji} x_i - \theta_j) \qquad (2.32)$$

式中，θ_j 为神经元单元的偏置（阈值）；w_{ji} 为连接权系数（对于激发状态，w_{ji} 取正值；对于抑制状态，w_{ji} 取负值）；n 为输入信号数目；y_j 为神经元输出；t 为时间；$f(\ )$ 为输出变换函数，有时叫做激励函数，往往采用 0 和 1 二值函数或 S 形函数，如图 2.16 所示，这三种函数都是连续和非线性的。一种二值函数可由下式表示：

$$f(x) = \begin{cases} 1, & x \geqslant x_0 \\ 0, & x < x_0 \end{cases} \qquad (2.33)$$

如图 2.16(a)所示。一种常规的 S 形函数如图 2.16(b)所示，可由下式表示：

$$f(x) = \frac{1}{1 + \mathrm{e}^{-ax}}, \qquad 0 < f(x) < 1 \qquad (2.34)$$

常用双曲正切函数（图 2.16(c)）来取代常规 S 形函数，因为 S 形函数的输出均为正值，而双曲正切函数的输出值可为正或负。双曲正切函数如下式所示：

$$f(x) = \frac{1 - \mathrm{e}^{-ax}}{1 + \mathrm{e}^{-ax}}, \qquad -1 < f(x) < 1 \qquad (2.35)$$

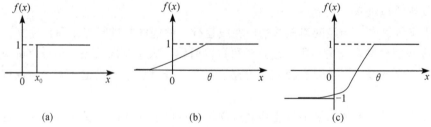

(a)　　　　　　　　　(b)　　　　　　　　　(c)

图 2.16　神经元中的某些变换（激励）函数

2. 人工神经网络的基本特性和结构

人脑内含有极其庞大的神经元（有人估计约为一千几百亿个），它们互连组成神经网络，

并执行高级的问题求解智能活动。

人工神经网络由神经元模型构成；这种由许多神经元组成的信息处理网络具有并行分布结构。每个神经元具有单一输出，并且能够与其他神经元连接；存在许多（多重）输出连接方法，每种连接方法对应一个连接权系数。严格地说，人工神经网络是一种具有下列特性的有向图：

（1）对于每个节点 i，存在一个状态变量 x_i；

（2）从节点 j 至节点 i，存在一个连接权系统数 w_{ij}；

（3）对于每个节点 i，存在一个阈值 θ_i；

（4）对于每个节点 i，定义一个变换函数 $f_i(x_i, w_{ji}, \theta_i)$，$i \neq j$；对于最一般的情况，此函数取 $f_i(\sum_j w_{ij}x_j - \theta_i)$ 形式。

人工神经网络的结构基本上分为两类，即递归（反馈）网络和前馈网络，简介如下：

1）递归网络

在递归网络中，多个神经元互连以组织一个互连神经网络，如图 2.17 所示。有些神经元的输出被反馈至同层或前层神经元。因此，信号能够从正向和反向流通。Hopfield 网络，Elmman 网络和 Jordan 网络是递归网络有代表性的例子。递归网络又叫做反馈网络。

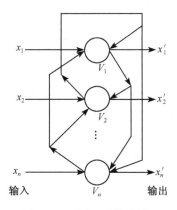

图 2.17　递归（反馈）网络

图 2.17 中，V_i 表示节点的状态，x_i 为节点的输入（初始）值，x_i' 为收敛后的输出值，$i = 1, 2, \cdots, n$。

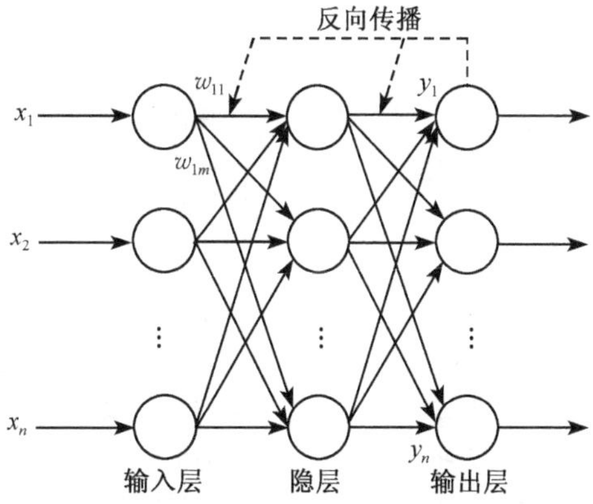

图 2.18　前馈（多层）网络

2）前馈网络

前馈网络具有分层结构，由一些同层神经元间不存在互连的层级组成。从输入层至输出层的信号通过单向连接流通；神经元从一层连接至下一层，不存在同层神经元间的连接，如图 2.18 所示。图中，实线指明实际信号流通而虚线表示反向传播。前馈网络的例子有多层感知器（MLP）、学习矢量量化（LVQ）网络、小脑模型关联控制（CMAC）网络和数据处理方法（GMDH）网络等。

3. 人工神经网络的主要学习算法

神经网络主要通过两种学习算法进行训练，即指导式（有师）学习算法和非指导式（无师）学习算法。此外，还存在第三种学习算法，即强化学习算法；可把它看作有师学习的一种特例。

1）有师学习

有师学习算法能够根据期望的和实际的网络输出（对应于给定输入）间的差来调整神经元间连接的强度或权。因此，有师学习需要有个老师或导师来提供期望或目标输出信号。有师学习算法的例子包括 Delta 规则、广义 Delta 规则或反向传播算法以及 LVQ 算法等。

2）无师学习

无师学习算法不需要知道期望输出。在训练过程中，只要向神经网络提供输入模式，神经网络就能够自动地适应连接权，以便按相似特征把输入模式分组聚集。无师学习算法的例子包括 Kohonen 算法和 Carpenter-Grossberg 自适应谐振理论（ART）等。

3）强化学习

如前所述，强化（增强）学习是有师学习的特例。它不需要老师给出目标输出。强化学习算法采用一个"评论员"来评价与给定输入相对应的神经网络输出的优度（质量因数）。强化学习算法的一个例子是遗传算法（GA）。

2.7.3 人工神经网络的典型模型

迄今为止，有 30 多种人工神经网络模型被开发和应用。有代表性的模型包括自适应谐振理论（ART）、双向联想存储器（BAM）、玻尔兹曼（Boltzmann，BM）机、反向传播（BP）网络、对流传播网络（CPN）、Hopfield 网、Madaline 算法、认知机（Neocogntion）、感知器（Perceptron）、自组织映射网（SOM）等。

根据伊林沃思（Illingworth）提供的综合资料，最典型的 ANN 模型（算法）及其学习规则和应用领域如表 2.4 所示。

表 2.4 人工神经网络的典型模型

模型名称	有师或无师	学习规则	正向或反向传播	应用领域
AG	无	Hebb 律	反向	数据分类
SG	无	Hebb 律	反向	信息处理
ART-I	无	竞争律	反向	模式分类
DH	无	Hebb 律	反向	语音处理
CH	无	Hebb/竞争律	反向	组合优化
BAM	无	Hebb/竞争律	反向	图像处理
AM	无	Hebb 律	反向	模式存储
ABAM	无	Hebb 律	反向	信号处理
CABAM	无	Hebb 律	反向	组合优化
FCM	无	Hebb 律	反向	组合优化
LM	有	Hebb 律	正向	过程监控
DR	有	Hebb 律	正向	过程预测，控制
LAM	有	Hebb 律	正向	系统控制
OLAM	有	Hebb 律	正向	信号处理
FAM	有	Hebb 律	正向	知识处理
BSB	有	误差修正	正向	实时分类
Perceptron	有	误差修正	正向	线性分类，预测
Adaline/Madaline	有	误差修正	反向	分类，噪声抑制
BP	有	误差修正	反向	分类
AVQ	有	误差修正	反向	数据自组织
CPN	有	Hebb 律	反向	自组织映射
BM	有	Hebb/模拟退火	反向	组合优化
CM	有	Hebb/模拟退火	反向	组合优化

模型名称	有师或无师	学习规则	正向或反向传播	应用领域
AHC	有	误差修正	反向	控制
ARP	有	随机增大	反向	模式匹配，控制
SNMF	有	Hebb 律	反向	语音/图像处理

2.7.4 基于神经网络的知识表示与推理

1. 基于神经网络的知识表示

在基于神经网络的系统(包括基于神经网络的专家系统)中，知识的表示方法与传统人工智能系统中所用的方法(如产生式、框架、语义网络等)完全不同。传统人工智能系统中所用的方法是知识的显式表示，而神经网络中的知识表示是一种隐式的表示方法。在该系统中，知识并不像在产生式系统中那样独立地表示为每一条规则，而是将某一问题的若干知识在同一网络中表示。首先来看一个使用二层神经网络实现与逻辑(AND)的例子。如图 2.19 所示，x_1、x_2 为网络的输入，w_1、w_2 为连接边的权值，y 为网络的输出。

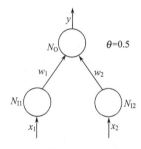

图 2.19　神经网络实现与逻辑

定义一个输入输出关系函数

$$f(a) = \begin{cases} 0, & a < \theta \\ 1, & a \geqslant \theta \end{cases}$$

这里，$\theta = 0.5$。

根据网络的定义，网络的输出 $y = f(x_1 w_1 + x_2 w_2)$。只要有一组合适的权值 w_1、w_2，就可以使输入数据 x_1、x_2 和输出 y 之间符合与(AND)逻辑，如表 2.5 所示。

表 2.5　网络输入输出的与(AND)关系

输入		输出
x_1	x_1	y
0	0	0
0	1	0
1	0	0
1	1	1

表 2.6　满足与(AND)关系的权值

w_1	w_2
0.2	0.35
0.2	0.40
0.25	0.30
0.40	0.20

根据实验得到了如表 2.6 所示的几组 w_1、w_2 权值数据，读者不难验证。

由此可见权值数据对整个网络非常重要。是不是对于所有问题只需要固定一个二层网络的结构，然后寻找到合适的权值就行了呢？若此方法可行，那么只需要依次记录下所有权值就可以表示整个网络了。接下来，假设其他条件不变，试用图 2.20 的网络来实现异或逻辑(XOR)。显然要实现异或逻辑，网络必须满足如下关系：

$$1 \cdot w_1 + 1 \cdot w_2 < t \qquad w_1 + w_2 < t$$
$$1 \cdot w_1 + 0 \cdot w_2 \geqslant t \qquad w_1 \geqslant t$$
$$0 \cdot w_1 + 1 \cdot w_2 \geqslant t \quad \Rightarrow \quad w_2 \geqslant t \quad \Rightarrow$$
$$0 \cdot w_1 + 0 \cdot w_2 < t \qquad 0 < t$$

$$\begin{aligned} w_1 + w_2 &< t < 2t \\ w_1 + w_2 &\geqslant 2t \quad \Rightarrow \quad \varnothing \\ 0 &< t \end{aligned}$$

由推导的结果可知：满足上述条件的 t 值是不存在的，即二层网络结构不能实现异或逻辑。如果在网络的输入和输出层之间加入一个隐含层，情况就不一样了。如图 2.20 所示，取有权值向量 $(w_1, w_2, w_3, w_4, w_5)$ 为 $(0.3, 0.3, 1, 1, -2)$，按照网络的输入输出关系

$$y = f(x_1 \cdot w_3 + x_2 \cdot w_4 + z \cdot w_5)$$

这里，z 为隐含节点 N_h 的输出，$z = f(x_1 \cdot w_1 + x_2 \cdot w_2)$；$f(\cdot)$ 为输入输出关系函数；θ 均为 0.5。

可用 4 条产生式规则描述该网络：

IF $x_1 = 0$ AND $x_2 = 0$ THEN $y = 0$
IF $x_1 = 0$ AND $x_2 = 1$ THEN $y = 1$
IF $x_1 = 1$ AND $x_2 = 0$ THEN $y = 1$
IF $x_1 = 1$ AND $x_2 = 1$ THEN $y = 0$

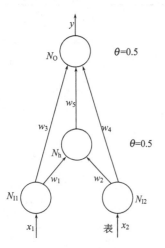

图 2.20 神经网络实现异或逻辑

当然，实现这种功能的网络并不唯一，如图 2.21 所示。网络的每个节点本身带有一个起调整作用的阈值常量。各节点的关系为 ($f(\cdot)$ 为阈值函数，其中所有 θ 均取 0.5)

$$N_{h1} = f(x_1 \times 1.6 + x_2 \times (-0.6) - 1)$$
$$N_{h2} = f(x_1 \times (-0.7) + x_2 \times 2.8 - 2.0)$$
$$y = N_0 = f(N_{h1} \times 2.102 + N_{h2} \times 3.121)$$

如何表示这些网络呢？在有些神经网络系统中，知识是用神经网络对应的有权矢量图的邻接矩阵以及阈值向量表示的。图 2.21 所示实现异或逻辑的神经网络的邻接矩阵为

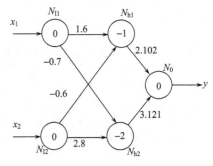

图 2.21 异或逻辑的神经网络表示

$$\begin{array}{c} \begin{array}{cccccc} & N_{I1} & N_{I2} & N_{h1} & N_{h2} & N_0 \end{array} \\ \begin{array}{c} N_{I1} \\ N_{I2} \\ N_{h1} \\ N_{h2} \\ N_0 \end{array} \left[\begin{array}{ccccc} 0 & 0 & 1.6 & -0.7 & 0 \\ 0 & 0 & -0.6 & 2.8 & 0 \\ 0 & 0 & 0 & 0 & 2.102 \\ 0 & 0 & 0 & 0 & 3.121 \\ 0 & 0 & 0 & 0 & 0 \end{array} \right] \end{array}$$

相应的阈值向量为：$(0, 0, -1, -2, 0)$。

此外，神经网络的表示还有很多种方法，这里仅以邻接矩阵为例。对于网络的不同表示，其相应的运算处理方法也随之改变。近年来，很多学者将神经网络的权值和结构统一编码表示成一维向量，结合进化算法对之进行处理，取得很好的效果。

2. 基于神经网络的知识推理

基于神经网络的知识推理实质上是在一个已经训练成熟的网络基础上对未知样本做出反应或者判断。神经网络的训练是一个网络对训练样本内在规律的学习过程，而对网络进行训练的目的主要是为了让网络模型对训练样本以外的数据具有正确的映射能力。通常定义神经网络的泛化能力，也称推广能力，是指神经网络在训练完成之后输入其训练样本以外的新数据时获得正确输出的能力。它是人工神经网络的一个属性，称之为泛化性能。不管是什么类型的网络，不管它用于分类、逼近、推理还是其他问题，都存在一个泛化的问题。泛化特性在人工神经网络的应用过程中表现出来，但由网络的设计和建模过程所决定。从本质上来说，不管是内插泛化还是外推泛化，泛化特性的好坏取决于人工神经网络是否从训练样本中找到内部的真正规律。影响泛化能力的因素主要有：①训练样本的质量和数量；②网络结构；③问题本身的复杂程度。图 2.22 是一个简单的曲线拟合实验，图中实线部分表示理想曲线，"＋"表示训练样本数据。图 2.22(a)～(d)分别表示训练 100 次、200 次、300 次、400 次后，神经网络根据输入的样本数据进行曲线拟合的效果。

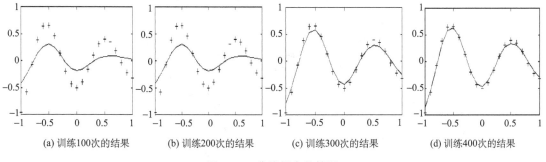

(a) 训练100次的结果　　(b) 训练200次的结果　　(c) 训练300次的结果　　(d) 训练400次的结果

图 2.22　曲线拟合的情况

神经网络的训练次数也称为神经网络的学习时间。由试验结果可以看出，在一定范围内，训练次数的增加可以提高神经网络的泛化能力。然而，在神经网络的训练过程中经常出现一种过拟合现象，即在网络训练过程中，随着网络训练次数的增加，网络对训练样本的误差逐渐减小，并很容易达到中止训练的最小误差的要求，从而停止训练。然而，在训练样本的误差逐渐减小并达到某个定值以后，往往会出现网络对训练样本以外的测试样本的误差反而开始增加的情况。对网络的训练，并不是使训练误差越小越好，而是要从实际出发，提高对训练样本以外数据的映射能力，即泛化性能。

神经网络的泛化性能还体现在网络对噪声应具有一定的抗干扰能力上。过多的训练无疑会增加神经网络的训练时间，但更重要的是会导致神经网络拟合数据中噪声信号的过学习(over learning)，从而影响神经网络的泛化能力。学习和泛化的评价基准不一样，是过学习产生的原因。Reed 等对单隐含层神经网络训练的动态过程进行分析后发现，泛化过程可分为 3 个阶段：第 1 阶段，泛化误差单调下降；第 2 阶段，泛化动态较为复杂，但在这一阶段，泛化误差将达到最小点；第 3 阶段，泛化误差又将单调上升。最佳的泛化能力往往出现在训练误差的全局最小点出现之前，最佳泛化点出现存在一定的时间范围。理论上可以证明在神经网络训练过程中，存在最优的停止时间。只要训练时间合适，较大的神经网络也会有好的泛化能力，这也是用最优停止法设计神经网络的主要思想。近年来，这些领域的研究成果非常多，读者可以查阅相关文献。

下面讨论一个神经网络推理用于医疗诊断的例子。假设系统的诊断模型只有六种症状、两种疾病、三种治疗方案。对网络的训练样本是选择一批合适的患者并从病历中采集如下信息：

(1) 症状：对每一症状只采集有、无及没有记录这三种信息。

(2) 疾病：对每一疾病也只采集有、无及没有记录这三种信息。

(3) 治疗方案：对每一治疗方案只采集是否采用这两种信息。

其中，对"有"、"无"、"没有记录"分别用＋1、－1、0表示。这样对每一个患者就可以构成一个训练样本。

假设根据症状、疾病及治疗方案间的因果关系，以及通过训练样本对网络的训练得到了如图 2.23 所示的神经网络。其中，x_1，x_2，$\cdots$，x_6 为症状；x_7，x_8 为疾病名；x_9，x_{10}，x_{11} 为治疗方案；x_a，x_b，x_c 是附加层，这是由于学习算法的需要而增加的。在此网络中，x_1，x_2，$\cdots$，x_6 是输入层；x_9，x_{10}，x_{11} 是输出层；两者之间以疾病名作为中间层。

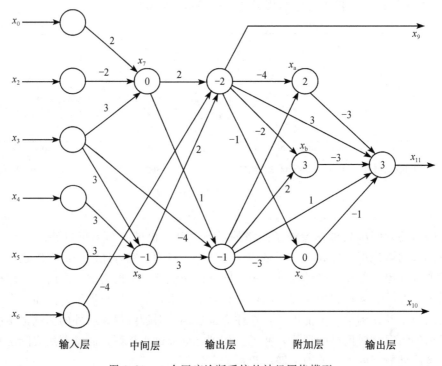

图 2.23　一个医疗诊断系统的神经网络模型

下面对图 2.23 加以进一步说明：

(1) 这是一个带有正负权值 w_{ij} 的前向网络，由 w_{ij} 可构成相应的学习矩阵。当 $i \geqslant j$ 时，$w_{ij} = 0$；当 $i < j$ 且节点 i 与节点 j 之间不存在连接弧时，w_{ij} 也为 0；其余，w_{ij} 为图中连接弧上所标出的数据。这个学习矩阵可用来表示相应的神经网络。

(2) 神经元取值为＋1，0，－1，特性函数为一个离散型的阈值函数，其计算公式为

$$X_j = \sum_{i=0}^{n} w_{ij} x_i \tag{2.36}$$

$$x'_j = \begin{cases} +1, & X_j > 0 \\ 0, & X_j = 0 \\ -1, & X_j < 0 \end{cases} \qquad (2.37)$$

其中，X_j 表示节点 j 输入的加权和；x_j 为节点 j 的输出。为计算方便，式中增加了 $w_{0j}x_0$ 项，x_0 的值为常数 1，w_{0j} 的值标在节点的圆圈中，它实际上是 $-\theta_j$，即 $w_{0j} = -\theta_j$，θ_j 是节点 j 的阈值。

(3) 图中连接弧上标出的 w_{ij} 值是根据一组训练样本，通过某种学习算法（如 BP 算法）对网络进行训练得到的。这就是神经网络系统所进行的知识获取。

(4) 由全体 w_{ij} 值及各种症状、疾病、治疗方案名所构成的集合就形成了该疾病诊治系统的知识库。

基于神经网络的推理是通过网络计算实现的。把用户提供的初始证据用作网络的输入，通过网络计算最终得到输出结果。例如，对上面给出的诊治疾病的例子，若用户提供的证据是 $x_1 = 1$（即患者有 x_1 这个症状），$x_2 = x_3 = -1$（即患者没有 x_2 与 x_3 这两个症状），当把它们输入网络后，就可算出 $x_7 = 1$，因为

$$0 + 2 \times 1 + (-2) \times (-1) + 3 \times (-1) = 1 > 0$$

由此可知该患者患的疾病是 x_7。若给出进一步的证据，还可推出相应的治疗方案。

本例中，如果患者的症状是 $x_1 = x_3 = 1$（即该患者有 x_1 与 x_3 这两个症状），此时即使不指出是否有 x_2 这个症状，也能推出该患者患的疾病是 x_7，因为不管患者是否还有其他症状，都不会使 x_7 的输入加权和为负值。由此可见，在用神经网络进行推理时，即使已知的信息不完全，照样可以进行推理。一般来说，对每一个神经元 x_i 的输入加权和可分两部分进行计算，一部分为已知输入的加权和，另一部分为未知输入的加权和，即

$$I_i = \sum_{x_j \text{已知}} w_{ij}x_j$$

$$U_i = \sum_{x_j \text{未知}} |w_{ij}x_j|$$

当 $|I_i| > U_i$ 时，未知部分将不会影响 x_i 的判别符号，从而可根据 I_i 的值来使用特性函数

$$x_i = \begin{cases} 1, & I_i > 0 \\ -1, & I_i < 0 \end{cases}$$

由上例可看出网络推理的大致过程。一般来说，正向网络推理的步骤如下：

(1) 把已知数据输入网络输入层的各个节点。

(2) 利用特性函数分别计算网络中各层的输出。计算中，前一层的输出作为后一层有关节点的输入，逐层进行计算，直至计算出输出层的输出值。

(3) 用阈值函数对输出层的输出进行判定，从而得到输出结果。

上述推理具有如下特征：

(1) 同一层的处理单元（神经元）是完全并行的，但层间的信息传递是串行的。由于层中处理单元的数目要比网络的层数多得多，因此它是一种并行推理。

(2) 在网络推理中不会出现传统人工智能系统中推理的冲突问题。

(3) 网络推理只与输入及网络自身的参数有关，而这些参数又是通过使用学习算法对网络进行训练得到的，因此它是一种自适应推理。

以上仅讨论了基于神经网络的正向推理。也可实现神经网络的逆向及双向推理，它们要比正向推理复杂一些。

2.8　进 化 计 算

生物群体的生存过程普遍遵循达尔文的物竞天择、适者生存的进化准则。群体中的个体根据对环境的适应能力而被大自然所选择或淘汰。进化过程的结果反映在个体结构上，其染色体包含若干基因，相应的表现型和基因型的联系体现了个体的外部特性与内部机理间的逻辑关系。生物通过个体间的选择、交叉、变异来适应大自然环境。生物染色体用数学方式或计算机方式来体现就是一串数码，仍叫染色体，有时也叫个体；适应能力用对应一个染色体的数值来衡量；染色体的选择或淘汰问题是按最大化或最小化问题进行。

20世纪60年代以来，模仿生物来建立功能强大的算法，进而将它们运用于复杂的优化问题，越来越成为一个研究热点。进化计算(evolutionary computation)正是在这一背景下产生的。进化计算包括遗传算法(genetic algorithms，GA)、进化策略(evolution strategies)、进化编程(evolutionary programming)和遗传编程(genetic programming)，本节主要讨论遗传算法。

2.8.1　遗传算法基本原理

遗传算法是模仿生物遗传学和自然选择机理，通过人工方式构造的一类优化搜索算法，是对生物进化过程进行的一种数学仿真，是进化计算的一种最重要形式。遗传算法与传统数学模型是截然不同的，它为那些难以找到传统数学模型的难题指出了一个解决方法。同时进化计算和遗传算法借鉴了生物科学中的某些知识，这也体现了人工智能这一交叉学科的特点。霍兰德(Holland)于1975年在他的著作 *Adaptation in Natural and Artificial Systems* 中首次提出遗传算法以来，经过近30年研究，已发展到一个比较成熟的阶段，并且在实际中得到很好的应用。本节将介绍遗传算法的基本机理和求解步骤，使读者了解到什么是遗传算法，它是如何工作的，并评介遗传算法研究的进展和应用情况。

通常把霍兰德的遗传算法称为简单遗传算法(SGA)。现以此作为讨论的主要对象，加上适当的改进，来分析遗传算法的结构和机理。

首先介绍主要的概念。在讨论中会结合销售员旅行问题(TSP)来说明：设有 n 个城市，城市 i 和城市 j 之间的距离为 $d(i,j)(i,j=1,\cdots,n)$。TSP问题是要找遍访每个城市恰好一次的一条回路，且其路径总长度为最短。

1. 编码与解码

许多应用问题的结构很复杂，但可以化为简单的位串形式编码表示。将问题结构变换为位串形式编码表示的过程叫编码；而相反将位串形式编码表示变换为原问题结构的过程叫解码或译码。把位串形式编码表示叫染色体，有时也叫个体。

GA的算法过程简述如下。首先在解空间中取一群点，作为遗传开始的第一代。每个点(基因)用一个二进制数字串表示，其优劣程度用一目标函数——适应度函数(fitness function)来衡量。

遗传算法最常用的编码方法是二进制编码，其编码方法如下。

假设某一参数的取值范围是 $[A，B]$，$A<B$。我们用长度为 l 的二进制编码串来表示该参数，将 $[A，B]$ 等分成 2^l-1 个子部分，记每一个等分的长度为 δ，则它能够产生 2^l 种

不同的编码，参数编码的对应关系如下：

$$00000000\cdots00000000=0 \longrightarrow A$$
$$00000000\cdots00000001=1 \longrightarrow A+\delta$$
$$\vdots \qquad\quad \vdots \quad \vdots \quad \vdots \qquad\quad \vdots$$
$$11111111\cdots11111111=2^l-1 \longrightarrow B$$

其中，

$$\delta=\frac{B-A}{2^l-1}$$

假设某一个体的编码是

$$X: x_l x_{l-1} x_{l-2}\cdots x_2 x_1$$

则上述二进制编码所对应的解码公式为

$$x=A+\frac{B-A}{2^l-1}\sum_{i=1}^{l}x_i 2^{i-1} \tag{2.38}$$

二进制编码的最大缺点之一是长度较大，对很多问题用其他主编码方法可能更有利。其他编码方法主要有：浮点数编码方法、格雷码、符号编码方法、多参数编码方法等。

浮点数编码方法是指个体的每个染色体用某一范围内的一个浮点数来表示，个体的编码长度等于其问题变量的个数。因为这种编码方法使用的是变量的真实值，所以浮点数编码方法也叫做真值编码方法。对于一些多维、高精度要求的连续函数优化问题，用浮点数编码来表示个体时将会有一些益处。

格雷码是其连续的两个整数所对应的编码值之间只有一个码是不相同的，其余码都完全相同。例如，十进制数 7 和 8 的格雷码分别为 0100 和 1100，而二进制编码分别为 0111 和 1000。

符号编码方法是指个体染色体编码串中的基因值取自一个无数值含义而只有代码含义的符号集。这个符号集可以是一个字母表，如{A，B，C，D，…}；也可以是一个数字序号表，如{1，2，3，4，5，…}；还可以是一个代码表，如{x_1，x_2，x_3，x_4，x_5，…}等。

例如，对于销售员旅行问题，就采用符号编码方法，按一条回路中城市的次序进行编码，例如，码串 134567829 表示从城市 1 开始，依次是城市 3，4，5，6，7，8，2，9，最后回到城市 1。一般情况是从城市 w_1 开始，依次经过城市 w_2，…，w_n，最后回到城市 w_1，我们就有如下编码表示：

$$w_1 \quad w_2\cdots w_n$$

由于是回路，记 $w_{n+1}=w_1$。它其实是 1，…，n 的一个循环排列。要注意 w_1，w_2，…，w_n 是互不相同的。

2. 适应度函数

为了体现染色体的适应能力，引入了对问题中的每一个染色体都能进行度量的函数，叫适应度函数(fitness function)。通过适应度函数来决定染色体的优劣程度，它体现了自然进化中的优胜劣汰原则。对优化问题，适应度函数就是目标函数。TSP 的目标是路径总长度为最短，自然地，路径总长度就可作为 TSP 问题的适应度函数

$$f(w_1 w_2 \cdots w_n) = \frac{1}{\displaystyle\sum_{j=1}^{n} d(w_j, w_{j+1})}$$

其中，$w_{n+1} = w_1$。

适应度函数要有效反映每一个染色体与问题的最优解染色体之间的差距。若一个染色体与问题的最优解染色体之间的差距小，则对应的适应度函数值之差就小，否则就大。适应度函数的取值大小与求解问题对象的意义有很大的关系。

3. 遗传操作

简单遗传算法的遗传操作主要有有三种：选择(selection)、交叉(crossover)、变异(mutation)。改进的遗传算法大量扩充了遗传操作，以达到更高的效率。

选择操作也叫复制(reproduction)操作，根据个体的适应度函数值所度量的优劣程度决定它在下一代是被淘汰还是被遗传。一般地说，选择将使适应度较大(优良)个体有较大的存在机会，而适应度较小(低劣)的个体继续存在的机会也较小。简单遗传算法采用赌轮选择机制，令 Σf_i 表示群体的适应度值之总和，f_i 表示群体中第 i 个染色体的适应度值，它产生后代的能力正好为其适应度值所占份额 $f_i / \Sigma f_i$。

交叉操作的简单方式是将被选择出的两个个体 P1 和 P2 作为父母个体，将两者的部分码值进行交换。假设有如下八位长的二个体：

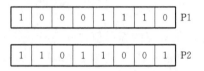

产生一个在 1 到 7 之间的随机数 c，假如现在产生的是 3，将 P1 和 P2 的低三位交换：P1 的高五位与 P2 的低三位组成数串 10001001，这就是 P1 和 P2 的一个后代 Q1 个体；P2 的高五位与 P1 的低三位组成数串 11011110，这就是 P1 和 P2 的另一个后代 Q2 个体。其交换过程如图 2.24 所示。

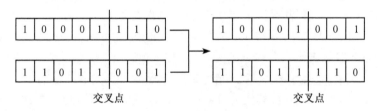

图 2.24　交叉操作示意图

变异操作的简单方式是改变数码串的某个位置上的数码。先以最简单的二进制编码表示方式来说明，二进制编码表示的每一个位置的数码只有 0 与 1 这两个可能，如有如下二进制编码表示：

产生一个在 1 到 7 之间的随机数 c，假如现在产生的是 3，将 P1 和 P2 的低三位交换：

其码长为 8，随机产生一个 1 至 8 之间的数 k，假如现在 $k=5$，对从右往左的第 5 位进行变异操作，将原来的 0 变为 1，得到如下数码串（第 5 位的数字 1 是被变异操作后出现的）：

| 1 | 0 | 1 | 1 | 0 | 1 | 0 | 1 | 1 | 0 |

二进制编码表示的简单变异操作是将 0 与 1 互换：0 变异为 1，1 变异为 0。

现在对 TSP 的变异操作作简单介绍，随机产生一个 1 至 n 之间的数 k，决定对回路中的第 k 个城市的代码 w_k 作变异操作，又产生一个 1 至 n 之间的数 w，替代 w_k，并将 w_k 加到尾部，得到

$$w_1 w_2 \cdots w_{k-1} w_k w_{k+1} \cdots w_n w_k$$

这个串有 $n+1$ 个数码，注意数 w_k 在此串中重复了，必须删除与数 w_k 相重复的数得到合法的染色体。

2.8.2 遗传算法求解步骤

遗传算法是一种基于空间搜索的算法，它通过自然选择、遗传、变异等操作以及达尔文适者生存的理论，模拟自然进化过程来寻找所求问题的解答。因此，遗传算法的求解过程也可看作最优化过程。需要指出的是：遗传算法并不能保证所得到的是最佳答案，但通过一定的方法，可以将误差控制在容许的范围内。遗传算法具有以下特点：

（1）遗传算法是对参数集合的编码而非针对参数本身进行进化；

（2）遗传算法是从问题解的编码组开始而非从单个解开始搜索；

（3）遗传算法利用目标函数的适应度信息而非利用导数或其他辅助信息来指导搜索；

（4）遗传算法利用选择、交叉、变异等算子而不是利用确定性规则进行随机操作。

遗传算法利用简单的编码技术和繁殖机制来表现复杂的现象，从而解决非常困难的问题。它不受搜索空间的限制性假设的约束，不必要求诸如连续性、导数存在和单峰等假设，能从离散的、多极值的、含有噪声的高维问题中以很大的概率找到全局最优解。由于它固有的并行性，遗传算法非常适用于大规模并行计算，已在优化、机器学习和并行处理等领域得到越来越广泛的应用。

遗传算法类似于自然进化，通过作用于染色体上的基因寻找好的染色体来求解问题。与自然界相似，遗传算法对求解问题的本身一无所知，它所需要的仅是对算法所产生的每个染色体进行评价，并基于适应度来选择染色体，使适应性好的染色体有更多的繁殖机会。在遗传算法中，通过随机方式产生若干个所求解问题的数字编码，即染色体，形成初始群体；通过适应度函数给每个个体一个数值评价，淘汰适应度低的个体，选择高适应度的个体参加遗传操作，经过遗传操作后的个体集合形成下一代新的群体。再对这个新群体进行下一轮进化。这就是遗传算法的基本原理。根据遗传算法思想可以画出如下的简单遗传算法框图（图 2.25）。

其求解步骤如下：

（1）初始化群体。

（2）计算群体上每个个体的适应度值。

（3）按由个体适应度值所决定的某个规则选择将进入下一代的个体。

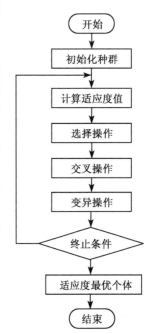

图 2.25 简单遗传算法框图

（4）按概率 Pc 进行交叉操作。

（5）按概率 Pc 进行突变操作。

（6）若没有满足某种停止条件，则转第（2）步，否则进入下一步。

（7）输出群体中适应度值最优的染色体作为问题的满意解或最优解。

算法的停止条件有如下两种：①完成了预先给定的进化代数则停止；②群体中的最优个体在连续若干代未有改进，或者平均适应度在连续若干代基本上没有改进时停止。

一般遗传算法的主要步骤如下：

（1）随机产生一个由确定长度的特征字符串组成的初始群体。

（2）对该字符串群体迭代的执行下面的步①和②，直到满足停止标准。

① 计算群体中每个个体字符串的适应值；

② 应用复制、交叉和变异等遗传算子产生下一代群体。

（3）把在后代中出现的最好的个体字符串指定为遗传算法的执行结果，这个结果可以表示问题的一个解。

基本的遗传算法框图由图 2.26 给出，其中 GEN 是当前代数。

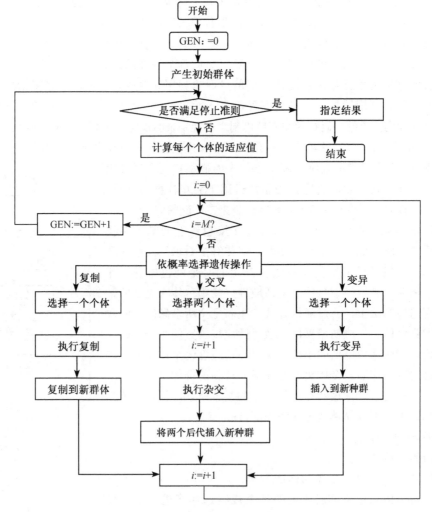

图 2.26　基本遗传算法框图

也可将遗传算法的一般结构表示为如下形式：

```
Procedure: Genetic Algorithms
begin
  t ← 0;
  initialize P(t);
  evaluate P(t);
  while (not termination condition ) do
  begin
    recombine P(t) to yield C(t);
    evaluate C(t);
    select P(t + 1) from P(t) and C(t);
    t ← t + 1;
  end
end
```

为了便于理解，下面通过一个简单的例子来说明遗传算法的主要内容及其运行步骤。

例 1　用遗传算法求解函数

$$f(x) = x \cdot \sin(10\pi \cdot x) + 1.0 \tag{2.39}$$

的最大值，其中，$x \in [-1, 2]$。

首先用高等数学的方法来求解。先求得函数的导数 $f'(x)$，令其为 0，即

$$f'(x) = \sin(10\pi \cdot x) + 10\pi x \cdot \cos(10\pi \cdot x) = 0$$

变换得

$$\tan(10\pi \cdot x) = -10\pi x$$

很明显，以上方程有无数解

$$x_0 = 0$$

$$x_i = \frac{2i-1}{20} + \varepsilon_i, \quad i = 1, 2, \cdots$$

$$x_i = \frac{2i+1}{20} - \varepsilon_i, \quad i = -1, -2, \cdots$$

其中，ε_i 表示趋向于 0 的递减实数序列。

当 i 为奇数时，$f(x)$ 达到了它的极大值 $f(x_i)$；当 i 为偶数时，$f(x_i)$ 为极小值。

在区间 $[-1, 2]$ 中，当 $x_{19} = \frac{37}{20} + \varepsilon_{19} = 1.85 + \varepsilon_{19}$ 时，$f(x)$ 最大，它仅比 $f(1.85) = 1.85 \cdot \sin\left(18\pi + \frac{\pi}{2}\right) + 1.0 = 2.85$ 稍大。

下面构造一个遗传算法来求解上面的问题。把遗传算法归纳为五个基本组成部分。

（1）方案表示。

用一个二进制矢量表示一个染色体，由染色体来代表变量 x 的实数值，每个染色体的每一位二进制数称为遗传因子。矢量的长度取决于所要求的精度，在此取小数点后 6 位数。由于变量 x 的域长为 3，则 $[-1, 2]$ 将被均匀分为 3×1000000 个等长的区间。这表明每个染色体由 22 位字节的二进制矢量表示。因为

$$2097152 = 2^{21} < 3000000 \leqslant 2^{22} = 4194304$$

区间[−1，2]中的 x 和二进制串$<b_{21}b_{20}\cdots b_0>$间的映射是直接的，并由以下两步进行：

① 将二进制串$<b_{21}b_{20}\cdots b_0>$转化为相应的十进制

$$(<b_{21}b_{20}\cdots b_0>)_2 = \left(\sum_{i=0}^{21} b_i \cdot 2^i\right)_{10} = x'$$

② 找到相应的实数 x

$$x = -1.0 + x'\frac{3}{2^{22}-1}$$

其中，−1.0 为区间[−1，2]的左边界，3 为区间长度。

这样，就可以将实数以二进制数（染色体）表述，例如：（1000101110110101000111）表示实数 0.637197，因为

$$x' = (1000101110110101000111)_2 = 2288967$$

$$x = -1.0 + 2288967 \cdot \frac{3}{4194303} = 0.637197$$

显然，（0000000000000000000000）和（1111111111111111111111）分别为区间的边界 −1.0 和 2.0。表示方案的确定是遗传算法的第一步，也是下面进行交叉、变异等遗传操作的基础。二进制串是遗传算法中常用的表示方法。在染色体串和问题的搜索空间中，点之间选择映射有时容易实现，有时却非常困难。选择一个便于遗传算法求解问题的表示方案需要对问题有深入的了解。

（2）群体初始化。

群体初始化并不复杂，随机产生一定量的染色体，每个染色体为 22 位字节的二进制数。

（3）适应度函数。

适应度函数又称评价函数。它为群体中每个可能的确定长度的特征字符串指定一个适应值，它经常是问题本身所具有的。适应度函数必须有能力计算搜索空间中每个确定长度的特征字符串的适应值。本例中的适应度函数即为 $f(x)$，$\text{eval}(v) = f(x)$，其中 v 代表染色体。适应度函数在遗传算法中具有重要作用，它将问题的潜在解以适应值为标准进行评价。例如，三个染色体

$$v_1 = (1000101110110101000111)$$
$$v_2 = (0000001110000000010000)$$
$$v_3 = (1110000000111111000101)$$

分别表示 $x_1 = 0.637197$，$x_2 = -0.958973$，$x_3 = 1.627888$。适应度函数分别计算它们的适应度值如下

$$\text{eval}(v_1) = f(x_1) = 1.586345$$
$$\text{eval}(v_2) = f(x_2) = 0.078878$$
$$\text{eval}(v_3) = f(x_3) = 2.25065$$

不难看出：染色体 v_3 是最优的，因为它所对应的适应度值最大。

（4）遗传操作。

遗传算法最常用的遗传操作分别是复制、交叉和变异。复制是指将父代遗传因子毫不改变地遗传给子代；变异则是指遗传因子发生了变化，可以使搜索避免陷入局部最优，可以在

当前解的附近找到更好的解，同时还可以保持群体的多样性，确保群体能够继续进化。假设染色体(11100111)中的第 4 位遗传因子发生了变异，则此染色体的第 4 位遗传因子 0 将变为 1，新染色体 11110111 取代原染色体。交叉相对于复制和变异的不同之处在于：交叉需要两个父代染色体配合进行，而复制和变异只需要一个父代染色体即可进行。变异可根据一定的变异率来改变一个或多个遗传因子。假设 v_3 染色体中的第 5 位遗传因子将发生变异，因为 v_3 的第 5 位遗传因子为 0，发生变异变化为 1。因此染色体 v_3 变异以后变为

$$v_3' = (1110100000111111000101)$$

它所表示的实数为 $x_3' = 1.721638$，同时 $f(x_3') = -0.082257$。可以看出，这个变异使染色体 v_3 的值大大减小了。当然，变异也可以使染色体的值得到增加。例如，如果染色体 v_3 中的第 10 位遗传因子产生变异，则

$$v_3'' = (1110000001111111000101)$$

相应可得：$x_3'' = 1.630818$ 和 $f(x_3'') = 2.343555$，相对于 $f(x_3) = 2.250650$，变异使染色体的值得到增加。

交叉操作是遗传算法区别于其他所有优化算法的根本所在，如果从一个遗传算法中去掉交叉操作，则其结果将不再是一个遗传算法。假设 v_2 和 v_3 染色体发生交叉，交叉点为第 5 位遗传因子

$$v_2 = (00000 \mid 01110000000010000)$$

$$v_3 = (11100 \mid 00000111111000101)$$

交叉之后产生的两个子代分别为

$$v_2' = (00000 \mid 00000111111000101)$$

$$v_3' = (11100 \mid 01110000000010000)$$

它们的适应度值分别为

$$f(v_2') = f(-0.998\ 113) = 0.940\ 865$$

$$f(v_3') = f(1.666\ 028) = 2.459\ 245$$

可以看出子代的适应度值比其父代高。

（5）算法参数。

遗传算法的主要参数有群体规模和算法执行的最大代数目，次要参数有复制概率、杂交概率和变异概率等参数。针对本例，使用了如下参数：群体规模 pop－sizw＝50，交叉概率 $P_c = 0.25$，变异概率 $P_m = 0.01$。表 2.7 给出了本例的实际运算结果。

表 2.7　遗传算法计算结果

代数	适应度函数值	代数	适应度函数值
1	1.441 942	39	2.344 251
6	2.250 003	40	2.345 087
8	2.250 283	51	2.738 930
9	2.250 284	99	2.849 246
10	2.250 363	137	2.850 217
12	2.328 077	150	2.850 227

结果表明：随着代数的增加，适应度值也不断增加。直至第 150 代，最佳染色体为 $v_{max}=(11110011010000100000101)$，它对应着 $x_{max}=1.850\ 773$，把 x_{max} 值代入式(2.39)，可得

$$f(x_{max})=2.850\ 227$$

进化计算领域还有许多问题需要继续深入研究，还有一些有争议的问题需要进一步探讨。进化计算尤其是遗传算法为人工生命研究提供了有效的工具。

2.9 免疫计算

免疫计算（immune computation）主要模拟人等生物的免疫系统，起到维护系统安全、故障检测与修复、鲁棒控制、优化等作用。免疫计算是一种新型的人工智能，涉及自体（selfs）、异体（non-selfs）等生物信息的表示、搜索与推理。这样，就产生了新的知识表示方法、新的特征空间构建模型和新的搜索与推理算法。

2.9.1 自体和异体的知识表示

自体的表示起源于生物免疫系统中自体的编码，涉及正常细胞和分子的 DNA 结构和状态表示。自体的含义在于属于生物体正常的一部分，或者成为生物体新的正常部分，如成功的输血。异体的含义在于入侵生物体的细菌、病毒、异物，或者从生物体内部发生基因突变而产生的异物，如良性肿瘤和癌细胞，也包括凋亡的细胞或分子，或者新陈代谢排泄的废物。

自体和异体还没有确定统一的定义，有些机理还没解开谜底。为了更方便地研究生物免疫系统（biological immune systems）和人工免疫系统（artificial immune systems）的免疫计算，有必要给出一些相关概念的定义。

定义 2.26 人工免疫系统是受生物免疫系统的免疫现象和生物医学理论启发而设计的计算机系统，该系统由一些人工免疫组件（artificial immune components）及其免疫算子（immune operators）构成，用以模拟生物免疫系统的自体构建、异体检测与识别、未知异体学习与记忆、异体消除和系统修复等功能，可用于优化计算（optimized computation）、信息安全（information security）、智能网络（intelligent network）、故障诊断（fault diagnosis）、智能机器人（intelligent robot）等领域。

定义 2.27 人工免疫系统的自体是所述人工免疫系统中正常的组件，所述组件的正常状态是指该组件对于合理的输入能产生合理预定范围的输出时所处的组件状态。

定义 2.28 人工免疫系统的异体是所述人工免疫系统中发生异常的组件和外来入侵的对象，所述组件的异常状态是指该组件给定合理的输入产生超出合理预定范围的输出时所处的组件状态。

定义 2.29 免疫算法（immune algorithms）是模拟生物免疫学和基因进化机理、人工构造的免疫操作集合，是免疫计算的重要形式之一。

定义 2.30 抗原(antigen，Ag)是人工免疫系统中待检测的组件，抗原可能是自体受其他异体感染而产生的。

定义 2.31 抗体(antibody，Ab)是一种能够特异识别和清除抗原的免疫分子，一种具有抗细菌和抗毒素免疫功能的球蛋白物质，也称为免疫球蛋白分子(immunoglobulin，Ig)。抗体有分泌型和膜型之分，分泌型抗体存在于血液与组织液中，发挥免疫功能；膜型抗体构

成 B 细胞表面的抗原受体。免疫球蛋白即为抗体，因此，有时也把抗体简写为 Ig。

定义 2.32 T 细胞即 T 淋巴细胞，用于调节其他细胞的活动，并直接袭击宿主感染细胞。T 细胞可分为毒性 T 细胞和调节 T 细胞两类，调节 T 细胞又分为辅助性 T 细胞和抑制性 T 细胞两种。毒性 T 细胞能够清除微生物入侵者、病毒或癌细胞等；辅助性 T 细胞用于激活 B 细胞。

定义 2.33 B 细胞即 B 淋巴细胞，是体内产生抗体的细胞在消除病原体过程中受到刺激，分泌出抗体结合抗原；其免疫作用要得到 T 辅助细胞的帮助。

定义 2.34 自体数据库（self database）是人工免疫系统中的自体特征库，用以存储所有自体的特征信息。异体数据库（nonself database）是人工免疫系统中的异体特征库，用以存储所有已知异体（known non-selfs）的特征信息。

关于自体的特征存在一个疑问：用什么特征信息唯一确定地表示自体的正常状态？实际上，生物体内各个细胞和分子的状态瞬息万变，任何测量都很可能改变其中某个组分的状态。这是生物体内分子级别的测不准特性，类似于微观物理世界中量子的卢森堡测不准规律。但是，物理世界的四维时空坐标系唯一确定物体的物理状态，这一特性给了问题解决的启发灵感。即使物理的时空坐标系从四维扩展到更多维度，组分的时空属性能唯一确定物体的整体状态是一个突破口思路。

免疫系统由许多免疫组件构成，这些免疫组件包括 B 细胞等免疫细胞和抗体等免疫分子。每个组件的空间属性是其在生物体内的位置信息，空间属性是一种三维空间变量，而该组件的时间属性是其时间状态，时间属性是一种一维时间变量。免疫系统的所有组件构成组件集合，所有的空间属性构成空间属性集合，所有的时间属性构成时间属性集合。免疫组件的状态是指该组件的组成状况，如 DNA 信息，所有组件的状态构成状态集合。类似于四维时空坐标系的一一对应关系，自然免疫系统中的每个组件都有唯一的时空属性，并且每个组件的时间属性是固有的、正确的，这些时空属性可以用来唯一标识该免疫系统的正常状态。

对于免疫系统 S 中给定的组件位置信息 p_i，其对应的组件 c_i 在生物体内是唯一的。而且，在给定的时刻 t_i，该组件的状态是唯一的。换句话说，在该时刻此组件状态是否正常的结果是唯一的。另外，给定免疫系统 S 的组件 c_i，根据生物体的物理特性，其在生物体内的位置信息 p_i 是唯一的。并且，该组件在 t_i 时刻的状态是唯一的。因而，时空属性唯一确定了该组件的正常状态。当且仅当该免疫系统的所有组件都是正常的时候，该免疫系统才是正常的。免疫系统 S 的正常状态由其所有正常组件 $\{c_i\}$ 的时空属性所构成的集合 $\{(p_i, t_i)\}$ 唯一确定。

基于时空属性的正常模型有助于模拟免疫系统的自体/异体完全检测，改进对未知异体的识别效果，分析免疫系统的强大鲁棒性，如图 2.27 所示。免疫组件在生物体内的空间位置信息和时间状态是正常模型的重要参数，用以判定抗原本质。

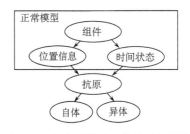

图 2.27 免疫系统中组件的时空属性

2.9.2 异体特征空间的表示

异体的种类千变万化，异体的信息难以预测，因此异体的特征维度是一个不断增长的认知测度。也就是说，随着人们对病毒、癌细胞等异体的进一步了解，新的异体特征维度和新的异体类别将会发现和定义。因此，异体特征空间是一个不断膨胀的"黑洞"，将所有已知的异体都纳入其中，而且其特征维度在不断增加和修正。

假设已知异体的特征维度表示为 q，异体 c_j 的特征向量表示为 $(u_{j1}, u_{j2}, \cdots, u_{jq})$，那么所有已知异体的特征空间表示为 $\{(u_{j1}, u_{j2}, \cdots, u_{jq})\}$，其中 $j = 1, 2, \cdots, M$，M 表示已知异体的总数。对于未知异体 c_u，该异体的特征维度中有 o 个维度是已知的，这些已知的维度值表示为 $(u_{ji1}, u_{ji1}, \cdots, u_{jio})$，其他未知的维度表示为 $(u_{jl1}, u_{jl2}, \cdots, u_{jlq-o})$。假设与未知异体 c_u 最相似的已知异体为 c_k，最相似异体搜索算子表示为 A_s，那么未知异体学习的过程表示为

$$c_k = A_s(u_{ji1}, u_{ji2}, \cdots, u_{jio}) \tag{2.40}$$

$$u_{jlh} = u_{klh}, \qquad h = 1, 2, \cdots, q \tag{2.41}$$

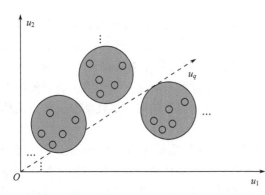

图 2.28　无限扩展类别的异体特征空间

在未知异体的学习过程中，根据未知异体的特征向量，将该异体归属到与之最相似的已知异体所在的异体类别中，这些异体的类别是已知的，已知异体类别的数量是有限的。但是，未知异体也可能不属于任何已知异体所在的类别，此时需要创建新的异体类别。如此反复下去，未知异体的类别可能是无限个，不过其数量是可数的，如图 2.28 所示。

在图 2.28 中，$u_i(i = 1, 2, \cdots, q)$ 表示异体特征空间的维度坐标轴，小圆球表示异体，大圆圈表示异体的类别。对于这种可以无限扩展类别的未知异体学习问题，现有的机器学习机制都不太适用，因此目前只能重点研究有限扩展的未知异体学习问题，即未知异体的新类别是按照已知的规则创建的，而不是任意的。

2.9.3　异体特征空间的搜索与推理

按照人工智能的知识表示和处理思想，免疫计算模型如表 2.8 所示。正常模型、自体存储器、异体的特征空间和异体存储器属于知识表示的部分，自体/异体检测模型、已知异体识别模型、未知异体学习模型、未知异体记忆算子、异体消除算子、系统自修复模型和并行免疫计算层属于知识处理的部分。

表 2.8　免疫计算的知识表示和知识处理

免疫计算的知识表示部分	免疫计算的知识处理部分
正常模型、自体存储器、异体的特征空间、异体存储器	自体/异体检测模型、已知异体识别模型、未知异体学习模型、未知异体记忆算子、异体消除算子、系统自修复模型、并行免疫计算层

在生物免疫系统中，免疫响应是一种动态平衡过程，各个部分的产生、维持和消亡都维护着系统的平衡状态。一些受体根据生理信号对免疫响应模式进行解码，激发或抑制免疫响应。近年来免疫学理论发展，构建人类免疫系统的免疫响应框图，如图 2.29 所示。

图 2.29 中，各名称术语的缩写为：固有免疫层（innate immune tier）缩写为 IIT，适应

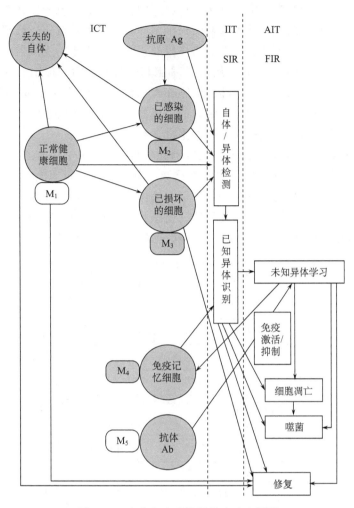

图 2.29　生物免疫系统的免疫响应框图

性免疫层(adaptive immune tier)缩写为 AIT，免疫细胞层(immune cell tier)缩写为 ICT，第一次免疫响应(first immune response)缩写为 FIR，第二次免疫响应(secondary immune response)缩写为 SIR，抗原(Antigen)缩写为 Ag，抗体(antibody)缩写为 Ab。此外，又规定 M1 表示正常健康细胞(即自体)的生成器，是抑制受体的配体；M2 表示已感染细胞的生成器，是激活受体的配体；M3 表示已损坏细胞的生成器，是激活受体的配体，已损坏的细胞包括可修复的细胞和发生突变的细胞(如突变癌细胞)，可修复细胞的生成器是产生组织修复响应的受体的配体；M4 表示免疫记忆细胞的生成器，当免疫记忆细胞寿命终结时它们也会凋亡；M5 表示抗体分子的生成器，为激活受体激发，同时会被抑制受体制约，它们之间构成反馈机制。固有免疫层主要完成两个过程，其一是自体/异体检测，其二是已知异体识别，涉及正常健康的细胞、抗原、已感染的细胞、已损坏的细胞以及免疫记忆细胞。自体/异体检测是区分正常健康的细胞与其他细胞以及抗原的过程，其判断的依据是正常健康细胞的时空属性和自体抗原的 DNA 兼容规则。如果待测对象的 DNA 属性和时间状态符合已知自体的时空属性，或者待测对象的 DNA 属性通过自体抗原 DNA 兼容规则的测试，那么该对象就是自体；否则它就是异体。已知异体识别利用免疫记忆细胞里对已知异体特征的存储，快速判定已知异体的类型和消除方法。适应性免疫层主要完成未知异体的免疫学习、细胞凋亡、噬菌细胞的异体消除以及可修复受损细胞的修复，涉及抗原、已感染的细胞、已损坏的细胞、免疫记忆细胞、抗体、丢失的自体以及正常健康细胞的生成器。

在图 2.29 中的免疫学习过程，利用由 T 细胞和 B 细胞激活或抑制的抗体，构建免疫响应的动态平衡。已感染的细胞和已损坏的细胞在噬菌细胞消除异体后都可能发生丢失现象，因而可能转变为丢失的自体。正常健康细胞的生成器一直担当免疫系统的后援，即使在免疫系统正常工作时，免疫细胞的耗损都由这种生成器补充。

免疫计算模型是由自体/异体的形式化表示和免疫算子构成的，免疫计算的三层模型可以看作自然免疫系统可视化三层模型的映射结果，其映射工具就是自然免疫系统的自然计算。免疫计算的三层结构是指固有免疫计算层、适应性免疫计算层和并行免疫计算层，自体的时空属性存储在自体存储器中，异体的特征信息存储在异体存储器中，异体存储器位于固有免疫计算层和自适应免疫计算层的公共区域，如图 2.30 所示。

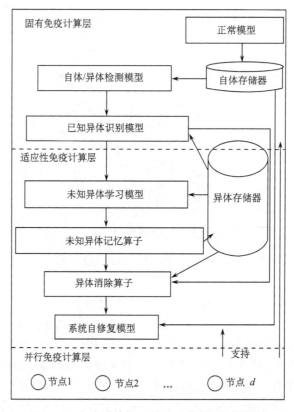

图 2.30　免疫计算的三层测不准有限计算模型

在图 2.30 中，免疫计算的三层测不准有限计算模型是由自体存储器、异体存储器、一些子模型和免疫算子以及多个计算节点组成的，子模型包括正常模型、自体/异体检测模型、已知异体识别模型、未知异体学习模型和系统自修复模型。每个子模型都由多个算子、输入对象、输出对象和存储器构成，每个免疫算子都有负载极限。

一般来讲，免疫算法的通用计算框图如图 2.31 所示，主要包括自体构建算子、自体/异体检测算子、已知异体识别算子、未知异体学习算子、异体消除算子和受损系统修复算子。

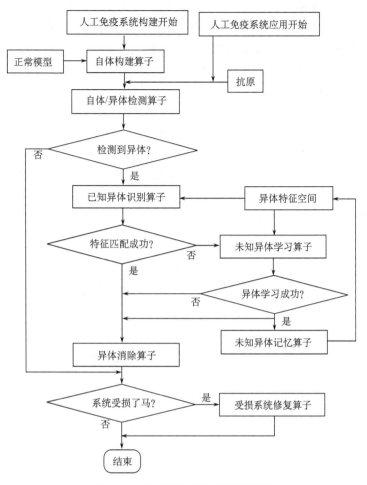

图 2.31 免疫算法的通用计算框图

2.10 本 章 小 结

本章 2.1 节介绍了专家系统中的知识表示，主要讨论了当前最常用的知识表示技术。这些知识表示主要包括以下内容：

（1）对象-属性-值三元结构表示对象的属性值。

（2）规则从已知信息推导出新的信息，这是推理的关键；模式匹配规则包含用来匹配大量相似对象的变量；规则可以表示不确定的或模糊的推理。

（3）框架表示对象的描述性知识和过程性知识；框架实例从其类框架上继承描述性知识和过程性知识；槽用来表示对象属性的附加知识或控制。

（4）语义网络的对象节点从其父辈节点继承信息；语义网络能够表示对象及其关系。

（5）逻辑是一种完善的知识表示和推理的形式化方法；谓词演算通过常量或变量符号表示命题的定性方面；谓词演算操作可用来构成复杂的规则。

2.2 节讨论了知识获取问题，涉及知识获取的概念、目标和知识类型以及知识获取的任务、需求和困难等。

2.3节介绍了专家系统的推理技术，主要讨论了人类推理的基本方法和专家系统设计所用的推理技术，推理技术用来对人类推理建模。这些知识推理内容主要包括以下几点：

（1）人类的推理是人类从已知信息推导出新信息的过程。

（2）机器的推理是专家系统用来对人类推理建模的过程；推理机包含工作内存中的信息和知识库中的知识，以得出结论。

（3）专家系统中所用的两种基本推理技术是前向推理和逆向推理。

（4）单调推理假设断言的事实在整个问题任务中保持有效；非单调推理允许改变给定事实和其他逻辑依赖的事实。

此外，还讨论了不确定推理（2.4节）、基于规则的推理系统（2.5节）、模糊逻辑（2.6节）、人工神经网络（2.7节）、进化计算（2.8节）和免疫计算（2.9节）的初步概念和基本原理，为后续章节研究与应用新型专家系统打下了基础。

习　题　2

2.1　什么是知识？知识可分为哪几种？

2.2　试举例说明对象-属性-值三元结构的知识表示方法。

2.3　试用框架表示对象的描述性知识和过程性知识。

2.4　举例说明框架实例从其类框架上继承描述性知识和过程性知识。

2.5　试构造一个描述你的寝室或办公室的框架系统。

2.6　举出语义网络的对象节点从其父辈节点继承信息的例子。

2.7　有哪些知识类型？

2.8　知识获取的任务是什么？

2.9　把下列句子变换成子句形式：

(1) $(\forall x)\{P(x) \rightarrow P(x)\}$。

(2) $\forall x \forall y(On(x, y) \rightarrow Above(x, y))$。

(3) $\forall x \forall y \forall z(Above(x, y) \wedge Above(y, z) \rightarrow Above(x, z))$。

(4) $\sim\{(\forall x)\{P(x) \rightarrow \{(\forall y)[p(y) \rightarrow p(f(x, y))] \wedge (\forall y)[Q(x, y) \rightarrow P(y)]\}\}\}$。

2.10　用谓词演算公式表示下列英文句子（多用而不是省用不同谓词和项。例如，不要用单一的谓词字母来表示每个句子。）：

A computer system is intelligent if it can perform a task which, if performed by a human, requires intelligence.

2.11　把下列语句表示成语义网络描述：

(1) All man are mortal.

(2) Every cloud has a silver lining.

(3) All branch managers of DEC participate in a profit-sharing plan.

2.12　用有界深度优先搜索方法求解图3.29所示八数码难题。

2.13　应用最新的方法来表达传教士和野人问题，编写一个计算机程序，以求得安全渡过全部6个人的解答。

提示：在应用状态空间表示和搜索方法时，可用(N_m, N_c)来表示状态描述，其中N_m和N_c分别为传教士和野人的人数。初始状态为(3, 3)，而可能的中间状态为(0, 1)，(0, 2)，(0, 3)，(1, 1)，(2, 1)，(2, 2)，(3, 0)，(3, 1)和(3, 2)等。

2.14　一个机器人驾驶卡车，携带包裹（编号分别为♯1、♯2和♯3)分别投递到林（LIN）、吴（WU）和

胡(HU)三家住宅处。规定了某些简单的操作符,如表示驾驶方位的 drive(x,y)和表示卸下包裹的 unload
(z);对于每个操作符,都有一定的先决条件和结果。试说明状态空间问题求解系统如何能够应用谓词演算
求得一个操作符序列,该序列能够生成一个满足 AT(♯1,LIN)∧AT(♯2,WU)∧AT(♯3,HU)的目标
状态。

    2.15 在什么情况下需要采用非单调推理?

    2.16   什么是不确定性推理?为什么需要采用不确定性推理?

    2.17 不确定性推理可分为哪几种类型?

    2.18 人工神经网络为什么具有诱人的发展前景和潜在的广泛应用领域?

    2.19 简述生物神经元及人工神经网络的结构和主要学习算法。

    2.20 构建一个神经网络,用于计算含有 2 个输入的 XOR 函数。指定所用神经网络单元的种类。

    2.21 什么是模糊集合和隶属函数或隶属度?

    2.22 模糊集合有哪些运算,满足哪些规律?

    2.23 什么是模糊推理?

    2.24 对某种产品的质量进行抽查评估。现随机选出 5 个产品 x_1、x_2、x_3、x_4、x_5 进行检验,它们
质量情况分别为

$$x_1=80, \quad x_2=72, \quad x_3=65, \quad x_4=98, \quad x_5=53$$

这就确定了一个模糊集合 Q,表示该组产品的"质量水平"这个模糊概念的隶属程度。试写出该模糊集。

    2.25 试述遗传算法的基本原理,并说明遗传算法的求解步骤。

    2.26 什么是自然免疫系统?

    2.27 生物免疫系统是如何组成的?有哪些功能?

    2.28 人工免疫算法是怎么定义的?免疫算法的求解步骤为何?

    2.29 简述人工免疫系统的三层结构。

第3章 专家系统的解释机制

专家系统的解释机制就是对系统设计者或用户提出的问题给予解释与说明，而解释器就是专家系统中执行解释任务的程序模块。解释机制是专家系统的重要特征之一，也是区别于传统程序的关键所在。目前已有的专家系统大都以顾问形式为专业人员提供不良结构问题求解的咨询建议，对于这样一个基于知识的咨询系统，如果它对问题的处理只能输出简单的结论或建议，而不能提供必要的说明，那么用户会认为此系统在进行"黑箱"预言，因而难以接受它。解释的基本问题是知识表示和推理模型，即如何采用适当的形式将知识和推理形式化，然后利用它来解释和证明程序行为的正确。

对专家系统解释机制解释的研究是从20世纪70年代初开始的。随着专家系统研究的发展，它已作为一个重要课题越来越引起研究者们的兴趣。目前，多数专家系统都已具有不同程度的解释机制。专家系统的解释机制不仅能够增强专家系统的可用性，还能够改善专家系统的开发、测试、运作和维护过程。

3.1 解释机制的行为

专家系统对用户和知识工程师所提出的问题给出清晰、完整和易懂的回答，即对其行为和结果做出合理说明，就是解释。这些说明包括专家系统正在做什么、为什么要这样做的动态说明；还应包括对专家系统知识库中知识的静态说明，例如，在某一时刻知识库中具有哪些知识和不具备哪些知识等状态信息。

由于专家系统中知识库中启发式知识的特点，一方面，许多用户可能对这些知识不了解，甚至不信任，如果专家系统只能给出问题的求解结论，而缺乏必要的、确切的说明，那么其结论容易被视为"黑箱"中的预言而难以接受；另一方面，启发式知识可能不完备，甚至产生矛盾，当一个问题的求解得出错误的结论或者出现错误的迹象时，必须找到产生错误的根源，这样知识工程师就能随时发现和修改知识库中的缺陷和错误。所以对推理过程的解释是知识工程师进行知识库维护的主要手段，同时也给研制和调试带来了很大方便。此外，许多领域专家，如医生、军事战略家等，都不愿承担由于专家系统结论所带来的风险，除非专家系统能对所产生的结论做出详细的说明。由于解释器能对结论的获取过程提供详细说明，所以解释能大大增强专家系统的可接受性。解释器的另一个重要作用在于对初级用户和从事该项工作的新手进行教育。借助专家系统的教育会取得很好的效果，因为那些难懂的专业思想能由解释器给出较清晰的表达。鉴于以上几点原因，许多专家系统创建了专门的解释器。

知识工程师在开发专家系统的过程中需要对专家系统的知识库进行调试，包括通过专家系统的解释机制检索知识库的信息内容，跟踪专家系统的运行状况，以及提供错报的信息，这样，知识工程师就能方便地找到并修改知识库的错误，包括缺少内容等情况。开发专家系统的原型后，要对知识的性能进行全面测试。这时，领域专家和知识工程师输入一组组测试例子，其解释机制负责将专家系统运行过程中知识库内的知识使用情况、各种上下文参数以及中间结果的演变信息等都记录下来，需要时就可调用出来辅助知识工程师找出知识库中的语法错误或语义错误。解释机制的这种辅助发现并纠正知识库中错误的功能，起到了知识工程师"助手"的作用。

专家系统在交付使用后，其解释机制就显得更重要。在不良结构的专家系统问题环境下，知识（尤其是不精确的启发式知识）的使用需要承担一定的风险。因为一方面专家的启发式知识缺乏严格的理论基础，很难保证其精确性和严密性；另一方面这些启发式知识不为大多数用户所理解。因此，如果一个专家系统不能在问题求解过程中对其行为从系统运行的角度（甚至理论的角度）给出推理过程和推理结论的合理性说明，那么就难以提高用户对机器求解能力的信任程度，从而这样的专家系统就难以被用户广泛接受，就不会有强大的生命力。心理学调查也表明，解释能力也是对人类专家最重要的要求之一。

专家系统的解释机制还能在某种程度上起到"教师"的作用。由于专家系统知识库中的知识通常是专家的专业知识，所以专家系统能支持高质量的问题求解。可通过运用这些专业知识求解具体问题的实例及其解释，来教导或训练该专业领域的初学者，传播直觉知识等信息。

3.2 解释机制的要求

专家系统是人工智能领域中最活跃的分支之一，是一种能够在特定领域内以人类专家水平去解决该领域中的实际问题的智能程序。它与一般的应用程序不同，应用程序是把问题求解的知识隐含地编入程序中，而专家系统则将应用领域中的问题求解与知识分开，知识单独组成称作知识库的实体。知识库的处理是通过另外独立的推理机进行的，而且知识表示和知识推理是分开进行的。

专家系统有三个重要特征：启发性、透明性和灵活性。为了实现专家系统这些特征，解释机制根据用户或知识工程师的提问和推理机的行为，做出相应的回答，以帮助专家或知识工程师查寻知识库中可能存在的错误。

因此，解释机制的设计应当满足以下要求：

（1）能回答所有与专家系统的行为和知识相关的提问，即解释器不仅能回答有关专家系统运行情况的问题，还能回答专家系统本身的问题，如专家系统如何组织和管理知识等。

（2）对于用户提出的问题，专家系统的解释器能给出完整、易懂的答案，告诉专家系统用户问题是如何解决的，用到了哪些知识，这些知识的内容是什么，所用知识的来源及其合理性等，就是要让用户感到专家系统是"透明的"。

（3）用户不需要花多少时间就能学会如何请求解释以及如何利用解释。

设计专家系统的解释机制时一般应遵循以下三个标准：

（1）准确性。

专家系统的解释机制所提供的说明应当是准确的描述。而且，既不能忽略关键步骤中对知识的判断和选择，也要避免解释内容的冗余。如果用户是知识工程师，那么专家系统的解释机制可作为系统运行的调试工具使用，它提供的解释应该准确与简练，从而知识工程师易于从中发现可能的错误。

（2）可读性。

专家系统用户可能不具备计算机方面的专业知识，但他们能够容易地理解专家系统的解释说明。这就是说，在解释的叙述上要避免描述机器求解的具体技术细节，要尽可能用自然语言或专业领域的形式语言加以描述，使用户感到通俗易懂。

（3）智能性。

专家系统解释机制的智能性体现在两个方面。一是易用性，即一般用户不需要花费很多时间就能方便地学会其用法；二是解释机制的实现应结合领域知识的特点，尽可能针对用户可能提出的各种问题生成合理而迅速的解释。

在上述三个标准中，准确性和可读性有时会产生冲突。准确性主要针对知识工程师而言：准确性越高，就越能将知识库或推理过程中的错误固定在很小的范围内，这样知识工程师就能够更容易找到错误。对专家系统的一般用户来说，可读性越强，他们就越能接受此专家系统。

3.3 解释机制的结构

解释机制的基础是专家系统知识及其在问题求解过程中的应用。专家系统的解释机制可通过有关实体之间的结构和功能模型的深层知识生成领域问题求解的原理说明。但是表层的经验知识却难以产生实质性的解释，经不起用户"WHY"的提问。目前，大多数专家系统的知识都是经验性的，因而它们对专家系统解释机制的支持是非常有限的。专家系统的设计应该强调深层知识的获取和形式化。

专家系统的解释机制包括以下两个基本问题：用户模型和表达方式。

1. 用户模型

用户模型用来确定解释的内容。在专家系统开发和使用过程中会涉及不同的解释对象，统称为用户。这就要求解释机制的设计要考虑用户的类型和层次，对不同用户的解释内容和说明程度是不一样的。解释过程中，用户模型的生成可通过用户与专家系统已交互的内容确定用户的类型，再通过设置一段固定的程式对话了解用户的层次，即用户的知识水平。但不管什么类型和层次的用户，他们都应该具备问题领域的基本知识，应当了解问题领域的概念及其关系，否则无论专家系统给出何种解释，他们都无法理解。根据解释机制，用户可分为以下两类：

（1）一类是系统用户，他们的专业知识水平足以了解问题领域的概念、关系和某些原理，但是他们对原理或问题求解方法的使用还不熟悉，还没有达到专家水平。这类用户的层次划分是必要的。

（2）另一类是领域专家或知识工程师，他们通过专家系统的解释机制调试知识库，提高专家系统的性能。

2. 表达方式

表达方式是专家系统对有关解释的叙述，将根据用户模型确定的解释内容以用户能够理解的方式传达给用户。

由于在专家系统中所记录的仅是程序代码，而不是产生代码的知识和推理，对问题的解释局限于对这些代码的访问，因此专家系统回答问题的基本类型仅是关于专家系统行为的问题。如专家系统如何动作，参数是如何运用的，什么是参数的赋值结果等属于"HOW"的问题。有时用户还问到为什么要提出这个问题，这是属于"WHY"的问题。除了这些问题外，知识工程师和用户还可能提出其他类型的问题。例如，合理性问题、合适性问题、功能问题、能力问题等。这些问题分别涉及隐藏在专家系统背后的有关目的信息、专家系统的执行历史、专家系统的开发历史等。为了回答这些问题和满足对解释的要求，目前人们提出了许多解释方法，其中预制文本法、追踪解释法是最常见的。下面具体介绍这几种专家系统解释机制的结构及其原理。

3.3.1 预制文本法

预制文本法是最简单的解释方法，即人们将问题的答案预先用英文或其他语言写好，插入程序之中，通过显示这些文本来回答用户的提问。预制文本法又称为唱片解释法。专家系统要能回答它正在做什么的问题，知识工程师就能预先估计出所有可能的问题，并将每个问题的解答句子存入专家系统的程序体内；这些被存入的解答句子可随时调出来显示。这些句子称为"唱片"句子，它们由知识工程师"灌入"专家系统，必要时"播放"出来显示。预制文本法的最简单用途是辅助用户跟踪专家系统的运行情况，显示出错信息。

采用预制文本法的主要优点是解释简单明了，但是该方法也有其局限性，主要表现在：

（1）由于程序代码和解释代码两文本可以独立变化，使得维护二者之间的一致性变得困难；

（2）对于用户的提问，专家系统必须预先安排好答案，这对于大型专家系统来说是不可能的；

（3）专家系统缺乏统一的概念模式来描述其解释内容，因此，专家系统难以提供更高级的解释。

当专家系统遇到异常情况时，此预制文本的句子可能是预先设置的一些错误信息。例如，成人疾病医疗专家系统处理婴儿的病例时，可能会显示以下预制文本：

<blockquote>此患者太年轻了，此系统不能医疗此患者</blockquote>

规模不大的专家系统建立以后，它的每个动作部分可和一段唱片程序相连接。当用户要了解专家系统正在做什么或准备做什么时，就可执行此唱片程序，以说明或提前说明此动作部分要做的具体工作。这种具体工作的说明可能包括专家系统调用了哪些函数、函数的各种参数、给定的假设、所运用的推理方式等内容，以便于跟踪程序的运行情况。

预制文本法的唱片句子中可进一步设置若干个状态变量。当专家系统进行解释时，这些状态变量能结合已有上下文的内容，进而增加专家系统解释机制与专家系统问题求解状态之间的一致性。

预制文本法主要用于回答专家系统正在做什么（WHAT）的问题，这种方法不适用于一致性维护，也不适于为不同用户提供较为灵活的解释。这不是一种符合智能性标准的解释机制。

3.3.2 追踪解释法

追踪解释法是由大卫（R. Davis）在 TEIRESIAS 专家系统中首先提出并实现的。它通过对程序执行过程的追踪，说明专家系统是如何得出结论的，即通过推理过程的重新构造说明系统的动作。在 TEIRESIAS 专家系统中，解释系统包括记录程序和显示程序。记录程序用来记录推理过程中所用的知识；显示程序从记录下来的知识中，把对于得出求解结论有用的部分以用户易于理解的模型显示出来。

追踪解释法中，解释机制的层次选择是一个重要的问题。首先，解释机制的层次不宜太抽象以至于不能给出问题实质性的解释。例如，对一个下棋机来说，如果对某一步棋的解释为："选出最好的选择"，这将毫无信息量，因为它没有说明这一步棋的选择涉及哪些因素。如果将此解释细化到 α-β 搜索树的剪枝过程或估价函数的函数值优化等这样的具体层次解释，就会使解释变得有效些。同样，解释的层次也不宜过于具体以至于使用户无法理解解释的内容。例如，在一个复杂的电路网络设计系统中，解释机制是重新显示确定某些参数的具体算法过程，这就偏离了推理路径显示的重点。因为在大型电子系统的设计中，一些参数的具体确定算法不是重点问题。存在一些描述专家系统行为的结构，它们促使专家系统问题求解的描述易于被用户理解。这种结构不仅取决于解释层次的选择，还取决于专家系统中基于知识表示的推理模型是否与人类思维习惯相一致。在推理模型易于被用户接受的问题环境中，只要层次选择合适，追踪解释法是一种简单有效的解释方法。但在有些情况下，如基于贝叶斯理论对医疗诊断进行的不精确推理，用户可能也难以接受。因为这种基于贝叶斯方法的不精确推理本身可能就不能被用户理解。因此，要使用户真正接受此专家系统，就要把这种贝叶斯理论转化为用户（专业医生）能理解的医学统计现象进行描述。

MYCIN 专家系统就是采用预制文本法和追踪解释法相结合实现解释的一个成功例子。MYCIN 专家系统的诊断部分是一个典型的目标驱动控制，其解释过程通过遍历目标树和检索相关的规则来完成。此专家系统的解释机制先总结与问题求解结论相关的目标，然后显示达到这个目标的推理路径。当用户要求进一步解释时，此解释机制能用接近英语的语言形式显示出那些与结论相关的规则。当专家系统要求用户提供信息而用户要了解这些信息的作用时，其解释机制能根据当前专家系统正在求解的目标说明这些信息对目标实现的作用。MYCIN 专家系统的解释机制主要回答这样两类问题。前一类是关于专家系统是如何达到某个特定目标的，称为"HOW"解释，它需要自顶向下方式地查找目标树，检索目标选择所需的规则。后一类说明信息的作用，称为"WHY"解释。MYCIN 专家系统的这种"WHY"解释是指"此信息有何用处？"。这种"WHY"问题可转换为"在哪条规则中出现需要该信息的目标，这条规则又得出哪个目标？"。它不能从原理上说明规则的合理性，这种"WHY"一般需要自底向上方式地查找目标树，检查较高层次的目标。为了实现这两类问题的解释，MYCIN 专家系统的解释机制提供了以下 3 种能力：

（1）根据用户命令显示专家系统运行过程正在调用的规则。

（2）记录与特定问题求解相关的启用规则，以便于问题求解得到结论后形成推理链。

（3）根据用户提问的要求，在知识库中检索某类特殊规则。

MYCIN 专家系统中，"HOW"解释的主要作用之一是为知识工程师或领域专家调试知识库提供极大的方便。在知识库的调试或完善过程中，这种解释使得知识的应用过程和各部分知识所起到的作用对知识工程师或专家是透明的。通过比较专家系统的求解路径和专家得出的结论，可检查知识库的不足之处，如知识库的结构错误、知识的语义错误等。所以这种解释在许多专家系统中得到了较为广泛的重视。

在基于规则表示的产生式系统中，产生式的匹配是专家系统求解过程的最基本操作，由这些基本操作组成对目标树的搜索。通过显示推理路径和有关的产生式匹配情况，就产生了专家系统问题求解过程的解释。选择产生式规则作为解释的基本层次是较为合适的，因为每条产生式规则是一个独立的数据结构单元，它具有明确的意义。在这个层次上进行解释既不会过于抽象，也不至于过于具体，因为一条产生式规则既有一个具体的意义，也能被用户理解。"HOW"解释的实质是记录专家系统问题求解过程中各个中间状态，必要时显示这些记录内容就可达到问题求解过程显示的目的。设计这类解释机制要考虑以下问题：

（1）解释机制中基本操作的确定。

基本操作是解释机制的基本层次，在这一层次上专家系统的求解行为将得到最为具体的解释。在基于不同表示模式的专家系统中，建议选择基本操作为知识表示模式中最基本、独立的数据结构单元，如框架系统中的框架和产生式系统中的规则等。

（2）专家系统中加入日志程序。

日志程序记录专家系统问题求解过程中在选定层次上的行为，包括各种状态下知识的匹配情况和状态的转化情况。记录结果用于专家系统行为的跟踪。

（3）设计一个与专家系统控制结构相对应的或相反的解释控制结构。

这个控制结构提供了对日志程序记录结果的行为理解。例如，产生式系统中，解释控制结构可从正向/反向搜索目标树的角度对记录结果提供行为描述。

（4）设计一个接口程序。

根据记录内容和解释控制结构将跟踪结果翻译为用户能理解的解释语句。

追踪解释法的主要优点是解释简单，因为解释直接反映了代码，解释和代码之间的相容性得到了保证。但该方法也具有局限性，主要表现在：

（1）构造一个用户易于理解的程序是困难的，有时甚至是不可能的。

（2）专家系统不能对其动作做出合适的证明，即运用该方法能说明专家系统做的是什么，但缺乏说明为什么要这样去做的能力。

尽管如此，由于预制文本法和跟踪解释法易于实现，因而在许多专家系统中已得到广泛应用。

OTES是电力系统变电所(站)操作票专家系统，该系统采用了预制文本和追踪解释两种解释方法。同时，为了解决以上两种方法所存在的问题，专家系统把命令性知识和说明性知识明确区分开，这样能使解释以抽象的方法描述，在解释过程中被实例化。这不仅可以提高解释的质量，而且可以提高专家系统的可维护性。

专家系统运行的实质是完成任务，为此专家系统通常把目标任务的求解分解为若干个子任务。对规则集的推理过程即为问题的求解过程。在解释子系统中，对目标知识库部分采用了预制文本法，即将问题答案先写好放在文件中，然后，通过合理选择文件的相应部分来回答问题；对推理过程，采用追踪解释法，即通过重新构造、演示推理过程来说明专家系统的求解过程和每步推理的理由和依据。在解释过程中，以抽象的方式描述的解释被实例化。

在OTES专家系统中，解释是基于反向推理的。为了清晰地记录被调用的规则及其顺序，用一个表结构H来记录它们，表头刚好是正被调用的规则。这样，当回答"WHY"一类的问题时，只需处理表头元素；而要回答"HOW"一类的问题时，就要处理整个表H，根据表中记录的推理路线，即所用到的规则来产生解释，解释子系统部分程序如下：

```
infer(History, Goal, H)：_ rule(Rno, Goal, Cond),
                         test(Rno, History, Cond),
                         append([Rno], History, H).
test( _ , _ , []).
test(Rno, History, [Cno │ Rest])：_ yes(Cno),!,
                         test(Rno, History, Rest).
```

```
test(Rno, History, [Cno | Rest]):_cond(Cno, Text),
                                   infer(History, Text, His),
                                   test(Rno, His, Rest).
test(Rno, History, [Cno | Rest]):_cond(Cno, Text),
                                   ask(Rno, Cno, Text),
                                   test(Rno, History, Rest).
ask(Rno, Cno, Test):_write(Text, "是事实吗?"),
                     read(Answer),
                     try_ans(Rno, Cno, Answer).
try_ans(Rno, Cno, yes):_assert(yes(Cno)).
try_ans(Rno, Cno, no):_assert(no(Cno)), fail.
try_ans(Rno, Cno, why):_display(Rno),
                        write("现在请回答:"),
                        cond(Cno, Text),
                        ask(Rno, Cno, Text).
display(Rno):_rule(Rno, Content, Cond),
             write("为了实现", Content, "我试图用规则", Rno),
             write("规则", Rno, Content, "\n 如果"),
             reverse(cond, [H | Conlist]), write(H),
             show(Conlist).
show([C]):_cond(C, Text),
          write("并且"),
          write(Text),
          nl.
show([H | T]):_cond(H, Text),
              write("并且"),
              write(Text),
              show(T).
explain_how(Goal, History):_reverse(History, H),
                            treat(H),
                            write("我还知道:",),
                            try_true,
                            try_false.
treat([])
treat([H | T]):_display(H),
               treat(T).
try_true:_yes(Cno),
          cond(Cno, Text),
          write(Text),
          nl,
          fail.
try_true.
try_false:_no(Cno),
           cond(Cno, Text),
```

```
                write(Text,"不是事实"),
                nl,
                fail.
    try_false.
```

在 OTES 系统中，对于操作任务"××线 283 开关由检修转运行"所产生的操作步骤如下。

(1) 拉开 283-10 接地刀闸。

(2) 拉开 283-南 0 接地刀闸。

(3) 拉开 283-线 0 接地刀闸。

(4) 合上 283 开关线路 PTA 相保险器。

(5) 投入 283 开关启动失灵保护总压板。

(6) 合上 283 开关控制保险。

(7) 合上 283 操作刀闸电源保险。

(8) 合上 283 开关信号小开关。

(9) 检查 283 确定北开关断开。

(10) 合上 283 刀闸。

(11) 检查 283 确定北开关闭合。

(12) 合上 283-1 刀闸。

(13) 检查 283-1 刀闸。

(14) 检查 283 开关 PT 电压切换，北母线(Ⅰ段)灯亮，南母线(Ⅱ段)灯灭。

(15) 合上 283 开关 TK。

(16) 合上 283 开关。

(17) 拉开 283 开关 TK。

基于以上解释程序，当向专家系统提问如何得到以上的操作步骤，即"HOW"型问题时，专家系统采用的是追踪解释法，根据记录下的信息，重新构造推理过程，提供给用户如下的解释：

为了实现 283 开关检修转运行，试图用规则 16。

规则 16：

如果检修转运行

则需要检修转冷备用

并且冷备用转热备用

并且热备用转运行。

为了实现 283 开关检修转冷备用，试图用规则 20。

规则 20：

如果 283 开关检修转冷备用(变电线路工作)

则需要拉开 283-10 接地刀闸

并且拉开 283-南 0 接地刀闸

并且拉开 283-线 0 接地刀闸

并且合上 283 开关线路 PTA 相保险

并且投入 283 开关启动失灵保护总压板

并且合上 283 开关控制保险

并且合上 283 刀闸操作电源保险

并且合上 283 开关信号小开关。

为了实现 283 开关冷备用转热备用，试图用规则 12。

规则 12：

如果 283 开关冷备用转热备用

则需要检查 283 开关确断

并且合上 283-北刀闸

并且检查 283-北刀闸确合

并且合上 283-1 刀闸

并且检查 283-1 刀闸确合

并且检查 283 开关 PT 电压切换，北母（Ⅰ段）灯亮，南母（Ⅱ段）灯灭。

为了实现 283 开关热备用转运行，试图用规则 8。

规则 8：

如果 283 开关热备用转运行

则需要合上 283 开关 TK

并且合上 283 开关

并且拉开 283 开关 TK

而且还知道 220kV 线路状态。

283 开关由检修转运行（当前操作任务）。

当向专家系统提问为什么用某一规则，即"WHY"型问题时，专家系统采用的是预制文本的解释方法，直接调用规则对应的解释，如规则 16 对应的解释如下：

运行中的电气设备系统，分为运行、热备用（只有在断开位置）、冷备用（除开关在断开位置外，刀闸在断开位置）、检修（在冷备用状态的基础上，设备已可靠接地，并布置了其他安全措施）等四种不同状态，从运行状态到检修状态的转换需要经过运行→热备用、热备用→冷备用、冷备用→检修三个过程。

规则 12 对应的解释如下：

送电操作必须合上母线侧刀闸，然后再合上负荷侧刀闸。

由于预制文本法和追踪解释法存在着缺陷，人们又研究出了其他解释方法，如策略解释法和自动程序员法等。

3.3.3　策略解释法

策略解释法是由克兰遂（W. J. Clancey）和哈斯玲（D. W. Hasling）等提出并在医疗诊断教学专家系统 NEOMYCIN 中实现的一种方法。NEOMYCIN 专家系统的目标是开发一个用于识别和解释策略的知识库。

策略是指为达到某个目标而制订的计划或方法。策略解释法模拟了人类推理，将控制知识用规则抽象地描述出来，而不是隐含在具体代码中，并且与领域原则完全分开。策略解释使得达到某个目标的计划或方法变得清楚。NEOMYCIN专家系统实现策略解释的基础在于其策略表示方法。在NEOMYCIN专家系统中，专家系统问题求解的策略知识通过任务和元规则形式表达出来。任务可以是诊断过程中必须做的事，它对应于问题求解的子目标，如识别病症、获取数据、生成假设、测试假设等。元规则就是实现这些任务的方法，即策略知识，它通过调用其他任务、基本控制策略和领域规则实现这些任务。任务对应于总目标的子目标，元规则是达到这些目标的方法。元规则调用其他任务，最后调用基本级解释器实现领域目标或应用领域规则。NEOMYCIN专家系统推理时，先调用任务和元规则进行预推理，用任务和元规则组成一个诊断过程的抽象描述，然后再调用领域内的规则进行具体任务的问题求解。元规则的有序集合构成了完成任务的过程，每一条元规则都有一个前提部分和一个动作部分；前提部分用来在领域知识库和问题求解历史中查找具有某些性质的事实和假设，相关动作部分用来向用户提问或调用一个任务以精炼正在考虑的假设。与任务相关的元规则描述了用于完成该任务的一系列步骤，也可以表示达到该目标的其他策略。

策略解释法与其他方法的不同之处在于策略知识和领域知识是完全分开的，一般策略在咨询过程中被动态地实例化，因此，当程序分析问题的解时，它能说明一般方法及其具体运用。

在策略解释中，对于"WHY"问题，由于每个任务由另一个任务的元规则调用（图3.1），解释系统通过调用提问任务的元规则和任务来回答问题，对于"HOW"问题，解释机构给出与所有已经完成的任务相关的元规则，以及当前正在执行的规则，作为任务和元规则的构造结果。对"WHY"的解释说明元规则的前提，而对"HOW"的解释说明元规则的动作。

在NEOMYCIN专家系统的咨询过程中，为了产生一个具体的假设，专家系统保存任何调用由元规则成功使用的记录，

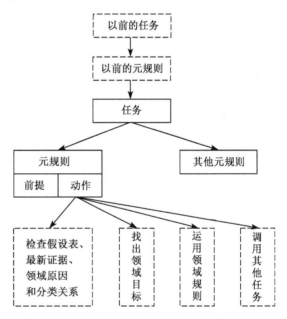

图3.1　任务和元规则的抽象描述

任务所运用的数据、调用任务的元规则、与成功使用的元规则相关的变量以及元规则所获得的信息都作为中间结果保存下来，利用这些信息对一般的解释进行实例化。

NEOMYCIN专家系统进行解释时，对于用户的问题可从任务和元规则的层次给出问题求解策略的一般解释，也可从问题的领域目标和领域规则的层次给出某种疾病诊断过程的具体解释。NEOMYCIN专家系统的解释也可分为"WHY"和"HOW"两大类。下面以一段专家系统咨询过程为例具体说明NEOMYCIN专家系统的解释机制。此专家系统的对话是英语形式的中译文；咨询过程中，用户输入用斜体表示。

请输入患者的有关信息

名字　年龄　性别　种族

李明　28　男　中国人

请描述其主要病症

头痛，喉咙不适，作呕

李明的头痛持续几天了？

10

李明的头痛有多严重？（用 0～4 的数字表示，0 表示症状最轻，4 表示症状最重）

WHY？

/＊为什么要确定李明头痛的程度？＊/

［1.0］我们试图刻画刚才获取的数据并发现其差别，头痛的严重程度是头痛特征的描述。

为了解释"WHY"，NEOMYCIN 专家系统先重写询问的问题为"为什么我们试图做此任务？"。因为每个任务一般都是由另一任务的元规则调用的，专家系统通过叙述调用此任务的元规则和调用此任务来回答问题。

上例的解释是具体诊断环境中的具体解释，如果用户要得到抽象些的解释，可在输入 WHY 的位置改用 ABSTRACT 提问

ABSTRACT

［1.0］我们试图表示刚获得的数据并发现其差别。此数据能表示当前正在考虑的最新证据的特征。

此时，如果用户进一步请求解释，专家系统就沿着策略描述的抽象层次回溯，解释如下：

WHY？

/＊为什么要试图表示刚获得的数据并发现其差别？＊/

［2.0］我们试图给出任何最新证据的完整考虑。李明最近头痛的事实是最新证据，必须首先考虑它，然后用来辅助诊断。

WHY？

/＊为什么要对任何最新证据给出完全考虑？＊/

［3.0］我们试图收集说明主要症状和主要问题的信息。

/＊这一回答是用户对上述提问"李明的头痛程度"的回答＊/

差别（VIRUS 564）（CHRCNIC-MENIGITIS 422）

对于"HOW"解释，NEOMYCIN 专家系统给出所有与已完成的任务有关的元规则，以及当前正在执行的规则。作为任务和元规则构造的产物，"WHY"解释从本质上说明元规则的前提部分，"HOW"解释说明元规则的动作。下面是一个关于"HOW"解释的具体例子，解释是通过领域规则显示的。

HOW 19.0

/＊这是一个询问专家系统"怎样决定李明有肺结核病"的问题＊/

我们做了如下工作：

［20.1］应用规则说明了引起肺结核病的原因。

［20.2］完全考虑了所有最新证据。

［20.3］应用规则说明了肺结核病的一般证据（规则 366）。

［20.4］完全考虑了所有最新证据。

［20.5］应用规则说明肺结核病的一般证据（规则 309）。

［20.6］完全考虑了所有最新证据。

［20.7］应用规则说明了肺结核病的一般证据，根据肝切片的肉芽瘤历史。

下一步做：

［20.8］完全考虑所有最新证据。

NEOMYCIN 专家系统的解释机制与 MYCIN 专家系统有许多类似之处，不同之处在于：MYCIN 专家系统中通过规则的前提部分调用子目标，而 NEOMYCIN 专家系统中元规则通过动作部分调用子任务；NEOMYCIN 专家系统的解释是在一般策略的层次上产生的，在适当的时候可通过领域目标和领域规则产生具体层次的解释。这种解释一定程度上解决了 MYCIN 专家系统中追踪解释法的解释层次问题。MYCIN 专家系统和 NEOMYCIN 专家系统的解释机制比较如表 3.1 所示。

表 3.1 MYCIN 专家系统和 NEOMYCIN 专家系统的解释比较

	MYCIN	NEOMYCIN
基本推理	目标→规则→子目标 通过满足规则的前提部分来实现目标（反向链）	任务→元规则→子任务 通过执行元规则的动作来实现任务（正向链）
WHY 解释	引用该目标作子目标的规则（前提）	引用此任务的元规则（动作）
HOW 解释	引用得出此目标的规则	引用完成此任务的元规则

NEOMYCIN 专家系统在一定程度上解决了选择解释内容的层次问题，但这种方法只适用于那些问题求解的策略知识较为齐全、能构建任务、元规则推理网络的问题领域。在其他领域通过此方法很难给出与具体解释相容的抽象层次解释。

NEOMYCIN 专家系统的解释内容和方法有以下几个特点：

（1）解释不是针对任务特殊用户。

（2）解释包含充分的信息。

（3）能根据不同情况确定解释的详细程度，既能产生抽象的解释，又能产生具体的解释。

（4）解释对于知识工程师和终端用户都是有价值的。

3.3.4 自动程序员法

自动程序员法是由斯娃托特（W. R. Swartourt）提出并在确定毛地黄用量的 XPLAIN 专家系统中实现的。毛地黄是一种毒性很大的强心剂，用于加强和稳定患者的心跳博力，但剂量不易掌握。美国 MIT 的斯尔沃曼（H. Silverman）等曾研制过一个毛地黄疗法咨询系统，此专家系统可辅助医生使用毛地黄。

自动程序员法主要将自动程序设计的思想应用于解释，其基本思想是利用自动程序员建立专家系统。在建立专家系统时，自动程序员利用了两类知识：一是领域模型，包含领域事实的描述，即书本式的领域知识；二是领域原理，包含领域的方法和启发性知识，即"如何做"的知识。对于预制文本法和追踪解释法，专家系统能解释专家系统行为的"HOW"问题和专家系统当前动作的目的，例如，MYCIN 专家系统的"WHY"问题，但不能解释专家系统行为的合理性。缺乏合理性解释的重要原因之一是专家系统缺乏对问题求解知识以外的深层知识的储备。自动程序员法可作为深层知识获取和存储的一种尝试。

自动程序员从抽象目标求精，即将命令性知识和领域的描述性知识结合起来产生可执行

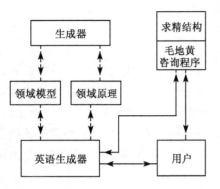

图 3.2　XPLAIN 解释系统的一般结构

程序，将推理轨迹以及相关信息记录下来，用来论证专家系统动作的合理性。该解释系统的一般结构如图3.2 所示。这种专家系统包含五个组成部分：

（1）生成器（writer）。

（2）领域模型（domain model）。

（3）领域原理（domain principles）。

（4）英语生成器（english generator）。

（5）求精结构（refinement structure）。

图 3.2 中，生成器是一个自动程序员，它产生的可执行程序具备所要求的咨询功能。领域模型和领域原理包含领域专家的知识，为生成器产生可执行程序提供知识。对 XPLAIN 专家系统的具体实现而言，这里的领域知识是毛地黄和毛地黄医疗的有关知识。求精结构是产生可执行程序所留下的踪迹，它包含生成过程中间轨迹和最终的执行程序。当医生用户运用 XPLAIN 专家系统时，他可要求专家系统对其当前行为进行说明。英语生成器能通过检查求精结构和当前执行的步骤对提问给出回答。当采用 XPLAIN 专家系统求解新的医疗领域问题时，这时可能不限于毛地黄咨询问题，只需要改变领域模型和领域原理即可，而原来的生成器和英语生成器可予以保留。

领域模型是问题领域的描述性事实，如实体之间的因果关系、分类层次等，是领域的相关书本知识。图 3.3 给出了简化的部分领域模型。

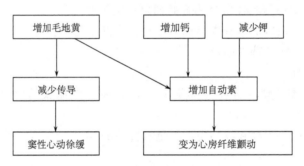

图 3.3　简化的部分领域模型

领域原理是领域的问题求解方法和启发式过程，是关于问题求解的过程性知识。它告诉生成器其具体作业，如开药物处方或分析患者症状。领域原理可看作抽象的过程模式，利用领域模型中的事实填充这种抽象过程，可产生具体的过程或操作。领域原理中可含有变量和常数，此变量称为模式变量，其形式可由目标、基本原理和原型方法组成。此外，原理通常还含有一组约束，用来说明此原理的使用条件。生成器在每一步求精步骤中都选择满足约束条件且能完成当前任务的领域原理。领域原理的目标告诉生成器此原理能做的工作。各领域原理根据各个目标的特征组成层次结构。领域原理基本上是一种试图与领域模型匹配的模式，它在实现目标的特定上下文中为达到此目标提供所需要的辅助信息。原型方法是一种抽象方法，它说明怎样实现所在领域原理的目标。一旦基本原理与领域模型相匹配，那么基本原理中的匹配变量将传递到原型方法中，从而原型方法由抽象的方法具体化为具体的操作。这种匹配使得一个抽象的领域原理可具体化为多个具体的操作。图 3.4 给出了简化的领域原理，图中模式变量用黑体标记。例如，其中的模式变量"证据"可由"增加钙"或"减少钾"来匹配，变量"药物"可由毛地黄匹配。图 3.4 中，基本原理描述了在预测药物毒性的目标下应该检查哪些证据。这个领域原理给出了常识性问题求解的方法；如果存在因素可能增加药物的有害作用，并且患者身体出现了这些因素，那么药物的剂量就应该减少。

目标：预测毒性

基本原理：

原型方法：

　　如果证据存在，就减少药物剂量

　　否则，就保持剂量

图 3.4　领域原理举例

　　在大多数现有的专家系统中，描述性知识和过程性知识在知识库中并不显式地分离。这样，问题求解的方法或规则必须在描述性知识的同一抽象级上进行表达，这就限制了专家系统解释的灵活性和质量。XPLAIN 专家系统中，领域模型同领域原理明显分开，自动程序员通过问题领域的过程性原则和描述性事实的结合来生成可执行程序。这种结合过程的记录可用于专家系统行为的合理性解释。此解释机制除了具有这种便利外，领域模型和领域原理的分离还有其他一些优点。它能在不同层次的抽象级上对方法或启发式进行陈述；在不同层次的抽象级上提供方法的解释可能适应不同层次的用户。此外，这种分离可实现对领域模型和领域原理分别进行修改。例如，大多数用于预测毛地黄过敏的领域原理事实上也可用于预测其他药物的过敏。当把这些领域原理运用到新的应用领域时，只需改变领域模型即可。另一方面，用于治疗毛地黄过敏的领域模型也可用来检测毛地黄的毒性。在集成过程性知识与描述性知识的专家系统中，很难对方法进行修改。

3.3.5　基于事实的自动解释机制

　　目前解释机制的构成和实现方法很多，传统的方法是以经验和浅层知识为基础的，如基于规则的产生式系统。专家系统的设计者可以预先提出某些适合给定假设的解释，并写入程序中，但这种方式缺乏灵活性和适应性，因而一般只适用于简单的专家系统。还有的方法是利用指针等方式跟踪推理过程，摘录其间用到的知识（如规则），由此产生对决策的解释，它具有较大的通用性。但这种基于知识的解释机制存在以下两个问题：

　　(1) 以规则表示的知识为例，规则的结论部分可能只是一种断言，也可能是某个操作，如执行一种算法。对于后者，基于知识的解释往往不能反映这些知识的应用结果。

　　(2) 随着专家系统智能水平的不断提高，基于领域模型的推理方法应用日益广泛。模型方式描述了专家系统的深层知识，表达了领域中潜在的规则，因此领域模型就是知识库中的一种知识。在这种情况下，对推理结果的解释显然不能直接引用知识库中的相关知识，而需要依据产生这个结果的事实。

　　因此，利用真值维护系统对证据即事实进行操作，通过组织和维护决策过程所产生的具有一定因果关系的事实，生成一个有效的自动解释机制，即基于事实的自动解释机制。这是一种基于事实的解释，它利用决策知识所产生的结果即事实，来提供解释，避免了基于知识的解释所存在的问题。另外，由于基于事实的解释是用已有的事实来解释问题求解的结果，所以用户可以通过某个具体事例来学习知识库的原理知识。从某种意义上说，基于事实的解释过程可看作对知识库中知识的间接引用。

通常设计一个良好的解释系统的基本原则是：严格区分各类知识，并采用陈述式知识表示方法。然而，执行效率和解释能力常常是相互矛盾的，高效执行解释要求知识集成和过程化，与解释的易读性要求正好相反。为了保持二者的统一，必须求得折中，在保证系统效率的前提下尽可能为用户提供一个满意的解释。

3.4 解释机制的实现

专家系统的解释功能是指专家系统在与用户交互的过程中能对自身行为做出用户易于理解的说明。它是专家系统区别于传统程序的一个重要方面。目前，在专家系统领域中常用的解释方法有策略解释法、追踪解释法、预制文本法、自动程序员法和基于事实的自动解释机制等；本节讨论预制文本法和基于事实的自动解释这些解释机制的实现。

3.4.1 预制文本法的实现

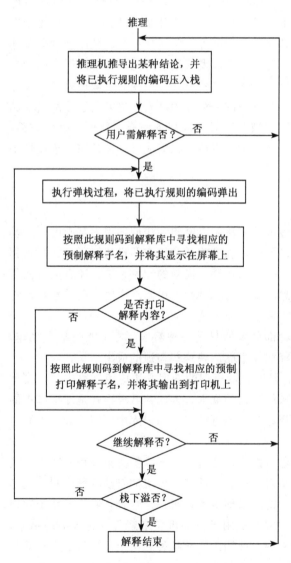

图 3.5 选矿专家系统的解释机制的实现框图

对于某选矿厂的专家系统，其知识是采用过程和规则表示的，这个专家系统的推理遵循了选矿厂设计的实际运作规律，是一个有序的固定过程。这个系统不需要解释推理路径，只需对每一个推理得到的结论给出理由即可。据此，该专家系统采用了预制文本法，并实现其解释功能，具体实现框图如图3.5所示。

这个专家系统开始运行时，首先其推理机按照策略性知识调用元知识来进行推理。当有规则被激活运行时，专家系统就将该规则的编码压入堆栈（stack）中。同时，推理机通过人机接口询问用户是否需要解释。当用户给予肯定回答后，推理机执行弹堆栈过程，即将压入堆栈中的代码弹出来，并根据此编码在解释库中寻找相应的解释语句，显示给用户，以保证每一步的推理状态都与其解释内容相一致。

堆栈是这个专家系统实现动态解释的关键。它是一种典型的数据结构，数据的操作严格按照先进后出、后进先出的原则进行。知识库、推理机、解释库三者之间通过 v 堆栈来连接，实现解释的动态性。图 3.6 为推理机、知识库、解释库三者之间通过堆栈来连接的逻辑示意图。

其中堆栈结构的重要参数说明如下：

（1）max＿top 是堆栈容量的最大值，

是根据推理过程中执行的总规则数设定的一个常数。当 top＞max_top 时，堆栈将发生上溢现象，表明堆栈已满。

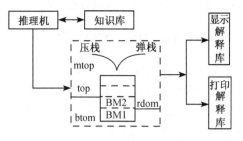

图 3.6 用堆栈结构实现解释功能的示意图

（2）top 是堆栈顶动态指针，用于记录推理过程中执行的规则数，在推理过程中始终指向堆栈顶，随着专家系统推理的步步深入，它在不断地增大，每当执行一条规则，它就向上浮动一个值。

（3）BM1、BM2、…为执行规则的编码，用以记录专家系统中已执行的规则。rdom 为另一动态指针，始终指向专家系统将向用户解释的规则编码，当专家系统向用户进行第一次解释时，rdom 的值等于 top，即从专家系统推出的最新结论开始解释。随后，专家系统每向用户解释一次，rdom 就向下移一，当 rdom≤btom 时，将发生下溢现象，这时专家系统就已经不需要向用户解释的结论了。

（4）btom 为堆栈底指针。

例如，由三步推理构成的推理链如图 3.7 所示。

图 3.7 某一推理链示意图

如果专家系统在推出[中间状态 $i+2$]时用户要求解释，那么专家系统就给出其理由为[中间状态 $i+1$]；若用户仍需要解释[中间状态 $i+1$]的原因，那么动态指针 rtom 就向下移动一步指向新的规则编码，然后通过弹堆栈过程获得所指向的规则编码，再根据此规则编码在解释库中寻找相应的解释语句，并将这些语句显示在屏幕上或者打印输出；这样迭代进行下去，直到满足用户的解释要求或者回到推理的初始状态为止。

3.4.2 基于事实的自动解释机制的实现

专家系统求解问题的过程实质上就是一个运用知识解决问题的过程，即针对具体问题并按照某种控制策略从知识库中选择可用的知识加以应用，从而在问题的已有事实中不断发现新的事实（证据），直到得出问题的结论。TmsFactBase 就是一种用来管理和维护这些事实的动态数据库，它除了具备一般事实库（Fact Base）所应具有的添加、删除、冗余性和矛盾性检查等功能外，还具有一些反映事实之间的因果关系的功能，即基于事实之间的相互关系自动完成对决策结果的解释。

1. TmsFactBase 的重要属性

Contents 是 TmsFactBase 的基本属性之一，用来存储事实项的内容。此外，还有两项重要属性，即 Justifications 和 Supports，它们是两个字典结构。其中 Justifications 用来表示事实和支持事实（即证据）之间的关系，关键字（Key）代表某个事实 aFact，值（Value）代表证明 aFact 的一组事实 facts。Supports 也用来表示事实和支持事实之间的关系，关键字代表某个事实 aFact，值代表 aFact 所支持的其他事实 facts。由此可见，Justifications 和 Supports 之间密切关联，并可互相转换。

2. TmsFactBase 的维护功能

（1）当向 Contents 中添加一条事实时，要将该事实和支持它的事实同时加入 Justifications 和 Supports 的对应项中。

（2）当从 Contents 中删除一条事实时，要将该事实和它所支持的事实同时从 Justifications 和 Supports 中删除。

举例　假设 TmsFactBase 中的 Contents，Justifications 和 Supports 三个属性值如表 3.2 所示。

表 3.2　TmsFactBase 的属性

Contents	Justifications		Supports	
	Key	Value	Key	Value
f_1	—	—	f_1	(f_3)
f_2	—	—	f_2	(f_4)
f_3	f_3	(f_1)	f_3	(f_4, f_5)
f_4	f_4	(f_2, f_3)	f_4	(f_6)
f_5	f_5	(f_3)	—	—
f_6	f_6	(f_4)	—	—

注：① f_1、f_2 为初始事实；② f_3、f_4、f_5、f_6 为推理产生的事实。

如果要在 Contents 中删除 f_1，则操作过程如下：

（1）首先从 Supports 的关键字中找到 f_1，它所支持的一组事实（即 f_1 所对应的值）为 (f_3)。

（2）将 Justifications 中以 f_3 为关键字并且值中包含 f_1 的那一项删除。

（3）对 Supports 中以 f_3 为关键字的项，重复（1）、（2）两步，直到 f_1 及其支持的事实全部从 Contents、Justifications 和 Supports 中删除为止。所以其最终结果如下：

Contents：$\{f_2\}$　　　　　　　//Contents 中只有一项 f_2

Justifications：{ }　　　　　　//Justifications 内容为空

Supports：$\{\{f_2, (\ )\}\}$　　　//Supports 中只有一项，关键字为 f_2，值为空集

3. TmsFactBase 的自动解释功能

根据 Justifications 中的内容就可跟踪推理得到某个事实的产生过程，从而生成一条事实链，通过这条事实链解释该事实的因果关系。具体地说，当需要对推理过程中产生的某个事实 aFact 做出解释时，可以通过 Justifications 找到 aFact 所对应的一组证据 facts；对 facts 中的每一项，若 Justifications 中有此关键字，则重复上述过程，直至找到初始事实为止。这样就自然产生了关于某个推理结果的解释，并且无论用户需要了解哪部分推理结果（中间的或最终的），系统都可给予解释。

仍以表 3.2 为例，如果用户要求对 f_6 做出解释，则执行过程如下：

（1）在 Justification 中找到关键字为 f_6 的项，即 $\{f_6, (f_4)\}$，(f_4) 是支持 f_6 的一组事实。

（2）对 f_4 重复上述操作，依次得到$\{f_4,(f_2,f_3)\}$，$\{f_3,(f_1)\}$两组结果。

（3）系统给出解释，即 $f_1 \rightarrow f_3$，f_2、$f_3 \rightarrow f_4$，$f_4 \rightarrow f_6$。

4. TmsFactBase 的 C++实现

采用面向对象技术构造 TmsFactBase，如前所述，TmsFactBase 是普通事实库 FactBase 的扩展，因此可建立 FactBase 和 TmsFactBase 两个类，后者是前者的子类。Fast-Base 用来实现一般事实库的添加、删除、查找、冗余性和矛盾性检查等操作；TmsFactBase 除具有这些基本操作功能外，还增加了自己的特殊功能。下面采用 Baland C++的编程语言来描述这两个类的主要数据成员及成员函数。

```
class Fact {   };                    //定义一个描述事实的类（具体内容省略）
(1) class FactBase {
      protected:
            Facts Contents;
//将事实对象存放于 Contents 中，Facts 是一个存放事实对象（即 Fact 类的实例）的容器
      public:
            FactBase( );          //构造函数
            ~FactBase( );          //析构函数
            BOOL AddFact(Fact &aFacts);
//将 aFact 加到 Contents 中，若 aFact 已存在，返回 False；否则返回 True
            BOOL DelFact(Fact &aFact);
//将 aFact 从 Contents 中删除，若 aFact 不存在，则返回 False；否则返回 True
            BOOL IsConflict(Fact &aFact );        //矛盾性检查
            BOOL IsTure(Fact &aFact );            //冗余性检查
            BOOL IsEmpty(Facts);
//检查 Contents 是否为空，若 Contents 为空，则返回 True，否则返回 False
            Fact * FactWith(Pattern * aPatt );    //查找具有某个 aPatt 模式的事实
//attern 是 Fact 类的一个数据成员，用来描述事实的某些属性
                  ⋮
            };
(2) class TmsFactBase: public FactBase{
      private:
            Tdictionary Justifications, Supports;
      public:
            Justification();          //构造函数
            ~Justification();          //析构函数
            void AddFactWithJustif(Fact &aFact);
//将 aFact 及支持它的事实加入 Justifications 和 Supports 中
            BOOL RemoveFact(Fact &aFact);        //删除 aFact 及其所支持的事实
            Facts * SupportedBy(Fact &aFact);
//在 Supports 中以 aFact 为关键字，返回对应的值，即由 aFact 所支持的事实
            Facts * JustificationFor(Fact &aFact);
//在 Justifications 中以 aFact 为关键字返回它对应的值，即证明 aFact 的事实
            void ReasoningTraceFor(Fact &aFact);
```

```
//建立关于 aFact 的推理跟踪
        void ExplanationOf(Fact &aFact);
//建立关于 aFact 文本方式的解释
            ⋮
        };
```

　　基于事实的自动解释机制通过组织和维护决策过程中产生的具有一定因果关系的事实（即证据），提供对推理结果的解释。由于对问题求解结论的解释是依赖系统已产生的事实和它们之间的因果关系，因此符合人的逻辑思维方式，也易于为用户接受和理解。另外，本节所构造的一种称为真值维护数据库（TmsFactBase）的数据结构是一种通用的数据结构。

3.5　解释机制的 Web 可视化

　　传统专家系统解释机制的人机交互以符号、文字的对话为主，数据结果的可视化显得不够。随着信息可视化技术的发展，图形化的数据信息可视化显示和个性化智能定制成为用户日益增长的主要需求之一，也是专家系统应用推广的一个关键。同时，随着互联网的广泛普及和基于互联网的 Web 应用开发技术日益成熟，基于 Web 的专家系统解释结果可视化是一个新的发展亮点。

3.5.1　基于 Web 的解释界面设计

　　专家系统的解释界面主要向用户展示最后的结论及其推导的过程，这个过程涉及中间解和临时数据。通过基于 JSP 的 Web 技术，能支持浏览器/服务器(B/S)的解释显示模式，如图 3.8 所示。也就是说，解释的结果界面以 Web 网页形式显示在用户的浏览器中，而这些解释性的 Web 网页由服务器动态生成相应的数据，这涉及 JSP、ASP. NET 和 PHP 等动态网页设计技术，也常用到 Java 这种强大的 Web 应用开发语言。

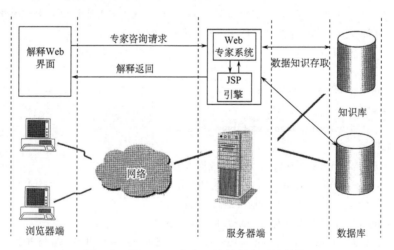

图 3.8　基于 Web 专家系统的解释系统结构

　　基于 Web 的解释界面实际上是一种 Web 前台网页，可以使用 JSP、ASP、PHP 等动态网页设计技术，与后台数据库、知识库和推理机服务器程序交互。这里，以 JSP 动态网页设计技术为例，介绍专家系统的解释 Web 界面设计方法，如图 3.9 所示。

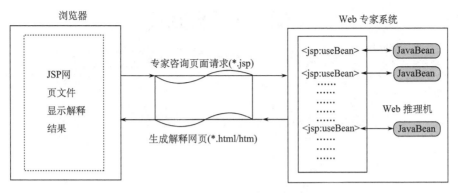

图 3.9 基于 JSP 技术的专家系统解释 Web 网页设计

JSP 是在 HTML 代码中嵌入 Java 程序片段而形成的，对于一些重复使用的推理机代码，最好能够"一次性编写，任何地方执行，任何地方重用"。为此，JSP 提供了一套以组件为中心的动态网页产生推理机结论和解释结果的 JavaBean 技术。JavaBean 本质上是一种 Java 类；JavaBean 技术为基于 Web 的专家系统解释界面设计提供了一种极具灵活性的设计模型。它主要作用是将 Java 代码和 HTML 代码分开，以方便 JSP 程序的编写、调试和维护，提高程序的可读性。

3.5.2 解释信息的可视化显示

传统专家系统的解释信息是解释性的语句，涉及自然语言处理；例如，图 3.10 表示一个动物归类的专家系统 MicroExpert，其解释界面如图 3.11 所示，都是文字性的，不够直观，需要用户耐心查看。

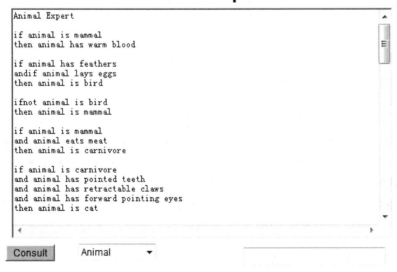

图 3.10 启动判断动物类别的专家系统 MicroExpert

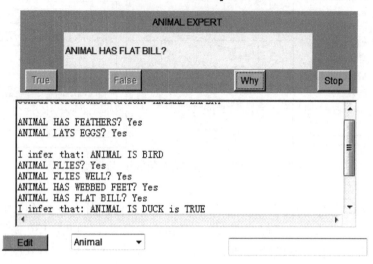

图 3.11　专家系统 MicroExpert 的解释界面

随着信息可视化技术的发展，一些专家系统的解释文字形象化为直观的图形，这样能提高用户的兴趣和理解度。例如，"加勒比海度假顾问"（Caribbean Vacation Advisor）专家系统采用可视化的交互操作界面和解释界面，并且是建立在 Web 网站（http://www.exsyssoftware.com/FlashDemos/CaribbeanIslandSelector/IslandSelector.html）上的，因而便于使用和理解，如图 3.12 所示。这个专家系统为游客选择最佳加勒比海岛，选择依据建立在游客最看重的度假因素体会基础上。此专家系统使用 Corvid 推理机推理出游客对每个岛上活动的优先级打分，这种打分遵循一种概率分布。打分最佳的岛屿会被推荐为游客的最佳旅游地点，推荐地点会在地图上可视化地标注出来。这种新型旅游专家系统广泛使用了 Flash 的动态交互技术和可视化显示功能，来实现在单个窗口中显示旅游顾问的复杂功能。

Adobe Flash 是由 Macromedia 公司推出的交互式矢量图和 Web 动画的标准，由 Adobe 公司收购。网页设计者使用 Flash 创作出既漂亮又可改变尺寸的导航界面以及其他奇特的效果。Flash 以流式控制技术和矢量技术为核心，制作的动画具有短小精悍的特点，所以被广泛应用于网页动画的设计中，已成为当前网页动画设计最为流行的软件之一。Adobe Flash 已改变网站的外观，现在还能强化站点的专家系统顾问功能，来满足游客的景点咨询服务需求。Corvid 推理机能用来创建基于 Web 的知识获取专家系统，使用 Flash 作为用户界面，实现解释结果的可视化。这样，Exsys Corvid 专家系统的强大分析能力就能与许多图形、动画和视频一起构建旅游咨询顾问系统，既美观图形化，又形象智能化，如图 3.12 所示。

3.5.3　解释机制的 Web 可视化案例

以"加勒比海度假顾问"专家系统为例，介绍可视化选择不同的游客喜好，从而在地图上可视化显示相应的最佳景点。

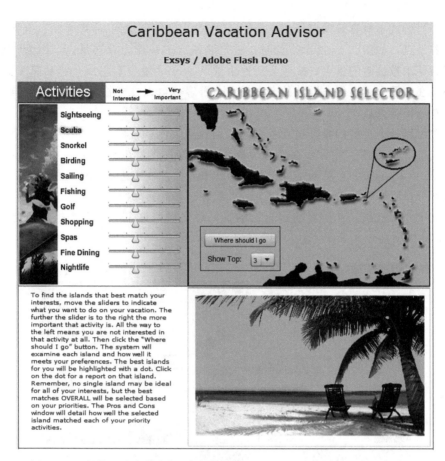

图 3.12 "加勒比海度假顾问"专家系统[(Caribean Vacation Advisor，2011)]

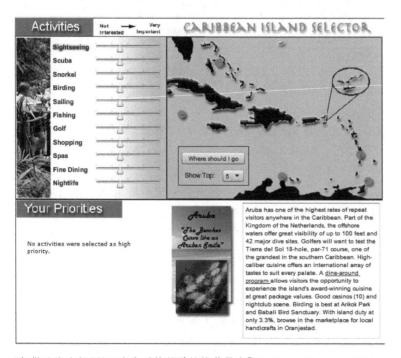

图 3.13 "加勒比海度假顾问"专家系统的默认推荐景点[(Caribean Vacation Advisor，2011)]

例如，当游戏不对喜好做出任何选择时，"加勒比海度假顾问"专家系统就会按照默认的优先级推荐景点，如图 3.13 所示。这时，首先推荐 Aruba 作为首选景点，因为它是加勒比海老游客游览次数最多的景点。接着会对这个景点 Aruba 做一下图片介绍和简况文字介绍。当然，也会在地图上标出优先推荐的 5 个景点。游客也可以选择推荐 1～9 个景点，第 1 个景点就是首选推荐景点。

游客也可以根据自己的喜好设置各个因素的权重，例如，图 3.13 中左边各个滑条的位置标明优先推荐的数值。然后，在右边界面上可以选择推荐的景点数，如 3；最后，单击【Where should I go】按钮，就能推理出 3 个最佳景点，并在右边的地图上标注出来。而在界面的下方部分显示推理的进一步解释信息，如游客选择的喜好因素，还有首推景点的图片介绍信息和文字介绍信息。在游客给出自己的喜好设定后，这个专家系统推理出首推景点是 Bahamas，并大力推介其景点信息，如图 3.14 所示。

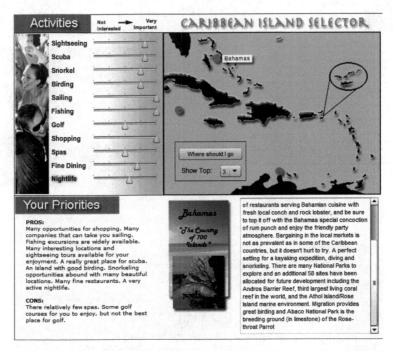

图 3.14　根据游客设定的喜好因素推理出首推景点并给出可视化解释结果
[（Caribean Vacation Advisor，2011）]

再以基于 Web 和模糊规则的起重机控制演示专家系统为例，介绍基于 Web 的专家控制系统如何可视化展示其解释信息，其模糊规则用来阻止负载摇摆，如图 3.15 所示。控制起重机的模糊规则可以通过 Web 界面随时改变，在网页（http://www.intelligent-systems.info/neural_fuzzy/loadsway/LoadSway.htm）中单击【Fuzzy Control】按钮，就会马上启动模糊控制，起重机就开始边移动，边摇摆，从岸边码头移到船上，再吊起货物，将货物从船上搬到岸上码头，如图 3.16 所示。此模糊控制过程用 Java Applet 程序实现，可以交互改变演示；同时此专家系统的作用也用这个交互动画程序形象直观地展示给用户，显得十分清楚明了，符合用户对起重机的日常认识。定义了三个参数变量：角度（Angle）、距离（Distance）、能量（Power），这些变量和隶属函数不能交互改变。

图 3.15　模糊控制专家系统阻止负载摇摆[(Caribean Vacation Advisor，2011)]

图 3.16　基于专家系统和 Web 的模糊控制过程动画演示[(Caribean Vacation Advisor，2011)]

3.6　本　章　小　结

专家系统的解释功能是用来回答用户提出的各种问题,包括与系统推理有关的问题以及与系统推理无关但关于系统本身的问题;它可以对推理路线和提问的含义给出必要的和清晰的解释,为用户了解推理过程和系统维护提供方便的手段;这是实现系统透明性的主要模块。专家系统能针对性地以用户易于理解的方式进行解释,回答为什么有此结论、根据所在、推理的逻辑思路是怎样的等问题。

本章主要从解释机制的行为、要求、结构和实现四个方面介绍了专家系统的解释机制。专家系统的解释机制包括用户模型和表达方式两个基本问题。

3.1 节阐明了专家系统解释机制的行为,即对用户和知识工程师所提出的问题给出清晰、完整和易懂的回答,即对其行为和结果做出合理说明。这些说明包括专家系统正在做什么、为什么要这样做的动态说明和对专家系统知识库中知识的静态说明等。

3.2 节论述了专家系统的要求。为了实现专家系统的启发性、透明性和灵活性,专家系统的解释机制根据用户或知识工程师的提问和推理机的行为,做出相应的回答,以帮助专家或知识工程师查寻知识库中可能存在的错误。为此,解释机制的设计应当满足以下要求:①能回答所有与专家系统的行为和知识相关的提问;②专家系统的解释器对于用户提出的问题能够给出完整、易懂的答案;③便于用户学会如何请求解释以及如何利用解释。

3.3 节研究了专家系统的解释机制,可分为预制文本法、追踪解释法、策略解释法、自动程序员法和基于事实的自动解释机制五种。3.4 节以预制文本法和基于事实的自动解释机制为例介绍了专家系统的解释机制实现。

3.5 节讨论了解释机制的 Web 可视化问题。随着互联网的广泛普及和基于互联网的 Web 应用开发技术日益成熟,基于 Web 的专家系统解释的可视化已成为一个新的发展方向。首先介绍基于 Web 的解释系统结构和界面网页设计,然后以"加勒比海度假顾问"专家系统为例说明解释信息的可视化显示问题,最后给出两个解释机制的 Web 可视化案例。

习　题　3

3.1　什么是专家系统的解释机制?其行为和作用为何?

3.2　专家系统有哪些特性?为了实现这些特性,专家系统应满足什么要求?

3.3　专家系统的解释机制有哪几种结构和方法?每种方法的要点是什么?

3.4　举例说明专家系统解释机制的实现。

3.5　什么是解释机制的 Web 可视化问题?它有何优点?

3.6　给出并说明基于 Web 解释系统的结构。其网页设计方法为何?

第4章　基于规则的专家系统

在第1章中，按照专家系统求解问题的性质和任务，把专家系统分为10种类型，并按照工作原理把专家系统分类为基于规则的专家系统、基于框架的专家系统、基于模型的专家系统和基于网络的专家系统等。从本章起，将根据专家系统的工作机理和结构，逐一讨论这些专家系统。

基于规则的专家系统是知识工程师构建专家系统最常用的方式，这要归功于大量成功的基于规则的专家系统实例和可行的基于规则专家系统开发的工具的出现。本章介绍基于规则的专家系统，包括基于规则的专家系统的优点和局限性、基于规则的专家系统的模型、结构、设计和应用实例等。

4.1　基于规则专家系统的发展

今天看到的基于规则专家系统是过去40多年的发展结果。早期研究创建了这门技术，通过反复试验创造了设计有效系统的基本技术与方法。回顾基于规则的专家系统的历史，它实际上沿着一般专家系统的路径前进，因为大多数早期专家系统都是基于规则的。图4.1显示了这段时间内开发的"经典的"专家系统的时间长度采用人–年。

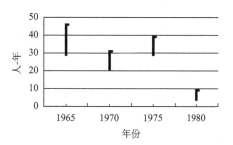

图 4.1　几个专家系统项目的开发时间

1. 20 世纪 60 年代

20 世纪 60 年代开发的专家系统大多数是探索性的。开发者学习如何设计源于问题知识而不是过程技术的系统。因为这门技术强调知识，所以这些专家系通常称为基于知识的系统。

20 世纪 60 年代发展的最典型例子就是 DENDRAL 专家系统。DENDRAL 专家系统是 1978 年斯坦福大学在 NASA 火星探索计划的支持下开发的。这个专家系统设计用来对火星土壤进行化学分析。开发者在程序中对有机化学专业的专家知识进行了编码。

DENDRAL 专家系统的成功表明了能够通过获取人类专家的知识建立智能系统。人工智能领域的研究者开始满腔热情地寻求在计算机系统中表示和搜索知识的更好方法，这样就造就了后来的专家系统开发者。

2. 20 世纪 70 年代

使用更好的表示和搜索技术，并受 20 世纪 60 年代成功研制的基于知识系统的启发，20 世纪 70 年代的专家系统开发者们试图定义有效的设计技术。这时开发专家系统的灵活性已被证实。到了大量开发专家系统并学习经验的时候了，也到了建造提供实际用途的专家系统的时候了。

没有别的专家系统比 MYCIN 专家系统更适合帮助对基于规则专家系统的理解。MYCIN 专家系统的目标在于诊断传染性血液疾病。它在这个问题上的成功技术将在下面的小节中介绍。然而，从专家系统开发人员的角度来看，MYCIN 专家系统的真正成功在于使用了基于规则专家系统的设计方法。

就产生实际效益的专家系统开发而言，20 世纪 70 年代的两个典型例子就是 XCON 专家系统和 PROSPECTOR 专家系统。XCON 专家系统最初叫做 R1，由卡内基·梅隆大学开发，设计用来辅助数字设备公司(DEC)配置其 VAX 计算机系统。XCON 专家系统使用 OPS 技术开发，这是一种基于规则的编程语言。已经证明 XCON 专家系统是 DEC 有价值的工具，每年大约节省了 2000 万美元。

PROSPECTOR 专家系统是斯坦福研究所开发的专家系统，用来辅助地质学家勘探矿藏。PROSPECTOR 专家系统在东华盛顿附近的地方进行野地测试，预测了一个钼矿的存在。随后钻探证实了这个发现了价值 1 亿美元的钼矿的预测。

在 20 世纪 70 年代末，专家系统就是一门已经成功建立的技术。MYCIN 专家系统所提供的对基于规则专家系统的理解以及 XCON 和 PROSPECTOR 专家系统戏剧性的成功推动了 20 世纪 80 年代专家系统的大量发展。

3. 20 世纪 80 年代

在 20 世纪 80 年代期间，许多大学和公司都把注意力放到了专家系统上。已经建立和应用了许多专家系统，包括从在地下 1.6km 处辅助采矿机工作到帮助太空站外的宇航员工作。超过三分之二的"财富 1000"公司也开始应用这门技术到日常商务活动中。这个领域的兴趣也促使大量公司定位于生产专家系统的开发软件——专家系统壳。

这个成功史的信用来自两个资源：人和技术。从 DENDRAL 专家系统开发者第一次与化学专家会见开始，这些专家系统的开发者从事这种崭新的而有时易于失败的技术工作。他们首创了这些技术。

一直到 20 世纪 80 年代中期，基于规则的专家系统在这个领域中都处于统治地位。通过开发早期的基于规则专家系统的经验得到了对其开发的更好理解。这就拓展了应用领域。但是，20 世纪 80 年代的后半部分就转向了面向对象的专家系统。这些专家系统增加了力量，来解决基于规则的专家系统所不能解决的一些问题。

不过，由于基于规则专家系统的开发比较简易，适应性和开拓性好，它们仍然得到广泛应用。即使是进入 21 世纪以来，每年都有众多的基于规则的专家系统在开发与运行。诚然，基于规则专家系统需要与其他新技术相结合，取长补短，不断提高系统性能，扩大应用领域，使基于规则专家系统表现出新的活力。

4. 开发时间

专家系统发展的历史值得研究。如图 4.1 所示，专家系统开发所需的人-年数目随着时间的推移戏剧性地降低了。对这个降低的明显解释之一就是开发者设计专家系统的经验。但是，另一个原因是不明显的。为了说明这个原因，考虑 PUFF 的研究。

MYCIN 专家系统的后代之一就是 PUFF，这是肺部问题诊断的应用程序。PUFF 的开发者也就是开发 MYCIN 专家系统的开发人员。接到这个新任务时，他们问了一个合理的问题："MYCIN 专家系统中的编码可以用到这个新项目上吗？"经过考虑之后，他们发现除了那些传染性疾病的知识外所有代码都能用。那就是说，他们已经创建了一个基于规则专家系统的开发环境，仅需要改变问题的知识。留下来的环境称为 EMYCIN，也就是今天专家系统壳的前身。

有了建立好的环境后，专家系统的创建主要就是时间上的问题了。例如，PUFF 制造出来用了 5 人-年，和开发 MYCIN 专家系统相比节省了超过 20 人-年之多。

易于使用的基于规则的壳的可用性已经吸引了更多的人来参与这个研究工作，并成为对未来专家系统发展的催化剂。

4.2 基于规则专家系统的工作模型

产生式系统的思想比较简单，然而却十分有效。产生式系统是专家系统的基础，专家系统就是从产生式系统发展而成的。

4.2.1 产生式系统

定义 4.1 产生式是个描述环境和行为关系的认知心理学术语，如今常指规则。

产生式系统（production system）首先是由波斯特（Post）于 1943 年提出的产生式规则（production rule）而得名的。他们用这种规则对符号串进行置换运算。后来，美国的纽厄尔和西蒙利用这个原理于 1965 年建立一个人类的认知模型。同时，斯坦福大学利用产生式系统结构设计出第一个专家系统 DENDRAL。

产生式系统用来描述若干个不同的以一个基本概念为基础的系统。这个基本概念就是产生式规则或产生式条件和操作对的概念。在产生式系统中，论域的知识分为两部分：用事实表示静态知识，如事物、事件和它们之间的关系；用产生式规则表示推理过程和行为。由于这类系统的知识库主要用于存储规则，因此又把此类系统称为基于规则的系统（rule-based system）。

1. 产生式系统的组成

产生式系统由三个部分组成，即总数据库（或全局数据库）、产生式规则和控制策略。各部分间的关系如图 4.2 所示。

产生式规则是一个以"如果满足这个条件，就应当采取某些操作"形式表示的语句。例如，规则：

如果 某种动物是哺乳动物，并且吃肉

那么 这种动物被称为食肉动物

图 4.2 产生式系统的主要组成

产生式的 IF（如果）被称为条件、前项或产生式的左边。它说明应用这条规则必须满足的条件；THEN（那么）部分被称为操作、结果、后项或产生式的右边。在产生式系统的执行过程中，如果某条规则的条件满足了，那么，这条规则就可以被应用；也就是说，系统的控制部分可以执行规则的操作部分。产生式的两边可用谓词逻辑、符号和语言的形式，或用很复杂的过程语句来表示；这取决于所采用数据结构的类型。附带说明一下，这里所说的产生式规则和谓词逻辑中所讨论的产生式规则，从形式上看都采用了 IF-THEN 的形式，但这里所讨论的产生式更为通用。在谓词运算中的 IF-THEN 实质上是表示了蕴涵关系。也就是说要满足相应的真值表。这里所讨论的条件和操作部分除了可以用谓词逻辑表示外，还可以有其他多种表示形式，并不受相应的真值表的限制。

总数据库有时也被称为上下文、当前数据库或暂时存储器。总数据库是产生式规则的注意中心。产生式规则的左边表示在启用这一规则之前总数据库内必须准备好的条件。例如，在上述例子中，在得出该动物是食肉动物的结论之前，必须在总数据库中存有"该动物是哺乳动物"和"该动物吃肉"这两个事实。执行产生式规则的操作会引起总数据库的变化，这就使其他产生式规则的条件可能被满足。

控制策略的作用是说明下一步应该选用什么规则，也就是如何应用规则。从选择规则到执行操作通常分为三步：匹配、冲突解决和操作。

1）匹配

在这一步，把当前数据库与规则的条件部分相匹配。如果两者完全匹配，则把这条规则称为触发规则。当按规则的操作部分去执行时，称这条规则为启用规则。被触发的规则不一定总是启用规则，因为可能同时有几条规则的条件部分被满足，这就要在解决冲突步骤中来解决这个问题。在复杂的情况下，在数据库和规则的条件部分之间可能要进行近似匹配。

2）冲突解决

当有一条以上规则的条件部分和当前数据库相匹配时，就需要决定首先使用哪一条规则，这称为冲突解决。例如，设有以下两条规则：

规则 R1	IF	fourth dawn
		short yardage
	THEN	punt
规则 R2	IF	fourth dawn
		short yardage
		within 30 yards(from the goal line)
	THEN	field goal

这是两条关于美式足球的规则。R1 规则规定：如果进攻一方在前三次进攻中前进的距离小于 10 码（short yardage），那么在第四次进攻（fourth dawn）时，可以踢悬空球（punt）。R2 规则规定，如果进攻这一方，在前三次进攻中，前进的距离少于 10 码，而进攻的位置又在离对方球门线 30 码距离之内，那么就可以射门（field goal）。

如果当前数据库包含事实"fourth dawn"和"short yardage"以及"within 30 yards"，则上述两条规则都被触发，这就需要用冲突解决来决定首先使用哪一条规则。有很多种冲突解决策略，其中一种策略是先使用规则 R2，因为 R2 的条件部分包括了更多的限制，因此规定了一个更为特殊的情况。这是一种按专一性来编排顺序的策略，称为专一性排序。还有不少其他的冲突解决策略，如规则排序、数据排序、规模排序和就近排序等。

（1）专一性排序。

如果某一规则的条件部分规定的情况，比另一规则的条件部分规定的情况更有针对性，则这个规则有较高的优先级。

（2）规则排序。

如果规则编排的顺序就表示了启用的优先级，则称之为规则排序。

（3）数据排序。

把规则的条件部分的所有条件按优先级次序编排起来，运行时首先使用在条件部分包含较高优先级数据的规则。

（4）规模排序。

按规则的条件部分的规模排列优先级，优先使用被满足的条件较多的规则。

（5）就近排序。

把最近使用的规则放在最优先的位置。这和人类的行为有相似之处。如果某一规则经常被使用，则人们倾向于更多地使用这条规则。

（6）上下文限制。

把产生式规则按它们所描述的上下文分组，也就是说按上下文对规则分组。在某种上下文条件下，只能从与其相对应的那组规则中选择可应用的规则。

不同的系统，使用上述这些策略的不同组合。如何选择冲突解决策略完全是启发式的。

3）操作

操作就是执行规则的操作部分，经过操作以后，当前数据库将被修改。然后，其他的规则有可能被使用。

2. 产生式系统的表示

产生式系统是许多专家系统的主要知识表示手段，如 MYCIN 和 R1 等。下面我们讨论产生式系统的知识表示方法，包括事实的表示和规则的表示。

1）事实的表示

像 MYCIN 这样的血液传染病的医疗诊断系统，就需要把包含患者的姓名、细菌的形态、抽取培养物的部位以及用药的剂量等事实表示在机器内部。先看一下每件孤立事实是如何表示的。

（1）孤立事实。

孤立事实在专家系统中常用〈特性–对象–取值〉（attribute-object-value）三元组表示，这种相互关联的三元组正是 LISP 语言中特性表的基础，也是 SAIL 语言的基本数据类型。同样，在谓词演算中关系谓词也常以这种形式表示。显然，以这种三元组来描述事物以及事物之间的关系是很方便的。

例如

```
(AGE ZHAO-LING 43)
(FATHER ZHAO-YIN ZHAO-LING)
(GRAMSTAIN ORGANISM GRAM-POSITIVE)
(DOSE DRUG 2.0-GRAMS)
(MAN ZHAO-LING TRUE)
(WOMAN ZHAO-LING FALSE)
```

这里，第三、四句是 MYCIN 系统中的事实，分别表示"细菌染色是革兰氏阳性"，"用药剂量是 20g"。最后两句所表示的关系与前四句有所不同，有时称为谓词，谓词也可用二元关系表示：

```
MAN (ZHAO-LING)
~WOMAN (ZHAO-LING)
```

此外，在专家系统中为了表示不完全的知识，用三元组表示还嫌不够，常需加入关于该事实确定性程度的数值度量，如 MYCIN 中用置信度来表示事实的可信程度。于是每一件事实变成了四元关系。

    （IDENT ORGANISM-2 STREPTOCOCCUS 0.7）

    （IDENT ORGANISM-2 STAPHYLOCOCCUS 0.3）

    （MORPH ORGANISM-1 ROD 0.8）

    （MORPH ORGANISM-1 COCCUS 0.2）

    （GRAM ORGANISM-3 GRAMNEG 1.0）

分别表示（细菌-2 是连锁状球菌的置信度为 0.7），（细菌-2 是葡萄球菌属的置信度为 0.3），（细菌-1 的形态为杆状的置信度是 0.8），（细菌-1 的状态是球状的置信度为 0.2），（细菌-3 革兰氏染色确为阴性）。

    （2）事实间关系。

    把静态的知识划分为互不相关的孤立事实，显然可以简化知识的表示方法。不过在许多实际情况下，知识本身是一个整体，很难分为独立的事实，事实之间联系密切。在计算机内部需要通过某种途径建立起这种联系，以便于知识的检索和利用。下面仍然以实际的专家系统来说明此问题。

    在 MYCIN 系统中表示事实用的是四元组，其中，对象称为上下文（context），特性称为临床参数。为了查找和诊断的方便，它把不同的对象（即上下文）按层次关系组成一种上下文树，如图 4.3 所示。

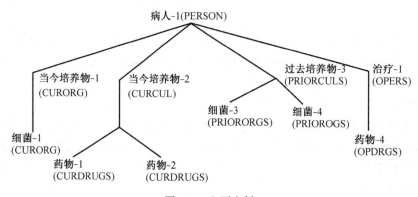

图 4.3　上下文树

    在 PROSPECTOR 探矿系统中，整个静态知识以语义网络的结构表示，它实际上是特性-对象-取值表示法的推广。把相关的知识连在一起，就使查找方便了。

    将不同对象的矿石按子集和成员关系组成图 4.4 所示的网络，表示了"方铅矿是硫化铅的成员，硫化铅是硫化矿的子集，而硫化矿又是矿石的子集"。其中，S 表示子集关系，〈subset x y〉表示 y 是 x 的子集，e 表示成员关系，〈element x y〉表示 y 是 x 的成员。同样关系也存在于岩石之间，如图 4.4 所示。

    2）规则的表示

    （1）单个规则的表示。

    一般，一个规则由前项和后项两部分组成。前项表示前提条件，各个条件由逻辑连接词（合取、析取等）组成各种不同的组合。后项表示前提条件为真时应采取的行为或所得的结论。

    现仍以 MYCIN 和 PROSPETOR 系统中的规则表示为例。

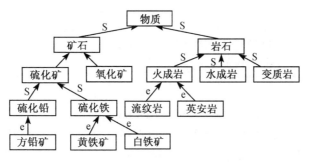

图 4.4　子集与成员关系网络

MYCIN 系统中典型规则的定义：

⟨rule⟩ = (IF⟨antecedent⟩THEN⟨action⟩(ELSE⟨action⟩))

⟨antecedent⟩ = (AND{⟨condition⟩})

⟨condition⟩ = (OR{⟨condition⟩} | (⟨predicate⟩⟨associative_triple⟩))

⟨associative_triple⟩ = (⟨attribute⟩⟨object⟩⟨value⟩)

⟨action⟩ = {⟨consequent⟩} | {⟨procedure⟩}

⟨consequent⟩ = (⟨associative_triple⟩⟨certainty_factor⟩)

由定义可见，MYCIN 规则中，无论前项或后项，其基本部分是关联三元组(⟨特性-对象-取值⟩)或谓词＋三元组，同它的事实的表示方式基本上是一致的。此外，每条规则的后项有一项置信(certainty_factor)，用来表明由规则的前提导致结论的可信程度。这一点在多数专家系统中都需要加以考虑，以便反映在不完全知识条件下推理的不确定性，至于采用何种度量方法为宜，与具体的论域有关。

PROSPECTOR 系统中规则的定义：

⟨rule⟩ = (IF⟨antecedent⟩

THEN⟨rule_strength⟩⟨rule_strength⟩⟨consequent⟩)

⟨antecedent⟩ = ⟨statement⟩

⟨consequent⟩ = ⟨descriptive_statement⟩

⟨statement⟩ = ⟨logical_statement⟩ | ⟨descriptive_statement⟩

⟨logical_statement⟩ = (AND{⟨statement⟩}) |

　　　　　　　　　　　(OR{⟨statement⟩}) |

　　　　　　　　　　　(NOT⟨statement⟩)

规则的定义与 MYCIN 的规则类似，只是规则的可信度是以两个称为规则强度的数值来度量。

有了规则的具体定义，再进一步看一下一个具体的 MYCIN 规则以及它在机器内部的 LISP 语言的表示。

规则的内容如下。

前提条件：

(1) 细菌的革氏染色为阴性。

(2) 形态杆状。

(3) 生长需氧。

结论：该细菌属于肠杆菌，CF＝0.8。

LISP 的表达式

```
    PREMISE：
        ( $ AND(SAME CNTXT GRAM GRAMNEG)
        (SAME CNTXT MORPH ROD)
        (SAME CNTXT AIR AEROBIC))
    ACTION：
        (CONCLUDE CNTXT CLASS ENTEROBACTERIACEAE TALLY 0.8)
```

在 LISP 表达式中，规则的前提和结论均以谓词＋关联三元组的形式表示，这里三元组中元素的顺序有所不同，为〈object ＿ attribute ＿ value〉。如〈CNTXT GRAM GRAMNEG〉表示某个细菌的革氏染色特性值是阴性的，这里 CNTXT 是上下文(即对象)context 的缩写，表示一个变量，可为某一具体对象——细菌实例化。

$ AND，SAME，CONCLUDE 等为 MYCIN 中自定义函数，其中 SAME(C，P，LST)为三个自变量的特殊谓词函数，三个自变量分别是上下文 C，临床参数(特性)P，LST 是 P 的可能取值。SAME 函数的取值不是简单的 T 和 NIL，而是根据其自变量〈对象-特性-取值〉所表达内容的置信度，或取 $0.2 \sim 1.0$ 任一数值，或取 NIL (当置信度 $CF \leqslant 0.2$ 时)。

$ AND〈condition〉…〈condition〉也是特殊的谓词函数，与 LISP 中系统定义的函数 AND 不同，其取值范围与 SAME 函数类似。

TALLY 是规则的置信度。

(2) 规则间关系。

虽然完全独立的规则集易于增删和修改，但寻找可用规则时只能顺序进行，效率很低。在实际专家系统中，由于规则都较多，所以总是按某种方式把有关规则连接起来，形成某种结构。

在 MYCIN 中每一项特性(临床参数)设有一种专门的特性表，表中设置一些属性。其中有两个属性涉及规则。属性 LOOKAHEAD 指明那些规则的前提涉及该参数；属性 UP-DATED-BY 指出从哪些规则的行为部分可取得该参数。显然，通过临床参数的特性表将有关的规则组织在一起。MYCIN 系统在工作过程中不断地对临床参数求值，为得到参数值，就必须通过特性表寻找同该临床参数有关的规则，从而实现对可用规则的调用。

现以临床参数 FEBRILE(发烧)和 IDENT(细菌类别)为例，说明特性表怎样起规则分类的作用，如表 4.1 和表 4.2 所示。

表 4.1　特性表 1

FEBRILE：	〈属患者(PERSON)的属性 PROP-PT〉
EXPECT：	(Y N)
LOOKAHEAD：	(RULE149，RULE109，RULE045)
PROMPT：	(Is * febrile?)
TRANS：	(* IS FEBRILE)

表 4.2　特性表 2

IDENT：	〈属细菌属性 PROP-ORG〉
CONTAINED-IN：	(RULE 030)

EXPECT:	(ONE OF (ORGANISMS))
LABDATA:	T
LOOKAHEAD:	(RULE004，RULE054，…，RULE168)
PROMPT:	(Enter the identity (genus)of ＊)
TRANS:	(THE IDENTITY OF ＊)
UPDATED-BY:	(RULE021，RULE003，…，RULE166)

　　特性表中列出与该临床参数有关的一些信息。EXPECT 属性，指该参数的取值范围，如(YN)表示只取"是"、"否"值，（ONE OF 〈list〉)表示只能取〈list〉表中的某一元素。

　　PROMT 属性，为 MYCIN 向用户显示的提示符，其中符号＊在提问过程中将以当前涉及的上下文替代。例如，MYCIN 为了向用户索取目前所涉及细菌(设为细菌-1)的类别时，机器终端将显示如下提示符

Enter the identity（genus)of organism-1

　　LABDATA：指出该参数是不是实验的原始数据，若为 T，则当机器不能从规则的推理中得到该参数时，可以向用户提问，以索取该参数。

　　LOOKAHEAD：指出哪些规则的前提涉及该参数。

　　UPDATED-BY：指出从哪些规则的 ACTION 或 ELSE 部分可得到该参数。

　　TRANS：为了便于人-机对话，在此属性中指出如何将此参数内容译为英语表达式。

　　规则可以通过各种方式相互联系，当某一条规则的结论正好是另一条规则的前提时，这两条规则实际上是相互串联的。不同规则的前提或结论中所涉及的事实间也存在着各种关系。如从分类学的角度看，有集合与成员的关系，有集合与子集的关系等。所以规则之间通常形成复杂的网状结构。

　　PROSPECTOR 系统中由不同规则所形成的部分推理网络如图 4.5 所示，这是 Kuroko 型均匀结构的硫化矿沉积层的部分矿床模型。

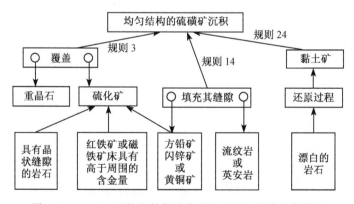

图 4.5　Kuroko 型均匀结构硫化矿沉积层的部分矿床模型

3. 产生式系统示例

　　下面举例介绍两种产生式系统，即用于综合的产生式系统和用于分析的产生式系统。

1) 用于综合的产生式系统

在讨论用于综合的产生式系统之前，先介绍系统的 IF-THEN 规则正向链接推理过程。

正向链接推理进行以下步骤，直到问题得到解决或找不到任何一个规则的 IF 部分可被当前的情况满足为止：

（1）收集 IF 部分被当前情况满足的规则。如果不止一个规则的 IF 部分被满足，那么应用冲突解决策略选择优先级最高的规则，并删除其余规则。

（2）执行所选规则 THEN 部分的操作。

以下的例子是一个用于综合的正向链接推理的产生式系统。这个系统的功能是把食品装入包装袋。

用于食品装袋的综合系统 BAGGER 是一个在超级市场里把食品装入包装袋的机器人系统。不指望这个系统寻找最佳的装袋方法，但希望它具有一些简单的专门知识。例如，在装袋时，希望把大件物品先放到口袋的底部。然后，在有空间的地方再放入小件物品；要把冰激凌先放到一个单独的口袋（称为冷冻口袋），使它与其他物品隔开等。

整个装袋过程，可以分成以下几个阶段，或上下文：

（1）核对订货。

系统首先核对顾客所选购的食品，看一看在已选的食品中是否有遗漏，从而向顾客建议增加新的食品。

（2）大件物品装袋。

系统先装入大件物品，特别注意，如果有大的瓶装物品应首先装入。

（3）中件物品装袋。

然后系统装入中件物品；如果有冰激凌，那么要把冰激凌先装入冷冻口袋。

（4）小件物品装袋。

系统把小件物品装入有空位的地方。

BAGGER 系统采用上下文限制的控制策略，它把规则按其适用的阶段分成组。其中某些规则只能用于核对订货阶段，另外一些规则只适用于大件物品装袋阶段等。

除了规则以外，系统还有一个数据库用于储存有关每个口袋所装物品的信息。这个数据库的初始状态如下

阶段：核对订货

口袋 1：空

待装袋的物品：面包
　　　　　　果酱
　　　　　　点心（2）
　　　　　　冰激凌
　　　　　　炸土豆片

这说明系统开始处于核对订货阶段，口袋 1 是空的，还未装袋的商品是面包、果酱、点心（2 盒）、冰激凌和炸土豆片。

此外，数据库中还储存以下关于物品大小和容器的信息：

（1）物品容器种类尺寸是否冰冻食品。

（2）面包塑料口袋中件（M）非。

（3）果酱罐小件（S）非。

（4）点心硬纸盒大件（L）非。

（5）冰激凌硬纸盒中件（M）是。

（6）炸土豆片塑料袋中件（M）非。

（7）百事可乐瓶子大件（L）非。

其中，容器的尺寸分为大、中、小（L、M、S）三种。容器的种类分为塑料袋、硬纸盒、罐、瓶等。百事可乐（Pepsi）是后来增加的物品。

以下是按阶段分组的规则：

规则 B1　如果　在核对订货阶段

　　　　　　　订货中有一袋炸土豆片

　　　　　　　但没有软饮料

　　　　那么　在订货中应增加一瓶软饮料百事可乐

如前所述，BAGGER 系统采用上下文限制策略，上下文的范围在规则的第一个条件中说明。当执行了规则 B1 以后，初始数据库就需要更新。这时，在待装的物品中要增加百事可乐这一项。

还可以有一些和 B1 相似的规则。例如，如果已经买了面包，那么最好买一些黄油。如果没有买，系统可向顾客提出建议。当核对了所有的项目，在这一组规则中没有发现可适用的规则时，就要结束这一阶段，而进入下一阶段。与此相应的，有规则 B2。

规则 B2　如果　在核对订货阶段

　　　　那么　结束核对订货阶段，进入大件物品装袋阶段

这里需要说明的是 BAGGER 系统采用专一性排序冲突解决策略。所以如处在核对订货阶段，并且还需要建议增加新的商品，这时规则 B2 和其他规则会产生冲突，但根据专一性排序，首先要引用其他规则。只有当不需要增加新的商品，而且其他规则都不适用时，才会执行规则 B2，从而进入新的阶段。

执行规则 B2 以后，系统处于大件物品装袋阶段。以下是属于这个阶段的规则：

规则 B3　如果　在大件物品装袋阶段

　　　　　　　有一大件物品要装袋

　　　　　　　有一个瓶子要装袋

　　　　　　　有一个口袋，其中已装入的大件物品少于 6 件

　　　　那么　把瓶子装入口袋

规则 B4　如果　在大件物品装袋阶段

　　　　　　　有一大件物品要装袋

　　　　　　　有一个口袋，其中已装入的大件物品少于 6 件

　　　　那么　把这大件物品装入口袋

在已装入的物品还不太多的口袋里可以继续装入物品，但因为瓶子比较重，所以要首先装入。规则 B3 的附加条件，保证了这个条件的实现。因此当有瓶子要装袋，并且上述两个规则的条件都被满足时，根据专一性顺序，要首先执行规则 B3。

当所有的大件物品都已装袋，也就是规则 B3 和 B4 都不适用时，应结束大件物品装袋阶段，进入中件物品装袋阶段。为此有以下规则 B5：

规则 B5　如果　在大件物品装袋阶段

　　　　那么　结束大件物品装袋阶段

開始中件物品裝袋階段

在此階段中還有一種情況需要考慮，即如果還有大件物品要裝袋，而正在裝袋的口袋已滿，這時要使用新的口袋，這就是規則 B6：

規則 B6 如果 在大件物品裝袋階段

有一大件物品要裝袋

那麼 啟用一個新口袋

根據所給的數據庫，應用上述規則，我們把百事可樂和點心裝入大口袋，這時數據庫的狀態如下所示：

階段：中件物品裝袋

口袋 1：百事可樂

點心

待裝袋的物品：麵包

果醬

冰激凌

炸土豆片

以下是適用於中件物品裝袋階段的規則。

規則 B7 如果 在中件物品裝袋階段

有一中件物品需要裝袋

有一個空袋或一個裝有中件物品但未裝滿的口袋

這中件物品是冰凍物品，但未用冰凍口袋隔離起來

那麼 把這中件物品單獨放入冰凍口袋

規則 B8 如果 在中件物品裝袋階段

有一中件物品要裝袋

有一空袋或一個已裝有中件物品的口袋

這口袋還未裝滿

那麼 把這中件物品裝入口袋

根據專一性排序，規則 B7 優先於規則 B8。因此，如果有什麼冰凍物品，首先要把它放入冰凍口袋。和大件物品裝袋階段中的 B6、B5 相類似，還有規則 B9 和 B10。

經過執行規則 B7、B8、B10 以後，數據庫修改為

階段：小件物品裝袋

口袋 1：百事可樂

點心（2）

口袋 2：麵包

冰激凌

炸土豆片

未裝袋的物品：果醬

以下是適用於小件物品裝袋階段的規則：

規則 B11 如果 在小件物品裝袋階段

有小件物品要裝袋

有一個口袋沒有裝滿

这个口袋里没有装瓶子

那么　　把小件物品装入口袋

在上述规则 B11 中加有"这口袋里没有装瓶子"的条件，这只是根据某个专家的经验，如果采用别的专家的经验，那么可能会有别的条件。

规则 B12　　如果　　在小件物品装袋阶段

有小件物品要装袋

有一个口袋没有装满

那么　　把小件物品装入口袋

规则 B13　　如果　　在小件物品装袋阶段

有小件物品要装袋

所有装大件物品和中件物品的口袋已装满

那么　　把小件物品装入新口袋

执行上述规则，最后数据库所处的状态是

阶段：小件物品装袋

口袋 1：百事可乐

点心

口袋 2：面包

炸土豆片

冰激凌

果酱

未装袋的物品：无

这说明所有的物品都已装入包装袋。这就完成了所要解决的问题，过程到此结束。

2）用于分析的产生式系统

下面介绍用于分析的产生式系统，这种系统可用于医疗诊断、油井记录数据的分析与解释等。用于分析的产生式系统包括回答问题和计算答案可靠性等过程。

动物识别系统 IDENTIFIER 是一个用于识别动物的分析系统。从本质上讲这个系统是用于分析和分类的。它接受一组已知的事实，然后做出相应的结论。医疗诊断系统如 MYCIN 也是属于这类系统，因为诊断也可以认为是一种分类，如分成正常和不正常两类。这里我们首先介绍 IDENTIFIER 的产生式规则，然后介绍正向链接和逆向链接推理方法。

（1）IDENTIFIER 的产生式规则。

为了区别动物园里的各种动物，用一条 IF-THEN 规则识别一种动物是可能的，但这样的方法很麻烦。因为，这时在规则的结论只是简单的一句说明动物名字的句子，而在规则的前项这边，就要列举出足够多的特性，以便正确地把各种动物区分开。系统工作时，使用者首先把所有可以得到的事实收集在一起，然后，在所有的产生式规则中逐个比较，以寻找在前项这边相匹配的规则。

一个比较好的方法是产生中间事实，其优点是涉及的规则少，容易理解，便于使用和建立规则。IDENTIFIER 也采用这种方法。为便于说明，把要识别的动物限于 7 种。这样所需要的产生式规则就比较少。其中 4 条用于确定生物学分类是哺乳动物或鸟类。开始的两条规则试图规定识别哺乳动物的最基本条件，其次两条规则规定识别鸟类的最基本条件。

规则 I1　　如果　　该动物有毛发

　　　　　　　　那么　　它是哺乳动物
　　规则Ⅰ2　如果　该动物能产乳
　　　　　　　　那么　　它是哺乳动物
　　规则Ⅰ3　如果　该动物有羽毛
　　　　　　　　那么　　它是鸟类动物
　　规则Ⅰ4　如果　该动物能飞行
　　　　　　　　　　　它能生蛋
　　　　　　　　那么　　它是鸟类动物

　　规则Ⅰ1到Ⅰ4这一组规则可用于把哺乳动物和鸟类区分开。以下的规则再把哺乳动物和鸟类进一步分成更细的类别，这形成一种分层的分类形式。

　　规则Ⅰ5　如果　该动物是哺乳动物
　　　　　　　　　　　它吃肉
　　　　　　　　那么　　它是食肉动物
　　规则Ⅰ6　如果　该动物是哺乳动物
　　　　　　　　　　　它长有爪子
　　　　　　　　　　　它长有利齿
　　　　　　　　　　　它眼睛前视
　　　　　　　　那么　　它是食肉动物
　　规则Ⅰ7　如果　该动物是哺乳动物
　　　　　　　　　　　它长有蹄
　　　　　　　　那么　　它是有蹄动物
　　规则Ⅰ8　如果　该动物是哺乳动物
　　　　　　　　　　　它反刍
　　　　　　　　那么　　它是有蹄动物，并且是偶蹄动物

　　规则Ⅰ5到Ⅰ8把哺乳动物又进一步分类为食肉动物和有蹄动物。这两类又可以利用以下规则进一步分类。这类似于模式识别中的决策树。以下两个规则对食肉动物进行细分。

　　规则Ⅰ9　如果　该动物是食肉动物
　　　　　　　　　　　它的颜色是黄褐色
　　　　　　　　　　　它有深色的斑点
　　　　　　　　那么　　它是猎豹
　　规则Ⅰ10　如果　该动物是食肉动物
　　　　　　　　　　　它的颜色是黄褐色
　　　　　　　　　　　它有黑色条纹
　　　　　　　　那么　　它是老虎

　　以下两个规则对有蹄动物进行细分：

　　规则Ⅰ11　如果　该动物是有蹄动物
　　　　　　　　　　　它有长腿
　　　　　　　　　　　它有长颈
　　　　　　　　　　　它的颜色是黄褐色
　　　　　　　　　　　它有深色斑点

那么 它是长颈鹿

规则Ⅰ12 如果 该动物是有蹄动物

它的颜色是白的

它有黑色条纹

那么 它是斑马

以下是对鸟类进行分类的规则:

规则Ⅰ13 如果 该动物是鸟类

它不会飞

它有长颈

它有长腿

它的颜色是黑色和白色相杂

那么 它是鸵鸟

规则Ⅰ13的IF部分的条件"它有长腿"和"它有长颈",也出现在规则Ⅰ11的IF部分,但由于Ⅰ11是适用于有蹄动物的分类,而Ⅰ13是适用于鸟类的分类,所以这两者不会引起混淆。

规则Ⅰ14 如果 该动物是鸟类

它不能飞行

它能游水

它的颜色是黑色和白色

那么 它是企鹅

规则Ⅰ15 如果 该动物是鸟类

它善于飞行

那么 它是海燕

(2)正向链接推理。

由上述可知,当需要分类的类别很多时,虽然从原理上讲可以采用一条规则识别一个类别的方法。但为了做到这点,通常需要大量的观察,以得到众多的特征。专家在进行分类时并不这样做,他们总是先用少量的观察把野兽和鸟类区分开,要把野兽和鸟类分开是容易的。然后在野兽或鸟类中继续区分出主要的类别。依次类推,在主要类别中分出子类别等。这种做法可以是正向的也可以是逆向的推理。这里我们先介绍正向推理。

例如,假设首先观察得到两个事实:

① 它的颜色是黄褐色的;

② 它有深色的斑点。

虽然在规则Ⅰ9和Ⅰ11的IF部分中包括这两个条件,但不能决定哪一条规则可适用,不能执行其中的任何一条。因为这里首先需要检查上下文是否正确。为此,需要进一步的观察。假设得到新的事实是:

①"它反刍"这个事实意味着,这个动物产乳,因为野兽喂食新生的小野兽时反刍。也就是②"它产乳"。

这时,规则Ⅰ2的IF部分得到满足,从而得到"它是哺乳动物"的结论。这个结论连同"它反刍"的事实,使规则Ⅰ8的IF部分得到满足,这又可以得到"它是偶蹄动物"的结论。要进一步分类还要新的观察。假设这时得到"它有长腿"和"它有长颈"的观察,那么根据规则

Ⅰ11 可以得到"它是长颈鹿"的结论。

这种推理过程从事实出发，试图使事实和规则的ⅠF 部分相匹配，然后，启用规则的THEN 部分。这样的过程是局部推理网络，是纯粹的正向链接推理，但是推理也可以是逆向的。

（3）逆向链接推理。

至今，以规则为基础的系统推理方法都假设从已知事实推论出新的事实。一个系统以这样的方式运行是正向链接推理，但逆向链接推理也同样是可能的。系统可以假设一个结论，然后利用 IF-THEN 规则去推论支持假设的事实。

例如，在 IDENTIFIER 中可以假设给定动物是猎豹，然后，试图证明这个假设。以下的步骤具体描述逆向链接推理系统如何进行工作：

先假设这个动物是一只猎豹。为了检验这个假设，根据规则Ⅰ9，要求这个动物是食肉动物，并且颜色黄褐色和带有深色斑点。

接着，必须检验这个动物是否是食肉动物。有两条规则Ⅰ5 和Ⅰ6 可适用于这个目的。假设我们首先试用Ⅰ5，根据规则Ⅰ5，要求这个动物必须是哺乳动物。

接下来，必须检验这个动物是否是哺乳动物。同样这里也有两种可能性，即应用规则Ⅰ1 或Ⅰ2。假设我们首先试用Ⅰ1。

然后，必须检验这个动物是否有毛发，假设由观察得知它有毛发。这说明此动物一定是哺乳动物，所以系统可以返回去继续检验规则Ⅰ5 要求的其他条件。

随后，由规则Ⅰ5 的第二个条件，我们必须检验该动物是否吃肉。假设，这时没有找到这动物吃肉的证据，因此 IDNTIFER 必须放弃规则Ⅰ5，并试用规则Ⅰ6 去确定该动物是食肉动物。规则Ⅰ6 要求，检验该动物是否是哺乳动物，这在检验规则Ⅰ5 所要求的条件时，已经确定了。规则Ⅰ6 的其余条件，要求检验该动物是否有尖利的牙齿，是否有爪子，眼睛是否前视。假设从观察得知，所有这些都是事实。这样就可以证实该动物是食肉动物。这时，IDENTIFIER 返回到开始的出发点规则Ⅰ9。设该动物颜色是黄褐色，带有深色斑点的假定都是事实，那么规则Ⅰ9 证明了关于该动物是一只猎豹的假定。

通过 IF-THEN 规则 IDENTIFIER 可逆向推理，以确定要寻找什么样的事实。逆向移动的链从所作的假设开始发展，如果所作的假设得到证实，那么这个链就成功地结束；如果要求的前提事实不能确定或者根据是不存在的，那么这个链就失败。

产生式系统可以正向推理，也可以逆向推理。至于哪一个更好些，这个问题取决于推理的目标和搜索空间的形状。如果目标是从一组给定事实出发，找到所有能推断出来的结论，那么，产生式系统应该采用正向推理。

另一方面，如果目标是证实或否定某一特定结论，那么，此产生式系统应该采用逆向推理。因为从一组初始的给定事实出发，可能得出许多与要证实的结论无关的结论。如把这些事实输入到产生式系统中去正向推理，那么许多工作就会是一种浪费。例如，对医疗方面的大多数诊断问题，人们倾向于应用逆向推理。这时，先假设某种可能的疾病，然后去核对是否所有的症状都相符合。如果症状相符合，就证实了这种疾病，反之就否定了这种疾病。

4.2.2 基于规则专家系统的工作模型和结构

基于规则的专家系统是个计算机程序，该程序使用一套包含在知识库内的规则对工作存储器内的具体问题信息（事实）进行处理，通过推理机推断出新的信息。其工作模型如图 4.6 所示。

从图4.6可见，一个基于规则的专家系统采用下列模块来建立产生式系统的模型：

1）知识库

以一套规则建立人的长期存储器模型。

2）工作存储器

建立人的短期存储器模型，存放问题事实和由规则激发而推断出的新事实。

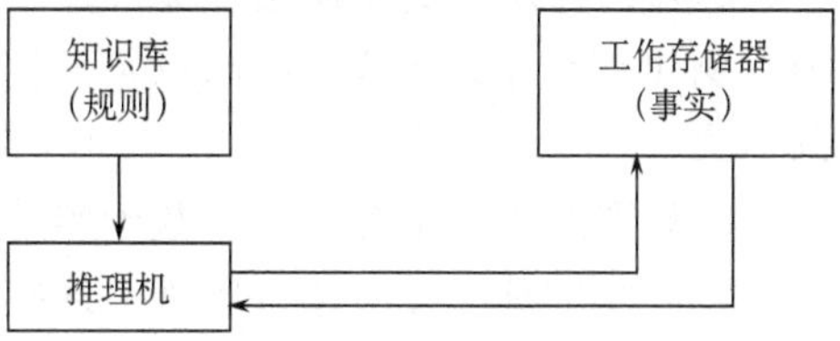

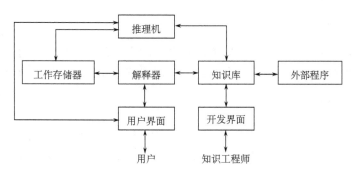

图 4.6　基于规则的工作模型

3）推理机

借助于把存放在工作存储器内的问题事实和存放在知识库内的规则结合起来，建立人的推理模型，以推断出新的信息。推理机作为产生式系统模型的推理模块，并把事实与规则的先决条件（前项）进行比较，看看哪条规则能够被激活。通过这些激活规则，推理机把结论加进工作存储器，并进行处理，直到再没有其他规则的先决条件能与工作存储器内的事实相匹配为止。

基于规则的专家系统不需要一个人类问题求解的精确匹配，而能够通过计算机提供一个复制问题求解的合理模型。

一个基于规则专家系统的完整结构如图4.7所示。其中，知识库、推理机和工作存储器是构成本专家系统的核心。

图 4.7　基于规则专家系统的结构

其他组成部分或子系统如下：

4）用户界面（接口）

用户通过该界面来观察系统，并与系统对话（交互）。

5）开发（者）界面

知识工程师通过该界面对专家系统进行开发。

6）解释器

对系统的推理提供解释。

7）外部程序

数据库、扩展盘和算法等外部程序对专家系统的工作起支持作用。它们应易于为专家系统所访问和使用。

所有专家系统的开发软件，包括外壳和库语言，都将为系统的用户和开发者提供不同的界面。用户可能使用简单的逐字逐句的指示或交互图示。在系统开发过程中，开发者可以采用原码方法或被引导至一个灵巧的编辑器。

解释器的性质取决于所选择的开发软件。大多数专家系统外壳(工具)只提供有限的解释能力，例如，为什么提这些问题以及如何得到某些结论。库语言方法对系统解释器有更好的控制能力。

基于规则的专家系统，已有数十年的开发和应用历史，并已被证明是一种有效的技术。专家系统开发工具的灵活性可以极大地减少基于规则专家系统的开发时间。尽管在 20 世纪 90 年代，专家系统已向面向目标的设计发展，但是基于规则的专家系统仍然继续发挥重要的作用。基于规则的专家系统具有许多优点和不足之处，在设计开发专家系统时，使开发工具与求解问题匹配是十分重要的。

4.3 基于规则专家系统的特点

任何专家系统都有其优点和缺点。其优点是开发此类专家系统的理由，其缺点是改进或者创建新的专家系统来替换此类专家系统的原因。下面介绍基于规则专家系统的优点和缺点。

4.3.1 基于规则专家系统的优点

基于规则专家系统具有以下优点。

1. 自然表达

对于许多问题，人类用 IF-THEN 类型的语句自然地表达他们求解问题的知识。这种易于以规则形式捕获知识的优点让基于规则的方法对专家系统设计来说更具吸引力。

2. 控制与知识分离

纽厄尔和西蒙的产生式系统模型暗示人类关于问题的知识与知识推理是分离的。类似地，基于规则专家系统将知识库中包含的知识与推理机的控制相分离。这个特征不是仅对基于规则专家系统唯一的，而是所有专家系统的标志。这个有价值的特点允许分别改变专家系统的知识或者控制。

3. 知识模块性

规则是独立的知识块。它从 IF 部分中已建立的事实逻辑地提取 THEN 部分中问题有关的事实。由于它是独立的知识块，所以易于检查和纠错。

4. 易于扩展

专家系统知识与控制的分离可以容易地添加专家系统的知识所能合理解释的规则。只要坚守所选软件的语法规定来确保规则间的逻辑关系，就可在知识库的任何地方添加新规则。

5. 智能成比例增长

甚至一个规则可以是有价值的知识块。它能从已建立的证据中告诉专家系统一些有关问题的新信息。当规则数目增大时，对于此问题专家系统的智能级别也类似地增加。这种情形就像年轻的小孩获取更多的世界知识，并使用这些知识来更聪明地解决未来的问题。

6. 相关知识的使用

专家系统只使用和问题相关的规则。基于规则专家系统可能具有提出大量问题议题的大量规则。但专家系统能在已发现的信息基础上决定哪些规则使用来解决当前问题。这种情形又像小孩一样可能知道大量的世界话题，但只使用对当前问题重要的知识。

7. 从严格语法获取解释

问题求解模型与工作存储器中的各种事实匹配的规则，往往提供了决定如何将信息放入工作存储器的机会。通过使用依赖于其他事实的规则可能已经放置了信息，可以跟踪所用的规则来得出信息。这种能力允许专家系统解释诸如"如何得到……的推荐?"的问题。

8. 一致性检查

规则的严格结构允许专家系统进行一致性检查，来确保相同的情况不会做出不同的行为。如考虑下面两个规则：

IF 容器中有酸　THEN　不要喝里面的东西

IF 容器中有酸　THEN　喝里面的东西

许多专家系统的壳能够利用规则的严格结构自动检查规则的一致性，并警告开发者可能存在冲突。对于这个例子，这是不会具有的坏效果。

9. 启发性知识的使用

人类专家的典型优点就是他们在使用"拇指法则"或者启发信息方面特别熟练，来帮助他们高效地解决问题。这些启发信息是经验提炼的"贸易窍门"，对他们来说这些启发信息比课堂上学到的基本原理更重要。可以编写一般情况的启发性规则，来得出结论或者高效地控制知识库的搜索。

10. 不确定知识的使用

对许多问题而言，可用信息将仅建立一些议题的信任级别，而不是完全确定地断言。规则易于写成要求不确定关系的形式。例如，给定以下语句，可以编写捕获这个语句中的不确定性的规则。

"如果天好像要下雨了，那么我可能应该带伞。"

IF　　天气看上去要下雨了

THEN　带伞 CF 80

这个规则表示单词"可能"通过称为不确定因子(certainty factor，CF)的数字表达的不确定性。在这种方式下专家系统可以建立规则结论的信任级别。有关不确定推理的详细内容第2章已经做过介绍。

11. 可以合用变量

规则可以使用变量改进专家系统的效率。这些可以限制为工作存储器中的许多实例，并通过规则测试。例如：

IF　　? Student GPA is adequate

THEN ? Student can graduate

这个规则首先扫描工作存储器中的所有事实,来寻找预定的匹配,例如,鲍勃(Bob)同学的 GPA 是足够的。那么在工作存储器中断言:鲍勃可以毕业了。一般而言,通过使用变量能够编写适用于大量相似对象的一般规则。

4.3.2 基于规则专家系统的缺点

基于规则专家系统具有以下缺点。

1. 必需精确匹配

基于规则专家系统试图将可用规则的前部与工作存储器中的事实相匹配。要使这个过程有效,这个匹配必须是精确的,反过来必需严格坚持一致的编码。考虑以下规则的实例:

IF　　　摩托是热的
THEN　关掉摩托

如果在工作存储器中放入下面任意一个语句:

摩托正运转得热
摩托的温度是热的

将不能进行精确推理,这个规则不能用。因为我们人类可以容易地解释这两个语句作为实例的前部含义相同,但是计算机不能容忍语句语法的不同。

2. 有不清楚的规则关系

尽管单个规则易于解释,但通过推理链接往往很难判定这些规则是怎样逻辑相关的。例如:

IF C THEN D, IF B THEN C, IF A THEN B

第一个规则独立于另外两个规则,第二个规则依赖于第三个规则。在测试和调试期间,能找出这些相关的规则很重要。因为这些规则能放在知识库中的任何地方,而规则的数目可能是很大的,所以很难找到并跟踪这些相关的规则。

3. 可能慢

具有大量规则的专家系统可能慢。之所以发生这种困难,是因为当推理机决定要用哪个规则时必须扫描整个规则集。这就可能导致了缓慢的处理时间,这对实时专家系统是有害的。

4. 对一些问题不适用

当规则没有高效地或自然地捕获领域知识的表示时,就产生了基于规则专家系统的另一个缺点。大卫和金这样描述这个缺点:"程序设计员已经发现产生式系统在有些领域上易于对问题建模,但对其他领域却退步了。"

专家系统中的规则仅提供对问题知识的一种表示。其他技术包括框架、语义网络、决策表等。知识工程师的任务就是选择最合适于问题的表示技术。

4.4 基于规则专家系统的设计过程

下面以设计一个基于规则的维修咨询系统为例，说明基于规则专家系统的设计过程。这一过程包括描述专家知识、应用知识和解释决策等。在设计该专家系统时，使用了专家系统设计工具 EXPERT。

4.4.1 专家知识的描述

按照 EXPERT 表达知识的方式，在系统设计过程中主要利用以下三个表达成分：假设或结论，观测或观察，推理或决策规则。在 EXPERT 中，观测和假设之间是严格区分的。观测是观察或量测，它的值可以是"真(T)"，"假(F)"，数字或"不知道"等形式。假设是由系统推理得到的可能结论。通常假设附有不确定性的量度。推理或决策规则表示成产生式规则。

在其他的一些系统如 MYCIN 或 PROSPECTOR 中，利用其他的方法来描述假设或观测。它们把假设和观测表示为一个由对象、属性、值组成的三元组。例如，若要用三元组的形式来表示"这辆汽车的颜色是绿色的。"那么对象就是汽车，属性是颜色，值是绿色。用三元组来表示假设和观测比这里所用的方法在结构上组织得更好些。但在分类系统中这两种方法都经常被使用。用逻辑上的术语来说，EXPERT 大部分是在较简单的命题逻辑水平上，而 MYCIN 和 PROSPECTOR 包括许多谓词逻辑水平的表达式。

1. 结论的表示

首先来研究假设或由系统推理可能得到的结论。这些结论规定了所涉及的专门知识的范围。例如，在医疗系统中，这些结论可能是诊断或对治疗方法的建议。在许多其他情况下，这些结论可以表示各种建议或解释。取决于所作的观察或量测，一个假设可能附有不同程度的不确定性。在 EXPERT 中，每个假设用简写的助记符号和用自然语言(中文、英语或其他设计者希望使用的语言)写的正式的说明语句来表示。助记符号用于编写决策规则时引用假设。虽然在比较复杂的系统中，我们可以在假设中间规定层次的关系，但最简单形式的假设却是用一个表来表示。例如，可以用一个表列来表示有关汽车修理的问题。

FLOOD   汽缸里的汽油过多，阻碍了点火，简称为汽缸被淹
CHOKE   气门堵塞
EMPTY   无燃料
FILT   燃料过滤器阻塞
CAB   电池电缆松脱或锈蚀
BATD   蓄电池耗尽
STRTR   启动器工作不正常

设计过程中的一个主要目标是总结出专家的推理过程，不但以代表专家的最后结论或假设进行推理，而且以中间假设或结论进行推理，这是很重要的。通常中间假设或结论是许多有关量测的总结，或者就是某个重要证据的定性概括。利用这些定义的中间假设和结论可以使推理过程更为清楚和有效。以一组比较小的中间假设进行推理比用一组大得多的包括所有可能观测的组合来推理要容易得多。例如，可能有许多种燃料系统方面的问题，可以建立一

个中间假设 FUEL 来概括燃料系统出现的各种问题。这些中间假设在推理规则中可以被引用。在所讨论的例子中，被定义的中间假设除了 FUEL 以外还有表示电气系统方面问题的 ELEC。概括起来如下：

中间假设：

FUEL　　燃料系统方面的问题

ELEC　　电气系统方面的问题

一些附加的假设可表示建议的种类，这些建议将告诉使用者应采取什么操作。例如，处理方法如下：

WAIT　　等待 10 分钟或在启动时把风门踏板踩到最低位置

OPEN　　取下清洁器部件，手拿铅笔去打开气门

GAS　　在油罐里注入更多汽油

RFILT　　更换汽油过滤器

CLEAN　　清洁和紧固电池电缆

CBATT　　对电池充电或更换电池

NSTAR　　更换启动器

2. 观测的表示

观测是得到结论所需的观察或量测结果。它们通常可以用逻辑值：真（T），假（F）或"不知道"，或用数字来表示。在交互式系统中，一般包括向使用者询问信息的系统；如果可以从仪表直接读数或从另外的程序送来结果，那么也可以不需要使用者的直接干预而记录观测。如果以向使用者询问的方法记录观测，可以用有关的主题来组织观测，以便使询问进行得更为有效。把问题组织成菜单那样的编组是一种很有效的方法。这种方法把问题按主题组织成选择题、对照表或用数字回答的问题。选择题下面列有对问题的可能答案；使用者根据具体情况从中选择一个。对照表是一组问题，在这组问题范围内，任何数量的回答都是允许的。对问题只需要作"是"或"非"回答的是非题，也是一种很有效的询问方法。对组织问题的主题来说，这些简单的问题结构经常是很合适的。因为这对使用者很方便。以下是一些表示如何组织问题的例子：

选择题：

汽化器中汽油的气味

NGAS　　无气味

MGAS　　正常

LGAS　　气味很浓

对照表：

问题种类

FCWS　　汽车不能启动

FOTH　　汽车有其他毛病

数字类型问题

TEMP　　室外温度（华氏）

是非题：

EGAS　　油表读数为空

在某些系统中把观测按照假设那样来处理，每个观测都附有一个可信度等级。例如，使用者可以说明温度为 55℃ 的可信程度为 90%，或在汽化器里汽油气味是正常的可信程度为 70%。

虽然观测可以表达推理规则的前项所需的大多数信息，但是在某些情况下，系统设计者可能发现必需包括更多的详细的过程知识。事实上，系统必须调用一个子程序，这个子程序将产生一个观测。

3. 推理规则的表示

总的来说，产生式规则是决策规则最为常用的表示形式。这些 IF-THEN 形式的规则用来编译专家凭经验的推理过程。产生式规则可根据观测和假设之间的逻辑关系分成三类：

1）从观测到观测的规则（FF 规则）

FF 规则规定那些可从已确定的观测直接推导出来的观测的真值。因为通过把观测和假设相组合可以描述功能更强的产生式规则形式。一般 FF 规则只是局限于建立对问题顺序的局部控制。FF 规则规定那些真值已被确定的观测跟其他一些真值还未确定的观测之间的可信度的逻辑关系。如果利用 FF 规则，根据对先前问题的回答就可以确定对问题的解答，那么就可以避免询问不必要的问题。在问题调查表中，问题的排列是从一般的问题到专门的问题。可以构成一个问题调查表，这个表把问题分成组，以便可以严格地按顺序从头到尾地询问这些问题。然后，可以在任何给定的阶段，规定条件分枝，这些条件分枝取决于对问题调查表的先前部分的回答。

2）从观测到假设的规则（FH 规则）

在许多用于分类的专家系统中，产生式规则被设计成可对产生式结论的可信程度进行量度。通常可信度量测是一个从 −1 到 +1 的数值。对这个数值，数学上的限制要比对概率量测少。数值 −1 表示结论完全不可信，而 +1 表示完全可信。0 表示还没有决定或不知道结论的可信度。可信度量测和概率之间的主要区别在于如何划分假设的可信度的陈述跟假设的不可信度的陈述。按概率论，一个假设的概率总是等于 1 减去这个假设的"否定"的概率。可信度可以不必依靠对使用概率的分析，而比较自由地对规则赋予可信度。

和不用可信度量测相比较，应用可信度量测的优点是可以更简洁地表达专家的知识。当然，也有一些应用场合，不用可信度量测或只用完全肯定和完全否定假设，也可以很好地解决问题。

3）从假设到假设的规则（HH 规则）

HH（从假设到假设）规则用来规定假设之间的推理。与 EMYCIN 和 PROSPECTOR 不同，在 EXPERT 中，HH 规则所规定的假设被赋予一个固定范围的可信度。

这里所讨论的汽车修理咨询系统只是一个实验系统，所包含的规则数量不多，而实际的专家系统经常有几百甚至几千条规则。从提高效率、实现模块化以及容易描述等实际考虑出发，在产生式规则中增加了描述性的成分：上下文。上下文把某一组规则的使用范围限制在一个专门的情况下。只有当先决条件被满足时，这一组规则才能被考虑使用。在 EXPERT 的表达方法中，一组 HH 规则被分成两部分。必须先满足 IF 条件，才能考虑 THEN 中的规则。例如，只有当观测 FCWS 为真，即汽车不能发动时，才会进一步研究规则的 THEN 部分中所包含的产生式。

4.4.2 知识的使用和决策解释

作为一个实验性的系统，在专家系统的设计中有两个关于控制的问题。这是两个相互关联的目标：

(1) 得到准确的结论。

(2) 询问恰当的问题以帮助分析和做出决策。

建立专家系统还不是一门精确的科学。专家经常提供大量的信息，必须力图抽取专家推理过程中的关键内容，并且尽可能准确而简洁地表示这些知识。因为在现有的实现产生式规则的方法之间有许多差别，所以善于选择那些适合于当前应用场合的结构和策略很重要。例如，有许多表示询问策略的方法。但对于所研究的应用场合，询问的顺序可能并不重要，或可能在任一特定的情况下，很容易预先就确定询问的顺序。在以下的汽车修理咨询系统的例子中，将用问题调查表来说明这一点。在问题调查表中，用很简单的机构如 FF 规则就可以进行控制。

1. 结论的分级与选择

按照评价的先后次序，把规则分成等级和选择规则是推理过程中控制策略的基本部分。可以根据专家的意见来排列与评价规则的次序。但与此同时，还必须研究规则的评价次序的影响。规则评价次序的编排应该使不论采取什么次序，都得到相同的结论。如果所有的产生式规则都是像 FH 那样的，那么调用规则的次序实际上从来也不会改变结论。这是因为 FH 规则之间不相互影响。在规则的左边只包括观测，这些观测在给定的情况下可能是真，也可能是假。但是，在大多数产生式系统中，典型的规则是像 HH 那样的。这样的规则经常取决于通过应用其他规则而得到的中间结果。例如，在汽车修理系统中有以下规则：

$$F(FCWS，T)\&H(FLOOD，0.2：1)\rightarrow H(WAIT，0.9)$$

这个规则表示

如果　汽车不能发动

　　　已经以 0.2~1 的可信度，得出汽缸被淹的结论

那么　等待 10 分钟或在启动时把风门踏板踩到最低位置

"汽缸被淹"这个假设，必须在引用这条规则以前作出。有几种处理这类问题的方法。在 EXPERT 系统中，由系统的设计者编排规则的次序，这使得 HH 排列的次序就是规则被评价的实际次序。在每个咨询的推理循环中，每个规则只被评价一次。当系统受到一个新的观测时，就开始新的推理循环，所有的 HH 规则被重新评价。这种方法相对来说比较简单，因此容易实现，并且不会带来固有的多义性。但这种方法的缺点是，专家必须编排规则的次序。

在产生式规则中应用可信度量测，不仅可以反映实际存在于专家知识中的不确定性，而且可以减少产生式规则的数量。如果以相互不相容的方式来表示观测和假设之间所有可能的组合，即一条规则只能被一种情况所满足，那么，即使对一个小系统来说，所需要的规则数量也会相当巨大。因此，希望有一种方法来减少为表示专家知识所需要的规则的数量。可信度量测可以对给定的情况加权，因此对提取专家的知识是一种有用的手段。

如果所有的观测可以同时被获得，并且所研究的只是分类的问题，那么可以应用很简单的控制策略。在得到所有的观测以后，首先确定是否有其他的观测可以用 FF 规则推理出

来，然后调用 FH 规则和处理按次序编排的 HH 规则。由于规则是有次序的，所以处理只需要一个循环。当然，有时可能希望建立一个系统，它的所有观测并不是一次就接受的，而是通过询问适当的问题，这时就需要研究询问的策略。

2. 询问问题的策略

要给出一个询问问题的最佳策略是很困难的，确切地说，询问的质量在很大程度上取决于在事先是否把问题清楚地组织好。如果把问题都组织成是非题，这些问题并不包含进一步的结构，那么其结果将会是，对许多应用场合来说没有一种询问策略可以工作得很好。对照表可以同时回答相关的问题。一个好的询问策略，关键之一是使问题包含尽可能多的结构。应该根据共同的主题，把问题分成组。用 FF 规则这样很简单的规则，可以在问题调查表里强制按主题进行分枝。如果系统推理所需的信息不是同时接受的话，可以有以下两种提问策略：

（1）固定的顺序。

在某些场合下，专家是以预先仔细规定的序列或顺序收集所需的知识。例如，在医疗问题中，根据经验或系统化过程的习惯，医生总是以固定的顺序向患者问诊以建立病历的。

（2）系统不是按固定的顺序询问，而是根据具体情况做出某种选择。在 EXPERT 以及其他一些系统中，可根据以下一些直观的考虑来选择问题：询问代价最小的问题、优先询问对当前可信度最高的假设有影响的问题、只考虑那些和当前记录的观测有关的假设、仅考虑那些有可能使某个假设当前等级的升高或降低超过某一规定的阈值的事实、如果任何一个假设的可信度都超过某一预先确定的阈值，就停止询问。

3. 决策的解释

系统的设计者和使用者都需要系统对它所做出的决策给予解释。但是它们对决策解释的要求又各不相同。

（1）对系统设计者的解释。如果是对系统的设计者解释决策，那么只需显示为了推论出给定假设所需满足的那组规则，就是最直接的解释。当系统应用可信度量测时，若采用复杂的记分函数，则要很清楚地解释一个假设的最后等级是如何得来的是很困难的。当不使用可信度量测或应用像取最大绝对值这样简单的记分函数时，摘录在推理过程中所用到的单个的规则，就可以组成对决策的解释。如果这些规则也涉及其他假设，那么可以跟踪有关的假设和对这些假设也可以摘录相应的规则。

（2）对系统使用者的解释。一种解释方法是用语句来说明结论。这些语句要比只是声明一个结论要自然一些。系统所用的假设可能是任何形式的包含说明和建议的语句。有时系统的设计者可以预先提出某些适合于给定假设的解释。假如，在修理汽车的例子中，可以给出一个总的来说多少是解释性的说明，而不是生硬地把结论分成诊断和处理两类。这样的语句可以是以下形式："因为汽车的汽缸被淹，所以把风门踏板踩到底或等待 10 分钟。"

4.5 反向推理规则专家系统的设计

本节将讨论知识工程师设计与开发基于反向规则专家系统的步骤或过程，并以一个个人投资规划问题为例来说明这个设计过程。通过系统知识的扩展、测试和提炼的迭代过程，可以观察到所设计与开发的专家系统的能力如何逐渐得到改善与提高。其中，还涉及一些设计建议。

在基于规则的系统中，无论是规则演绎系统或规则产生式系统，均有两种推理方式，即正向推理（forward chaining）和逆向推理（backward chaining）。对于从 IF 部分向 THEN 部分推理的过程，叫做正向推理。正向推理是从事实或状况向目标或动作进行操作的。反之，对于从 THEN 部分向 IF 部分推理的过程，叫做逆向推理。逆向推理是从目标或动作向事实或状况进行操作的。

4.5.1　基于规则专家系统的一般设计方法

设计者在设计任何专家系统前的首要任务是获得对相关问题的总体理解，包括需要确定系统目标、专家考虑的主要问题以及专家如何运用得到的信息导出建议。根据这个理解就能够开始考虑实际系统的设计方法。

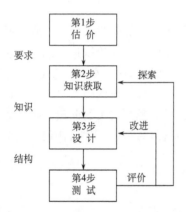

图 4.8　基于规则专家系统的设计过程

任何类型的专家系统，无论是基于规则、基于框架或基于模型的专家系统，其设计有个共同特点，就是一个高度迭代的过程。首先，从领域专家获得少量知识，再使用这些知识对系统进行编码，然后对系统进行测试。测试结果用于发现系统的不足，并成为与领域专家进一步讨论的焦点。这种循环贯穿项目知识不断增长的全过程；经过进化方式，专家系统的能力改善与提升到专家水平。图 4.8 说明了这个循环设计过程。

这种循环开发方式用于构建反向推理系统，但这种循环处理方法对该类系统不是唯一的。有趣的是，这种方法与反向推理系统的工作匹配。也就是说，首先确定系统的主要目标和能够建立这些目标（目标规则）的方法；然后寻找获取能够支持这些目标规则信息的方法。这个过程自然地引导出含有更多本原信息的深层规则。如同反向推理系统的运行一样，这个开发过程逐步从抽象走向具体。

用于金融咨询服务领域的专家系统开发工作一直十分活跃，例如，贷款申请审核、商业策略总体规划、投资组合选择等都是很有代表性的项目。这些领域的项目能够吸引专家系统开发者是基于下列理由的：系统能够提供实实在在的报酬、任务便于定义、存在现实的专家、已经有许多专家系统用于金融咨询。大多数用于金融领域的专家系统采用反向推理技术。

4.5.2　反向推理规则专家系统的设计任务

设计开发反向推理专家系统的有代表性的任务包括下列七项：

（1）任务 1　定义问题。

（2）任务 2　定义目标。

（3）任务 3　设计目标规则。

（4）任务 4　扩展系统。

（5）任务 5　改进系统。

（6）任务 6　设计接口。

(7) 任务 7　评价系统。

不过，必须认识到：这些任务只是系统的高度迭代过程的一部分。首先遵循这些步骤创建一部分专家系统，然后一再重复这些步骤，使系统日臻完善，直至具有专家性能为止。下面逐一讨论这些设计任务。

任务 1　定义问题

任何专家系统项目的都应起步于学习问题。要开发一个专家系统协助金融咨询者为委托人（client）提供投资建议。要做到这点就需要懂得金融咨询者如何运用可得到的信息做出好的投资决策。为此，首先需要获得关于问题的信息。

报告、文件和图书是所有专家系统项目的良好信息资源，它们能够提供对问题及其解决方案的一般了解。虽然这些资源是很好的起点，然而对于多数专家系统来说仍然需要实际专家的帮助。

假设我们有幸找到某位金融咨询专家，一个地方公司的投资顾问，向他介绍项目，得到他的合作许诺，并安排了第一次会见。在会见中请他提供关于投资咨询的概述。他说，存在许多对投资决策者可行的投资手段，每种都有优点和缺点；这些手段可简要地分类为：股票（stocks）、有息债券（bonds）、公共基金（mutual funds）、存款（savings）、期货商品（commodities）和房地产（real estate）等。投资顾问的工作首先要确定投资者所能考虑的是这些投资种类的何种投资组合。例如，建议在一个投资组合中分别投资量为：股票 20%，债券 40%，存款 40%。在提出这种建议之前，投资顾问必须首先问委托人几个包括金融状态的私人问题。有关问题的细节将在以后研究。现在需要在总体上了解投资顾问如何对投资者提供建议。

设计建议：在项目的问题定义阶段，不要为了问题的细节而打断专家。现阶段的任务是寻找问题的总体了解及其解决方式，而细节能够在以后与专家讨论中获得。

继续与投资顾问进行讨论，他指出：在做出投资组合决策之后，就要决定诸多投资种类中哪一种特定的投资手段最适合投资者。

即使在这个早期阶段，与专家的短期讨论能够提供大量关于问题的信息，并领悟出该如何设计这个专家系统。我们学得一般投资分类和具体的投资手段，也知道了专家的一般问题求解方法。投资顾问首先运用投资者提供的信息挑选出总体投资组合，然后给出具体投资手段建议。图 4.9 说明了这个问题求解方法。

图 4.9　投资规划问题求解方法

任务 2　定义目标

已经有足够的信息来设计反向推理系统的目标。任何反向推理系统的编码都是从定义系统的目标开始的。从上述与专家的讨论可知，专家系统要达到的两个基本目标是：①决定投资组合的方案，②在各种投资种类中决定投资手段。

为系统的简单起见，只注重于第一个目标，并假设第二个目标可在以后系统修订时设法处理。投资组合只是简单地把投资的资金分配至一个或多个一般投资种类。一个真实的投资组合咨询系统需要考虑大量的潜在投资组合建议。此外，为保持问题处于可管理状态，只对下列四个问题感兴趣：

  投资组合 1： 100％投资于存款。

  投资组合 2： 60％股票，30％债券，10％存款。

  投资组合 3： 20％股票，40％债券，40％存款。

  投资组合 4： 100％投资于股票。

  在开发实际的专家系统时，将对初始系统的设计注重于总体问题的一个较小但有代表性部分。这个问题较小部分的成功设计将使系统结构易于扩展以便考虑更为完全的论题。

  设计建议：注重把初始系统设计为总体问题的一个较小但有代表性部分。

编写目标语句

  每个反向推理系统至少需要一个目标才能开始设计。对于上述问题，已经有四个系统追求的不同目标，每个投资组合有个目标。可以写出四个不同的目标或者写出一个可变的目标，用于构建系统来决定"投资组合建议"（portfolio advice）。编写一个可变的目标语句不仅能够减少目标语句数目，而且允许以后添加其他的目标规则而无需对目标语句中结论进行显式编码。这种方法取决于所选择的系统开发外壳。

任务3 设计目标规则

  系统中的每个目标至少有一条规则（目标规则）。目标规则的设计方法与其他规则的设计没有什么不同之处；首先寻找满足该规则结论的必要的先决条件，对于投资问题要确定专家是如何决定采用哪一个投资组合最适合委托人的需要。所有目标规则的一般形式如下：

  IF   Precondition _ 1

  AND Precondition _ 2

  ⋮   ⋮

  THEN Portfolio _ i

  先决条件是专家决定推荐的投资组合时需要考虑的重要问题，这时需要再次咨询领域专家。考虑知识工程师（KE）与领域专家（DE）之间的下列对话：

  KE：你是如何为委托人挑选出正确的投资组合？

  DE：某种投资都含有某些相关风险，因此我首先需要知道委托人的某些个人和金融状况。这些问题对于推荐保守的（conservative）或积极的（aggressive）投资配置是很重要的。

  KE：所以你就以委托人的个人和金融状况为基础推荐了一个投资，建议进行保守或积极的投资配置吗？

  DE：是的。

  KE：你是否还考虑其他问题？

  DE：在某种意义上是。如果委托人只想小额投资，那么我就认为他实在是属于保守的，而且我会马上建议他把所有钱投向存款。

  KE：你认为小额是指多少？

  DE：我假定是少于1000美元。

  与领域专家的这种讨论提高了推荐投资组合时必须考虑的首要问题：委托人的个人状态（保守或积极）、委托人的金融状态（保守或积极）和投资数额（小或大）。

  现在已经知道了主要问题，下一步必须决定这些问题与相应推荐间的关系。这可通过与领域专家的进一步讨论来实现，或者可以采用一种称为"决策表"的技术来完成。

决策表

决策表提供知识获取技术，避免出现与面谈技术有关的问题。

定义 4.2 决策表是包含一系列决策因素的表，表中的各列表示到达结论所需要的各先决条件，而各个决策因素值则置于各行中，导出具体结论。

决策表能够提供专家一种易于填写决策知识的形式。对于上述投资问题，能够创建一个决策表，要求专家填入适当的值，如表 4.3 所示。

表 4.3　目标规则决策表

投资量	个人状态	金融状态	建议
小			投资组合1
	保守	保守	投资组合2
	保守	积极	投资组合1
	积极	保守	投资组合3
	积极	积极	投资组合4

对于所述目标规则的决策因素表示于表 4.3 的头 3 列的上部，而最右边的那列是专家提供的建议。各列下部的具体值是本系统的目标。只有那行的决策因素值为正确时，才给出其投资组合建议。从表 4.3 还能够看出，有些表值没有给出；这可能意味着该值是无关的（通常用"＊"符号表示并不关心该值为何），也可能需要询问专家把补充信息填入空白处。

现在能够使用这个表来编写目标规则。如果表格较大，就可能需要使用"归纳"工具。由于本表较小，就可以借助简单的观察检查应用适当的编码工具（如 LEVEL5，VP-EXPERT和 EMYCIN 等）来编写目标规则。下面给出用 LEVEL5 码表示的目标规则：

规则 1

　　IF　　　　投资者的投资额小于 1000 美元

　　THEN　　投资组合建议为 100％投资于存款

规则 2

　　IF　　　　委托人的个人状态是保守的

　　AND　　　委托人的金融状态也是保守的

　　THEN　　投资组合建议为 100％投资于存款

规则 3

　　IF　　　　委托人的个人状态是保守的

　　AND　　　委托人的金融状态是积极的

　　THEN　　投资组合建议为 60％股票，30％债券，10％存款

规则 4

　　IF　　　　投资者的个人状态是积极的

　　AND　　　投资者的金融状态是保守的

　　THEN　　投资组合建议为 20％股票，40％债券，40％存款

规则 5

　　IF　　　　委托人的个人状态是积极的

　　AND　　　委托人的金融状态也是积极的

THEN　　投资组合建议为100投资％股票

在对系统的目标规则进行编码之后，需要对系统进行测试。一般地，只要把任何新的知识编入专家系统，就应当立即对系统进行测试。

设计建议：随着任何新的知识编入专家系统，就应当应用该新知识特有的信息立即对系统进行测试。

在系统开发的初始阶段，当对系统进行全面测试时，上述建议是特别重要的。也就是说，只有较小的规则集合才允许尝试各种可能的解答组合。接着能够测试系统知识的正确性与完全性。然后，当系统的知识库规模增长得足够大时，这一建议就无能为力了。这时应当依靠各种系统评价技术来评估大的专家系统。本书第9章将讨论这些评价技术。

任务4　扩展系统

现在系统有了五条规则并能够建议四种不同的投资组合。这是极其基本的，但不是很有智能的。改善专家系统智能的主要方法是扩展它的知识；有两种主张对拓宽或深化知识是可行的。一种方法是通过教系统对问题有更宽广的理解来扩展系统知识，即为系统补充某些新的论点；在本例中，可以决定补充投资组合信息。这种扩展知识的方法是很容易的，而且通常保留供项目被证明是成功后使用。另一种扩展系统知识的方法是教系统对问题有更深度的理解，即为系统提供更多的已知论点；在本例中，就是教系统如何决定当前目标规则的前提。这是应用在早期项目中最常见的知识扩展技术。为什么呢？考虑下列系统提出的问题，给出当前规则集合：

系统：委托人的个人状态是否处于保守位置？这是教用户回答的问题，因为需要一些相关问题的专家知识，应当对系统增添知识，使得系统能够决定问题答案。

一般地，在基于规则专家系统的整个开发过程中应当寻找能够深度扩展的前提。问问自己和用户：用户是否能够有效地回答系统提出的问题。如果回答是否定的，那么给系统增添知识，逼使系统寻找更原始和可靠的信息。

现在系统存在三个能够深度扩展知识的议题，即①投资者的投资数额，②投资者的个人状态，③委托人的金融状态。其中，第一个议题不需要进一步扩展，因为它只问了一个关于投资额的简单问题。不过，另两个议题则需要扩展；为此，需要再次向专家咨询。当面对多个需要扩展的议题时，尝试只选择一个议题并注重与专家讨论这个议题。这样就比较容易获取专家知识。

设计建议：一次只扩展一个议题，允许专家注重于简单议题，避免专家被问及多个议题时通常遇到的问题。

考虑议题②和③，前者涉及"个人议题"，而后者涉及"金融议题"。如果扩展前者，那么专家有点难以提供关于"个人议题"概念的新话题。

扩展个人议题

要扩展个人议题，有两个问题需要询问专家：每个可能的论题值是保守的或积极的？

KE：如果假定委托人的个人状况是保守的，那么你如何决定？

DE：如果委托人年事已高或者其工作不稳定，我就会提出保守位置的建议。如果委托人是年轻人，具有稳定工作而且有孩子，那么我也会提出同样的建议。

据此可以表示下列规则：

规则6

　　IF　　　委托人年事已高

| OR | 委托人的工作是不稳定的 |

THEN 建议委托人的个人状况是保守的

规则 7

IF	委托人是年轻人
AND	委托人的工作是稳定的
AND	委托人有孩子

THEN 建议委托人的个人状况是保守的

现在有 2 条深层规则来决定初始目标规则的前提。接着考虑保守位置的问题：

KE：如果假定委托人的个人状况是保守的，那么你如何决定？

DE：如果委托人是年轻人而且工作稳定，但是没有孩子，我就会提出积极位置的建议。

新的信息可从下列规则获取：

规则 8

IF	委托人是年轻人
AND	委托人有稳定的工作
AND	委托人没有孩子

THEN 建议委托人的个人状况是积极的

与专家的讨论能够得到几条支持深层推理过程的规则，但是也发现需要进一步研究的新问题，即①委托人年龄是年轻或年老，②委托人工作是稳定或不稳定，③委托人有孩子或没有孩子。其中第三个问题能够直接回答无需进一步探究，而其他两个问题则需要逐一扩展。

扩展年龄议题

为扩展年龄议题，需要问专家两个问题：

KE：你考虑多大年龄的人是老的？

DE：40 岁。

KE：你考虑多大年龄的人是年轻的？

DE：小于 40 岁。

根据这些回答可以写出如下规则：

规则 9

| IF | 委托人年龄小于 40 |

THEN 委托人是年轻人

规则 10

| IF | 委托人年龄不小于 40 |

THEN 委托人是老的

扩展工作稳定性议题

专家曾经说过：委托人的工作稳定性是做出金融建议所必须考虑的一个议题。对于这个议题存在两种可能的值，稳定的或不稳定的。于是，可以问专家两个问题：

KE：如果委托人的工作是稳定的，你如何决定？

DE：我通常考虑两件事：委托人在现有公司工作的时间长短和公司对他解雇的可能性。例如，如果他已在该公司工作 3～10 年，而且对他解雇的可能性低，那么我就假设事情是稳定的。实际上，如果他已在公司工作 10 年以上，我就觉得事情很好。

据此，能够写出下列两条规则：

规则 11

> IF   委托人的服务期限不少于 10 年
>
> THEN 委托人的工作是稳定的

规则 12

> IF   委托人的服务期限在 3～10 年
>
> AND   在该公司被解雇的可能性低
>
> THEN 委托人的工作是稳定的

继续与专家进行讨论，询问两个新问题：

KE：如果委托人的工作是不稳定的，你如何决定？

DE：我通常考虑两件事：委托人在现有公司工作的时间长短和公司对他解雇的可能性。例如，如果他已在该公司工作 3～10 年，而且对他解雇的可能性高，那么我就假设事情是不稳定的。实际上，如果他在公司工作少于 3 年，那么我就觉得事情实属不稳定。

根据这个回答，可写出另两条规则：

规则 13

> IF   委托人的服务期限在 3～10 年
>
> AND   公司对他的解雇可能性高
>
> THEN 委托人的工作是不稳定的

规则 14

> IF   委托人的服务期限少于 3 年
>
> THEN 委托人的工作是不稳定的

扩展金融议题

接下去要咨询专家来考虑金融议题。需要调研两个有关金融论题可能值的问题：

KE：你怎么知道委托人的金融状况是保守的？

DE：如果委托人的全部财产低于他的全部债务，那么我就假设他的金融状态是保守的。此外，如果委托人的全部财产高于他的全部债务，但小于债务的 2 倍，而且还有孩子，那么我就仍然建议他的金融状态是保守的。

据此又能够写出两条新的规则：

规则 15

> IF   委托人的全部财产低于他的全部债务
>
> THEN 委托人的金融状态是保守的

规则 16

> IF   委托人的全部财产高于他的全部债务
>
> AND   委托人的全部财产低于他的全部债务的 2 倍
>
> AND   委托人有孩子
>
> THEN 委托人的金融状态是保守的

继续与专家展开讨论，询问专家下列问题：

KE：你怎么知道委托人的金融状况是积极的？

DE：如果委托人的全部财产超过他的全部债务的 2 倍，那么我就假设他的金融状态是积极的。此外，如果委托人的全部财产高于他的全部债务，但小于债务的 2 倍，而且没有孩子，那么我就仍然建议他的金融状态是积极的。

根据这次讨论，可写出另外两条规则：

规则 17

    IF   委托人的全部财产高于他的全部债务的 2 倍

    THEN   委托人的金融状态是积极的

规则 18

    IF   委托人的全部财产高于他的全部债务

    AND   委托人的全部财产低于他的全部债务的 2 倍

    AND   委托人没有孩子

    THEN   委托人的金融状态是积极的

任务 5　改进系统

这时已经建立了一个满足初始目标的完全起作用的系统。不过，需要对系统加入若干特性，以便提高系统性能和便于维护。

采用变量替代数目

在专家系统开发过程中往往需要在规则中采用变量；例如，在上述系统问题，专家认为任何不小于 40 岁的人都是老的，这已被提取在规则 10 中，并以显式表示。对于较大的基于规则专家系统，同样的数目可能出现在遍及知识库的几条规则中。如果以后需要改变该数目，就需要设置每条规则并进行适当调整。这项任务往往是困难的，而且给系统维护增加了难度。

在规则中采用变量替代数目是一种较好的方法，这些变量在问题初始化时被赋值。本方法易于设置需要调整的变量，而且只要求改变变量的分配而不是改变规则。本例中系统数目用于下列论题：委托人年龄、服务年限、财产与债务的关系。

可应用这些论题来取代数目的显式使用，一个规则调整的例子也表示于每个论题：

对于**年龄论题**：

初始值　　老的年龄等于 40 岁；就得出规则 9。

对于**服务年限论题**：

初始值　　长的服务期等于 10 年，短的服务期等于 3 年；就得出规则 11。

对于**财产与债务论题**：

初始值　　安全因子等于 2；就得出规则 17。

任务 6　接口设计

专家系统用户通过系统的接口来观看程序。用户对系统的认可如何在很大程度上取决于系统接口是否能够很好地适应用户的需要。有幸的是，大多数专家系统的设计外壳提供辅助接口设计的功能，允许调整设计引导性屏幕以适应用户提问和终端显示要求。要充分采用任何可用的功能来设计接口，满足用户需要。

引导性显示

每个专家系统都有引导性显示，至少能够告诉用户关于系统的全面用途。例如，对于上面的应用问题，显示内容将告诉用户系统将要提供满足委托人需要的投资组合建议；还可能少许告诉用户该如何完成主要任务。例如，系统可能选择解释系统如何仔细查看个人状态与金融状态，进行推荐。

调整问题

多数外壳提出由建立在规则中的本原自动产生的问题；例如，对于"全部财产"论题，系统可能会问：

系统：全部财产？

这类问题不仅是粗浅的而且会引起用户的混淆，导致不正确的答案。例如，面对这类问题，用户可能问"我该考虑什么财产？"或者"我是否登记美元数额？"或者"我登记数值时是否用逗号？"如果出现这类问题，就要考虑提的问题值得商榷。

有幸的是，大多数专家系统的设计外壳允许调整提问以适合用户状况。能够创建友好文本以包含导致可靠答案的信息。考虑上面问题的修改形式：

系统：请给出委托人拥有的全部财产的美元数额，包括本项目所有物的银行账户、股票、有息债券、房地产等。请不用逗号登记美元数额，如 150000。

屏幕指南

为用户提供每个屏幕的清晰指南是十分重要的。清楚地说明当前屏幕上可见到的任何选择以及如何运用它们。

结论显示

结论显示向用户展示系统的调查结果；例如，显示为委托人提供的投资组合建议。对于许多应用，这种有限的显示是充分的；但对于其他应用可能需要提供更深入的理性建议。专家系统的一个商标是解释系统如何得出建议。大多数系统外壳通过提供系统应遵循步骤的详细解释来回应这个要求。在一些应用场合，这种详细解释对用户接受最终建议是必要的。而在另外一些应用中，只要提供导致最终建议的主要调查结果的高水平意见，用户就会满意。

任务 7　系统评价

至此我们完成了专家系统原型，全部规则编入系统，并按照前段提出的建议设计了接口。假定系统每次扩展后都成功地通过了测试。下一步是采用测试实例进行系统评价。

这个过程从询问专家一个过去的问题开始。假设提供的情况是，委托人的年龄是 30 岁，已为某公司工作 5 年，其解雇率很小，已有 2 个孩子，打算投资 \$50000。该委托人的全部财产为 \$100000，全部债务为 \$20000。对此，建议采用投资组合 2，即 60％股票、30％债券和 10％存款。

表 4.4 给出本专家系统的规则表列；系统还包括文本（没有示出）来支持介绍性显示、提问显示、中间显示和结论显示。这些显示的格式遵照先前的例子。

表 4.4　投资咨询规则

INIT SAFETY _ FACTOR = 2　INIT OLD _ AGE = 40　INIT LONG _ SERVICE = !)

INIT SHORT _ SERVICER = 3　INIT Recommendation is unknown

1.　Advice is WHAT

2.　Disply default

RULE Disply default

IF Recommendation is unknown

THEN Disply default

AND DISPLY FINALDEFAULT TEXT

Investment advice rules

RULE Advice 100 ％ investment in money market—little money

IF Client's _ investment _ amount＜1000

THEN Advice IS 100 ％ investment in savings

AND DISPLAY FINAL RECOMMENDATION

RULE Advice 100 % investment in money market
IF Client's personal state suggest \ a conservative position
AND Client's financial state suggests \ an aggressive position
THEN Advice IS 60 % stocks, 30 % bounds, 10 % savings
AND DISPLAY FINAL RECOMMENDATION

RULE Advice 20 % stocks, 40 % bounds, 40 % money market
IF Client's personal state suggest \ an aggressive position
AND Client's financial state suggests \ a conservative position
THEN Advice IS 20 % stocks, 40 % bounds, 40 % savings
AND DISPLAY FINAL RECOMMENDATION

RULE Advice 100 % investment in stocks
IF Client's personal state suggest \ an aggressive position
AND Client's financial state suggests \ an aggressive position
THEN Advice IS 100 % investment in stocks
AND DISPLAY FINAL RECOMMENDATION

Determine client's personal state

RULE Personal conservative investments because old or job not steady
IF Client IS old
OR Client's job IS not steady
THEN Client's personal state suggest \ a conservative position
AND DISPLAY PERSONAL STATE ASSESSMENT

RULE Personal conservative investments because young with children
IF Client IS young
AND Client's job IS steady
AND Client has \ children
THEN Client's personal state suggest \ a conservative position
AND DISPLAY PERSONAL STATE ASSESSMENT

RULE Personal aggressive investments because young with no children
IF Client IS young
AND Client's job IS steady
AND Client has \ no children
THEN Client's personal state suggest \ an aggressive position
AND DISPLAY PERSONAL STATE ASSESSMENT

Determine client's financial state

RULE Financial conservative investments because liabilities exceed assets
IF Total _ asseta<Total _ liabilities
THEN Client's financial state suggest \ a conservative position
AND DISPLAY FANANCIAL STATE ASSESSMENT

RULE Financial conservative investments because not enough assets for children

IF Total _ assets＞Total _ liabilities

AND Total _ asseta＜SAFETY _ FACTOR * Total _ liabilities

AND Client has \ children

THEN Client's financial state suggest \ a conservative position

AND DISPLAY FANANCIAL STATE ASSESSMENT

RULE Financial aggressive investments because enough assets for no children

IF Total _ assets＞Total _ liabilities

AND Total _ asseta＜SAFETY _ FACTOR * Total _ liabilities

AND Client has \ no children

THEN Client's financial state suggest \ an aggressive position

AND DISPLAY FANANCIAL STATE ASSESSMENT

RULE Financial aggressive investments because plenty of assets

AND Total _ asseta＞SAFETY _ FACTOR * Total _ liabilities

THEN Client's financial state suggest \ an aggressive position

AND DISPLAY FANANCIAL STATE ASSESSMENT

Determine age of client

RULE Client IS young

IF Client _ age＜OLD _ AGE

THEN Client IS young

RULE Client IS old

IF Client _ age≥OLD _ AGE

THEN Client IS old

Determine stability of client's job

RULE Job IS steady because of large length of service

IF Client's _ length _ of _ service≥LONG _ SERVICE

THEN Client's job IS steady

RULE Job IS steady because of moderate service but low layoff rate

IF Client's _ length _ of _ service≥SHORT _ SERVICE

AND Client's _ length _ of _ service＜LONG _ SERVICE

AND Layoof at the organization is low

THEN Client's job IS steady

RULE Job IS not steady because moderate service but high layoff rate

IF Client's _ length _ of _ service≥SHORT _ SERVICE

AND Client's _ length _ of _ service＜LONG _ SERVICE

AND Layoof at the organization is high

THEN Client's job IS not steady

RULE Job IS not steady

IF Client's _ length _ of _ service＜SHORT _ SERVICE

THEN Client's job IS not steady

专家系统与用户的下列对话（交互）说明本专家系统的操作。

步骤 1

系统：欢迎使用投资咨询专家系统。我将尽力为委托人决定一个投资组合方案；我要提问关于委托人的个人状态和金融状态的问题；根据这些信息我能够决定采用消极或积极投资方案。请按 RETURN 键开始我们的讨论。

用户：（按 RETURN 键）

步骤 2

系统：委托人想要投资多少美元的钱额？

用户：50000

步骤 3

系统：委托人的年龄多少岁？

用户：30

步骤 4

系统：委托人在现在的公司工作多少年了？

用户：5

步骤 5

系统：该公司的兼顾率是

低的

高的

用户：低的

步骤 6

系统：委托人

有孩子

没有孩子

用户：有孩子

步骤 7

系统：在考虑委托人的个人状态后，我建议采用保守的投资方案。下一步我将观察委托人的金融状态。请按 RETURN 键继续我们的讨论。

用户：（按 RETURN 键）

步骤 8

系统：请告知委托人的全部财产的美元数额，包括本项目的各项所有物，如银行账户、股票、债券、房地产等。请输入美元数额，不加逗号，如 150000。

用户：100000

步骤 9

系统：请告知委托人的全部债务的美元数额，包括本项目的各项借款、抵押借款等。请输入美元数额，不加逗号，如 150000。

用户：20000

步骤 10

系统：在考虑委托人的金融状态后，我建议采用积极的投资方案。请按 RETURN 键继续我们的讨论。

用户：（按 RETURN 键）

步骤 11

系统：我建议委托人的金钱投资组合方案为

60％股票，30％债券，10％存款

提出这个建议的主要理由是：我发现委托人的个人状态假设是**保守的**，而他的金融状态是**积极的**。

要退出系统请按 F10 键。如果想要重新讨论与咨询，请按 F3 键。

对话回顾

首先注意到的是，系统能够提供由专家做出的同样建议。使得专家系统结果与领域专家意见一致是评价专家系统的一个关键问题。还要认识到，对于实际的评估研究，将需要应用几个测试实例。从系统评估还必须注意到，专家系统是通过对话交换意见而推荐给用户的。导论性显示向用户提供专家系统能够做什么事和如何做这些事的相关信息。问题是以易于跟从的形式提出的，而屏幕指南向用户提供专家系统运行的指令。信息性结论显示能够向用户提供最终建议和一些高层的正当理由。

进一步研究方向

我们已经建立了一个小的专家系统原型，下一步要扩展其能力。例如，增加对补充投资组合的知识编码，或者在一般的投资类别中有选择地扩展系统为推荐的具体投资手段。

4.6 正向推理规则专家系统的设计

本节将讨论知识工程师设计与开发基于规则正向推理专家系统的步骤或过程，并以一个汽车故障诊断问题为例来说明这个开发过程。将通过这个例子的开发观察到正向规则专家系统的主要的和典型的设计步骤。还可看到如何构造更先进的用户接口，4.5 节的接口设计是建立在简单的文本交互上，而本节则是通过图形目标设计更友好和功能更强的接口。

4.6.1 正向规则专家系统的一般设计方法

如同所有专家系统项目一样，开发正向专家系统的首要任务是获得对相关问题的总体理解，其任务包括确定系统目标、专家需要考虑的主要问题以及专家如何运用得到的信息导出建议等。

反向规则专家系统是进行反向推理的，即从 THEN 部分向 IF 部分推理的过程，从目标或动作向数据或状况进行推理，通过规则证明目标。与反向规则专家系统不同，正向规则专家系统是进行正向推理的，即从 IF 部分向 THEN 部分推理的，从问题数据或状况向目标或动作进行推理，通过数据激活规则，推断出新的信息。问题数据是正向专家系统的燃烧剂；例如，对于汽车故障诊断的系统监控过程，就包含诸如泵和马达这类器件，可能需要考虑这类数据：

（1）泵的输入和输出压力。

（2）马达的速度和温度。

反向推理系统中的推理机提供对系统推理过程的基本控制；它采用某个初始目标，建立一些子目标，搜索能够证明这些目标的相关信息。只要以推理机能够使用的形式编写规则，就能被正确使用。

对于一个简单的正向推理系统，推理机激活规则，使规则的前提与工作存储器中的信息匹配。需要对规则前提有进一步的说明，如规则在何时被激活等。

4.6.2　正向推理规则专家系统的设计任务

正向推理专家系统的设计任务与反向推理专家系统的设计任务相似。以迭代方式把新的知识加入系统，对系统进行测试、评估与修正。开发正向推理专家系统的有代表性的任务包括下列八项：

（1）任务 1　定义问题。

（2）任务 2　定义输入数据。

（3）任务 3　定义数据驱动结构。

（4）任务 4　编写初始码。

（5）任务 5　测试系统。

（6）任务 6　设计接口。

（7）任务 7　扩展系统。

（8）任务 8　评价系统。

下面将结合汽车故障诊断的应用问题逐一讨论这些设计任务。

任务 1　定义问题

如同反向推理专家系统的设计一样，设计正向推理专家系统也应起步于学习问题，例如，需要学习汽车的诊断问题。找到一个好的汽车技工作为问题专家是很有帮助的。不过，也存在一种对许多其他诊断问题可供替代的一般方法，包括使用"发现并修理故障"指南。这类指南含有专家的发现与修理故障知识，实际上很可能就是由专家编写的；因此该指南代表一个优秀的项目知识源，并提供一种要比直接从专家那里获取知识容易得多的知识获取方法。这样就避免了采用与专家对话来获取知识的传统做法。

可供学习与参考的问题相关指南包括机械修理手册、汽车修理手册和汽车主要故障说明书等。

图 4.10 给出了发动机无法启动问题的决策树；发动机难以启动问题通常归根于曲柄系统、点火系统和燃料系统的故障，或者发动机的压缩冲程的故障。图 4.10 决策树在性质上是启发式的；也就是说，受检查车子的各个子系统，如曲柄系统和点火系统等，都遵循一条最可能发现与"engine does not start"（发动机无法启动）问题故障的相关技术路线。

测试顺序由测试结果执行表给出，启动问题如表 4.5 所示。测试结果用于指导发现故障的调试。例如，如果发动机点火后转得很慢或者根本不动，那么就要怀疑曲柄系统问题，并把调试过程转到步骤 2.1。

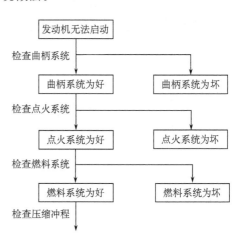

图 4.10　发动机无法启动问题的决策树

表 4.5　启动问题第一阶段调试步骤

测试任务	测试结果	转入
1.1 点火	如果发动机转动很慢或不动	2.1 曲柄系统问题
	如果发动机转动正常	1.2

表 4.6 表示继续调试曲柄系统问题。表中，右列的作用是把测试结果引导至其他测试步骤或者辨识到系统故障，即电池连接不佳。当辨识出故障后，一般需要提供某个如表 4.7 所示的修理步骤。

表 4.6　曲柄系统第一阶段调试步骤

测试任务	测试结果	转入
2.1 把起子放至电池接线柱和电缆夹子之间，转动前灯至高位以观察起子的旋转情况	如果灯光很亮或不通	电池连接不良
	如果灯光不亮	2.2
2.2 使用比重计测试每个电池组	如果读数高于 1.2	2.3
	如果读数不高于 1.2	充电电压低
2.3 用连接电池接线柱和圆筒形线圈的启动器接线柱间的跨接线，然后点火	如果启动器嗡嗡响或发动机正常	2.4
	如果发动机运转正常	2.5
	如果启动器无所作为	圆筒形线圈损坏
2.4 移开启动器，把它放进启动器的测试仪器。运行标准测试，并与启动器说明书相比较	如果启动器满足说明书指标	2.6
	如果启动器与说明书不合	启动器损坏
2.5 把跨接线接至中央安全开关和离合器启动开关等，然后点火启动	如果启动器运行	超越控制开关损坏
	如果启动器不运行	2.7
2.6 移去火花插座，然后使用组合插板使发动机转动，并驱动曲柄滑轮螺母	如果发动机不动	9.1 发动机损坏
	如果发动机移动	9.4 测试发动机定时
2.7 用电压表把圆筒形线圈或继电器的启动器接线柱与地线连接起来，然后接入点火开关启动	如果电压表移动	点火开关损坏
	如果电压表不动	开关连接不良

表 4.7　曲柄系统第一阶段修理步骤

问题	修理步骤
电池连接不良	清洁电池接线端和连接器 —移开并清洁电池夹子和接线柱 —用凡士林油涂抹接线柱 —装上与紧固电池夹子
充电电压低	对电池充电 —断开电池的接线柱 —把充电器接至电池 —对电池充电一个晚上 —次日早晨用比重计检查电池
圆筒形线圈损坏	断开圆筒形线圈的连接线，并用新的替换
启动器损坏	替换或修理启动器
跨接线开关损坏	替换跨接线开关
点火开关损坏	替换点火开关
开关连接不良或松动	修理或替换开关连接

任务 2　定义输入数据

每个正向推理专家系统的设计，都要首先得到一些初始数据。为此，需要编写一条只询问有关问题信息的规则；这类规则往往称为启动规则(startup rule)，当系统启动时，该规则被自动激活，询问问题信息。对于汽车诊断例子，该规则要询问用户关于问题的自然性质，并由下列规则来实现：

Rule 1 start diagnosis

　　IF　　Task IS begin

　　THEN ASK Car problem

要激活这条规则，首先把断言"Task IS begin"送入工作存储器。ASK 函数引起下列与"汽车问题"相关的提问：

问题是什么？

Car won't start

Car hesitatesat high speed

Car idles rough

……

在用户选择了具体问题之后，专家系统就指导问题求解进入适当方面。为系统简单起见，仅注重第 1 个问题，即"Car won't start"(车子不能启动)。这一单条信息指导系统考虑汽车出现不佳状况的问题。系统继续保持对话，询问问题，使问题求解向着最合逻辑的结论发展。

任务 3　定义数据驱动结构

理论上，正向讨论专家系统通过激活规则而工作，这些规则的前提与工作存储器的内容相匹配。例如，如果"A"为真，则下列规则被激活：

　　IF　　　A

　　THEN Infer or do something

使用这条规则，如果"A"为真，那么系统要么推导出新的问题信息，要么执行某些任务。对于较小的应用项目，这种宽松的规则激活控制方式可以提供合适的结果；不过，对于大多数正向推理系统的应用，需要每条规则包含一个前提，以便当某条给定规则激活时能够帮助进行控制。例如：

　　IF　　Task is …

　　AND A

　　THEN Infer or do something

这种形式的规则只有当该规则与当前任务相关而且"A"为真时才能被激活。这种结构有助于维持对自然正向推理过程的控制。

任务 4　编写初始码

正向推理系统初始编码的任务，其目的在于决定是否能够以良好的规则结构有效地获取问题知识。一个良好的规则结构不仅能够提供正确的结果，而且是一个开发其他规则时可供效法的模板。任务 3 提供了规则结构。

由于只限于"Car won't start"问题，首先需要一条规则把该任务放入"test cranking system"(测试曲柄系统)；这就是图 4.10 所考虑的第一个任务：

Rule test cranking syste

```
IF      Car problem IS car won't start
THEN Task IS test cranking system
```

此外，编写的规则都要遵循前面讨论过的和表 4.6 所示的结构。对于初始编码，考虑表 4.6 所示的步骤 2.1。本系统的初始规则集（LEVEL5 码）如下：

```
Rule 1 start diagnosis
    IF      Task IS begin
    THEN   ASK Car problem
Rule 2 Car won't start
    IF      Car problem IS won't start
    THEN   Task is test cranking system
Rule 3 Car hesitates at high speed
    IF      Car problem IS hesitates at high speed
    THEN   Task is test fuel system
Rule 4 Step 1.1—Test cranking system
    IF      Task IS test cranking system
    THEN   Ask Engine turns
Rule 5 Step 1.1—Cranking system is defective
    IF      Task IS test cranking system
    AND    Engine runs    slowly or not at all
    THEN   Cranking system is defective
    AND    Task IS test battery connection
Rule 6 Step 1.1—Cranking system is good
    IF      Task IS test cranking system
    AND    Engine runs    normally
    THEN   Cranking system is good
    AND    Task IS test ignition system
Rule 7 Step 2.1—Test the battery connection
    IF      Task IS test battery connection
    THEN   Ask Screwdriver test shows that lights
Rule 8 Step 2.1—Battery connection is bad
    IF      Task IS test battery connection
    AND    Screwdriver test shows that lights    brighten
    OR     Screwdriver test shows that lights    not on
    THEN   Problem IS bad battery connection
Rule 9 Step 2.1—Battery connection is good
    IF      Task IS test battery connection
    AND    Screwdriver test shows that lights    don't brighten
    THEN   Battery connection IS good
    AND    Task IS test battery
```

任务 5   测试系统

下一个任务是测试一个小的规则集。假定"Task IS begin"（任务开始了）已被初始化进工作储存器，这就引起启动规则（Rule 1）被激活，并向系统提问是什么问题。系统搜索所有规则寻找"Car problem"（车子问题）值，并找到规则 2（Rule 2）和规则 3（Rule 3）；把规则 3 放入系统为问题添加了一个补充的菜单项。后面将添加一些适当的规则来开展系统以考虑燃料系统问题（Rule 3）。现在询问下列问题：

系统：What is the problem with the car?

　　　—won't start

　　　—hesitates at high speeds

用户：Won't start

这一回答激活规则 2，并把断言"Task IS test cranking system"存入工作储存器。新的信息激活规则 4，引导出下列问题：

系统：Please turn on the ignition

　　　How does the engine turn?

　　　—slowly or not at all

　　　—normally

用户：Slowly or not at all

上述文本提出的问题是从表 4.5 所示的测试步骤中的任务 1.1 开始的。当问及这个问题时，就需要写出该文本并提供给用户。用户的回答激活了规则 5，导致断言"Cranking system is defective"和断言"Task IS test battery connection"。这一新信息激活规则 7，引导出下列问题：

系统：Put a screwdriver between the battery post and the cable clamp. Then turn the headlights on high bean and observe the lights as the screwdriver is turned.（即测试任务 2.1：把起子放至电池接线柱和电缆夹子之间，转动前灯至高位以观察起子的旋转情况。）

　　　What happens to the light?

　　　—brighten

　　　—not on

　　　—don't brighten

用户：brighten

这个问题是以表 4.6 任务 2.1 为基础。用户的回答激活了规则 8 和断言"Problem IS bad battery connection"。按照这条规则，没有其他规则能够激活，系统停止。

任务 6   设计接口

有了一个小的工作规则集之后，就可以考虑如何建立系统接口的问题。常有这样的情况，在大部分知识库建成之后才注意到系统接口的设计问题。必须认识到，接口是专家系统的一个特别重要的组成部分；应当把接口设计与知识库开发同步进行，而不是事后再处理。知识库的设计与结构是接口设计影响的。

设计建议：在项目的早期就要开始设计系统接口，并与系统知识库开发同步进行。

在系统的前面测试中可以看出，接口集中在"ASK"函数上。该函数用于对用户提出问题；尽管 ASK 函数是 LEVEL5 外壳特有的，但在其他外壳上也存在一些类似的函数可供使用。早先没有说明的是如何把这些文本材料放在一起；下面将说明如何做这项工作，并说明如何采用动态图形接口来进行。

动态图形接口

大多数早期设计的专家系统只采用文本与用户对话。系统提问和用户回应要么打印一个回答，或者从可能答案菜单中选择一条。这种对话方式是在系统测试过程中说明的。今天，许多外壳提供了商用化接口，如各种图形项的工具包，例如，扣钮、位图、文本框和测量仪表等；这种动态图形接口能够允许用户观察与控制专家系统的运行，如图4.11所示。

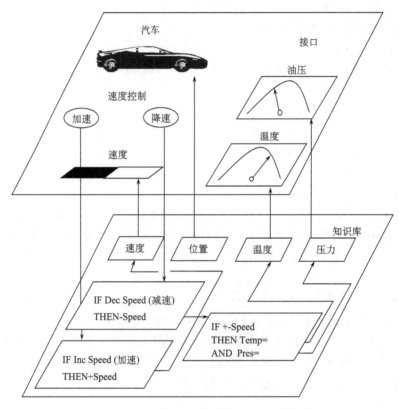

图 4.11　汽车控制专家系统的接口与知识库

图4.11表示出用于汽车控制专家系统的接口和知识库。接口包含几个连接至知识库不同部分的图形对象如"油压"（Oil Pressure）表、"温度"（Temperature）表和"速度控制"（Speed）测量仪等来显示知识库内各种当前值。该汽车控制接口图是一幅位图，其在屏幕上的位置是由"位置"值控制的。两个"位置控制"（Speed Control）按钮允许用户控制汽车的速度：

　　IF　　　　　Inc Speed
　THEN　　　Speed ＝ Speed ＋ 5
　　AND　　　Speed increase

当用户按"Inc"（增速）按钮时，允许这条规则为真而激活；这个作用引起"速度"（Speed）值和"速度"测量仪值都得到提高。这条规则的激活也引起下列规则被激活：

　　IF　　　　　Speed increase

```
THEN        Temperature ＝( Speed  ＊2)＋ 200
AND         Oil pressure ＝( Speed  ＊0.5)＋ 40
```

上述规则的激活又引起接口温度和油压读数的相应更新。汽车在屏幕上的移动是由"位置"(Position)值的变化控制的。

该汽车控制图是一幅置于接口内的具有相应 X 和 Y 坐标的位图,用于定义位图的 4 个边角。要进行自左至右的运动,可写出一条规则以增大所有边角的 X 坐标值;该规则能够编写为与当前速度成正比。

接口格式

用户受到专家系统接口可视化感知功能的影响。一些接口赏心悦目,另一些则不然;有些易于理解,另一些则难以解释。本节设计的接口,既令人赏心悦目又易于接受。

接口设计的关键在于一致性。对于每个屏幕,相似的素材都应该一致地置于同一位置;例如,问题的位置及其可能回答都应该置于每个屏幕的同一点位上。这种方法允许用户开发某个存在期望信息的智力模型。那种改变屏幕间信息位置的接口可能对用户来讲是令人沮丧和困惑的。

设计建议:把相似类型的信息置于每个屏幕的同一位置。

屏幕内容

在专家系统设计中使用两种接口屏幕:显示屏幕和问题屏幕;每种屏幕含有其需要的特定信息。

显示屏幕

设置显示屏幕的目的在于向用户提供信息。在专家系统中使用的典型的显示屏幕有三种:介绍屏幕、中间结果屏幕和最终显示屏幕。这些屏幕每种都有两个基本部件:文本部分和控制部分;文本部分用于显示屏幕类型具体需要的寻址,而控制部分为用户提供控制系统运行。每部分都可为屏幕包含一个题目或标题。

问题屏幕

问题屏幕用于从用户那里获得关于问题的信息。这些屏幕有三个基本部件:含有问题的文本部分、回答条目部分和控制部分。每部分也可为屏幕包含一个题目或标题。

所编写的问题文本应达到相应的用户水平。一方面,如果用户是个新手,对于领域的专业术语不熟识,那么应当避免使用复杂的技术术语;另一方面,如果用户对问题很熟悉,那么就可以编写包含技术术语的较简短的文本。

可以考虑增加一段小文本以提供某些为什么是这样提问的指示。如对于中间结果屏幕情况,本方法能够让用户及时了解有关系统策略的信息。

用户有两种回答问题的基本方法:菜单选择和文本条目。一般地,菜单方法是更可取的;通常用户通过菜单选择回答是比较容易的,特别当用户使用鼠标时更是如此。这种方法也避免了键入差错或输入不合法的回答。不过,菜单方法需要可能回答的有限集;如果可能的回答条目太多而不适合合理的菜单规模,或者回答无法预测,那么将需要使用文本条目方法。

每个问题屏幕要为用户提供系统"出口"或系统"重启"功能。表 4.8 概括了接口屏幕设计问题和应该加于屏幕的控制功能。

表 4.8　接口屏幕设计建议

接口屏幕		
屏幕	问题	控制
介绍	系统目标 问题讨论 单元需求	启动 出口
中间结果	发现什么 主要理由 要做什么	继续 出口 重启
结论	发现什么 主要理由	出口 重启
问题	用户水平 为何提问 菜单 vs 文本	出口 重启

系统接口

遵循前面提出的建议来开发汽车诊断专家系统的接口。介绍屏幕、中间结果屏幕和最终结论屏幕和设计是明确无误的，将只注重问题屏幕的讨论。除了遵循表 4.8 给出的问题屏幕设计的一般建议外，还应当考虑问题本质的其他观点。正如表 4.6 所示，每个"test"（测试任务）描述一系列执行步骤，而每个"result"（测试结果）描述问题的可能回答。因此，问题屏幕应当含有彼此分开的部分。此外，还可以选择某个阐明测试如何进行的图示功能。应用这些建议和以前的建议，就能够采用图 4.12 所示的屏幕结构作为问题屏幕的设计模板。可以遵循这个模板来设计每个问题屏幕，保持接口的一致性。

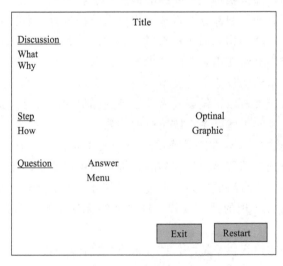

图 4.12　问题屏幕模板

用于设计复杂接口屏幕多数外壳需要为每个屏幕贴上名字标记。例如，可能只把某个屏幕标记为"SCREEN1"或含有更多的屏幕叙述性内容，如"BATTERY TEST"等。当要向用户显示屏幕时，可以与"ASK BATTERY TEST"之类的屏幕名字一起应用某些诸如"DIS-PLAY"或"ASK"的函数。

为了说明问题屏幕的设计和操作，请考虑表4.5中的步骤1.1和前面讨论过的规则2：

Rule 2 Car won't start

    IF   Car problem IS won't start

    THEN   Task is test cranking system

当这条规则激活时，向用户显示某个按照图4.12所示格式对曲柄系统进行测试信息的屏幕。要做到这一步，可加上下列规则：

Rule Step 1.1—Test the cranking system

    IF   Task IS test cranking system

    THEN   ASK cranking system test

这条规则将进一步激活规则2。短语"cranking system test"应是图4.13所示屏幕的名

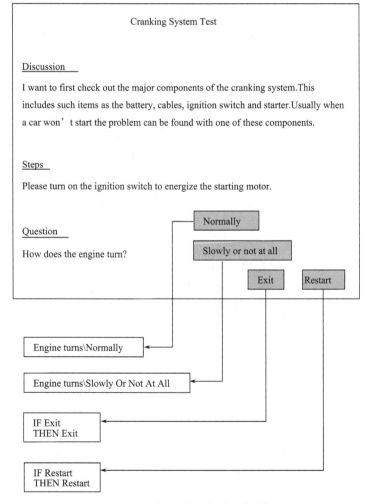

图4.13　曲柄系统测试问题屏幕

字。该屏幕上的每个按钮连接知识库中的一知识模块；例如，按钮"Normally"是与"发动机正常运转"这一事实相联系的。如果用户按下这个按钮，这个事实就送入工作存储器。控制按钮"EXIT"和"RESTART"应与相关规则中的前提相联系，这些规则的激活会引起适当的系统响应。

任务7　扩展系统

小的规则集成功测试之后，下一个任务是扩展系统的知识。就本系统而言，这意味着要开发表 4.6 中步骤 2.1 之外的其他规则。扩展还应包括各种接口屏幕的设计和显示这些屏幕的规则的设计。这些规则涉及 START"WILL NOT START"RULES, TEST DISPLAY RULES, TEST CRANKING SYSTEM—STEP 1.1 RULES, TEST BATTERY CON-NECTION—STEP 2.1 RULES, TEST BATTERY—STEP 2.2 RULES, TEST STARTER—STEP 2.3 RULES, STARTER BENCH TEST—STEP 2.4 RULES, OVERRIDE SWITCH TEST—STEP 2.5 RULES, ENGINE MOVEMENT TEST—STEP 2.6 RULES 和 IGNITION SWITCH TEST—STEP 2.7 RULES 等，都是原型系统必需的规则。有了这些扩展产生的规则，系统就具有原型机形式，为下一步的评估做好准备。

任务8　评价系统

测试任务是原型系统实际测试所关心的问题。可以汽车故障和维修手册作为知识源。限于篇幅，这里不准备介绍专家系统的评价问题；不过，本书第 9 章将比较详细地讨论专家系统的评价问题。

4.7　基于规则专家系统的设计示例

迄今为止，专家系统尚缺乏统一的理论来指导系统的设计与建造。随着应用范围的不同，专家系统所采用的方法可能有很大差别。例如，DENTRAL 系统是个协助化学家分析有机化合物结构的专家系统，它采用扩展的产生与试验方法。R1 是 DEC 公司用于设计计算机配置的专家系统，它采用与 4.2 介绍的 BAGGER 系统相似的综合产生式系统的方法。HEARSAY-Ⅱ是语音理解专家系统，它把理解语音所需的各种知识组织为相互作用的模块——知识源；各种知识源通过总数据库——黑板而相互联系。MYCIN 是用于医疗诊断咨询的基于规则专家系统。为了处理事实和规则的不确定性，MYCIN 系统采用非精确推理。专家系统是很复杂的程序系统，很难在不大的篇幅内详细和全面地介绍。本节仅以 MYCIN 系统为例，着重介绍该基于规则专家系统的用途、主要结构、知识表示方法、推理方法和大致工作过程等，以期对专家系统有更深入的了解。

4.7.1　MYCIN 概述

如前所述，MYCIN 系统是由斯坦福(Stanford)大学建立的对细菌感染疾病的诊断和治疗提供咨询的计算机咨询专家系统。医生向系统输入患者信息，MYCIN 系统对之进行诊断，并提出处方。

细菌传感疾病专家在对病情诊断和提出处方时，大致遵循下列四个步骤：

(1) 确定患者是否有重要的病菌感染需要治疗。先要判断所发现的细菌是否引起疾病。

(2) 确定疾病可能是由哪种病菌引起的。

(3) 判断哪些药物对抑制这种病菌可能有效。

（4）根据患者的情况，选择最适合的药物。

这样的决策过程很复杂，主要靠医生的临床经验和判断。MYCIN系统试图用产生式规则的形式体现专家的判断知识，以模仿专家的推理过程。系统通过和内科医生之间的对话收集关于患者的基本情况，如临床情况、症状、病历以及详细的实验室观测数据等。系统首先询问一些基本情况。内科医生在回答询问时所输入的信息被用于做出诊断。诊断过程中如需要进一步的信息，系统就会进一步询问医生。一旦可以做出合理的诊断，MYCIN就列出可能的处方，然后在与医生作进一步对话的基础上选择适合于患者的处方。

在诊断引起疾病的细菌类别时，取自患者的血液和尿等样品，在适当的介质中培养，可以取得某些关于细菌生长的迹象。但要完全确定细菌的类别经常需要24～48h或更长的时间。在许多情况下，患者的病情不允许等待这样长的时间。因此，医生经常需要在信息不完全或不十分准确的情况下，决定患者是否需要治疗，如果需要治疗的话，应选择什么样的处方。因此，MYCIN系统的重要特性之一是以不确定和不完全的信息进行推理。

为使内科医生乐于使用这个系统，MYCIN具有以下特性：系统可以用英语和使用者进行对话，所以未经专门训练，医生就可以使用这个系统。系统具有解释能力，可以解答使用者提出的问题，帮助使用者理解MYCIN是如何做出决策的。系统便于使用，它可以识别同义字，可以处理输入时单词的拼法错误等。

MYCIN系统由三个子系统组成：咨询子系统、解释子系统和规则获取子系统，如图4.14所示。系统所有信息都存放在两个数据库中：

（1）静态数据库用于存放咨询过程中使用的所有规则，因此，它实际上是专家系统的知识库。

（2）动态数据库用于存放关于患者的信息以及到目前为止咨询中系统所询问的问题。每次咨询，动态数据都要重建一次。

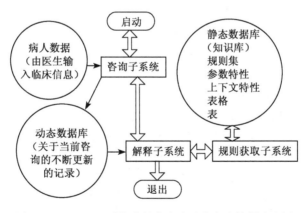

图4.14　MYCIN系统中的信息流及信息流控制流程图

咨询开始时，先启动咨询系统，进入人-机对话状态。在对话过程中，系统向用户提出必要的问题，进行推理。所询问的问题取决于用户以前所作的回答。系统只在根据已有的信息无法推论所需的信息时才询问。如果医生对咨询的某些部分有疑问，例如，想知道为什么要向用户询问某个特定的问题，他可暂停咨询，向系统提出问题。这时系统将给予解释，并示范系统所希望回答的例子。然后系统又重新返回到咨询过程。

当结束咨询时，系统自动地转入解释子系统。解释子系统回答用户的问题，并解释推理过程。解释时，系统显示用英语形式表示的规则，并说明为什么需要某种信息，以及如何得到某个结论。这样做的主要目的是使医生容易接受系统的结论。

规则获取系统只由建立系统的知识工程师所使用。当发现有规则被遗漏或不完善时，知识工程师可以利用这个系统来增加和修改规则。

MYCIN 系统是用 INTERLISP 语言编写的。初始的系统包含有 200 条关于细菌血症的规则，可以识别大概 50 种细菌。以后该系统又经过了扩展和改进，使其可以诊断和治疗脑膜炎。同时又有人以 MYCIN 的控制机构和数据结构为基础发展了和应用范围无关的系统，称之为 EMYCIN(Essential MYCIN)，即专家系统开发工具。

对 MYCIN 系统所作的正式鉴定表明在对细菌血症和脑膜炎患者的诊断和选择处方方面，MYCIN 系统比传染病方面的专家高明。但到目前为止，系统还不能用于临床，其主要原因是系统缺乏传染病方面的全面知识。

4.7.2 咨询子系统

在咨询过程中，MYCIN 逐步建立为得出结论所必需的信息，这些信息有关于患者的一般情况、培植的培养物、从培养物中分离的细菌以及已服用的药物等。这些信息分别归类到相应的项目中去，这些项目称为上下文。MYCIN 系统中共有 10 种上下文：

CURCULS	正在从中分离细菌的培养物
CURDRGS	目前从培养物中分离出的细菌
OPDRGS	在最近治疗过程中患者已服用的抗生素药物
OPERS	患者正在接受的治疗
PERSON	患者状况
POSSTHER	正在考虑的处方
PRIORCULS	以前取得的培养物
PRIORDRGS	患者以前服过的抗生素
PRIORORGS	以前分离的细菌

在咨询过程中，在上述这些上下文类型中，填入患者的具体情况，称为上下文例示。所得到的结果以分层结构的形式组织成上下文树的数据结构。图 4.15 为上下文树例子。

图 4.15 中，上下文树表示患者-1 过去已经取得了培养物-3。上下文树中的节点为上下文例示。括弧中所示为相应的上下文类型。从此培养物中得到细菌-3、细菌-4。其中对细菌-

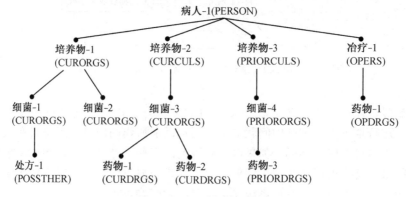

图 4.15 上下文树的例子

4 使用过药物-3。目前得到两种培养物：培养物-1、培养物-2。从中分别得到细菌-1 和细菌-2。针对细菌-2 使用了药物-1 和药物-2。最近患者正在使用药物-4 进行治疗-1。这种信息或通过询问医生，或由系统本身推理得到。

每种上下文类型都由一组临床参数来描述。例如，描述 PERSON 上下文的参数称为 PROPPT，其中包括 NAME、AGE 和 SEX，分别表示姓名、年龄和性别。描述 CURCULS 的参数称为 PROP-CUL，其中包括 SITE 参数，表示培养物取自的部位。描述 CURDRGS 的参数为 PROD-GRG，其中包括 IDENT 参数，表示细菌的类别。寻找参数的值称之为跟踪这个参数。归根到底 MYCIN 最关心的是跟踪特征参数 REGIMEN 的值。因为特征参数 REGIMEN 代表对患者所研究的建议处方。REGIMEN 属于用于描述上下文 PERSON 的参数 PROP-PT。虽然某些参数如 NAME、AGE、SEX 是由用户提供的，但大部分参数包括 REGIMEN 只能由 MYCIN 利用规则推论出来。

MYCIN 应用产生式规则，把专家知识表示成 IF（条件或前提）和 THEN（操作或结论）的形式。对许多临床参数，MYCIN 通常不止计算一个肯定的值而是计算几个可能的值。每一个值都带有一个可信度。这是一个从−1 到+1 的数，用来表示这个临床参数的可信程度。可信度等于 1 表示这个参数肯定是这个值，可信度为−1 表示这个参数肯定不是这个值。可信度或是通过计算得到或是由医生输入。每条规则同时具有内部形式和外部英语形式。在内部形式中，规则的前提和操作部分都以 LISP 中的表结构形式保存。以下所示为这类规则的两种形式的例子。

规则 047

（1）内部形式。

```
PREMISE:
        (&AND(SAME CNTXT SITE BLOOD)
            (NOTDEFINITE CNTXT IDENT)
            (SAME CNTXT STAIN GRAMNEG)
            (SAME CNTXT MORPH ROD)
            (SAME CNTXT BURN T))
ACTION:
        (CONCLUDE CNTXT IDENT PSEUDOMONAS TALLY 0.4)
```

（2）英语形式（译成汉语）。

如果　　培养物的部位是血液

　　　　细菌的类别确实不知道

　　　　细菌的染色是革兰氏阴性

　　　　细菌的外形是杆状

　　　　患者被严重地烧伤

那么　　以不太充分的证据（可信度 0.4）说明细菌的类别是假单菌

MYCIN 系统使用逆向推理的控制策略。在程序的任何一点，程序的目标都是寻找某一上下文的参数，也就是跟踪这个参数。跟踪的方法是调用所有在其操作部分得出这个参数的规则。开始咨询时，首先把上下文树的根节点具体化为患者-1。然后试图找出这个上下文类型的 REGIMEN 参数。在 MYCIN 中只有一条规则可以推论出 REGIMEN 的值，这条规则称之为目标规则。为了求得 REGIMEN 的值，系统需要跟踪目标规则的前提部分所涉及的参数。医生很可能也不知道这些值，所以要应用可推论出这些值的规则。然后，又跟踪这些规则的前提部分中的参数。这样跟踪下去，直到通过医生的回答和推论可找到所需的参数为止。

4.7.3 静态数据库

MYCIN 有一个静态数据库包括所有的产生式规则以及所有的咨询程序所需的信息。每一类上下文、规则、参数都有若干特性来充分地描述它们。这些特性都储存在静态数据库中。这样的静态数据库也就是专家系统的知识库。

1. 规则的特性

每个规则都有以下四个存储在静态数据库中的特性：

（1）PREMISE：规则的前提部分。

（2）ACTION：规则的操作部分。

（3）CATEGORY：规则按上下文类进行分类，每条规则只能用于某几个上下文类，这样可以便于调用。

（4）SELFREF：规则是否是自我引用，如是自我引用则为 1，反之则为 0。

系统中的规则，如前面所介绍的规则 047，可以用对象–属性–值的三元组的形式存于知识库中，如表 4.9 所示。

表 4.9　对象–属性–值三元组形式的规则 047

对象	属性	值
规则 047	PREMISE	（$ AND(SAME CNTXT SITE BLOOD)
		（NOTDEFINITE CNTXT IDENT)
		（SAME CNTXT STAIN GRAMNEG)
		（SAME CNTXT MORPH ROD)
		（SAME CNTXT BURN T))
规则 047	ACTION	（CONCLUDE CNTXT IDENT PSEUDOMON AS TALLY 0.4)

对象–属性–值三元组在 MYCIN 系统中以 LISP 语言中的特性表方法来实现。

2. 参数的属性

每种类型的上下文都有一组有关的临床参数，或简称参数。这些参数可以用于这种类型的所有上下文，但如上下文的类型不同，相应的参数也随之不同。例如，相应于 PERSON 上下文类型的参数组是 PROP-PT。PROP-PT 中包括 NAME、AGE 和 SEX，也就是患者的姓名、年龄和性别。而 CURCULS 和 CURORGS 上下文类型的参数组分别为 PROP-CUL 和 PROP-ORG。PROP-CUL 中包括参数 SITE，即培养物取自的部位。PROP-ORG 中包括参数 IDENT，即细菌的类别。

按照所能取的值的类型参数还可以分成单值、是非值和多值三种。有的参数如患者的姓名、细菌类别等，可以有许多可能的取值，但各个值互不相容，所以只能取其中一个值，因此属于单值。是非值是单值的一种特殊情形，这时参数限于取"是"或"非"中的一种，例如，药物的剂量是否够，细菌是否重要等。多值参数是那些同时可取多于一个值的参数，例如，患者的药物过敏，传染的途径等参数。

对每个参数，在静态知识库中又各存有一组属性，以便被咨询和解释程序所调用。

MEMBEROF——相应的参数组的名称（如 PROP-CUL）；

VALUTYPE——参数的类型（单值、是非值、多值）；

EXPECT——所期望的参数取值范围；

若是（YN），则参数是"是非"参数；

若是（NUMB），则所期望的参数值是数字；

若是（ONE OF〈list〉），则参数值应是〈list〉的元素；

若是（ANY），则对参数取值没有限制。

PROMPT 当 MYCIN 需要一个单值或"是非"值参数时询问用户的问句，例如，（Enter the identity（genus）of ＊:）当询问这个问题时，上述表就显示出来，并且其中带＊号的部分用有关上下文名称所代替，如 ORGANISM-3。

PROMPTI 当 MYCIN 需要多值参数时询问用户的问句，例如，ALLERGIES 参数的 PROMPI 值是（is the patient allergic（VALU）?），当需要检验 ALLERGIES 参数的值是否满足规则的前提部分中条件如（SAME CNTXT ALLERGIES PENICILLIN）时，系统就显示出 PROMPTI 的内容，并且把 VALU 替代为 PENICILLIN（青霉素）。

LABDATA 若该特性为真时，则说明此参数是原始参数，应由用户提供：

（1）LOOKAHEAD 在它的前提中引用该参数的所有规则。

（2）UPDATED-BY 能更新这个参数值的所有规则。

（3）CONTAINED-IN 在操作部分引用此参数，但并不改变其值的所有规则。

（4）TRANS 这个特性用于把参数译成英语形式，以便进行解释。

（5）CONDITION 是 LISP 表达式，向用户提问之前对它求值，若为真，则不提问。

例如，如果不知道细菌的类别，则就不应向用户询问它所属的子类别。

对某一参数来说，知识库不一定储以上所有的特性。例如，如果参数没有 PROMPT（或 PROMPTI）特性，则 MYCIN 认为这个参数不能向用户询问；如果没有 UPDATED-BY 特性，则认为这个参数不能被推论出来；如果没有储存 LABDATA，则认为这个参数为假等。表 4.10 所示为以对象-属性-值三元组形式储存在静态数据库中的参数 BURN 的特性。

表 4.10 以对象-属性-值三元组形式储存在静态数据库中的参数 BURN 的特性

对象（参数）	属性（特性）	值
BURN	MEMBEROF	PROP-PT
BURN	VALUTYPE	BINARY
BURN	EXPECT	（YN）
BURN	PROMPT	（is ＊ a burn patient?）
BURN	LABDATA	1
BURN	LOOKAHEAD	（RULE047）
BURN	TRNAS	（ ＊ has been seriously burned）

3. 函数

1）用于前提部分的简单函数

MYCIN 在它的规则前提部分，应用许多简单函数，这些函数对动态数据库中的关于患者的数值求值，并回答一个真值。当对一个子句求值时，MYCIN首先检验在子句中所涉及的参数是否已经被跟踪过。如果没有，那么，或者向用户提问，或者推论它的值。然后，系统把函数用于合适的患者数据三元组。以下粗略地叙述在规则的前提子句中所用的简单函数。

(1) 函数 KNOWN、NOTKNOWN、DEFINITE 和 NOTDEFINITE 所表示的不是参数的实际值，而是这个参数是否已知。例如，当且仅当以大于 0.2 的可信度已知细菌类别时（或更为准确地说，在动态数据库中该参数的任何一个可能取值的可信度大于 0.2），函数 KNOWN 是真。如果函数 KNOWN 是假，那么 NOTKNOWN 是真，反之亦然。又如，当且仅当确定地知道细菌（ORGANISM-2）类别时，（DEFINITE ORGANISM-2 IDENT）才为真。当 DEFINITE 为假时，NOTDEFINITE 为真，反之亦然。

(2) 函数 SAME 和 THOUGHTNOT 都可以回答假或数值，而且回答数值表示真。例如，子句（SAME ORGANISM-2 STAIN GRAMNEG）检验 ORGANISM-2 的 STAIN 特性值为 GRAMNEG 的可信度是否大于 0.2。如果大于 0.2，那么子句就被认为是真，并且回答可信度的值；如果小于 0.2，那么回答假。

如果 CULTURE-1 的 SITE 特性的值为 BLOOD 的可信度小于 0.2，那么（THOUGHTNOT CULTURE-1 SITE BLOOD）子句是真；否则是假。如果子句是真，则回答该可信度的求反。

(3) 函数 NOTSAME、MIGHTBE、NOTKNOWN、DEFIS、NOTDEFIS、DEFNOT 都涉及有关参数的特性是真时的可信度，并且都回答真值。例如，如果 ORGANISM-2 的 STAIN 参数值确定是 GRAMNEG，那么（DEFIS ORGANISM-2 STAIN GRAMNEG）是真，否则是假。第二和第三类的函数都可以取一个表，而不只是单个值作为它们的第三个变量。例如，〔SAME CULTURE-2 SITE (LISTOF STERILESITES)〕将从动态数据库检索 CULTURE-2 的 SITE 特性的所有可能的取值，但不取那些不出现在 STERILESITES 表上的值。选取表上值的最大可信度用于 SAME 函数的求值。

(4) 用于数字值参数的函数。这类函数回答真值。例如，如果患者的年龄超过 13，那么（GRETERP PATIENT-1 AGE 13）为真，否则为假。用函数 LESSP、GREATEQ 和 LESSEQ 可对其他算术关系求值。

2）专门函数

MYCIN 具有可以查找静态数据库中的知识表的专门函数。这些函数建立可被规则的前提（或操作子句中的其他函数）利用的临时数据结构。例如，（SAME CNTXT IDENT (LISTOF(GRID1(VAL1 CNTXT PORTAL)PATHFLORA)))是一个含有专门函数 GRID1 的子句。GRID1 有两个变量：一个是参数，另一个是知识表的名称。这时，参数是由计算得到的，即（VAL1 CNTXT PORTAL）从动态数据库为 CNTXT（某种细菌）的入口检索可信度最高的值。这个值用来对知识表 PATHFLORA 进行检索。这个知识表包含 MYCIN 系统所已知的、在每个部位可能发现的病原体表。其结果是一个细菌类别表，这个表作为第三个变量的 SAME 函数可引用这个表。

3）用于操作部分的函数

用于操作部分的函数有好几种，其中最常用的是 CONCLUDE。CONCLUDE 把患者数据三元组连同可信度存入动态数据库，这个可信度是根据前提的可信度以及规则的可信度计算而得到的。如果由于以前的结论，这个三元组已经存在，那么原来的可信度就和新的可信

度组合起来。CONCLUDE 函数有 5 个变量。某一规则的操作部分可能是

(CONCLUDE ORGANISM-2 IDENT SALMONELLA TALLY 0.4)

第三个变量总是 TALLY，它用于保持前提的可信度。第 5 个变量是规则的可信度，它表示专家对结论的相信程度。例如，在某一特定情况下 TALLY 是 0.8，那么在新的三元组中 ORGANISM-2 的 IDENT 参数值为 SAMONELLA 的可信度应为 $0.8 \times 0.4 = 0.32$。

4. 上下文的特性

MYCIN 中每种上下文有 10 种特性储存在静态数据库。每当一个上下文被例示时，就要用到这些特性。这些特性也用于检验一个规则是否可用于合适的上下文：

（1）ASSOCWITH 父辈节点的上下文类型。每一种上下文只可能是另一种类型的上下文的直接后代。例如，CURORGS 的 ASSOCWITH 特性是 CURCULS。这表示 CURORGS 类型的上下文只能例示为 CURCULS 类型上下文的后代。

（2）TYPE 这种类型上下文的词干，如 CURORGS 的 TYPE 特性是 ORGANISM。

（3）PROPTYPE 参数的分类。这相应于上下文的类型，如 PROP-PT 用于 PERSON 类型。

（4）SUBJECT 可用于这类上下文的规则分类表。如（PATRULES）表适用于 PERSON 类型上下文。

（5）MAINPROPS 是一个参数表。每当这种类型的上下文被例示时，就立即跟踪此表中的参数。

（6）TRANS 由解释程序翻译成英语。

（7）SYN 用于在参数的 PROMP 特性中代替星号，以便构成向用户提出的询问。

（8）PROMPT1 是一个问号，可询问是否已有这种类型的上下文。

（9）PROMPT2 在第一次建立这种类型的上下文以后，PROMPT2 给出一个问句以询问是否另有同一类型的上下文。如果回答是肯定的，那么这另外的上下文类型被例示，并重复询问这个问题。

（10）PROMPT3 如果对某种上下文类型来说必须至少有另一个上下文与之对应（如 CURCULS 和 CURDRGS 相对应），那么就用 PROMPT3 代替 PROMPT1。PROMPT3 是一个语句（不是询问）。在例示第一个这种类型的上下文以前，首先显示这个语句。除了 PROMPT1 和 PROMPT3 以外，通常每个上下文要求所有的特性。对任何上下文类型来说，PROMPT1 和 PROMPT3 中只有一个是适用的。

5. 其他静态数据

静态数据库中还存有其他的静态数据，其中有表和图表，它们可被规则所引用。例如，所有 MYCIN 已知的细菌类别表、无菌部位表、非无菌部位表。这些表主要用于避免多余的数据储存。例如，MYCIN 的许多规则包括如下的子句：(SAME CNTXT SITE (LISTOF STERILESITES))。函数 LISTOF 从静态数据库检索 STERILESITES 表。此表可作为 SAME 函数的第三个变量。这就避免了每次使用时都要直接给出表中的元素。

图表包括每种 MYCIN 已知的细菌的染色特性、外形和需氧性表，以及 MYCIN 所已知的培养物部位正常的寄生菌表格。

4.7.4 动态数据库

每次咨询,动态数据库都要重新建立一次。动态数据库包括以下数据,这些数据都可认为是以对象-属性-值的三元组的形式储存的。

(1) 患者数据:由医生提供的或由程序推论得到的参数值。

(2) 动态数据:有关数据获取的详细记录,主要用于解释。

(3) 上下文类型的特性:例示上下文时要用这些特性。

(4) 关于正在建立的上下文树的特性。

以下分别介绍这些数据。

1. 患者数据

表 4.11 所示为以图表形式存储在患者数据库中的关于患者的数据。患者数据库是指动态数据库中的患者数据部分。

表 4.11

对象(上下文)	属性(参数)	值
PATIENT-1	SEX	((MALE 1.0)) 10
ORGANISN-1	IDENT	((KLEBSIELLA 0.6) (BACILLUS 0.4)) 10
PATIENT-1	ALLERGIES	((PENICILLIN 1.0) (AMPICILLIN 1.0)) 10

表 4.11 中表示值的栏中包括三部分:一个表以及后面的两个整数。这里先介绍表的含义。第一项表示患者 PATIENT-1 的性别,连同这个值的可信度 1.0。第二项表示细菌 OR-GAMSM-1 的类别有两种可能:大肠杆菌和芽孢杆菌,它们的可信度分别为 0.6 和 0.4。SEX 和 IDENT 是单值参数。第三项 ALLERGIES 是多值参数。这时有两种可能的值,每种都有各自独立的可信度。

栏中两个整数的表示值分别为 is-traced 和 being-traced 标志。is-traced 标志用于表示此参数已被跟踪过,以避免此参数被重复跟踪;being-traced 标志用于表示此参数正在跟踪中。因为任何规则可以在它们的前提中引用相同的参数。所以有可能一个被调用的规则要求跟踪正处于跟踪过程中的参数。用 being-traced 参数可检测出这样的推理回路,然后拒绝这个被调用的规则。

2. 动态数据

MYCIN 收集关于咨询过程中数据获取的信息,以便解释程序去回答用户的问题和解释推理。当获得参数值时,就在动态数据库中记录关于参数值是如何获得的信息。如参数值是推理得到的,就保存推理所用的规则。MYCIN 还记录向用户询问的问题,连同所得的回答以及提问的次序。这样,用户可以组合他们以前作的回答,而无须从头开始重新咨询。

3. 上下文的性质

在例示上下文的过程中需要应用 PROMPT1(或 PROMPT3)和 PROMPT2。为此需要记录 PROMPT1 问句(或 PROMPT3 语句)是否已经用过,或使用者是否已经表示没有更多的这种类型的上下文。在动态数据库中设有 ASKABLE 和 PASKED 两个标志，以表示上述信息。例如，当 ASKABLE 是 1 以及 PASKED 为 0 时表示这种类型的上下文还没有被例示过。用过 PROMPT1 或 PPOMPT3 以后，PASKED 就设为 1。当这两个标志都为 1 时，表示应使用 PROMPT2 去询问是否有另一个这种类型的上下文。

4. 关于上下文树的信息

当在咨询过程中建立上下文树时，关于上下文树的连接信息保存在动态数据库中，每种上下文存有下述 3 种特性的值：

(1) CTTYPE 相应的上下文类型。

(2) PARENT 父辈节点的名称(如是根节点，则是 NIL)。

(3) DESCENDANTSOF 直接后代的名称表。

在动态数据库中可能包括如表 4.12 所示的三元组。

表 4.12 动态数据库中可能的三元组

对象	属性	值
PATIENT-1	CTTYPEPER	SON
PATIENT-1	PARENT	NIL
PATIENT-1	DESCEDANTSOF	(CULTURE-1 CULTURE-2)
CULTURE-1	CTTYPECURCULS	
CULTURE-1	PARENT	PATIENT-1
CULTURE-1	DESCEDANTSOF	(ORGANISM-1 ORGAMISM-2)

4.7.5 非精确推理

已经介绍过推理过程中的不确定性，本节将介绍 MYCIN 系统中为处理关于证据和规则的不确定性所用的非精确推理方法。

MYCIN 在咨询过程中利用可信度而不是正规的统计量作为在几种可能性中进行选择的量度。这是因为根据医生临床经验，医生用以诊断的信息并不适合于正规统计方法，而可信度的概念似乎更符合医生进行推理的方式。可信度的概念如下所述：

所有在 MYCIN 系统中所研究的假设和断言都附有两个数 MB 和 MD，用于量度人们主观上对它们的相信和不相信程度。

MB$[h, e]=x$，表示由于观察到证据 e，对假设 h 的相信程度增加了 x。

MD$[h, e]=y$，表示由于观察到证据 e，对假设 h 的相信程度减少了 y。

因为证据 e 本身可能也是一个假设，所以上述符号又可写成 MB$[h_1, h_2]$，MD$[h_1, h_2]$，分别表示当假设 h_2 成立时 h_1 相信程度的增加量和 h_1 不相信程度的增加量。

例如，MYCIN 中的某条规则规定如果 $e=$"细菌是正在以链状生长的革兰氏阳性球菌"，那么，$h=$"该细菌是链球菌"。根据专家的经验 MB$[h, e]=0.7$，这表示如果 e 所规定的条件得到满足的话，对假设 h 增加的相信程度。而 MD$[h, e]=0$，这表示根据 e，专家没有理由增加对 h 的不相信程度。

根据主观概率理论，专家的先验概率 $P(h)$ 反映专家在不出现证据的条件时相信假设 h

的程度即 $P(h \mid o)$，因此 $1-P(h)$ 可认为是在此条件下专家不相信此假设成立的程度。如果 $P(h \mid e)$ 大于 $P(h)$，说明证据 e 的出现使专家相信 h 成立的可能性增加了，或者说不相信 h 成立的可能性减少了。所以不相信程度相对减少的值为

$$\frac{P(h \mid e)-P(h)}{1-P(h)} \tag{4.1}$$

以此值作为观察到证据 e 以后对假设 h 相信程度增加的量度，称为 $\mathrm{MB}[h, e]$。

相反，如果 $P(h \mid e)<P(h)$，说明证据 e 出现后，对假设 h 成立的相信程度减少了，换句话说，对 h 成立的不相信程度增加了，相信程度的相对减少的值为

$$\frac{P(h)-P(h \mid e)}{P(h)} \tag{4.2}$$

以此值作为因证据 e 出现而引起的对 h 的不相信程度增加的量度，称为 $\mathrm{MD}[h, e]$。

因为一项证据或者对某个假设的成立有利，或对此不利，两者不能同时存在，所以当 $\mathrm{MB}[h, e]>0$ 时，$\mathrm{MD}[h, e]=0$，反之亦然。如果证据 e 和假设 h 无关，那么 $\mathrm{MB}[h, e]$，$\mathrm{MD}[h, e]$ 都为零。

最后把 $\mathrm{MB}[h, e]$ 和 $\mathrm{MD}[h, e]$ 用条件概率和先验概率表示为

$$\mathrm{MB}[h, e]=\begin{cases} 1, & \text{若 } P(h)=1 \\ \dfrac{\max[P(h \mid e), P(h)]-P(h)}{\max[1, 0]-P(h)}, & \text{其他} \end{cases} \tag{4.3}$$

$$\mathrm{MD}[h, e]=\begin{cases} 1, & \text{若 } P(h)=0 \\ \dfrac{\min[P(h \mid e), P(h)]-P(h)}{\min[1, 0]-P(h)}, & \text{其他} \end{cases} \tag{4.4}$$

把 MB 和 MD 合为一个，定义可信度 CF 如下：

$$\mathrm{CF}[h, e]=\mathrm{MB}[h, e]-\mathrm{MD}[h, e]$$

可信度是一个把相信和不相信程度组合成一个数的人为系数，当有几种可能的假设时，为了方便地比较它们的证据的强度，需要这样的系数。

由于 MB 和 MD 的值在 0 和 1 之间，所以 CF 的值在 -1 和 $+1$ 之间。如果 CF 大于零，这表示系统相信的假设成立，如果 CF 小于零，表示反对这个假设的证据更多一些，所以系统相信假设不成立。

以下研究如何把几个证据组合起来确定一个假设的可信度。同时给定两个观察 s_1 和 s_2 时，对一个假设的相信和不相信程度的量度可以用下式计算：

$$\mathrm{MB}[h, s_1 \& s_2]=\begin{cases} 0, & \text{若 } \mathrm{MD}[h, s_1 \& s_2]=1 \\ \mathrm{MB}[h, s_1]+\mathrm{MB}[h, s_2] \times (1-\mathrm{MB}[h, s_1]), & \text{其他} \end{cases}$$

$$\tag{4.5}$$

$$\mathrm{MD}[h, s_1 \& s_2]=\begin{cases} 0, & \text{若 } \mathrm{MB}[h, s_1 \& s_2]=1 \\ \mathrm{MD}[h, s_1]+\mathrm{MD}[h, s_2] \times (1-\mathrm{MD}[h, s_1]), & \text{其他} \end{cases}$$

$$\tag{4.6}$$

对上述公式的一种解释是：如肯定地不相信 h，则对 h 的相信程度是零；否则，给定两个观察时对 h 的相信程度可以是只有一个观察时的相信程度加上由于第二个观察所增加的相信程度。为计算增加的相信程度，首先取 1（可信度）与只有第一个观察时的相信程度之

差。这个差是第二个观察所能增加的相信程度的最大值。所以要按照只有第二个观察时对 h 的相信程度进行调节。对不相信程度的计算公式也可作相似的解释。上述公式应该满足几个要求，其中包括交换律，也就是说计算结果与观察的次序无关。

例如，初始的观察使我们对假设 h 的相信度 MB 为 0.3。因此 $MD[h, s_1] = 0$，和 $CF(h, s_1) = 0.3$。第二个观察以 $MB[h, s_1] = 0.2$ 证实 h，所以

$$MB(h, \ s_1 \& s_2) = 0.3 + 0.2 \times 0.7 = 0.44$$
$$MD(h, \ s_1 \& s_2) = 0$$
$$CF(h, \ s_1 \& s_2) = 0.44$$

由此可以看到，那些不怎么起作用的证据可以递增地积累起来产生较大的可信度。

假设的合取和析取的可信度也可以从 MB 和 MD 的组合来计算，其公式如下：

$$MB[h_1 \& h_2, \ e] = \min(MB[h_1, e], \ MB[h_2, e])$$
$$MB[h_1 \ or \ h_2, \ e] = \max(MB[h_1, e], \ MB[h_2, e])$$

用相似的公式可以计算 MD。

有时因为证据来自经验或是不十分准确的实验数据，所以证据的可信性不十分肯定。这时计算假设的可信度时，要同时考虑证据支持假设的程度以及证据的可信程度。设 $MB'[h, s]$ 表示证据 s 为完全可信时对 h 的相信程度，e 是使我们相信 s 的观察。那么，$MB[h, s] = MB'[h, s] \times \max(0, CF[s, e])$

利用这个公式我们可以把在推理过程的每一步引入的不确定性全部组合起来，产生最后假设的总可信度。虽然在 MYCIN 系统中所用的非精确推理方法可以解决许多不确定性范围内的问题，但还有一些问题需要解决：

(1) 如何把人类所用的术语转换成可信度的数值？例如，"这是很可能的"这样的语句所相应的可信度应是多大？

(2) 如何对不同的人所使用的尺度进行标准化。

(3) 当获得新的证据时，对可信度 CF 所作的修改应该扩展到多远？如果 $CF[h_1, e]$ 只作微小的修改而 h_1 又是与另一个假设有关的证据的一部分，是否 $CF[h_2, e]$ 也应该修改？

如果每一个微小的修改都要扩展到尽可能地远，那么系统可能为此花了许多时间，而对最后的结果影响很少。另一方面，许多细小的变化又有可能积累起来产生显著的影响。这些细小的变化又不应该被忽略。

(4) 如何反馈到数据库以改变规则的可信度的精确性。在 MYCIN 系统中通过对医生解释推理过程，并接受来自医生的修改规则的建议，这个问题得到了部分解决。

尽管有以上这些未解决的问题，但把以规则为基础的系统与非精确推理系统相组合的基本结构可成功地解决某些困难问题。

4.7.6　控制策略

MYCIN 的咨询系统采用逆向推理过程。在咨询开始时，首先例示上下文树中的根节点。根节点属于 PERSON 类型的上下文。例示包括以下三步：

(1) 赋予这个上下文一个名称。

(2) 把这个上下文加到上下文树上去。

(3) 马上跟踪这类上下文的 MAINPROPS 表中的参数。

在根节点的情况下，第一次咨询时所赋的名称是患者-1（PATIENT-1）。PERSON 类型上下文的 MAINPROPS 特性有 NAME、AGE、SEX、PEGIMEN。因此，MYCIN 必须马上按次序跟踪上述四个参数中的每一个。其中，REGIMEN 表示对患者建议的疗法。这是 MYCIN 咨询的最终追求的目标。一旦所有这四个值都已求得，咨询过程就结束。咨询过程按以下步骤进行。

NAME、AGE 和 SEX 都是 LABDATA 参数，所以它们的值是通过向用户询问获得的，并存入动态数据库。以下，系统继续跟踪 REGIMEN 参数。

REGIMEN 不是 LABDATA 参数，因此，系统通过引用目标规则 092 来推论它的值。规则 092 是系统中唯一的在其操作部分中涉及 REGIMEN 参数的规则。它属于 PATRULES，因此可用于 PERSON 类型上下文。这个目标规则体现了传染病专家诊断和开处方时决策过程的四个步骤，具体如下：

规则 092

IF   存在一种病菌需要处理

           某些病菌虽然没有出现在目前的培养物中，但已经注意到它们需要处理

THEN   根据病菌对药物的敏感情况，编制一个可能抑制该病菌的处方表

           从处方表中选择最佳的处方

ELSE   患者不必治疗

在规则前提的第一和第二个子句中，涉及两个参数 TREATFOR 和 COVERFOR。这两个参数都是 PROPMPT，并且是"是非"型的。对这两个参数求值，就引起了很长的咨询过程。TREATFOR 表示需要处理的细菌，它不是 LABDATA 参数，所以系统试图引用所有的在这个参数的 UPDATED-BY 特性中所列出的规则来推论它的值。为简单起见，假设这些规则中的第一个是规则 090。

规则 090

IF   已知细菌的类别

           存在和这种细菌的出现有关的显著的病症

THEN   肯定存在一种需要处理的细菌（可信度 1.0）

这是一条 CURORGRULE 规则。通过检查它的 CATEGORY 特性知道，它只能用于 CURORGS 类型的上下文。当前所研究的 PATIENT-1 的上下文类型是 PERSON，不是 CURORGS，所以 MYCIN 试图用动态数据库中的上下文树来鉴别 PATIENT-1 的所有的属于 CURORGS 类型的后代。因为到目前为止，还没有 CURORGS 类型的上下文的例示。MYCIN 需要建立这样的例示。这样，就要暂停主要的咨询过程。

程序首先检验 CURORGS 类型上下文是否可能是 PERSON 类型上下文的直接后代，结果发现不行。CURORGS 类型上下文的 ASSOCWITH 特性是 CURCULS。这表明 CURORGS 的父辈上下文类型必须是 CURCULS。相应地，MYCIN 检查是否可能例示 CURCULS 类型的上下文，因为 CURCULS 的 ASSOCWITH 特性是 PERSON。而 PERSON 类型上下文已存在，所以可例示 CURCULS 上下文作为 PATIENT-1 的直接后代。系统就进行这个过程。当例示特定类型的上下文时，MYCIN 利用上下文的 PROMPT1、PROMPT2 和 PROMPT3 特性。

如果有 PROMPT1 特性，这表示对某些咨询而言，所询问的某些上下文不一定是必要的。但如果有 PROMPT3 特性，这表明从相应的父辈节点至少必须有一个这种类型的上下

文。CURCULS 和 CURORGS 都有 PROMPT3 特性，这时 PROMPT 特性的值就作为一个向用户提出的问题。当想要建立第二个相同类型的上下文时，PROMPT2 特性就被显示出来，向用户询问是否还有这种类型的上下文。如果回答是肯定的，那么这个上下文就被例示，接着又询问 PROMPT2 问题，直到回答是否定的为止。

然后，通过动态数据库，把这个上下文类型的 ASKABLE 特性的值改成 0。这说明不能再问这个问题了。在此例子中，通过上述过程把 CURCULS 上下文例示为培养物-1（CULTURE-1）并且继续对培养物-1 的后代依次进行例示，直到用户表示再也没有后代为止。如果培养物-1 有两个后代，它们就被命名为细菌-1（ORGANISM-1）和细菌-2（ORGANISM-2），然后 MYCIN 询问用户是否有第二个 CURCUL。如果有，就例示为培养物-2，再例示它的后代。如果需要，这样的过程可以一直继续下去。

当这个过程结束时，上下文树就可能如图 4.16 所示；图中所示数字表示上下文被例示的次序。

当每个上下文被例示时，它的 MAINPROPS 参数就被跟踪。CURCULS 上下文的 MAINPROPS 是 SITE 和 WHENCUL。这两个参数都是 LABDATA 参数，因此马上要向用户询问。CURORGS 上下文的 MAINPROP 中包含 IDENT、STAIN、

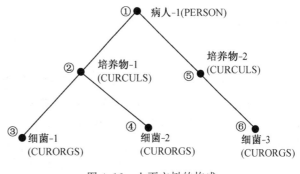

图 4.16　上下文树的构成

MORPH 和 SENSITIVS，这些也都是 LABDATA 参数。但如果已确知 IDENT 的值，那么就不再询问 STAIN 和 MORPH，但要查阅知识表。有个跟踪细菌-1 的 IDENT 参数的过程，共 17 步。在此从略。

概括地说，MYCIN 的控制策略是由目标引导的逆向推理。系统首先引用目标规则以推论 PATIENT-1 的 REGIMEN 参数。为此系统需要跟踪在规则的前提部分中涉及的参数 TREATFOR 和 COVERPOR。跟踪的方法是依次地调用所有可以决定这两个参数的规则。每当这些规则被调用时，MYCIN 通过调用更进一步的规则来跟踪它的前提部分中的参数，产生式系统的 IF-THEN 规则组成了"与或"树。因此，继续跟踪过程就导致了在由规则所组成的"与或"树中的深度优先的搜索过程。与或树的叶节点，就是用户在回答系统询问时所提供的参数值。

4.8　基于规则专家系统的应用实例

4.8.1　机器人规划专家系统

20 多年前我们开始研究用专家系统的技术来进行不同层次的机器人规划和程序设计。本节将结合作者对机器人规划专家系统的研究，介绍基于专家系统的机器人规划。

1. 系统结构和规划机理

机器人规划专家系统就是用专家系统的结构和技术建立起来的机器人规划系统。大多数成功的专家系统都是以基于规则系统（rule-based system）的结构来模仿人类的综合机理的。

在这里，我们也采用基于规则的专家系统来建立机器人规划系统。

基于规划的机器人规划专家系统由五个部分组成，如图 4.17 所示。

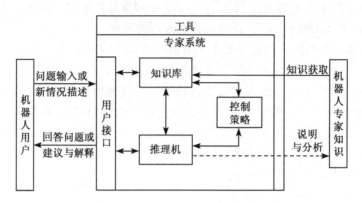

图 4.17　机器人规划专家系统的结构

（1）知识库。用于存储某些特定领域的专家知识和经验，包括机器人工作环境的世界模型、初始状态、物体描述等事实和可行操作或规则等。为了简化结构图，我们把表征系统目前状况的总数据库或称为综合数据库（global database）看作知识库的一部分。一般意义上，正如图 4.17 所示，总数据库（黑板）是专家系统的一个单独组成部分。

（2）控制策略。它包含综合机理，确定系统应当应用什么规则以及采取什么方式去寻找该规则。当使用 PROLOG 语言时，其控制策略为搜索、匹配和回溯（searching, matching and backtracking）。

（3）推理机。用于记忆所采用的规则和控制策略及推理策略。根据知识库的信息，推理机能够使整个机器人规划系统以逻辑方式协调地工作，进行推理，做出决策，寻找出理想的机器人操作序列。有时，把这一部分叫做规划形成器。

（4）知识获取。首先获取某特定域的专家知识。然后用程序设计语言（如 PROLOG 和 LISP 等）把这些知识变换为计算机程序。最后把它们存入知识库待用。

（5）解释与说明。通过用户接口，在专家系统与用户之间进行交互作用（对话），从而使用户能够输入数据、提出问题、知道推理结果以及了解推理过程等。

此外，要建立专家系统，还需要有一定的工具，包括计算机系统或网络、操作系统和程序设计语言以及其他支援软件和硬件。对于本节所研究的机器人规划系统，我们采用 DU-ALVAX11/780 计算机、VM/UNIX 操作系统和 C-PROLOG 编程语言。

当每条规则被采用或某个操作被执行之后，总数据库就要发生变化。基于规则的专家系统的目标就是要通过逐条执行规则及其有关操作来逐步改变总数据库的状况，直到得到一个可接受的数据库（称为目标数据库）为止。把这些相关操作依次集合起来，就形成操作序列，它给出机器人运动所必须遵循的操作及其操作顺序。例如，对于机器人搬运作业。规划序列给出搬运机器人把某个或某些特定零部件或工件从初始位置搬运至目标位置所需要进行的工艺动作。

2. ROPES 机器人规划系统

现在举例说明应用专家系统的机器人规划系统。这是一个不很复杂的例子。我们采用基于规则的系统和 C-PROLOG 程序设计语言来建立这一系统，并称为 ROPES 系统，即 RObot Planning Expert Systems（机器人规划专家系统）。

1）系统简化框图

ROPES 系统的简化框图如图 4.18 所示。

要建立一个专家系统，首先必须仔细并准确地获取专家知识。本系统的专家知识包括来自专家和个人的经验、教科书、手册、论文及其他参考文献的知识。把所获取的专家知识用计算机程序和语句表示后存储在知识库中，推理规则也放在知识库内，这些程序和规则均用 C-PROLOG 语言编制。本系统的主要控制策略为搜索、匹配和回溯。

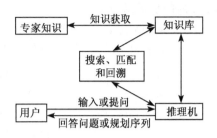

图 4.18　ROPES 系统简化框图

在系统终端的程序操作员（用户），输入初始数据，提出问题，并与推理机对话；然后，从推理机器在终端得到答案和推理结果，即规划序列。

2）世界模型与假设

ROPES 系统含有几个子系统，它们分别用于进行机器人的任务规划、路径规划、搬运作业规划以及寻找机器人无碰撞路径。这里仅以搬运作业规划系统为例来说明本系统的一些具体问题。

图 4.19 表示机器人装配线的世界模型。由图可见，该装配流水线经过 6 个工段（工段 1 至工段 6）。有 6 个门道沟通各有关工段。在装配线旁装设有 10 台装配机器人（机 1 至机 10）和 10 个工作台（台 1 至台 10）。在流水线所在车间两侧的料架上，放置着 10 种待装配零件，它们具有不同的形状、尺寸和重量。此外，还有 1 台流动搬运机器人和 1 部搬运小车。这台机器人能够把所需零件从料架送到指定的工作台上，供装配机器人用于装配。当所搬运的零配件的尺寸较大或较重时，搬运机器人需要用小搬运车来运送它们。我们称这种零部件为"重型"的。

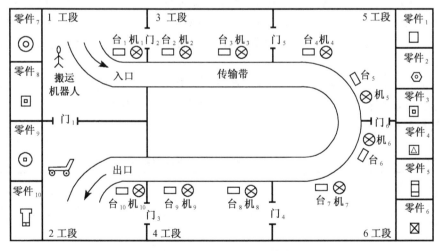

图 4.19　机器人装配线环境模型

为便于表示知识、描述规则和理解规划结果，给出本系统的一些定义如下：

go(A，B)搬运机器人从位置 A 走到位置 B

其中，A＝(areaA，Xa，Ya)：工段 A 内位置(Xa，Ya)；B＝(areaB，Xb，Yb)：工段 B 内位置(Xb，Yb)。Xa，Ya：工段 A 内笛卡儿坐标的水平和垂直坐标米数；Xb，Yb：工段 B 内的坐标米数。

  gothru(A，B)：搬运机器人从位置 A 走过某个门而到达位置 B。

  carry(A，B)：搬运机器人抓住物体从位置 A 送至位置 B。

  carrythru(A，B)：搬运机器人抓住物体从位置 A 经过某个门而到达位置 B。

  move(A，B)：搬运机器人移动小车从位置 A 至位置 B。

  movethru(A，B)：搬运机器人移动小车从位置 A 经过某个门而到达位置 B。

  push(A，B)：搬运机器人用小车把重型零件从位置 A 推至位置 B。

  pushthru(A，B)：搬运机器人用小车把重型零件从位置 A 经过某门推至位置 B。

  loadon(M，N)：搬运机器人把某个重型零件 M 装到小车 N 上。

  unload(M，N)：搬运机器人把某个重零件 M 从小车 N 上卸下。

  transfer(M，cartl，G)：搬运机器人把重型零件 M 从小车 cartl 上卸至目标位置 G 上。

3）规划与执行结果

前已述及，本规划系统是采用基于规则的专家系统和 C-PROLOG 语言来产生规划序列的。本规划系统共使用 15 条规则，每条规则包含两条子规则，因此实际上共使用 30 条规则。把这些规则存入系统的知识库内。这些规则与 C-PROLOG 的可估价谓词(evaluated predicates)一起使用，能够很快得到推理结果。下面对几个系统的规划性能进行比较。

ROPES 系统是用 C-PROLOG 语言在美国普渡大学(Purdue University)普渡工程计算机网络(PECN)上的 DUAL-VAX11/780 计算机和 VM/UNIX(4.2BSD)操作系统上实现的。而 PULP-Ⅰ系统则是用解释 LISP 在普渡大学普渡计算机网络(PCN)的 CDC-6500 计算机上执行的。STRIPS 和 ABSTRIPS 各系统是用部分编译 LISP(不包括垃圾收集)在 PDP-10 计算机上进行求解的。据估计，CDC-6500 计算机的实际平均运算速度要比 PDP-10 快 8 倍。但是，由于 PDP-10 所具有的部分编译和清除垃圾堆的能力，其数据处理速度实际上只比 CDC-6500 稍微慢一点。DUAL-VAX11/780 和 VM/UNIX 系统的运算速度也比 CDC-6500 要慢许多。不过，为了便于比较，在此我们用同样的计算时间单位来处理这四个系统，并对它们进行直接比较。

表 4.13 比较了这四个系统的复杂性，其中，用 PULP-24 系统来代表 ROPES 系统。从表 4.13 可以清楚地看出，ROPES 系统最为复杂，PULP-Ⅰ系统次之，而 STRIPS 和 AB-STRIPS 系统最简单。

表 4.13 各规划系统世界模型的比较

系统名称	物体数目				
	房间	门	箱子	其他	总计
STRIPS	5	4	3	1	13
ABSTRIPS	7	8	3	0	18
PULP-Ⅰ	6	6	5	12	27
PULP-24	6	7	5	15	33

这四个系统的规划速度用曲线表示在图4.20 的对数坐标上，从曲线可知，PULP-Ⅰ的规划速度要比 STRIPS 和 ABSTRIPS 快得多。

表 4.14 仔细地比较了 PULP-Ⅰ 和 ROPES 两系统的规划速度。从图 4.20 和表 4.14 可见，ROPES(PULP-24) 系统的规划速度要比 PULP-Ⅰ系统快得多。

4）结论与讨论

（1）本规划系统是 ROPES 系统的一个子系统，它以 C-PROLOG 为核心语言，于 1985 年在美国普渡大学的 DUAL-VAX11/780 计算机上实现的，并获得良好的规划结果。与 STRIPS、ABSTRIPS 以及 PULP-Ⅰ 相比，本系统具有更好的规划性能和更快的规划速度。

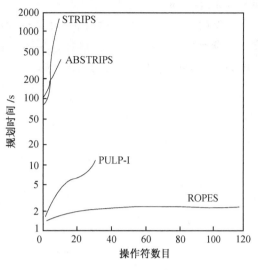

图 4.20　规划速度的比较

表 4.14　规划时间的比较

操作符数　目	CPU 规划时间/s		操作符数　目	CPU 规划时间/s	
	PULP-I	PULP-24		PULP-I	PULP-24
2	1.582	1.571	49	—	2.767
6	2.615	1.717	53	—	2.950
10	4.093	1.850	62	—	3.217
19	6.511	1.967	75	—	3.233
26	6.266	2.150	96	—	3.483
34	12.225	—	117	—	3.517

（2）本系统能够输出某个指定任务的所有可能解答序列，而以前的其他系统只能给出任意一个解。当引入"cut"谓词后，本系统也只输出单一解；它不是"最优"解，而是一个"满意"解。

（3）当涉及某些不确定任务时，规划将变得复杂起来。这时，概率、可信度和(或)模糊理论可被用于表示知识和任务，并求解此类问题。

（4）C-PROLOG 语言对许多规划和决策系统是十分合适和有效的；它比 LISP 更加有效而且简单。在微型机上建立高效率的规划系统应当是研究的一个方向。

（5）当规划系统的操作符数目增大时，本系统的规划时间增加得很少，而 PULP-Ⅰ系统的规划时间却几乎是线性增加的。因此，ROPES 系统特别适用于大规模的规划系统，而 PULP-Ⅰ只能用于具有较少操作符数目的系统。

4.8.2　基于模糊规则的飞机空气动力学特征预测专家系统

下面介绍由 Hossain A 等设计和开发的基于模糊逻辑技术的飞机空气动力学特征预测规

则专家系统[Hossain A 等，2011]。

飞机的空气动力学效率可以通过翼梢设备（wingtip device）加以改进，翼梢设备包括小翼、复杂形状的翼梢和帆等。例如，如图 4.21 所示的椭圆形小翼是由木材设计的，其翼弦长度为 121mm，满足翼弦长度的要求。

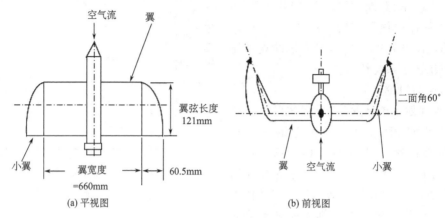

图 4.21 带 60°小翼的飞机模型配置图

和其他优化问题类似，许多软计算方法，如统计学、机器学习、神经网络、模拟退火、遗传算法和模糊数据分析等人工智能方法已广泛应用于各行各业；在飞机工业中设计了许多专家系统用来预测飞机的空气动力学特征。以面积为 1000mm×1000mm、长度为 2500mm 的矩形区域进行亚声速飞机风洞测试，图 4.22 显示了带有椭圆形小翼的飞机模型。

六组分平衡校准仪用来检查制造商所提供的校准矩阵数据，图 4.23 显示了用于校准矩阵验证的校准仪。校准仪上信号读取 L_i 和负载 F_i 之间的关系由以下矩阵方程给出：

$$\{L_i\} = [K_{ij}]\{F_i\} \tag{4.7}$$

其中，$[K_{ij}]$ 表示系数矩阵，$\{L_i\}$ 表示信号矩阵，而 $\{F_i\}$ 表示负载矩阵。

图 4.22 风洞测试时带 60°小翼的飞机模型

图 4.23 风洞测试现场底层的校准器

针对此问题有许多技术可供选择，其中一些技术需要采用相对精确的系统模型来设计令人满意的系统。另一方面，专家系统不需要系统模型，它只需要特定系统的专家知识。所以，使用模糊逻辑专家系统，设计和预测这种飞机模型的空气动力学特征。模糊逻辑的主要优点在于能调节和自适应，从而强化系统的自由度。模糊专家系统的一般配置如图 4.24 所示，主要包括四个部分，即第一部分是模糊化，将输入转化为模糊值；第二部分是模糊规则库，存储各种模糊规则；第三部分是模糊推理机，进行模糊规则匹配和优化搜索；第四部分是去模糊化。

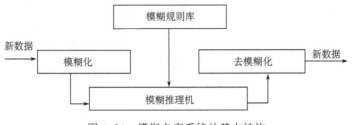

图 4.24　模糊专家系统的基本结构

使用模糊专家系统(fuzzy expert system，FES)将模糊值输入飞机模型时，自由流动速度(free stream velocity，FV)和攻击角度(angle of attack，AA)用作输入参数，提升系数(lift coefficient，C_L)和拖动系数(drag coefficient，C_D)是输出。对于这些因素的模糊化，采用语言变量很低(very low，VL)、低(low，L)、中等(medium，M)、高(high，H)、很高(very high，VH)作为输入和输出。这里，应用重心法于去模糊化，因为假定在规则之间这些因素遵循线性关系。已用因素的单位包括：FV (m/s)、AA (°)、C_L 和 C_D。使用已定义的模糊集，可以将模糊集关联为模糊规则的形式。对于上述两个输入和两个输出，模糊规则如表 4.15 所示。

表 4.15　模糊专家系统的规则库

规则	输入变量		输出变量	
	FV	AA	C_L	C_D
规则 1	VL	VL	VL	VL
规则 2	VL	L	L	L
规则 3	VL	M	M	M
规则 4	VL	H	H	H
规则 5	VL	VH	M	VH
规则 6	L	VL	L	VL
规则 7	L	L	H	L
规则 8	L	M	VH	M
规则 9	L	H	VH	H
规则 10	L	VH	M	VH
规则 11	M	VL	L	L
规则 12	M	L	M	M
规则 13	M	M	M	M
规则 14	M	H	H	H
规则 15	M	VH	L	VH

规则	输入变量		输出变量	
	FV	AA	C_L	C_D
规则 16	H	VL	L	L
规则 17	H	L	L	M
规则 18	H	M	M	M
规则 19	H	H	H	H
规则 20	H	VH	M	VH
规则 21	VH	VL	L	L
规则 22	VH	L	L	M
规则 23	VH	M	L	M
规则 24	VH	H	L	H
规则 25	VH	VH	L	VH

　　使用 Matlab 的 FUZZY 工具箱，建立模糊变量自由流动速度(FV)、攻击角度(AA)、提升系数(C_L)和拖动系数(C_D)的模糊集。其隶属函数分别如图 4.25(a)、(b)、(c)和(d)所示。模糊专家系统 FES 所用的隶属函数值由式(4.8)~式(4.11)计算而来，这些隶属函数能够将数字变量转换为语言词语。从语言词语到输入变量有个隶属程度，这些公式通过测量给出参数值。

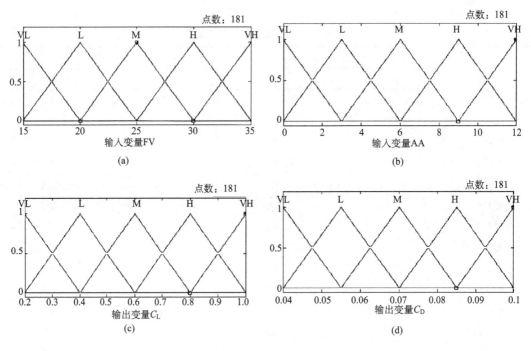

图 4.25　四种隶属函数

$$\mu_{FV}(i_1) = \begin{cases} \mu_{VL}(i_1) = \dfrac{20 - i_1}{5}, & 15 \leqslant i_1 \leqslant 20 \\[2mm] \mu_L(i_1) = \begin{cases} \dfrac{i_1 - 15}{5}, & 15 \leqslant i_1 \leqslant 20 \\[2mm] \dfrac{25 - i_1}{5}, & 20 \leqslant i_1 \leqslant 25 \end{cases} \\[6mm] \mu_M(i_1) = \begin{cases} \dfrac{i_1 - 20}{5}, & 20 \leqslant i_1 \leqslant 25 \\[2mm] \dfrac{30 - i_1}{5}, & 25 \leqslant i_1 \leqslant 30 \end{cases} \\[6mm] \mu_H(i_1) = \begin{cases} \dfrac{i_1 - 25}{5}, & 25 \leqslant i_1 \leqslant 30 \\[2mm] \dfrac{35 - i_1}{5}, & 30 \leqslant i_1 \leqslant 35 \end{cases} \\[6mm] \mu_{VH}(i_1) = \dfrac{i_1 - 30}{5}, & 30 \leqslant i_1 \leqslant 35 \end{cases} \tag{4.8}$$

$$\mu_{AA}(i_2) = \begin{cases} \mu_{VL}(i_2) = \dfrac{3.5 - i_2}{3.5}, & 0 \leqslant i_2 \leqslant 3.5 \\[2mm] \mu_L(i_2) = \begin{cases} \dfrac{i_2}{3.5}, & 0 \leqslant i_2 \leqslant 3.5 \\[2mm] \dfrac{3.5 - i_2}{3.5}, & 3.5 \leqslant i_2 \leqslant 7 \end{cases} \\[6mm] \mu_M(i_2) = \begin{cases} \dfrac{i_2 - 3.5}{3.5}, & 3.5 \leqslant i_2 \leqslant 7 \\[2mm] \dfrac{10.5 - i_2}{3.5}, & 7 \leqslant i_2 \leqslant 10.5 \end{cases} \\[6mm] \mu_H(i_2) = \begin{cases} \dfrac{i_2 - 7}{3.5}, & 7 \leqslant i_2 \leqslant 10.5 \\[2mm] \dfrac{14 - i_2}{3.5}, & 10.5 \leqslant i_2 \leqslant 14 \end{cases} \\[6mm] \mu_{VH}(i_2) = \dfrac{i_2 - 10.5}{3.5}, & 10.5 \leqslant i_2 \leqslant 14 \end{cases} \tag{4.9}$$

$$\mu_{CL}(f_1) = \begin{cases} \mu_{VL}(f_1) = \dfrac{0.4 - f_1}{0.2}, & 0.2 \leqslant f_1 \leqslant 0.4 \\[2mm] \mu_L(f_1) = \begin{cases} \dfrac{f_1 - 0.2}{0.2}, & 0.2 \leqslant f_1 \leqslant 0.4 \\[2mm] \dfrac{0.6 - f_1}{0.2}, & 0.4 \leqslant f_1 \leqslant 0.6 \end{cases} \\[6mm] \mu_M(f_1) = \begin{cases} \dfrac{f_1 - 0.4}{0.2}, & 0.4 \leqslant f_1 \leqslant 0.6 \\[2mm] \dfrac{0.8 - f_1}{0.2}, & 0.6 \leqslant f_1 \leqslant 0.8 \end{cases} \\[6mm] \mu_H(f_1) = \begin{cases} \dfrac{f_1 - 0.6}{0.2}, & 0.6 \leqslant f_1 \leqslant 0.8 \\[2mm] \dfrac{1 - f_1}{0.2}, & 0.8 \leqslant f_1 \leqslant 1.0 \end{cases} \\[6mm] \mu_{VH}(f_1) = \dfrac{f_1 - 0.8}{0.2}, & 0.8 \leqslant f_1 \leqslant 1.0 \end{cases} \tag{4.10}$$

$$\mu_{CD}(f_2) = \begin{cases} \mu_{VL}(f_2) = \dfrac{0.072 - f_2}{0.032}, & 0.04 \leqslant f_2 \leqslant 0.072 \\[2mm] \mu_L(f_2) = \begin{cases} \dfrac{f_2 - 0.04}{0.032}, & 0.04 \leqslant f_2 \leqslant 0.072 \\[2mm] \dfrac{0.104 - f_2}{0.032}, & 0.072 \leqslant f_2 \leqslant 0.104 \end{cases} \\[6mm] \mu_M(f_2) = \begin{cases} \dfrac{f_2 - 0.072}{0.032}, & 0.072 \leqslant f_2 \leqslant 0.104 \\[2mm] \dfrac{0.136 - f_2}{0.032}, & 0.104 \leqslant f_2 \leqslant 0.136 \end{cases} \\[6mm] \mu_H(f_2) = \begin{cases} \dfrac{f_2 - 0.104}{0.032}, & 0.104 \leqslant f_2 \leqslant 0.136 \\[2mm] \dfrac{0.168 - f_2}{0.032}, & 0.104 \leqslant f_2 \leqslant 0.168 \end{cases} \\[6mm] \mu_{VH}(f_2) = \dfrac{f_2 - 0.136}{0.032}, & 0.136 \leqslant f_2 \leqslant 0.168 \end{cases} \tag{4.11}$$

使用两个输入和两个输出，此模糊专家系统的输入-输出映射是一个面。使用 Matlab 画出的模糊控制曲面如图 4.26 所示。这些表示输入量自由流动速度(FV)和攻击角度(AA)以及输出量提升系数(C_L)和拖动系数(C_D)之间的关系实例网格图。

总之，一种基于模糊规则的鲁棒模糊专家系统设计用来预测飞机模型的空气动力学特征，并用实验数据进行了仿真测试，在预测提升系数和拖动系数时显示出优良性能。

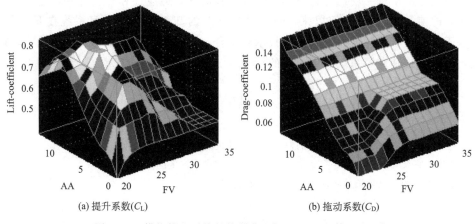

(a) 提升系数(C_L)　　　　　　　　　(b) 拖动系数(C_D)

图 4.26　模糊推理系统的控制曲面［Hossain A 等，2011］

4.9　本章小结

本章研讨了基于规则的专家系统。4.1 节简要讨论了基于规则专家系统发展的历史，以加深对过去几十年专家系统设计的理解。创建今天的基于规则专家系统的能力是过去几十年努力的结果。

4.2 节在介绍产生式系统的基础上阐明了基于规则专家系统的工作模型，分析了基于规则专家系统的结构。基于规则专家系统是由知识库、推理机、工作存储器、用户界面、开发界面和解释器等组成的。基于规则专家系统的开发时间的剧减可能主要归功于外壳的可用性。

4.3 节讨论了基于规则专家系统的优点和缺点。基于规则专家系统是既有优点又有缺点的工具；和其他工具一样，选择适用于问题的工具很重要。

4.4 节以一个基于规则的维修咨询系统的设计为例，说明了基于规则专家系统的设计过程。20 世纪 90 年代转向了面向对象的设计，但是基于规则专家系统继续担当重要角色。

在本章修订过程中，着重加强了基于规则的反向推理专家系统和基于规则的正向推理专家系统的探讨。为此，4.5 节和 4.6 节回顾了反向推理专家系统和正向推理专家系统设计的基本步骤，其设计过程是高度循环的。从专家那里收集到的知识被编码和测试，然后通过与专家的进一步对话得到改进。经过每个循环，专家系统的性能逐步得以改善。除了通过借助设计例子阐明反向推理系统和正向推理系统的一般设计方法外，还提供了几点设计过程中需要考虑的设计建议。还介绍了一个较为复杂的用户接口的设计；说明包含在接口内的图形目标如何用于显示知识库事实和控制事实的状态。

4.7 节以 MYCIN 专家系统为实例，讨论了基于规则专家系统的设计方法和具体步骤，着重介绍基于规则专家系统的用途、主要结构、知识表示方法、推理方法和大致工作过程等，以期对专家系统有更深入的了解。

4.8 节介绍了基于规则专家系统的应用实例，包括自己开发的基于规则的机器人规划专家系统以及基于模糊规则的飞机空气动力学特征预测专家系统。

基于规则专家系统由于技术上的局限性，已不能满足用户更高的要求不过，应用领域受到影响。不过，由于基于规则专家系统的开发比较简易，适应性和开拓性好，它们仍然得到广泛应用。即使是进入 21 世纪以来，每年都有众多的基于规则的专家系统在开发与运行。诚然，基于规则专家系统需要与其他新技术相结合，取长补短，不断提高系统性能，扩大应用领域，使基于规则专家系统表现出新的活力。

习 题 4

4.1 基于规则专家系统在专家系统的发展过程中所处的地位和作用为何？

4.2 产生式系统与基于规则专家系统有何关系？它们在结构上的关系如何？

4.3 基于规则的专家系统是如何工作的？其结构为何？

4.4 为什么反向推理想很适合于分类问题？

4.5 为什么在编入一条新的规则之后应当立即对系统进行测试？

4.6 在系统扩展过程中，为什么每次只注重于一个问题（论题）？

4.7 在知识获取过程中，什么是决策表？

4.8 以你自己能够担任专家的某个问题，开发一个小的反向推理专家系统。

4.9 对于可能的解答数目较大的问题，为什么宁可采用正向推理方法而非反向推理方法？

4.10 计算机构型设计的任务要考虑各种部件有序配置，即处理器选择、RAM 选择、硬驱选择等。设计一个正向推理系统来完成本构型任务。

4.11 设计一个图像接口以询问发电站核反应堆的温度问题。该接口也应显示核电站的当前状态，如运行状态、承受压力、燃料棒的位置等。

4.12 开发一个能够通过各种观察来辨识未知动物的专家系统，首先系统应当能够确定动物的种类：哺乳类或鸟类。哺乳动物的典型特征是有毛发，而鸟类有羽毛或者通常会飞。在这些分类中的典型动物如下：

哺乳类	鸟类
猎豹	鸵鸟
老虎	企鹅
长颈鹿	信天翁
斑马	野鸭

一旦系统决定动物的类别，就要确定动物的同一性。需要考虑的特性是动物的食物嗜好、颜色和身体特征，如大小、脖子长度等。例如：

    IF   The animal is a carnivore

    AND   The animal's body color is tawny

    AND   The animal has dark spots

    THEN The animal is a cheetal

4.13 运用领域专家与知识工程师的下列对话，开发一个专家系统为金融委托人提供建议。

KE：你要给委托人提供何种金融建议？

DE：下列是我通常给予的建议种类：

    (1)把钱投资于存款。

    (2)把钱投资于存款和股票。

    (3)把钱投资于股票。

KE：你决定推荐哪一种？

DE：好的，首先如果委托人的存款不好，那么就建议他把钱投到存款账号。另一方面，如果委托人的存款是好的，但他的工资收入不好，那么就建议他投资存款账号和股票。最后，如果委托人的收入和存款都是好的，那么我就建议他投资股票。

KE：如果委托人是个好的储蓄者，那么你怎么决定？

DE：我通常把决定建立在拇指规则基础上。假如委托人至少有5000美元的独立存款，那么他就是一个好储蓄者。

KE：如果委托人有好的收入，那么你怎么决定？

DE：我还是运用拇指规则。我会首先问他的全部收入，包括他的现在雇佣工作收入、股票、债券、存款及其他收入。这种方法是建立在年收入的基础上。接着问他的基本收入，即他的全部工资收入；然后弄清该委托人的全部收入必须高于他的工资收入加上某些附加收入。这笔附加收入考虑有4000美元独立存款数。在得出委托人的收入是好的结论之前，我还要知道他的工作是否是稳定的。

KE：你如何得出委托人的收入是不好的结论？是否考虑直接依赖先验信息？

DE：相当多是这样的。如果他的工作是不稳定的，由于他的工作的不确定性，我自然会得出他的收入不好的结论。如果他现在的全部收入少于他的全部需要收入，那么我又会得出他的收入是不好的结论。

第5章　基于框架的专家系统

2.1节在讨论框架的构成和表示时指出，框架是一种结构化表示方法，它由若干个描述相关事物各个方面及其概念的槽构成，每个槽含有若干侧面，每个侧面又可具有若干个值。本章将介绍基于框架的专家系统的结构、原理和设计方法。10.7节还要叙述基于框架的专家系统开发工具。本章讨论框架的表示与推理及基于框架专家系统的原理、结构、设计方法和应用实例。

5.1　基于框架的专家系统概述

开发基于框架的专家系统不仅是一种不同的编程技术，而且是一种完全不同的编程风格，在这种方法下将问题看作自然描述对象的相关对象的集合。

基于框架专家系统的工作已经定位到认知心理学家研究的早期人类问题求解领域。这些早期研究建立了人类如何形成精神模型的理论，人类通过这些精神模型来辅助问题求解。1932年巴特雷特（Bartlett）的一项研究表明人类在其长期记忆中存储离散的知识结构，这些知识结构由以往经验形成，可用于当前类似情形处理。巴特雷特用术语 schema（议程、概要、计划、方案或模式）来表示这种知识结构。

议程是包含关于一些概念的典型信息的知识单元。例如，如果有人说"汽车"这个词，就可能在脑海里浮现汽车的大致样子。对汽车的精神想象可能包括大小、形状等。可能还会意识到这个汽车的有些特征是过去所见汽车的共同特征。

从这一点上说，议程就像包含关于一些概念的一般信息的模板，用来描述这个概念的给定实例。例如，对于特定的汽车就给一般特征填入诸如大小、形状等特征值。

基于巴特雷特的议程思想，1975年明斯基（Minsky）提出了在计算机中对有关一些概念的典型信息编码的数据结构，并用术语 frame（框架）来描述这个结构。框架有名称、描述概念的主要属性或特征的标签槽和每个属性的可能值。另外，框架可以附带捕获有关概念的过程性信息的过程。当遇到这个概念的特定实例时，就向框架中输入这个实例的相关特征值（value）。这种填充式的框架常称为例（instance）。

考虑表5.1表示"汽车"概念和"我的汽车"有关实例的框架例。

表 5.1　框架例

概念 汽车		→	实例 我的汽车	
日期：	未知	→	日期：	2012
生产商：	未知	→	生产商：	红旗
颜色：	未知	→	颜色：	黑色
轮子：	4	→	轮子：	4
启动：	Procedure1	→	启动：	Procedure1

"汽车"框架列举出"所有"汽车的主要特征。大多数特征都是一般化的,因此它们的值在框架中都是未知的。但是,大多数汽车有 4 个轮子,因此在"汽车"框架中将这一点设置为默认值更恰当。另外,启动任何汽车都要遵循一些设定的程序,如按点火键、供气等。这一系列的任务在一些过程中实现,如 Procedure1,并添加到"汽车"框架中。

"我的汽车"框架表示"汽车"框架的实例。它从"汽车"框架上继承其特征和默认值。但是,它也有"我的汽车"具体的特征值。具有从一般性框架继承信息的例框架,是基于框架的专家系统的优良特征之一。

基于框架的专家系统在与给定例子非常相似的框架中对知识进行编码。在一个框架中获得一般性概念,而在另一个具有实际值的框架中表示概念的特定实例。这些专家系统使用了面向对象编程的技术,以增强其处理能力和灵活性。

5.2　框架的表示与推理

心理学研究结果表明,在人类日常的思维和理解活动中,在分析和解释遇到的新情况时,要用到过去经验中积累的知识。这些知识规模巨大而且以很好的组织形式保留在人们的记忆中。例如,当走进一家从来没来过的饭店时,根据以往经验,可以预见在这家饭店将会看到菜单、桌子、服务员等。当走进教室时,可以预见在教室里可以看到椅子、黑板等。人们试图用以往的经验来分析与解释当前所遇到的情况,但无法把过去的经验一一都存在脑子里,而只能以一个通用的数据结构形式存储以往的经验。这样的数据结构称为框架,它提供了一个结构,一种组织。在这个结构或组织中,新的资料可以用从过去的经验中得到的概念来分析和解释。因此,框架也是一种结构化表示法。

5.2.1　框架的表示

5.1 节中已经指出,框架采用槽和表示结构。框架也可以定义为一组语义网络中的节点、槽和值,用于描述格式固定的事物、行动和事件。语义网络可看作节点和弧线的集合,也可以视为框架的集合。本书 2.1.4 节已正式地讨论了框架的构成和表示,本节不予重复介绍。

5.2.2　框架的推理

如前所述,框架是一种复杂结构的语义网络。因此语义网络推理中的匹配和特性继承在框架系统中也可以实行。除此以外,由于框架用于描述具有固定格式的事物、动作和事件,因此可以在新的情况下,推论出未被观察到的事实。框架用以下几种途径来帮助实现这一点:

(1)框架包含它所描述的情况或物体的多方面的信息。这些信息可以被引用,就像已经直接观察到这些信息一样。例如,当某个程序访问一个 ROOM 框架时,不论是否有证据说明屋子有门,都可以推论出,在屋子里至少有一个门。之所以能这样做,是因为 ROOM 框架中包含对屋子的描述,其中包括在屋子里必须有门的事实。

(2)框架包含物体必须具有的属性。在填充框架的各个槽时,要用到这些属性。建立对某一情况的描述要求先建立对此情况的各个方面的描述。描述这个情况的框架中的各个槽的信息可用来指导如何建立这些方面的描述。

(3)框架描述它们所代表的概念的典型事例。如果某一情况在很多方面和一个框架相匹配，只有少部分相互之间存在不同之处。这些不同之处很可能对应于当前情况的重要方面，也许应该对这些不同之处做出解答。因此，如果一个椅子被认为应有 4 条腿，而某一椅子只有 3 条腿，那么或许应把椅子需要修理。

当然，在以某种方式应用框架以前，首先要确认这个框架是适用于当前所研究的情况的。这时可以利用一定数量的部分证据来初步选择候选框架。这些候选框架就被具体化，以建立一个描述当前情况的实例。这样的框架将包含若干个槽，用于填入填充值。然后程序通过检测当前的情况，试图找到合适的填充值。如果可以找到满足要求的填充值，就把它们填入到这个具体框架的相应槽中去。如果找不到合适的填充值，就必须选择新的框架。从建立第一个具体的框架试验失败的原因中可为下一个应该试验什么框架提供有用的线索。另一方面，如果找到了合适的值，框架就被认为适合于描述当前的情况。当然，当前的情况可能改变。那么，关于产生什么变化的信息（例如，可以按顺时针方向沿屋子走动）可用来帮助选择描述这个新情况的框架。

用一个框架来具体体现一个特定情况的过程，经常不是很顺利的。但当这个过程碰到困难时，经常不必放弃原来的努力去从头开始，而是有很多办法可想的：

（1）选择和当前情况相对应的框架片断，并把这个框架片断和候补框架相匹配。选择最佳匹配。如果当前的框架，总的来说差不多是可以接受的，那么许多有关建立子结构以填入这个框架的工作将可保留。

（2）尽管当前的框架和需要描述的情况之间有不相匹配的地方，但仍然可以继续应用这个框架。例如，所研究的只有 3 条腿的椅子，可能是一个破椅子或是在椅子前面的物体挡住了一条腿。框架的某一部分包含关于哪些特性是允许不相匹配的信息。同样的，也有一般的启发性原则，如一个漏失某项期望特性的框架（可能由于被挡住视线造成的）比另一个多了某一项不应有的特性的框架更适合当前的情况。举例来说，一个人只有一条腿比有 3 条腿或有尾巴更合乎情理些。

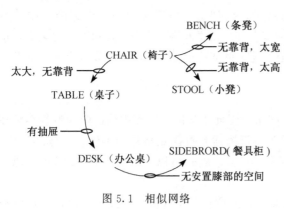

图 5.1　相似网络

（3）查询框架之间专门保存的链，以提出应朝哪个方向进行试探的建议。这种链的例子与图 5.1 所示的网络相似。例如，如果和 CHAIR 框架匹配时，发现没有靠背，并且太宽，这时就建议用 BENCH(条凳)框架；如果太高，并且没有靠背，就建议用 STOOL(凳子)框架。

（4）沿着框架系统排列的层次结构向上移动（即从狗框架→哺乳动物框架→动物框架），直到找到一个足够通用、并不与已有事实矛盾的框架。如果框架足够具体，可以提供所要求的知识，那就采用这个框架。或者建立一个新的、正好在匹配的框架下一层的框架。

基于框架的专家系统就是建立在框架的基础之上的。一般概念存放在框架内，而该概念的一些特例则表示在其他框架内并含有实际的特征值。基于框架的专家系统采用了面向对象编程技术，以提高系统的能力和灵活性。现在，基于框架的设计和面向对象的编程共享许多特征，以致在应用"对象"和"框架"这两个术语时，往往引起某些混淆。

面向对象编程涉及其所有数据结构均以对象形式出现。每个对象含有两种基本信息，即描述对象的信息和说明对象能够做些什么的信息。应用专家系统的术语来说，每个对象具有陈述知识和过程知识。面向对象编程为表示实际世界对象提供了一种自然的方法。观察的世界，一般都是由物体组成的，如小车、鲜花和蜜蜂等。

在设计基于框架的专家系统时，专家系统的设计者们把对象叫做框架。现在，从事专家系统开发研究和应用者，已交替使用这两个术语而不产生混淆。

5.3 基于框架专家系统的定义和结构

与基于规则的专家系统的定义类似，下面对基于框架的专家系统给出定义。

定义 5.1 基于框架的专家系统 是个计算机程序，该程序使用一组知识库内的框架对工作存储器内的具体问题进行信息处理，通过推理机推断出新的信息。

这里采用框架而不是采用规则来表示知识。框架提供一种比规则更丰富的获取问题知识的方法，不仅提供某些对象的包描述，而且还规定该对象如何工作。

为了说明设计和表示框架中的某些知识值，在5.2节讨论的基础上，我们进一步考虑图5.2所示的人类框架结构。图中，每个圆看作面向对象系统中的一个对象，而在基于框架系统中看作一个框架。用基于框架系统的术语来说，存在孩子对父母的特征，以表示框架间的自然关系。例如，约翰是父辈"男人"的孩子，而"男人"又是"人类"的孩子。

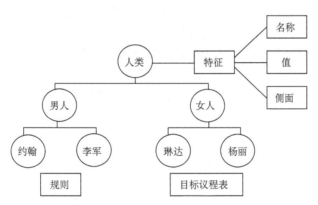

图 5.2　人类的框架分层结构

图 5.2 中，最顶部的框架表示"人类"这个抽象的概念，通常称之为类（class）。附于这个类框架的是"特征"，有时称为槽（slots），是一个这类物体一般属性的表列。附于该类的所有下层框架将继承所有特征。每个特征有它的名称和值，还可能有一组侧面，以提供更进一步的特征信息。一个侧面可用于规定对特征的约束，或者用于执行获取特征值的过程，或者在特征值改变时做些什么。

图 5.2 的中层，是两个表示"男人"和"女人"这种不太抽象概念的框架，它们自然地附属于其前辈框架"人类"。这两个框架也是类框架，但附属于其上层的类框架，所以称为子类（subclass）。底层的框架附属于其适当的中层框架，表示具体的物体，通常称为例（instances），它们是其前辈框架的具体事物或例子。

这些术语，类、子类和例子（物体）用于表示对基于框架系统的组织。某些基于框架的专家系统还采用一个对象议程表（goal agenda）和一套规则。该议程表只提供要执行的任务表列。规则集合则包括强有力的模式匹配规则，能够通过搜索所有框架来寻找支持信息，对整个框架世界进行推理。

更详细地说，"人类"这个类的名称为"人类"，其子类为"男人"和"女人"，其特征有年龄、肤色、居住地、期望寿命等。子类和例子也有相似的特征。这些特征，都可以用框架表示。

5.4　基于框架专家系统的概念剖析

下面详细剖析基于框架专家系统的一些概念，包括类、子类、例和属性等。

5.4.1　框架的类剖析

例如，在人类世界的例子中，小孩通过在世界中对一些对象的经验来了解这个世界。这种经验构成对这些对象的概念理解。根据其外观和行为了解它是什么东西。小孩可能遇到大量的人。当小孩遇到陌生人时开始根据经验形成他/她是什么人的理解。例如，他们应该有两条腿、两只手、有一定高度，并且如果用三轮车压过去时他们会"哎哟"一声跑开。如果要在专家系统中获取这种概念性的理解，就创建类框架。

定义 5.2　类(class)是由共享一些属性的对象组成的集合。

类框架包含有关概念的一般信息，类似于巴特雷特的议程。和所有框架一样，它包含概念的描述名称、所有相关对象的特征属性集合和这些对象共同的属性值。它也可能在槽中具有描述概念行为的信息。对于一些基于框架的专家系统开发工具壳，类框架也可能具有对全部有关子类的清晰引用。

为了说明类框架的设计，使用壳 NEXPERT 所用的方法。图 5.3 显示了使用图 5.2 框架结构的类框架"人"。这个图显示了框架的名称、一组属性和一些所有人共有的默认属性值。

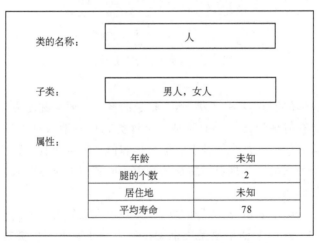

图 5.3　"人"类

如图 5.3 所示，大多数人都有两条腿，因此默认地设置腿数属性的值为 2。类似地，也可以估计大多数人的平均寿命。不过，尽管居住地和年龄也是所有人的共同属性，但是为所有人的这些属性设置默认值就没有意义。

在 NEXPERT 壳中创建了"人"框架，同时也自动创建了其子类"男人"和"女人"。每个子类继承其父辈类"人"的属性和属性值。在一些壳中，首先必须创建类框架，然后断言子类存在，并且是这个类的孩子。

5.4.2　框架的子类剖析

子类是表示高层类的子集合的类。在一些应用场合中不需要子类化。这里可以马上简单地创建上层的类框架实例对象，例如，鲍勃是个人。

决定在应用程序中使用子类时可以考虑以下三种类型的类关系：

（1）一般化："种类"关系。

（2）聚合："部分"关系。

（3）关联："语义"关系。

一般化是指相似对象之间的"种类"关系。例如，汽车是一种车辆，也就是说汽车是更一般的类车辆特殊的子类。聚合是指共用结构的对象之间的"部分"关系。例如，门是汽车的一部分。关联是指经常不相关的类之间的某种语义联系。例如，汽车和房子是独立的类，但它们表示财产。图 5.4 说明，这三种类型的类关系。

图 5.4　几种类关系

对于人类世界例子，男人和女人子类均表示"一般化"类关系。"男人"类框架如图 5.5 所示。从图 5.5 可见，"男人"类继承了"人"类的所有属性，并在类中增加了一个属性"胡子"。孩子框架除了从父辈继承信息外，还能具有只和它有关的附加属性。这种方法可以在特定框架内定制信息，避免其他框架中的无关信息。否则，只有将"胡子"属性添加到"人"框架中才

类的名称：　　　　男人

子类：

属性：

年龄	未知
腿的个数	2
居住地	未知
平均寿命	72
胡子	未知

图 5.5　"男人"类

能在"男人"框架中具有这个属性。但是，这样就会在"女人"框架中放置了无关的信息。

孩子框架也会从父辈框架继承属性值，除非为了反映对象的特定信息而改变了值。例如，图 5.5 显示了"男人"类的平均寿命稍微低于"人"类的平均寿命。这就意味着男人的寿命可能比所有的人都短，包括女人。子类也继承父辈或超类的行为。也就是说，如果超类的槽附加了任何过程，子类都会继承。

5.4.3 实例框架剖析

实例框架描述相关类的特定对象，包含类框架的所有特征，也总是包含对象的特定信息。

定义 5.3 实例(instance)是对象类的特定对象。

图 5.6 给出了实例李民。这个框架继承其父类"男人"的所有属性，但其属性值用来描述这个人的给定特征。如果需要的话也可以在这个框架中增加新的属性。

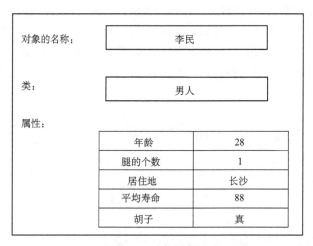

图 5.6 对象"李民"

5.4.4 框架的属性剖析

框架的属性描述一些概念或对象的主要特征或属性。这些属性构成对象-属性-值集合，来描述对象。这部分主要介绍如何赋予属性值。

属性值是给定属性赋予的数据。这些数据可以是数字类型的、符号类型的或者布尔类型的。当专家系统创建框架或者分配值时，就可能对这些值初始化。在任务中规则或框架可能使用和改变这些值。框架的另一个特征槽有助于这些特征值的建立和空值。

图 5.7 显示了属性值的不同来源。这个图给出了冰箱框架，它是"家用电器"类的实例。这个框架的设计者选择大量属性来描述这个对象，每个属性取自不同的来源。

(1) 年龄属性：创建冰箱这个对象时设计者不知道其年龄。因此，开始时只是简单初始化。这种类型的信息是静态的，在咨询任务中不会改变。

(2) 服务编号属性：设计者有包含服务编号(电话号码)的数据库文件，服务编号用来获取产品的售后服务。这个数据库提供了信息维护的方便途径，因为只需要在数据库中而不是框架系统中修改电话号码。然后在需要时新的电话号码就会导入框架系统中。

（3）容积属性：根据冰箱的已知边长就可以通过过程或方法计算出冰箱的容积。这是框架获取此类信息的方便途径。过程附加到属性值中，使用这个值时就会执行这个过程。

（4）状况属性：可能需要使用小型专家系统推理决定冰箱的状况。框架设计者将命令附加到状况值中，冰箱状况出问题时就在专家系统中载入命令。专家系统将启动咨询任务，决定冰箱的状况，然后将值存储到框架中，并将控制信息反馈到基于框架的专家系统中。

（5）位置属性：向用户询问冰箱的位置。咨询时用户的回答用来更新框架的信息。

（6）能源属性：能源属性从"家用电器"类继承值。因为大多数家用电器是用电的，这个值就在类级别上默认地设置好了。如果某个对象是用气的，那么其属性值将在对象级别上设置。

（7）除霜循环属性：除霜循环属性的值从另一个使用消息传递技术的框架中获取。另一个框架可以表示为冰箱的除霜计时器。这个计时器框架向冰箱发送消息，使其将除霜循环属性改为启动。

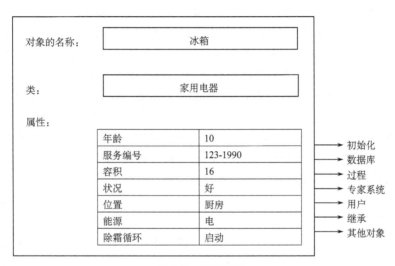

图 5.7　冰箱对象

5.5　基于框架专家系统的继承、槽和方法

下面介绍基于框架专家系统的继承、槽和方法。

5.5.1　基于框架专家系统的继承

基于框架专家系统的主要特征之一就是继承。

定义 5.4　继承（inheritance）是孩子框架呈现其父辈框架的特征的过程。

孩子框架通过这个特征继承其父辈框架的所有特征。这包括父辈的所有描述性和过程性知识。使用这个特征，可以创建包含一些对象类的全部一般特征的类框架，然后不用对类级特征具体编码就可以创建许多实例。

继承的价值特征与人类的认知效率相关。人将这个概念的所有实例共有的某些特征归结为给定的概念。人不会在实例级别上对这些特征具体归结，但假定实例就是一些概念。例如，人的概念对腿、手等做出了假定，这就意味着这个概念的特定实例（如名字叫做李民的人）就有那些相同的特征。

同人有效利用知识组织类似，允许框架实例从框架类具体继承特征。当使用框架这种知识表示方法设计专家系统时，这种功能就能使得系统编码更加容易。通过指定框架为一些类的实例，实例自动继承类的所有信息，不需要对这些信息具体编码。

实例继承其父辈的所有槽、属性、属性值。一般来说，它也从其祖父辈、曾祖父辈等继承信息。实例也可能归结为其属性、值或它独占的槽。

如果需要在框架中修改信息，就能发现继承的另一个有用之处。例如，在人类世界例子中给出的所有实例增加"高度"属性。向"人"框架加入这个新属性就很容易，因为它的所有实例都会自动继承这个新属性。

1. 异常处理

继承是框架系统有用特征之一，但它有个潜在问题。正如前面所说的，孩子框架会从其父辈框架继承属性值，除非这些值在框架中被故意改变了。从图 5.4 来看，人默认地有两条腿（腿数属性），从"人"类继承而来。类似地，"李民"框架将继承相同的值。正如图 5.5 所示，"李民"框架已经改写这个值，以反映李民只有一条腿的不幸事实。如果忘记做这个改变，专家系统就会认为李民就像大多数人一样拥有两条腿。如果专家系统试图为李民形成一个要求两条腿的活动，很明显问题就产生了。

设计基于框架的专家系统时，任何发生异常的框架都必须具体问题具体处理。也就是说，如果框架有一些唯一的属性值，那么就必须在这个框架中具体编码。这个任务称为异常处理，这对基于框架专家系统和语义网络都重要。

2. 多重继承

在图 5.2 所示的分层框架结构中，每个框架都只有一个父辈。在这种类型的结构中，每个框架将从其父辈、祖父辈和曾祖父辈等继承信息。分层结构的顶点是描述所有框架的一般世界的全局类框架，通过继承给所有框架提供信息。

在许多问题中自然会谈论一些和不同世界相关的对象。例如，图 5.8 中的李民可以看作人类世界的一部分，也可以看作一些公司的雇员世界的一部分。按照这种排列，框架世界结构的形式就像图 5.8 所示的网络，其中对象从多个父辈继承信息。从图可以看出，对象"李民"从两个父辈"人"和"雇员"上继承信息。

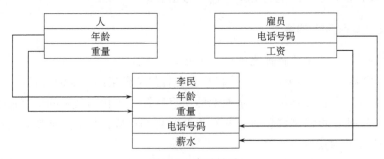

图 5.8　多重继承

5.5.2　基于框架专家系统的槽

基于框架的专家系统使用槽，来扩展知识表示，控制框架的属性。

定义 5.5　槽(slot)是框架属性有关的扩展知识。

槽提供对属性值和系统操作的附加控制。例如，槽可以用来建立初始的属性值、定义属性类型或者限制可能值。它们也能用来定义获取值，或者值改变时该做什么的方法。按照下面的方式，槽扩展有关给定系统属性的信息：

类型：定义与属性相关的值的类型；

默认：定义默认值；

文档：提供属性文档；

约束：定义允许值；

最小界限：建立属性的下限；

最大界限：建立属性的上限；

如果需要：指定如果需要属性值时采取的行为；

如果改变：指定如果属性值改变时采取的行为。

槽的用法例如图 5.9 所示。这个图显示了对象"1 号传感器"，一个温度传感器类的传感器实例。这个对象有两个属性"读取"和"位置"，每个属性都有多个槽。

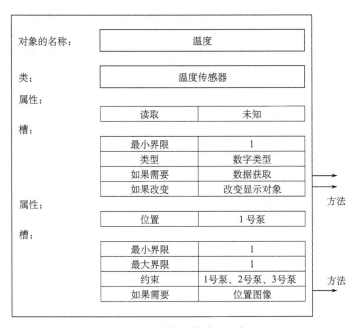

图 5.9　带槽的传感器对象

类型槽用来定义和属性相关的值类型，也就是数字类型的、字符串型的或者布尔类型的。例如，图 5.9 中的"读取"属性值就定义为数字类型的。这种类型的槽能够防止专家系统的设计人员或者用户输入不正确的数据类型。专家系统通过识别允许的数据类型提醒用户是否输入了无效的数据。

默认槽用于设计者需要为给定属性赋予初始值的应用场合。如图 5.9 所示，"位置"属性有个默认值"1号泵"。这就简单意味着这个传感器最初用来监视1号泵的温度。这种类型的槽不仅对最初数据的建立有用，还允许专家系统完成任务后重设属性值为默认设置。

约束槽定义属性的允许值。例如，"位置"值可以约束为三种可能值之一。约束也可以限制在数字值范围内，给出取值范围。和类型槽一样，约束槽用于真值维护。如果用户试图给属性赋予不允许的值，约束槽就检测它并做出相应的反应。

槽的最小界限和最大界限建立属性值的最小值和最大值。例如，"位置"属性必须至少且只有一个。框架的属性值可以在 O-A-V 三元结构中查看其属性值。正如 O-A-V 可以设计成单值的或多值的，界限槽保持对给定属性的值数的控制。

"如果需要"和"如果改变"槽是基于框架专家系统的重要特征。可以使用它们通过在对象属性中附加名叫"方法"的过程来表示各种对象的行为。

5.5.3　基于框架专家系统的方法

首先定义方法，然后通过"如果需要"和"如果改变"槽看看方法的简单用法实例。

定义 5.6　方法是附加到对象中需要时执行的过程。

在许多应用程序中，对象的属性值最初设置为一些默认值。但是，在一些应用程序中"如果需要"方法只有当需要时才获取属性值。从这种意义上说，方法只有在需要时才被执行。

如图 5.9 中的"读取"属性。如果这个值是需要的，那么"1号传感器"对象就询问数据获取系统来获取它。一些过程性代码用来完成这个函数。这个属性引用其函数名来调用过程。

一般来说，可以编写如果需要方法，来引导对象通过询问用户从数据库、算法、另一对象或甚至另一个专家系统中获取值。注意图 5.9 中的"位置"值是通过向用户显示各种泵图片并提供选项按钮选择来获取的。

"如果改变"槽和"如果需要"槽一样，执行一些方法，但在这种情况下属性值改变事件中的函数。例如，如果"读取"属性值改变了，就执行方法，来更新表示1号泵的显示对象的读取信息。一般来说，可以编写"如果改变"方法，来执行许多函数，例如，改变对象的属性值，访问数据库信息等。

可以在类级别上编写设计用来执行"如果需要"或"如果改变"操作的方法，其全部下级框架都继承其方法。但是，继承方法的框架可以改变这些方法，来更好反映框架的需要。

5.6　基于框架专家系统的设计

本节描述如何开发基于框架的专家系统。为了说明基于框架专家系统的开发过程，给出一个住宅采暖系统(一种环境控制系统)的设计。通过这个例子将考虑大多数基于框架专家系统的典型构建步骤。将能够看到任何设计不同的框架结构来最好地获取知识；还能够看到任何使用基于框架的基本开发工具(如信息传递、演示模式匹配规则等)，使这些框架结构发挥作用。采用基于框架外壳 Kappa；如同其他外壳一样，Kappa 外壳允许我们尽快建立原型系统。

5.6.1　框架专家系统与规则专家系统的对比

在前面研究开发的基于规则专家系统中，采用 IF-THEN 类型的语句来自然地表示许多问题是存在争论的。应用基于规则的方法怎样有效地获取与操作这类语句，也是一个值得探讨的问题。基于框架专家系统能够提供什么优越性能呢？对于这个问题没有绝对的答案。

对于基于规则专家系统，能够采用启发式规则来处理问题；基于规则专家系统以分布在知识库内的不相关事实进行工作。考虑下列两条规则的例子：

Rule 1

IF Boiler temperature > 300

AND Boiler water level > 5

THEN Boiler condition normal

Rule 2

IF Boiler pressure < 50

AND Boiler water level < 3

THEN Add water to boiler

这些规则根据存放在规则内的锅炉(Boiler)不同的事实进行工作。对于一个大型专家系统，每个给定对象有许多事实，就需要浏览整个知识库。这时，就需要某种更好的管理信息的方法。

基于框架专家系统收集相关事实并把这些事实表示为单一框架结构内的槽。考虑下列描述锅炉的框架：

Frame-Boiler

Temperature

Pressure

Water level

Condition

这个框架把锅炉的相关事实组合在一起，并以易于处理的方法表示它们。通过对框架的深入检查能够获得一个关于锅炉的完全描述。这使得专家系统的后续维护成为一项比较容易的任务。

当系统必须在具有几种相似对象情况下工作时，基于框架专家系统还提供一个优点。例如，问题包含几台锅炉；创建一个与前面类似的框架(类框架)，再为每个锅炉建立这个框架的一个例(instance)。通过框架继承每个例假设它们类框架的特性。基于框架专家系统的继承特性将极大地减轻系统的编码和维护。

基于框架专家系统的另一个益处是在对于包含几种相似对象而又需要包括规则的情况。为了什么这个问题，考虑 Rule 1 并假定问题包括几台锅炉。不采用变量。需要为每台锅炉分别编写规则。基于框架系统允许在规则内使用模式匹配语句编写的变量。编写一条模式匹配规则，然后扫描同样类的例。考虑下列规则的例子，该规则获取了 Rule1 的知识编码：

IF　　　〈Boiler〉. Temperature> 300

AND　　〈Boiler〉. Water _ level > 5

THEN　　〈Boiler〉. Condition $=$ normal

这条规则可以这样读："如果任何锅炉的温度大于 300，而且其水位大于 5，那么它的状态是正常的。"在运行中，这条规则检查锅炉类的每个例。当规则找到与前提语句匹配时，就设置所匹配的锅炉"状态"(Condition)槽为正常。

用一条规则进行工作加强了系统的维护。对于上述例子，能够自由地增加或删除问题中的锅炉而不破坏规则。也能够修正规则而无须改变锅炉框架。

对于一种对象状态影响另一对象状态的应用，框架相对于规则还有一个益处。考虑某个控制或模拟应用的例子；这类应用通常包含大量相互依赖的对象。要保持对这种状态的控制，需要使对象相互通信。基于规则专家系统从面向对象程序设计借来了诸如消息传递之类的技术，以实现这个要求。

5.6.2 基于框架专家系统的一般设计任务

设计基于框架专家系统的一些基本步骤是与建立基于规则的专家系统相似的。例如，两者都首先依赖于获得对问题的总体理解。这将提供对系统最好结构的深刻洞察。对于基于规则的专家系统，需要获得关于如何组织规则和构造问题求解方法的总体思想。对于基于框架的专家系统，增进对各种对象如何相关和用于求解问题的理解。这个早期的事实发现有助于选择正确的项目编程语言或外壳。

设计任何一类专家系统都是一个高度迭代的过程；从开发一个较小的但有代表性的原型开始，其目的是提供项目的可行性。然后对原型进行测试，其结果用于形成如何进行最好过程的思路。这一般涉及对系统的扩展，或者深化存在的知识（如使系统对什么是已经知道的变得更聪明），或者拓宽这些知识（如使系统对新论题变得更聪明）。

基于规则系统和基于框架系统的主要区别在于如何看待与使用知识。对于基于规则系统，把整个问题看作巧妙地表示的规则，每条规则提取问题的一些启发式信息，而工作集合表现出专家对问题的总体理解。系统的主要工作就是对每条规则进行编码，并确信这些规则逻辑地联系起来以获取专家的理解，进行推理。

在设计基于框架系统时，对问题的看法就完全不同了。要把每件事情看作一个对象。在首次会见专家之后，需要以某些非正式方法（如黑板、记事本等）列出问题中的主要对象。这些对象很可能是有形的物体（如锅炉、泵等），也可能是抽象的事情（如抵押借款、契约等）；它们表示出早期会见中专家描述的主要问题，这些会见力图获得对问题的全面理解。

在辨识对象之后，下一步要寻找组织对象的方法；其步骤包括把相似对象一起收集进类例（class-instance）关系，并确定对象间进行通信的各种方法。经过这些努力，就可选择能够最好地适应问题需要的框架结构；这种结构不仅能够提供问题的自然描述，还应通过继承和消息传递等技术提供系统实现的手段。

开发基于框架专家系统的有代表性的任务包括下列九项：

(1) 任务 1：定义问题。

(2) 任务 2：分析领域。

(3) 任务 3：定义类（classes）。

(4) 任务 4：定义例（instance）。

(5) 任务 5：定义规则。

(6) 任务 6：定义对象通信。

(7) 任务 7：设计接口。

(8) 任务 8：评价系统。

(9) 任务 9：扩展系统。

下面将结合住宅环境控制系统的应用问题逐一说明如何完成这些设计任务。

任务 1　定义问题

任务 1.1　问题概观

许多住宅具有加热和制冷系统以保持每个房间全年舒适的温度。冬季里炉子使房子暖和，而夏季里空调使房子凉爽。保持期望的房子温度通常由设定房子内的恒温调节器来控制。房主设定恒温调节器的运行模式（热或冷）和期望室内温度；恒温调节器通过开启加热器或空调器自动监控房子温度。这种简单的解决方案往往是有效的，不过仍然存在一些问题。

这种解决方案的一个困难是效果欠佳。如果只有一个房间的温度受到监控并用于控制其他房间的温度，那么当有些房间没有使用时，房主将浪费能量。另一个困难是房间之间可能出现较大的温度变化；也就是说，即使装有恒温调节器的房间是舒适的，而其他房间的温度可能太热或太冷。这个问题可归因于位置及其隔热之类的因素。要避免这类问题，有些建筑商选择为每个房间采用分立的加热和制冷设备单元。这是大型建筑物（如宾馆或公寓综合体等）典型的解决方案。

任务1.2 解答概观

为了说明基于框架系统的设计，建立一个环境控制系统的模拟器。首先考虑一个小房子的设计，以后可以很容易扩展这个系统设计以适应大建筑物需要。所设计的系统结构应易于修正以便加上新的对象或新的与现有对象一起工作的方法。本仿真系统的对象是模拟住宅内每个房间的温度调节。假设每个房间在房间恒温调节器的控制下都有自己的加热和制冷单元；取决于恒温调节器处于空调或加热模式，恒温调节器接通或断开房间的空调器或加热器，以调节房间温度至恒温调节器的设定值。

还可以考虑增加系统效能的方法。假设还要求恒温调节器以房间使用情况来控制房间的温度；也就是说，如果房间没有被使用，就不想浪费能量。为此，假设每个房间都含有一个监控房间是否有人进驻的红外传感器，使用这个传感器来检测该房间的制冷或加热单元是否开或关。进一步假设，根据房间居住情况允许其有5°的温度偏离；例如，如果房间没有人居住，而且选择加热器（或制冷器）处于运行状态，那么就允许房间温度比恒温调节器设定的温度低（或高）5°。这种方法避免有人走进冷的或热的房间，改善了系统效率。

为简化起见，假设本系统只有三个房间：活动室、厨房和卧室。如果我们能够成功地表明三个房间的温度控制，那么就能够很容易地扩展其能力至具有更多房间的系统。

任务2 分析领域

现在已对问题有了总体了解，下一个任务是仔细研究领域。该任务的目的是确定问题的各个对象、特征、关系和出现的主要事件，而且一般是通过研究副本（transcript）来完成的。

任务2.1 定义对象

分析任务的第一步是辨识问题的主要对象。一个好主意是在笔记本或黑板上创建一个非正式的草图或列表，以表示对象的概貌；对象间关系包括隶属关系等可以用线条连接，这个草图有助于辨识各对象间的自然关系，以后还能够用于确定对象互相通信的方法。

从画出总体性或概念型的对象草图开始；这些对象包括一般能够描述的项，但不代表任何具体的物理实体。例如，可以谈论房间（room）的概念，并描述大部分房间所共有的一般特性。还可以包含对抽象项的刻画，如"房间温度"表示系统需要控制的一个对象。这些总体对象定义以后设计中将要用到的类框架。

接着需要刻画出在问题讨论中描述的具体物理对象；这些对象通常是总体对象草图的一类（a kind of，AKO）或一部分（is a part of）；例如，某个活动室是一类（AKO）房间。以后将应用房间对象内的总体信息来仔细描述活动室。这些具体的对象定义以后设计中将要用到的例（instance）。

草图提供了问题的一个广阔视图，表示出主要对象及其关系，领悟应当如何设计框架结构。

任务 2.2   定义对象特性

下一步分析是描述总体对象的特征，这些特征表示具有 AKO 连接关系的具体对象所共有的特性；它们定义类框架的槽（slots）。可以通过房间内的设置和是否有人居住等对象来说明每个房间特性（Room Features）。对于本问题，这些对象是房间环境控制系统的要素：

ROOM FEATURES

Thermostat

Furnace

Air conditioner

Occupancy

通过房间位置、连接对象、状态描述等来说明每个恒温调节器（Thermostat）的特征：

THERMOSTAT

Room

Furnace

Air conditioner

Infrared sensor

Temperature

Setting

通过房间位置、状态（即开或关）和每个恒温调节器的控制等来说明每个空调器（Air Conditioner）和加热炉（Furnace）的特征：

AIR CONDITIONERT   FURNACE

Room   Room

State   tate

Thermostat   Thermostat

红外传感器通过对房间内恒温调节器的感知提供给定房间是否有人入住的信息：

ROOM FEATURES

Occupancy

Room

Thermostat

任务 2.3   定义事件

至今收集到的信息提供了问题主要对象的良好特性；现在应当把这些信息展示给专家，看看是否已经正确地获取了知识。下一个任务是决定如何使用该信息。

现在只有问题的静态观察；知道了对象及其描述特性，需要对问题进行进一步研究看看如何让这些信息得到应用；这就需要深入分析从任务 1 形成的文本，发现所描述的主要事件。这些事件只是先前了解对象的活动表列或清单；对于本问题，主要事件如下：

(1)每个恒温调节器的运行模式是制热或制冷。

(2)当某个房间住人时，该房间温度应当调节至恒温调节器的设定值。

(3)当某个房间没有住人时，而且该房间的运行模式是制热，那么房间温度应当调节至恒温调节器的设定值减去 5°。

(4)当某个房间没有住人时，而且该房间的运行模式是制冷，那么房间温度应当调节至恒温调节器的设定值加上 5°。

上述事件清单提供了问题的详细说明，并领悟到哪些对象必须互相通信。知晓问题的详细说明显然是任何对象的重点；该重点代表对系统性能进行判定的标准，并提供系统评估时进行测试的基础。

大多数基于框架系统要求对象进行信息交换，即互相通信；这是通过小面作用或信息传递来实现的。观看该事件清单能够发现哪些对象需要互相通信，哪种通信技术最适合所研究的问题，并能提供选择最好框架结构的某个及早暗示。

任务 2.4　定义结构

下一个任务涉及定义能够最好获取问题知识和问题求解活力的框架结构；这是一个困难的任务，但进行的决策只是初步的。对某些框架结构做出一个好的猜测，相信该框架能够最好地获取问题的静态知识(任务 1 和任务 2)和动态知识(任务 2.3)。以后进行的测试将证明该猜测是否是个好想法。

静态知识是彼此联系的框架通过继承互相交换的真实信息，包括槽继承、缺省槽值、合法槽值。动态知识包括槽的值变化或对象间信息传送而被激发的过程(方法)。

槽结构是确定框架间某些关系的框架交互连接。通常使用 3 种关系：一般关系(AKO 关系)、集合关系(ISA 关系)和联合关系(语义关系)。第一种关系 AKO，是基于框架系统设计者最普遍选择的关系，其选择是自然的。在系统开发的早期阶段，很少知道系统将要如何执行。把类似对象自然地收集在一起，并连接到一个共同的分类——类框架；这就建立了AKO 关系，其中对象(类框架)继承了共同类(类框架)的信息。这类结构是递阶结构，其中高层框架是低层框架的归纳。

把这种方法用于本问题，导致如下框架结构：上层类框架表示一般对象(如 THERMO-STAT)，而低层框架表示具体的例(如 THERMOSTAT 1)。这类结构是建立原型系统的一个好起点；能够方便地添加新的类或例，或类层的特性。不过，在开发与测试系统时，将会懂得更多的系统问题，发现新的系统要求，使得这个简单的结构难于修正。

任务 3　定义类

接下来的任务是对内框架进行编码。类框架包含一个描述名和一组描述与该类框架相关的对象(例)集合的特性表列。例如，类框架恒温调节器包含其描述名 Thermostat；而其相关的对象(例)有 Thermostat 1(恒温调节器 1)、Thermostat 2(恒温调节器 2)等构成的集合。集合每个类框架还具有提供框架间互相通信的方法。现在仅考虑框架特性表列中的描述知识或静态知识。

这一步是系统编程的开始，必须为项目挑选一种软件开发工具。在编程语言方面，C++、Smalltalk 和 Flavors 能够提供一套好的选择。它们都是强有力的面向对象的编程语言，并能够提供很大程度的适应性。不过，要求掌握编程语言这一先决条件，因而系统编程也不总是容易的任务。

为了以较小的适应性代价减轻基于框架系统的开发任务，可以选择一个便于使用的外壳。每个外壳含有自身特性和一件知识工程师要处理的使问题与正确工具匹配的作业；本问题的例子采用 Kappa 外壳，仅供参考；开发者(知识工程师)可以采用任何适合他的问题的开发外壳和工具，不为这里介绍的例子所左右。Kappa 提供一种基于窗口的开发特性，能够减轻框架开发任务；它还包括一种信息传递、系统控制与模拟应用时需要的重要特性。

用 Kappa 外壳创建框架的类，有两种方法。

第一种是使用源码或图形方法。例如，可以使用下列编码来建立类 THERMOSTAT：

函数 MakeClass 建立一个类，并把它附加保存于某些其他框架。本例中，建立了类 THER-MOSTAT 并附加保存于一个称为 Root 的缺省框架。这是新类框架常见的附加保存。如果打算让新类成为某些现有类的子类，那么就要用适当的名替代 Root 名。

创建类框架的第二种方法比较容易而且具有 Window 系统鼠标接口的优点。对于前述例子，这些类涉及房间类（Room Class）、恒温调节器类（Thermostat Class）、空调器类（Air Conditioner Class）和加热器类（Furnace Class）等。

以房间类框架为例，如图 5.10 所示。描述各个对象的特性对所有房间是共同的，这些特性有加热器（Furnace）、恒温调节器（Thermostat）及房间是否住人等。由于大部分特性值要在例（instance）级决定，所以让这些值在类（class）级记为空白。不过，因以后要对系统进行模拟，就设置房间有人入住（Occupancy）的缺省状态为无人入住（Unoccupied），以后每当系统重置时，假定所有房间都是无人入住的。

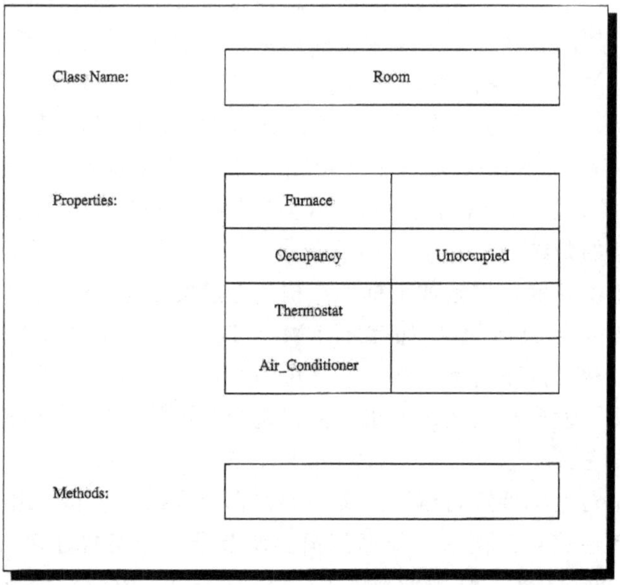

Class Name:	Room	
Properties:	Furnace	
	Occupancy	Unoccupied
	Thermostat	
	Air_Conditioner	
Methods:		

图 5.10　房间的类框架

任务 4　定义例

在设计类框架之后，很容易建立每个类的例。对于大多数外壳（如 Kappa），这个任务只需要告诉外壳某些已设计类的新例。例如，可使用下列 Kappa 码来建立类 THERMOSTAT 的例 THERMOSTAT1：

MakeInstance(THERMOSTAT 1, THERMOSTAT)

这个语句建立了例框架 THERMOSTAT1，并把它接至类框架 THERMOSTAT。这也导致类特性和例继承的方法。

正如能够使用 Kappa 图形技术建立类框架一样，也可以使用同样的方法来建立新例。图 5.11 表示如何使用 Kappa 来建立类 THERMOSTAT 的例 THERMOSTAT1。移动鼠标至适当的类框架，从菜单中选择"Add Instance"，这就建立了新的显示窗口以便在此命名新例。接着，新例继承了父辈框架的所有信息。可以增加至该例新的特性或方法。

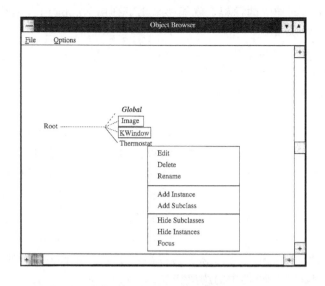

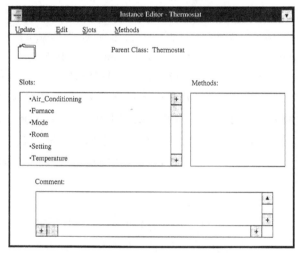

图 5.11　使用 Kappa 建立例框架

需要定义的例有房间（Room）例、恒温调节器（Thermostat）例、空调器（Air Conditioner）例和加热器（Furnace）例等。例如，对于房间例，包含活动室、厨房、卧室三个子例；每个房间列出使用的具体恒温调节器、空调器和加热器的编号以及该房间是否住人等信息。

任务 5　定义规则

我们已经建立了问题的静态描述，有了类和例，每个例含有描述各个对象的槽。现在必须开发一种信息处理方法，以满足任务 2.3（定义事件）描述的问题的技术要求。

完成这项任务的一种方法是通过模式匹配规则来实现的；这些规则包括变量，而该变量用于匹配每个类的例的选择特征值。这样就能够编写十分普遍的能够获取问题求解步骤的规则。作为例子，假设要编写一条执行下列功能的规则：

当某个房间无人居住时，其运行模式是加热，而且恒温调节器的设定值为高于房间温度 5℃，然后接通加热器。

给定在研究任务 4 时建立的框架，就能够采用下列用 Kappa 语言编写的规则：

```
For All x | THERMOSTAT
IF      x：Room：Occupancy # = Unoccupied
AND     x：Mode # = Heat
AND     x：Setting - x：Temperature > 5
THEN    x：Furnace：State = ON
```

上述规则的语法需要一些解释。函数"For All x"：对于类 THERMOSTAT 的每个例（每次取一个）都约束于变量"x"；然后这个约束变量始终用于该规则。例如，THERMOSTAT 类含有三个例，即 THERMOSTA1、THERMOSTAT2 和 THERMOSTAT3；每个例又含有若干个槽及其槽值，如 THERMOSTA1 例含有 Air _ Conditioner、Furnace、Mode、Setting、Temperature 和 Room 等六个槽及其 Air _ Conditioner1、Furnace1、Heat、68、65 和 Livingroom 等六个槽值。THERMOSTA2 和 THERMOSTA3 的槽及其槽值与THERMOSTA1 相仿。可以把这些信息画为恒温调节器（Thermostat）例图。为了说明规则操作，观察 THERMOSTAT1 例中的约束变量。

第一个前提检验是否有人入住了安装恒温调节器的房间。首先对于前提"x：Room"，用房间名 LIVINGROOM 取代变量 x；然后得到前提"Occupancy"槽的取代值，即"Livingroom：Occupancy"。如果该值等于"Unoccupied"，那么这个前提就满足了。函数"# ="用于测试特征字符串是否相等；而符号"="用于赋值。

第二个和第三个前提检验 THERMOSTA1 的各个槽值；已知所有前提为真，那么由THERMOSTA1 控制的加热器（Furnace1）的状态置于"ON"，即接通状态。

许多基于框架的专家系统严格依赖模式匹配规则来指导问题求解。面向对象方法则用于提供框架间的信息动态交换。对于一些应用，组合使用这两种技术。本示例系统只采用面向对象方法。

对象通信对规则

设计基于框架专家系统时一个较难的决策是要在何时使用规则或一种对象间通信技术；这种选择通常由设计者的个人所好决定。不过，如同多数设计者适用技术一样，通信技术也是一种工具。关键往往是为自己的工作选用正确的工具。

规则有长处和短处。

规则的长处

规则是一种独立的知识块，包含前提（左部）和结论（后部）；其前提包含某个证据集合，并通过对其结论的作用推断出新信息。很容易检验其正确性。

工作也提供进行深层推理的手段。可以编写一组规则，其采用很原始的信息，推理出通用的信息。一般也易于检查规则的整个集合的正确性与一致性。

当规则含有变量时，能够提供一种获取通用的问题求解知识的强有力方法。专家通常只提供他的问题求解方法的一般描述。例如：

"If a pump's pressure is high, but its flow rate is low, then…"

使用变量，可以通过一条规则观察所有泵的例，看看这些例是不是满足该规则的条件。

规则的短处

规则具有很大的程序性，提供一种低效的知识获取手段；规则被严格地限制在能够执行函数的类型，而且很快就变为不可读的与难以维护的。另一方面，这些方法为设计者提供一条表示过程的强有力的和易于使用的途径。

很难编写一组规则来考虑信息变化的传播问题。

任务 6　定义对象通信

本设计任务要应用外壳可行的对象间通信技术的优点，满足问题要求。存在两种对象互相通信的方法。第一种技术基于 IF-NEEDED 或 IF-CHANGED 方法；第二种技术包括对象间递送的信息。这两种技术依靠于编写的过程(方法)，并附于框架。为了减轻系统的开发，总是首先考虑定义这些方法在类(class)层级上，以允许这些类被框架例继承。如果这些方法必须在例(instance)层级进行调整，就要编写继承方法以适应例的需要。

任务 7　设计接口

随着系统知识编码的进行，在系统测试前，还必须开发系统接口。大多数基于框架系统的外壳提供图形对象工具包(toolkit)，可用于编辑接口以满足用户需要。工具包内的典型对象是文件框(textbox)、按钮(button)、仪表(meter)。在这些外壳中，每个对象都是一个类框架，即上述三个对象形成三种工具类，而它们的根节点为工具(Tolls)。该工具含有若干槽和缺省值，一般为所有图形对象类框架所共享。各种类框架具有与它们的类型相关的特性。

当在接口内建立新的图形对象时，实际上是建立这些类的一个新例。用鼠标从工具包选择所需的对象类型开始；接着用某种包含与所选择对象相关的槽的形式来表示。然后填入槽值，调整对象显示。例如，对于建立一个新的仪表(Meter)图形接口对象，可连接这个新的仪表至适当的框架(如拥有者，"Owner")及其槽(如拥有者槽，"OwnerSlot")；还可以提供诸如最大值和最小值之类的记号信息来调整仪表。仪表在房间内的位置也可被显示指定，或者对接口内的仪表对象采用单击和拖动技术进行图形设定。

能够开发图形接口，允许用户对系统进行观察与控制。要进行观察，可以把图形对象连接至适当的框架槽；而要进行控制，可以把图形对象连接至某些预先规定的函数，该函数能够改变一个或多个槽值。例如，要让用户观察与控制每个房间(即活动室、厨房和卧室)的温度，下面给出任何完成这两种功能；为了讨论简便起见，只考虑活动室的情况，而其他房间可以用类似方式处理。

观察显示

要求接口向用户提供几个当前知识库值的显示，这对系统控制是十分重要的。对于每个房间，这些显示包括房间入住情况、温度调节器模式、加热器与空调器模式、房间温度等，图 5.12 用矩形表示活动室的这些显示项，其中灰色矩形表示显示项的当前值；房间温度用仪表显示。采用图 5.12 最上方所示的"框架_名．槽_名"(Frame_Name.Slot_Name)的形式把每个显示项附于适当的框架槽。

控制显示

如同常规的环境控制系统一样，用户应能设定活动室的运行模式和需求的房间温度。用户还需要使用红外传感器报告房间的入住情况。为了提供这些控制功能，必须建立几个接口图形对象(按钮)，让用户控制活动室的温度；图 5.12 中用带有圆角的矩形说明。温度调节器的设定是由滑动阀门控制的，如图 5.12 中的"Reset"(重置)按钮所示。

用户能够按压适当按钮指定活动室是否有人入住。"Unoccupied"按钮附于标示有"Unoccupied1"的函数，该函数设定活动室(LIVINGROOM)的"Occupancy"槽至"Unoccupied"，并送出一个"Unit_control"(单元控制)信息至 THERMOSTAT1 框架：

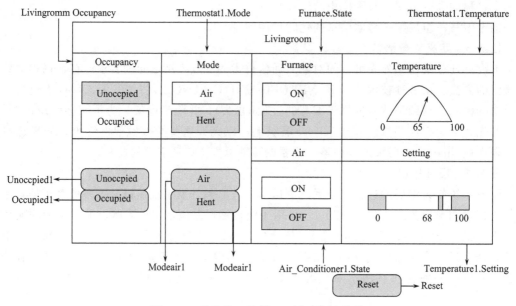

图 5.12　系统接口示例——活动室显示项

Function—Unoccupied1

    SetValue(LIVINGROOM：Occupancy, Unoccupied)

    SendMessage(THERMOSTA1, Unit _ control)

这个函数的第一行使用 Kappa 的"SetValue"函数设定框架的槽值。"Unit _ control"信息使 THERMOSTA1 得知房间温度被适当地调节为未入住状况。

"Occupied"按钮附于标示有"Occupied1"的函数，该函数以相似于"Unoccupied"函数的方式运行：

Function—Occupied1

    SetValue(LIVINGROOM：Occupancy, Occupied)

    SendMessage(THERMOSTA1, Unit _ control)

用户也能够设置温度调节器的运行模式，制冷或制热；"Air"按钮附于标示有"Modeair1"的函数，该函数把"Air"信息送至 THERMOSTA1 框架：

Function—Modeair1

    SendMessage(THERMOSTA1, Air)

该信息设置温度调节器的运行模式至空调状态。

"Heat"按钮附于标示有"Modeheat1"的函数，该函数以相似于"Air"函数的方式运行：

Function—Modeheat1

    SendMessage(THERMOSTA1, Heat)

该信息设置温度调节器的运行模式至加热状态。

任务8　评价系统

下一步的任务是对系统进行评价；为此，需要运行几个测试实例以确认系统性能满足问题要求。这时，接口应当控制全部三个房间，如同图 5.12 所示对活动室的控制。

关于专家系统评价问题，本节不准备进一步讨论。本书第 9 章将专门讨论专家系统评价问题，如评价方法、评价工具和评价实例等。读者可结合第 9 章学习进一步探讨基于框架专家系统的评价问题。

任务9 扩展系统

至此，已完成住宅环境控制专家系统的出版设计，但应当把它视为准备扩展的原型机。原型机的范围通常是比较窄的，即把问题限于某些方法，以便尽快建立系统并进行测试；这包括限制问题要求或对象数量。不过，这种选择能够提供一种良好的问题表示，使得测试结果提供一种合情合理的设计评价。

开发原型机的目的是要证明项目的可行性，并提供判断继续开发的合理性。如果已进行的开发工作是正确的，那么就应该完成这项工作，并得到某种适当的结构以减轻系统扩展任务。存在两种扩展任何类型专家系统的方法：深化系统知识和拓宽系统知识。

深化知识

深化知识能够使系统更好地知晓什么是已经知道的。在基于规则系统中，这通常涉及引用现有的基本信息和编写新的能够推断出深层信息的规则。在基于框架系统中，往往关注加入与现有对象相关的新对象。例如，可以加入诸如气流控制和风机马达等各种加热器部件；然后就允许现有的每个加热器对象来控制这些新部件。

已有一些关于如何对系统加入这些新部件可行见解。遵循先前设计原型机时采用的方法，为每种部件类型（如 BLOWER_MOTOR）建立新类（如 BLOWER_MOTOR1）和新例。称这种结构为归纳（generalization），其中的例与其父辈框架形成 AKO 关系。这种方法既简单又自然，而且具有基于框架系统继承特征的全部优点。

要知道采用这种方法时每个加热器控制哪个部件，就需要把新槽加至加热器的类框架。例如，可把槽"BLOWER_MOTOR"加于类，并以槽值 BLOWER_MOTOR1 填入框架 FURNACE1。

另一种对系统加入这些新部件的方法是，断言这些新部件为现有例的新例。例如，令新框架 BLOWER_MOTOR1 为 FURNACE1 的例。称这种结构为聚合（aggregation），其中的新的框架与其父辈框架形成"a part of"关系。由于这种方法能够提供相关对象的一种视觉感知，因而颇有吸引力。又因大部分外壳具有向对象提供知晓其父辈和后代的函数，因而颇有价值。能够使用这些函数来对相关对象间的通信进行有效编码。

例如，Kappa 提供一种称为"GetParent"的函数，返回对象的父辈名。考虑图 5.13 中采用的 BLOWER_MOTOR1 这种函数：

$$GetParent(BLOWER\_MOTOR1) = FURNACE1$$

有几种方法能够得到这种函数的好处。例如，考虑 BLOWER_MOTOR1 失效的问题；安全起见，这种条件下要注意含有事件部件的加热器；为此，需要送出下列信息：

SendMessage(GetParent(BLOWER_MOTOR1), Blower_failure)

对象 FURNACE1 在接收到这个信息后将采取适当动作，如关闭燃气控制阀门"GAS_CONTROL_VALVE1"。

应用图 5.13 的结构还允许新框架（如 BLOWER_MOTOR1）继承其父辈信息（如 FURNACE1）。对于"part of"型连接继承的作用较小；仅有的好处是新对象知道其处于那个房间，槽"Room"继承了加热器框架。要允许新对象继承描述性信息，就需要多重继承（multiple inheritance）。

多重继承把对象连接至多个父辈。考虑图 5.14 的例子，新的加热器对象同时接至加热器框架及其对应的类框架，从而建立了"part of"和"type of link"两种连接。类框架（如

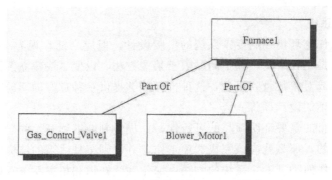

图 5.13 加热器部件的"part of"型结构

BLOWER_MOTOR)就包含编码在槽中的描述信息和在方法中的行为信息。应用如图 5.14 所示的网络结构，允许对结构性和描述性信息进行有效编码。

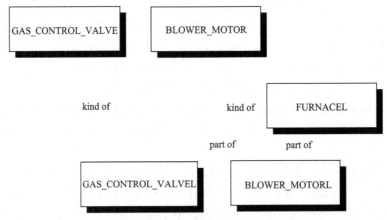

图 5.14 加热器部件的多重继承

拓宽知识

当拓宽系统知识时，需要加入一些新知识。对于基于框架系统，这可能涉及补充新的事件和新的对象。典型的扩展包括建立与现有对象相关的新对象由于初始原型机通常包括每个对象的样本，因此这个步骤是合理的。

作为例子，考虑现有系统中表示的房间。系统能够控制活动室、厨房和卧室的温度；然后对系统进行扩展以便考虑住宅内其他可能的房间。本项任务从添加新例至 Room 类，考虑每个新房间开始；然后需要增加新的温度调节器、空调器和加热器，考虑每个新部件在新房间内的位置。最后，需要对新例的所有槽指定适当的槽值。虽然这个方法能够进行工作，但不是很有效。

一种较好的方法是采用一种允许方便地添加新房间的新框架结构；图 5.15 表示出这种新的框架结构。

这种结构的主要优点是，所增加的每个新房间都能够自动继承某个温度调节器、空调器和加热器。对于一栋大的住宅或者住宅套房，这种方法是必须的。需要对现有特性和方法做出一些较小的改变，但编码在原型机中的知识将提供这个新系统的基础。

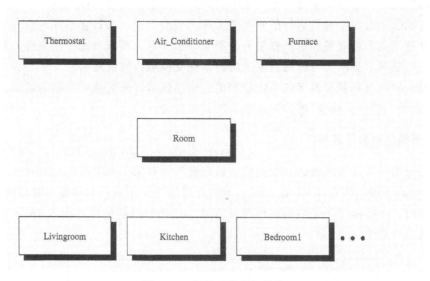

图 5.15　新的系统框架结构

本节回顾了基于框架专家系统设计的基本步骤。基于框架专家系统与基于规则专家系统在设计上的主要区别在于对问题知识的不同看法。基于框架专家系统方法把整个问题视为被编造的对象;寻找对每个对象的描述,并形成对如何实现对象间交互的理解。基于框架系统还能提供基于规则系统所没有的诸如继承、信息传递和模式匹配等特征。这些特征为开发复杂系统提供了强有力的工具包。

本节学习的主要内容包括:

(1)从设计基于规则系统转到设计基于框架系统,远非学习另一种编程语言,是一种思维组合的变化。要把问题视为具有特征和行为的诸多对象的集成。开始设计基于框架专家系统的一个好方法是采用某个表示问题的主要目标及其关系的信息简图。

(2)框架能够表示对象的特征、状态和行为。行为是指一个对象如何作用或反作用于其自身状态或其他对象状态的变化。

(3)一般对象的描述特征和行为特征可表示为类框架。基于框架系统提供图形对象的类,能够用于调整系统的接口。

(4)基于框架专家系统的设计过程是高度迭代的。框架可以用递阶或网络方式连接;选择哪种方式是由应用问题导引的。通过继承能够容易地增添新对象,这些对象从其父辈类框架继承描述信息和行为信息。

(5)可以采用面向对象编程语言或基于框架外壳来建立基于框架系统。语言方法能够提供最大的灵活性,但学习语言的代价较高。为了快速建立原型机,以选择外壳方法为宜。应限制原型机系统的范围,其目的在于证明项目方案的灵活性。在设计基于框架系统时,需要限制对象或事件的数目。

5.7　基于框架专家系统的设计示例

5.6节提到可以编写"如果需要"和"如果改变"方法,来允许对象交换信息。例如,如果一个对象需要信息，它可能从另一个对象中获取这些信息。或者，如果改变了一个对象的属性值，就可能引起另一个对象属性值的改变。从这一点上说，可以在不同对象之间进行相互通信。这种特征是面向对象和基于框架的系统的标志。它为系统带来了动态性，对象之间可以请求信息，或者信息改变可以通过系统内的信息交换造成波纹效果。

面向对象的系统和基于框架的系统使用消息传递技术，来完成对象间的通信。首先介绍基于"如果需要"和"如果改变"槽的对象通信的具体方法。

5.7.1 基于槽的对象间通信

下面例子给出了这种风格的对象通信。假定有三个对象：冰箱（refrigerator）、解冻计时器（defrost timer）和加热卷（heating coil）。解冻计时器的作用是通知冰箱何时启动解冻循环。当解冻开始时，冰箱回过来必须给加热卷发信号，打开加热卷电源。图 5.16 显示了进行如此通信的这三种对象。

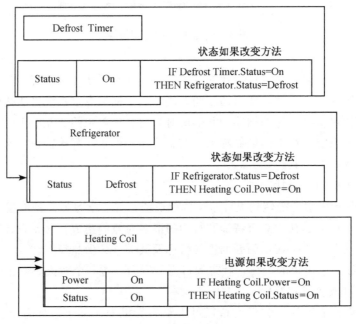

图 5.16　带槽对象通信的方法

基于框架专家系统使用以下传统语法，用来在方法中引用对象的属性。

Object.property

例如，解冻计时器框架的如果改变方法中的规则前项为

IF Defrost Timer. Status = On

这个前项查看对象的解冻计时器框架中包含的"状态"属性的值。如果这个值等于"On"，那么就使用这个规则，就设置冰箱对象的"状态"属性为"解冻"，回过来就执行这个属性的方法。这个方法的使用将加热卷对象的"电源"属性设置为"On"。最后，就执行方法，来改变加热卷对象的"状态"为"On"。

这个例子说明了如何通过槽方法实现对象之间的相互通信。它也显示了只对一个属性值的改变会引起许多对象的一系列改变。对象可以影响其他对象中的属性值或者其本身，如加

热卷。

5.7.2　消息传递

一些基于框架的专家系统使用另一种技术，来使得对象可以相互通信，这种技术称为消息传递，是面向对象系统中的标准技术。

定义 5.7　消息传递是发给对象信号，以产生方法执行的反应。

基于框架专家系统中消息传递的过程很像给朋友打电话的方式。可能会问朋友一个问题或者请他/她做一些事。在大多数情况下，朋友会知道如何处理这个消息，并做出相应的反应。

在基于框架的专家系统中，当一个对象接收到一个消息时，它就在其方法列表中检查，决定是否应该做出回应。例如，可能向 CIRCLE 对象发送一个 Draw 消息。当这个对象接收这个消息时，它就寻找名叫 Draw 的方法，可能的回应就是画一个圆。在一些系统中，如 GoldWorks，这些方法称为处理器(handlers)。

为了定义方法或处理器，需要指定其名称、要执行的函数、接收的参数和附加到的对象。当用户或一些其他对象发送一个消息给包含这个方法名的对象时，就触发了这个方法。

消息发送涉及诸如"send"(ART)、"sendmsg"(GoldWorks)或"SendMessage"(Kappa)等函数的使用。这种函数的语法随选用的壳而变，但都有一些以下形式的变量：

(send message-name object-name arguments)

这个函数包含要执行的特定方法 message-name、消息正发送的对象的名称 object-name 和执行这个方法所需的任何参数 arguments。send 函数向消息源返回这个方法的返回值。

下面一个 send 函数例子的运作情况，如图 7.10 所示。这里两个对象表示鲍勃和杰克拥有的汽车。每辆车都有不同的生产年份。发给每个对象的消息与车的年龄有关。这个消息有一个标签(即年龄)和当前年份(如 1990 年)。对这个消息的反应是，每个对象执行其有关方法，并返回结果。发给"鲍勃的车"对象的精确语法为

消息　　　　　　　　反应

(send Age BOBS _ CAR 1990)　　20

在这个例子中，编写了给任何对象或用户返回值的方法，这样就传递了消息。但是，在"如果需要"或"如果改变"方法的情况下，可以编写消息传递所用的方法，来完成各种功能。例如，消息可能导致接收方对象的属性改变，或引起发送消息给其他对象的对象改变属性。

消息传递对需要对象间大量交互的应用程序十分重要。例如，仿真系统会要求各种建模对象能够相互通信其状态，也可能相互控制对方。

5.8　基于框架专家系统的应用实例

由于基于框架专家系统的应用还比较少，所见到的应用实例也不多，更难找到分析比较深入的实例。许多号称"专家系统的结构框架"实际上是指专家系统的各种结构，并不能与基于框架系统等同。本节简介一个基于框架的机械零部件失效分析与诊断专家系统实例；该系统尽管比较简单，分析也有待深入，但仍不失为一个对基于框架专家系统的有益尝试和好案例[李朝纯等，1997]。

5.8.1 基于框架的系统知识表示与获取

1. 故障的知识表示

框架是结构化的知识表达方式,能够继承其他框架的属性,适于表示层次性信息。在机械零件的失效分析中,领域专家通常将失效系统或失效零部件按失效类别集合。例如,失效原因、失效属性、失效分析方法以及失效防止措施的集合,并由总体至各部分按树状结构自顶向下的分析方法去判明基本失效,确定零部件失效的内涵及失效概率,如图 5.17 的疲劳断裂失效分析故障树所示。

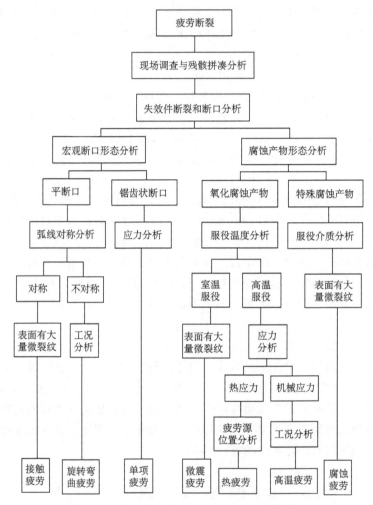

图 5.17 基于框架的机件诊断专家系统故障树

由图 5.17 可知,在机件疲劳断裂失效分析故障树中,一个概念或类可以被分成若干子类,而每个子类都有各自的框架,父类框架为疲劳断裂。每一个子类都共有父类的属性。因此,父类的疲劳属性不必在子类中说明,但由所属后代框架共享。

定义领域专家对失效分析和失效诊断过程中的每一步骤为知识单元。图 5.18 所示为机械构件断裂失效的分层知识结构树,即故障框架。该树提供了寻找零部件断裂条件、断裂原因、发生概率、确认条件和处理方案等内容。从图 5.18 可知，机械构件失效，知识单元由一个故障框架、若干个条件框架、原因框架和处理框架构成，同时该故障框架把特定系统的知识转化为一故障树，若干个故障框架组成的故障树就可以按因果关系连接为一个知识实体。因此机械构件失效分析诊断专家系统的知识库就是由若干个这样的知识实体构成的。由于失效信息的复杂性、模糊性和失效机制的交叉性，某些知识单元可能属于不同的知识实体；因此机械零部件失效分析诊断专家系统知识库中的知识单元呈网状结构。

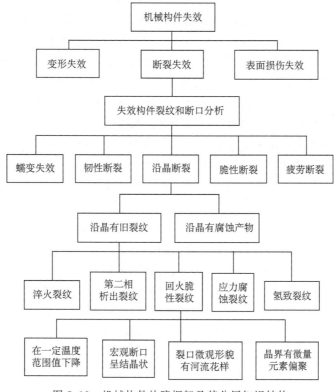

图 5.18　机械构件故障框架及其分层知识结构

2. 故障的知识类型与知识获取

在机械零部件失效分析诊断专家系统中，主要的操作对象是知识，也就是对知识的存取及推理进行操作。从上述知识单元及知识实体的描述可知，其设计思想是将专家系统中各种知识表示与操作中的共同部分组成知识基类。知识单元和知识实体中的条件框架（知识基类）含有框架基类、模型基类和规则基类等子类。将材料学科领域的微观理论可涉及的深层知识的共同属性及有关操作组成模型。而框架基类又有原因框架、条件框架、处理框架等子框架。

知识获取主要包括知识输入、查询、修改等；由材料和机械领域专家建立的故障树——知识单元是知识库的基本单元；因此在知识单元输入时，通过调用构造函数、框架槽值、框架标识码，将上述各框架组合在一起。知识获取通过用户接口，系统直接与领域专家交互，并通过相应的窗口函数进行人机交互来完成。

5.8.2 故障诊断推理与系统实现

选择使用知识是人类专家能力的一个重要方面，推理的任务是模拟人类专家控制推理的执行和选择推理方式。采用故障树分析法是建立机械零部件失效分析诊断专家系统知识库的重要手段，且是以知识单元为基础的。知识单元描绘出了故障状态和失效必须要改进的故障，指出了系统中的最薄弱环节，因此在知识单元中以最有效的方式存储了有关状态和操作专家基本经验，并对各种信息进行离线预处理。系统的推理是模仿人类领域操作从顶端事件开始分析的过程。本系统采用的是数据驱动或正向推理方法，基本过程是从问题已有的事实（或设想的顶端事件）和根节点的规则进行检索匹配，遇到匹配的规则就更新动态数据库并将中间事件作为新的前提继续匹配，同时提示用户加入新的知识，如此循环往复直到底事件。

本专家系统采用 BORLAND C++ 软件实现，人机界面采用下拉式和弹出式菜单方式，各级均采用提示帮助信息。本系统建立了轴类零件、齿轮类零件、紧固件类零件和弹簧类零件等多种机械构件的失效分析故障树——知识单元和知识实体。由于故障树分析法能够适应复杂系统，所以知识库能够不断完善，系统通过不断地与领域专家"对话"进行失效模拟诊断，并通过模拟诊断不断完善自己的知识库。随着计算机图像处理技术的发展和应用，微观分析中反映的大容量的图像信息，数据处理信息将随着计算机内存容量的增加而实现深层知识的扩充。

在机械零部件失效分析诊断专家系统中，由于采用的是系统的产生式结构和串行处理方式，其推理方法是正向推理，因此在传感数据的驱动下，盲目搜索整个规则，求解了许多与总目标无关的子目标，浪费系统推理时间。拟将基于框架专家系统与神经网络技术相结合，利用神经网络并行处理能力来实现快速推理，以期解决上述存在的问题。

5.9 本 章 小 结

框架为复杂系统提供了一种表示描述性和过程性知识的方法。它们能用来表示问题的对象或者自然关联在一起的对象的类。今天，许多专家系统既使用框架表示技术，也使用了规则表示技术，常称为混合或集成系统。在这些混合系统中，编写规则来实现问题求解时复杂的基于框架专家系统的交互。

5.2 节～5.5 节的要点如下：

（1）框架是表示典型情况的数据结构，能够表示对象的特征、状态和行为。

（2）框架包含给定对象的信息，包括对象的名称、对象的主要属性及其相应的属性值。

（3）槽可以附加到框架的属性中，以提供对属性值的控制。

（4）框架按照层次方式连接在一起，上层描述抽象对象，下层表示具体对象。

（5）上层框架称为类框架，下层框架是类的实例。

（6）实例通过继承假定来自类的描述性和过程性知识。

（7）框架也可以通过多重继承从多个父辈继承信息。

（8）框架通过消息传递或使用槽信息可以相互通信。

（9）方法是表示对象所附加的表示其行为的过程。

（10）一般规则使用模式匹配子句中的变量编写，可以在许多框架中使用。

5.6 节～5.8 节分别讨论了基于框架专家系统的设计、基于框架专家系统的设计示例和基于框架专家系统的应用实例。从设计基于规则系统转到设计基于框架系统，是一种思维组合的变化；要把问题视为具有特征和行为的诸多对象的集成。基于框架专家系统的设计过程是高度迭代的。可以采用面向对象编程语言或基于框架外壳来建立基于框架系统。语言方法能够提供最大的灵活性。

习 题 5

5.1 列出并讨论用框架而不是规则表示知识的优点。

5.2 什么是框架？框架如何表示知识和进行推理？

5.3 什么是基于框架的专家系统？它与面向目标编程有何关系？

5.4 基于框架的专家系统的结构有何特点？其设计任务是什么？

5.5 说明基于框架系统的继承、槽和方法。

5.6 给出一个问题(课题)例子，说明递阶框架结构是适用于该问题的。

5.7 建立一个表示不同人们的框架结构，包含几个男人和女人个体；这些个体应具有一些共同特性，但某些特性与性别有关。该框架结构应能组织得能够最好地继承共同特性的优点。

5.8 应用习题5.7建立的框架结构，以最有效方式添加槽"number of legs"和槽"handicap"至每个框架。然后，编写一条模式匹配规则来审视所有表示个体的框架，并告知每个框架是否有个体是残疾的。

5.9 应用习题5.7建立的框架结构，讨论2人框架如何比较他们并确定是否这2人是相似的。例如，"Li Ming likes Liu Fang"。

5.10 多重继承有什么优点和缺点？

5.11 假设有个向桶注水的问题，有方便的水源、水泵和操纵水泵的马达。采用信息传递方案设计一个基于框架系统，注水入桶至规定水平而不超过该水平。

5.12 设计一个基于框架的专家系统，用于操控某台电梯。

5.13 假设你有三块标示为A、B、C的积木，而且积木B在积木A上；又有一台机器人操作手，其特性由位置、手里抓了什么等说明。设计一个基于框架的控制系统来把积木A堆放到积木C上面。

5.14 基于框架专家系统与基于规则专家系统的思想有何不同？

5.15 基于框架专家系统的设计方法和设计步骤是什么？

5.16 请上网查询基于框架专家系统的设计和应用实例，了解这些实例有何特色。

第 6 章　基于模型的专家系统

第 4 章和第 5 章讨论过的基于规则的专家系统和基于框架的专家系统都是以逻辑心理模型为基础的，是采用规则逻辑或框架逻辑，并以逻辑作为描述启发式知识的工具而建立的计算机程序系统。综合各种模型的专家系统无论在知识表示、知识获取还是知识应用上都比那些基于逻辑心理模型的系统具有更强的功能，因而有可能显著改进专家系统的设计。

本章介绍基于模型专家系统的本体论，并给出一些基于模型专家系统的实例，来显示其本体论和推理系统。主要包括基于模型的专家系统的概述、基于神经网络的专家系统、基于概率模型的专家系统、基于模型专家系统的设计和应用实例等内容。

6.1　基于模型专家系统的提出

对人工智能的研究内容有着各种不同的看法。有一种观点认为：人工智能是对各种定性模型（物理的、感知的、认识的和社会的系统模型）的获得、表达及使用的计算方法进行研究的学问。根据这一观点，一个知识系统中的知识库是由各种模型综合而成的，而这些模型又往往是定性的模型。由于模型的建立与知识密切相关，所以有关模型的获取、表达及使用自然地包括了知识获取、知识表达和知识使用。所说的模型概括了定性的物理模型和心理模型等。以这样的观点来看待专家系统的设计，可以认为专家系统是由一些原理与运行方式不同的模型综合而成的。这样的专家系统称为基于模型的专家系统。

1. 基于模型的优点和必要性

采用各种定性模型来设计专家系统，其优点是显而易见的。一方面，它增加了系统的功能，提高了性能指标；另一方面，可独立地深入研究各种模型及其相关问题，把获得的结果用于改进系统设计。有个应用三种模型的专家系统开发工具 PESS（purity expert system），这三种模型为：基于逻辑的心理模型、定性物理模型以及可视知识模型。这 3 种模型不是孤立的，PESS 支持用户把这些模型进行综合使用。定性物理模型则提供了对深层知识及推理的描述功能，从而提高了系统的问题求解与解释能力。至于可视知识模型，既可有效地利用视觉知识，又可在系统中利用图形来表达人类知识，并完成人机交互任务。

尽管已经开发了许多专家系统，但是当前知识工程存在的一个主要缺点就是缺乏知识的重用性和共享性。缺乏重用性主要是因为对知识的假定和性能不够清楚。例如，当通过配置组件得到电厂的模型时，它就是建立在特定概念上的，如连接。因为"连接"的含义不清楚，就不清楚是否包括通过空气发散性传递热。结果是，当有人想在诊断任务上再使用这个模型时，他/她如何知道这个模型适用于其目的呢？因此，模型假定对复用来说是必不可少的。但是这样的假定很少是清楚的。

本领域许多研究者都期望本体论的概念能在实现知识共享和重用方面起到重要作用。本体论是概念化的清楚规范，它为基于知识的系统提供原始词汇表（vocabulary），简称词表。它能清楚地表示基于模型的专家系统中模型后面的设计原理和推理引擎。

2. 本体论工程概述

领域本体论是指目标领域特定的清楚规范。领域本体论起到两个作用，其一是提供获取领域模型表示的词表，并展示隐含层的假定和决策。其二是通过表示要解决的问题类和推理条件定义推理系统的性能规范。这样的清楚规范适用于模型的复用性。

在人工智能发展史中有两类研究：面向形式的和面向内容的。面向形式的研究处理逻辑和知识表示；后者考虑知识的内容。直到今天，面向形式的研究一直处于主要地位。但是，面向内容的研究已经引起人们的关注，因为大量现实世界问题，如知识重用、艾真体（agent）通信的简易化、通过理解集成媒体和大规模知识库等，不仅需要先进理论或推理方法，还需要熟练处理知识的内容。面向内容的技术是强大的，却也是特殊的，正因为如此内容积累不太好。

本体论工程的理论将能积累知识和使知识系统化。本体论工程能够提供知识库的设计原理、感兴趣世界的核心概念化以及基本概念含义的严格定义。知识积累的成熟理论和技术对现实世界建模来说是必要的。

定义 6.1 本体论。

本体论原是哲学术语，其含义是存在论。在人工智能领域，本体论定义为概念化的清楚规范。对于知识库，本体论定义为用来创建人工系统的原始词表/概念的理论/系统。

对于不同层次，本体论可用于以下几个主要方面：

（1）分布式艾真体（agent）之间通信的词表。

（2）概念的分类法。

（3）使用概念的结构化信息及其相互关系的关系数据库的概念议程，数据库中的概念化只不过是概念的议程，当概念议程存在协议时很容易从数据库获取数据。

（4）信息获取的分层索引。

（5）辞典。

（6）某个知识库的元模型（对于任务本体论来说就是基于知识的系统）。

（7）针对概念议程含义的差异进行的数据库转换。这不仅需结构化转换，还需语义转换。

（8）知识库中的知识复用和识别。

本体论起到以下关键作用：

（1）元模型。从元模型的角度评价本体论的作用是重要的。假定创建某事物的模型，这个模型用一套术语或概念描述。本体论提供了建模所必需的设计原理和术语/概念理论。

（2）设计原理。本体论的另一重要作用就是将概念化和常调用设计原理的知识库设计决策说明清楚。为了重用知识库中的知识，有必要了解使用知识库求解问题的假定和条件的隐层概念化。尽管许多知识库都是最近创建的，但还没有描述这样的信息。在知识库中把本体论作为设计原理信息，将有助于知识库的复用，并将发挥知识库的骨干作用。未来的知识库将使用本体论的清楚表示创建。

（3）标准化。不用说，工业界正因为实施了组件标准化才获得当前的高产量，说是钉是钉铆是铆。遗憾的是知识库技术还没有标准化的组件。为了对目标对象建模，标准化组件将有助于方便地求解基于模型的问题。

6.2 基于神经网络的专家系统

神经网络模型从知识表示、推理机制到控制方式，都与目前专家系统中的基于逻辑的心理模型有本质的区别。知识从显式表示变为隐式表示，这种知识不是通过人的加工转换成规则，而是通过学习算法自动获取的。推理机制从检索和验证过程变为网络上隐含模式对输入的竞争。这种竞争是并行的和针对特定特征的，并把特定论域输入模式中各个抽象概念转化为神经网络的输入数据，以及根据论域特点适当地解释神经网络的输出数据。

6.2.1 传统专家系统与神经网络的集成

专家系统一直是人工智能中最为活跃的一个分支，已被广泛应用于多个领域，获得了令人瞩目的成就。但是由于下述问题不能得到有效的解决，制约了它的进一步发展：

（1）知识获取的"瓶颈"问题。在第 2 章曾经提到知识获取是专家系统建造中的一个瓶颈问题，这不仅影响到专家系统开发的速度，而且直接影响到知识的质量以及专家系统的功能和性能。

（2）知识的"窄台阶"问题。目前专家系统只能应用于相当窄的知识领域内，求解预定的专门问题，一旦遇到超出知识范围的问题，就无法解决。

（3）专家系统的复杂性与效率问题。目前在专家系统中广泛应用的知识表示法有产生式规则、谓词逻辑、语义网络、框架和面向对象方法等，虽然它们的结构和组织管理不同，但都要求把知识加工处理，转换成计算机可存储的形式存入知识库，推理时再按照一定的匹配算法和搜索策略到知识库中寻找所需的知识。这种表示和处理方式一方面需要对知识进行合理的组织与管理，另一方面知识库规模的增大、求解问题的复杂度提高以及推理时"冲突"现象的出现，导致组合爆炸，在有限的时间内不能求解问题，严重影响专家系统的效率。

（4）不具有联想记忆功能。目前研制的专家系统一般不具备自学习能力和联想记忆功能，不能在运行过程中自我完善，不能通过联想和记忆等方式进行推理，甚至在已知信息带有噪声、发生畸变时，缺乏有效的处理措施。

与专家系统相比，神经网络有许多长处，具体表现在以下几个方面：

（1）固有的并行性。神经网络无论从结构上，还是从处理顺序上都具有固有的并行性。无论采用何种网络拓扑结构，每一层网络中神经元的个数远大于网络的层数，而同一层神经元的操作是并行的，因而神经网络的操作是高度并行的。

（2）分布式联想存储。神经网络的一个重要特点是它以分布和联想方式存储信息。神经网络的连接权值是它的记忆单元。对于一个输入和期望输出对表达的知识，分布于神经网络的所有存储单元中，并且与存储在网络中的其他所有知识项共享这些存储单元。有些神经网络，如霍普菲尔德（Hopfield）网络，是按照一种联想记忆装置进行工作的，具有联想记忆能力。

（3）较好的容错性。通常神经网络总是包含巨量的神经元和连接关系，同时信息是分布式存储的，当一些神经元遭到破坏时，整个专家系统仍能正常工作，因而具有高度的容错能力和坚韧性。

（4）自适应能力。由于神经网络的连接权值可以改变，这就使得网络的拓扑结构具有非常大的可塑性，从而具有很高的自适应能力。

（5）通过实例学习的能力。在专家系统中，知识是用显式规则表达的，而神经网络可通过学习产生自己的隐式规则。学习是由一组学习法则指导实现的，网络通过对输入和期望输出对的反应来调整连接权值，达到学习的目的。

（6）便于硬件实现，神经网络的处理单元神经结构简单，便于硬件实现。

如何将神经网络模型与基于逻辑的心理模型相结合是值得进一步研究的课题。从人类求解问题来看，知识存储与低层信息处理是并行分布的，而高层信息处理则是顺序的。演绎与归纳是必不可少的逻辑推理，两者结合起来能够更好地表现人类的智能行为。从综合两种模型的专家系统的设计来看，知识库由一些知识元构成，知识元可为一神经网络模块，也可以是一组规则或框架的逻辑模块。只要对神经网络的输入转换规则和输出解释规则给予形式化表达，使之与外界接口及系统所用的知识表达结构相似，则传统的推理机制和调度机制都可以直接应用到专家系统中去，神经网络与传统专家系统的集成，协同工作，优势互补。根据侧重点不同，其集成有三种模式：

（1）神经网络支持专家系统。以传统的专家系统为主，以神经网络的有关技术为辅。例如，对专家提供的知识和样例，通过神经网络自动获取知识。又如运用神经网络的并行推理技术以提高推理效率。

（2）专家系统支持神经网络。以神经网络的有关技术为核心，建立相应领域的专家系统，采用专家系统的相关技术完成解释等方面的工作。

（3）协同式的神经网络专家系统。针对大的复杂问题，将其分解为若干子问题，针对每个子问题的特点，选择用神经网络或专家系统加以实现，在神经网络和专家系统之间建立一种耦合关系。

把神经网络和传统专家系统集成起来是一件富有挑战性的工作，需要解决理论和技术上的问题。

6.2.2 基于神经网络专家系统的结构

图 6.1 给出了一个基于神经网络的专家系统结构原理图。如同一般专家系统一样，该系统主要由知识库、推理机和用户接口等组成。其中，知识库由基于神经网络的规则集合及变量名和问题集合构成，推理机是基于神经网络的推理机制；而 MACIE 是一种有代表性的基于神经网络机制的知识推理机，是 Matrix Controlled Inference Engine（矩阵控制推理机）的缩写。当然，对于具体的基于神经网络的专家系统，可以采用开发者认为最合适的已有推理机，也可以开发自己的推理机。

图 6.2 表示一种神经网络专家系统的基本结构。其中，自动获取模块输入、组织并存储专家提供的学习实例、选定神经网络的结构、调用神经网络的学习算法，为知识库实现知识获取。当新的学习实例输入后，知识获取模块通过对新实例的学习，自动获得新的网络权值分布，从而更新了知识库。

下面讨论神经网络专家系统的几个问题：

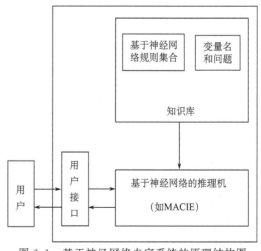

图 6.1　基于神经网络专家系统的原理结构图

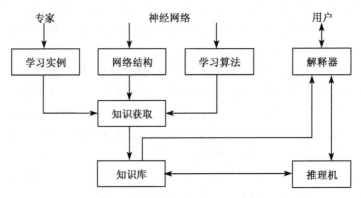

图 6.2 神经网络专家系统的基本结构

(1) 神经网络的知识表示是一种隐式表示，是把某个问题领域的若干知识彼此关联地表示在一个神经网络中。对于组合式专家系统，同时采用知识的显式表示和隐式表示。

(2) 神经网络通过实例学习实现知识自动获取。领域专家提供学习实例及其期望解，神经网络学习算法不断修改网络的权值分布。经过学习纠错而达到稳定权值分布的神经网络，就是神经网络专家系统的知识库。

(3) 神经网络的推理是个正向非线性数值计算过程，同时也是一种并行推理机制。由于神经网络各输出节点的输出是数值，因而需要一个解释器对输出模式进行解释。

(4) 一个神经网络专家系统可用加权有向图表示，或用邻接权矩阵表示，因此，可把同一知识领域的几个独立的专家系统组合成更大的神经网络专家系统，只要把各个子系统间有连接关系的节点连接起来即可。组合神经网络专家系统能够提供更多的学习实例，经过学习训练能够获得更可靠更丰富的知识库。与此相反，若把几个基于规则的专家系统组合成更大的专家系统，由于各知识库中的规则是各自确定的，因而组合知识库中的规则冗余度和不一致性都较大；也就是说，各子系统的规则越多，组合的大系统知识库越不可靠。

6.2.3 基于神经网络的专家系统实例

目前已出现不少神经网络专家系统。与传统专家系统相比，神经网络专家系统显示出良好的性能。下面举两个例子。

1. 手写数字识别神经网络专家系统

1）问题描述

建立基于神经网络的专家系统，使它能像人类一样，识别手写体阿拉伯数字，如邮政编码。

2）模型结构

采用图 6.3 所示的三层 BP 网络模型。其中，第一层（输入层）有 130 个神经元，第二层（隐含层）有 30 个神经元，第三层（输出层）有 10 个神经元。

网络的特性函数采用 Sigmoid 函数，即

$$f(x) = (1 + e^{-x})^{-1}$$

网络输出误差的度量采用方差准则，即

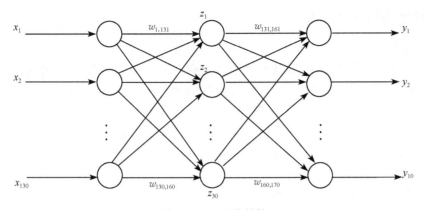

图 6.3　BP 网络结构

$$e = \frac{1}{2} \sum_{k=1}^{10} (\bar{y}_k - y_k)^2$$

其中，y_k 表示输出层上第 k 个神经元的实际输出；$\bar{y}_k$ 表示输出层上第 k 个神经元的期望输出（正确输出）。

网络采用全连接方式，采用误差反向传播的学习规则，各神经元之间的连接权值按照以下关系进行调整：

$$\Delta w_{jk} = w_{jk}(t+1) - w_{jk}(t)$$
$$= -\eta \delta_k O_j$$

其中，$w_{jk}(t+1)$ 和 $w_{jk}(t)$ 分别表示 $(t+1)$ 时刻、t 时刻的神经元 j 与 k 之间连接权的值；η 是学习率，$0 < \eta < 1$；

$$\delta_k = \begin{cases} -f'(I_k)(\bar{y}_k - y_k), & \text{若 } k \text{ 为输出神经元} \\ f'(I_k) \sum_m \delta_m w_{km}, & \text{若 } k \text{ 为非输出神经元} \end{cases}$$

O_j 为神经元的输出。

3）知识获取和知识表示

收集大量的原始手写阿拉伯数字样例，将它们分别都转换为 130 维的数字特征向量，这就是输入层选择 130 个神经元的原因，利用这些样例对神经网络进行训练，从而确定神经网络的全部连接权值和各神经元的阈值，并且用连接权值矩阵和阈值向量表示，构成了此专家系统的知识库。

4）推理过程

当给定实际的或测试用的输入向量 $X = (x_1, x_2, \cdots, x_{130})$ 时，对隐含层神经元和输出层神经元的输出 $(z_1, z_2, \cdots, z_{30})$ 和 $(y_1, y_2, \cdots, y_{10})$ 分别进行计算，其中 $(y_1, y_2, \cdots, y_{10})$ 为推理结果。

5）专家系统的性能

目前已研制的实验系统，通过 1100 个训练样例和 1500 个测试样例的测试结果表明，系统的拒识率为 26%，误识率为 0.5%，已达到传统模式识别系统的识别水平。

2. 医疗诊断的神经网络专家系统

1）问题描述

这是一个简单的医疗诊断模型系统，有六种症状、两种疾病和三种治疗方案。规定：

（1）症状：对每一症状只采集"有"、"无"和"没有记录"这三种信息。

（2）疾病：对每一疾病只采集"有"、"无"和"没有记录"这三种信息。

（3）治疗方案：对每一治疗方案只采集是否采用这两种信息。

其中，对"有"、"无"和"没有记录"分别用＋1、－1 和 0 表示。

2）专家系统的结构模型与功能

采用多层前馈式网络结构，假设通过症状、疾病和治疗方案之间的因果关系以及对样例的训练，训练神经网络，得到如图 6.4 所示的神经网络。其中，x_1，x_2，x_3，x_4，x_5，x_6为症状输入；x_7，x_8为疾病中间节点；x_9，x_{10}，x_{11}为治疗方案输出层节点；x_{12}，x_{13}，x_{14}是附加层节点，是因学习算法的需要而增加的；w_{ij}构成连接权值矩阵，在此矩阵中，当$i \geqslant j$ 时，$w_{ij} = 0$；当$i < j$并且节点i与j之间不存在连接弧时，$w_{ij} = 0$；其余w_{ij}为弧上标出的数据；特性函数为一离散型的阈值函数，其计算公式为

$$X_j = \sum_{i=0}^{14} w_{ij} x_i$$

$$x'_j = \begin{cases} +1, & \text{若 } x_j > 0 \\ 0, & \text{若 } x_j = 0 \\ -1, & \text{若 } x_j < 0 \end{cases}$$

其中，x_j为节点j的输入加权和；x'_j为节点j的输出。

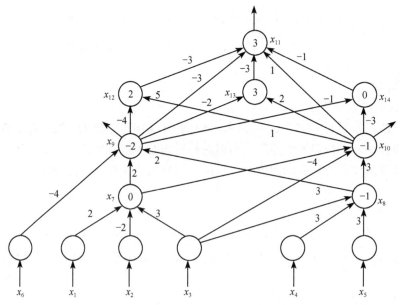

图 6.4 医疗诊断专家系统的模型结构

此外，为了计算方便，公式中增加了 $w_{0j}x_0$ 项，x_0 取常数 1，$x_0=1$，w_{0j} 的值标在节点 j 的圆圈内，它实际上是阈值的相反数，即

$$w_{0j}=-\theta_j$$

连接权值 w_{ij} 是一组病例通过误差反向传播算法（BP 学习算法）训练得到的。由全体 w_{ij} 的值及各种症状、疾病和治疗方案构成的集合形成了疾病诊断专家系统的知识库。

此专家系统的推理是通过网络计算完成的。首先将用户所提供的初始症状 $\boldsymbol{X}=(x_1,$ $x_2,\cdots,x_6)$ 输入网络，通过计算可得患者的疾病 $\boldsymbol{Y}=(x_7,x_8)$ 以及针对疾病选择的治疗方案 $\boldsymbol{Y}=(x_9,x_{10},x_{11})$。例如，某患者有症状 x_2 和 x_3，对于症状 x_4、x_5、x_6 无记录，那么得到症状输入向量 $\boldsymbol{X}=(1,-1,-1,0,0)$，进行网格计算

$$X_7=0\times1+2\times1+(-2)\times(-1)+3\times(-1)=1>0$$
$$X_7'=1$$
$$X_8=(-1)\times1+0\times3+0\times3+3\times(-1)=4<0$$
$$X_8'=-1$$

这样就可知道患者患有疾病 x_7，而未患有疾病 x_8。再进一步计算

$$X_9=(-2)\times1+2\times1+2\times(-1)+(-4)\times0=-2<0$$
$$X_9'=-1$$
$$X_{10}=(-1)\times1+1\times1+(-4)\times(-1)+3\times(-1)=1>0$$
$$X_{10}'=1$$
$$X_{12}=2\times1+(-4)\times(-1)+5\times1=11>0$$
$$X_{12}'=1$$
$$X_{13}=3\times1+(-2)\times(-1)+2\times1=7>0$$
$$X_{13}'=1$$
$$X_{14}=0\times1+(-1)\times(-1)+(-3)\times1=-2<0$$
$$X_{14}'=-1$$
$$X_{11}=3\times1+(-3)\times1+(-3)\times(-1)+(-3)\times1+1\times1+(-1)\times(-1)=2>0$$
$$X_{11}'=1$$

从而知道患者需要选择治疗方案 X_{10} 和 X_{11} 进行治疗。

从以上两个简单例子可看出神经网络与传统专家系统可以集成。特别在分类、诊断和优化方面，基于神经网络的专家系统比传统的专家系统更能显示其优越性能。

尽管在某些特殊领域可建造出性能优越的基于神经网络的专家系统，但是在更广阔的领域研制、开发和应用，仍然存在不少问题，表现在以下几个方面：

（1）神经网络专家系统目前仍停留在解决一些规模比较小的问题。

（2）神经网络专家系统的性能很大程度上受到训练样例集的影响。如果样例数据的正交性和完备性不好，就会降低专家系统的性能。

（3）目前的神经网络专家系统没有解释能力。专家系统的求解过程和结果对用户都不透明，影响了用户对专家系统的信任。

（4）目前的神经网络专家系统没有询问机制。当推理计算过程中遇到不充分的信息时，

它不向用户索取相关的证据，有些证据用户是知道的，但用户不知道它们是否对专家系统求解有用；因此，必然影响求解结果的质量。

（5）神经网络专家系统的知识表示、输入证据和输出结果要求数字化，推理为数值计算。对于有些知识、证据、结果是很难数字化的，这样就无疑限制了基于神经网络专家系统的应用。

6.3　基于概率模型的专家系统

专家系统往往包含不确定性，因为专家系统代表某个直觉的决策过程，而所有直觉决策都涉及不确定性话题。把一些专家系统当作决策过程来处理也是合理的。要考虑不确定性问题就必须懂得如何运用概率来表示规则或状态。概率推理和主观贝叶斯推理可用于研究基于概率推理的专家系统。

在专家系统中存在两类不确定性：①一类不确定性。如果存在关于初始输入真值，至少是部分初始输入真值的不确定性，那么应用把一些事件连接起来的概率定律通过规则扩展这类不确定性到最后的结论。②二类不确定性。如果在所有状况中都存在关于规则有效性的不确定性，甚至输入事件一定是真的；这表明需要一些从输入到规则的补充证据。

6.3.1　主观概率与 Monte Carlo 模拟

本节讨论基于概率模型的专家系统中的概率推理的主观概率和概率模型。

1. 主观概率与概率规律

根据主观贝叶斯概率推理，往往认为与专家系统相关的输入概率应当是主观概率。提供输入的用户不需要依靠相关估计资源的频率分布，而可以在制定风险评估时运用他们的经验和判断。该专家系统用户最适宜进行一类风险判断，因为他们正在进行观察并向系统报告观察结果。在某些情况下，对系统提供建议或指导意见是合适的。另一方面，对于即使所有输入均为真的事件，其规则也要被激活的相关概率，即属于二类不确定性，系统专家能够而且应该进行风险评估。除非通过直觉决策，不可能编制专家的风险知识。

令 C 表示某个与为真节点相关的中间或最终结论的事件；E_i 表示与为真节点相关的第 i 个低层条件事件，其前项可为输入或中间结论；E 表示连接 E_i 节点为真的事件；$\bar{E}$ 表示 E_i 连接节点非真的事件；$P[C \mid E]$ 表示一条连接条件被专家指定为真的激发规则的概率；$P[C \mid \bar{E}]$ 表示一条连接条件没有被专家指定为真的激发规则的概率；$P[\bar{E}]$ 表示连接条件为真的概率；$P[\bar{E}]$ 表示连接条件非真的概率；如果第 i 个条件是证据输入，那么用户就指定该值为真，令 $P[E_i]$ 表示第 i 个条件为真的概率；$P[CE]$ 表示一个节点的结论为真而且其连接条件也为真的概率；$P[C\bar{E}]$ 表示一个节点的结论为真但其连接条件非真的概率；$P[C]$ 表示激发规则的概率。于是，能够得到下式：

$$P[C] = P[CE] + P[C\bar{E}] \tag{6.1}$$

基于两类不确定性的结合，可得

$$P[C] = P[C \mid E] \times P[E] + P[C \mid \bar{E}] \times P[\bar{E}] \tag{6.2}$$

理解上述各量的含义是有益的。让我们想象进行一次大量的测试，每组测试的输入是一样的。令 N_t 为测试总数，N_C 为规则被激发的测试数，N_E 为条件是真的测试数，$N_{\bar{E}}$ 是条件非真的测试数，$N_{C,E}$ 是规则被激发而且条件为真的测试数，$N_{C,\bar{E}}$ 是规则被激发但条件非真的测试数。方程(6.2)的概率必须反映下列频率关系：

$$\frac{N_C}{N_t} = \frac{N_{C,E}}{N_E} \frac{N_E}{N_t} + \frac{N_{C,E}}{N_{\bar{E}}} \frac{N_{\bar{E}}}{N_t}$$

上述表达式为一恒等式。对于每个节点，$P[C \mid E]$ 和 $P[C \mid \bar{E}]$ 是由系统专家估值的。独立概率包含某些难度。如果 E_i 是用户观察到的输入而且是独立的，那么对其相关概率的估计只可能是一种判断练习。

2. Monte Carlo 模拟

Monte Carlo 模拟是求解任何组合概率问题的最一般的过程，它不需要应用方程式，只要定义组合事件。组合概率对于求解含有输入的系统是有用的。算法十分简单：执行某个模拟真实情况的试验序列。出现输入的概率记为 $P(E_i)$。给出一些适当假设的概率作为输入。对于某个试验，算法从输入开始，模拟产生一个分布在 0 和 1 之间的随机数。如果该随机数小于 $P(E_i)$，那么对于现在的试验假定输入为真。然后，所有节点按照控制结构规定的顺序被系统地处理。规定把将被激发节点的事件用于该节点。对于一个 AND 节点，如果(E_1，E_2，E_3，$\cdots$，E_n)为真，而对于一个 OR 节点，如果($E_1 + E_2 + E_3 + \cdots + E_n$)为真，那么 E 为真。运用两个新的随机数就能够确定 C 是否为真。如果 E 为真，且第 1 个随机数小于预先指定的 $P[C \mid E]$ 值，或者如果 E 为假，且第 2 个随机数小于 $P[C \mid \bar{E}]$ 值，那么 C 为真。迭代过程随终止条件为真而结束。这个过程必须重复数千次，给出每个终止条件出现的相应频度的统计数据。

6.3.2 概率模型

本节以患者、疾病及其症状为例，介绍基于概率的模型[Padhy N P，2005]。

1. 依赖模型

依赖模型是一种能够建立症状之间依赖关系的模型。

1）一般依赖模型

如果专家系统的推理机需要概率 $P(E_i \mid S_1 \cap S_2 \cap \cdots \cap S_k)$，由式

$$
\begin{aligned}
P(E_i \mid S_1 \cap S_2 \cap \cdots \cap S_k) &= \frac{\mid E_i \cap S_1 \cap S_2 \cap \cdots \cap S_k \mid /N}{\mid S_1 \cap S_2 \cap \cdots \cap S_k \mid /N} \\
&= \frac{P(E_i \cap S_1 \cap S_2 \cap \cdots \cap S_k)}{P(S_1 \cap S_2 \cap \cdots \cap S_k)} \\
&= \frac{P(E_i) P(S_1 \cap S_2 \cap \cdots \cap S_k \mid E_i)}{P(S_1 \cap S_2 \cap \cdots \cap S_k)}
\end{aligned}
\tag{6.3}
$$

可知，一般依赖模型含有频率 $\mid E_i \cap S_1 \cap S_2 \cap \cdots \cap S_k \mid$ 和 $\mid S_1 \cap S_2 \cap \cdots \cap S_k \mid$ 的参数。该模型具有参数的最大数，称为一般依赖模型。应用该模型所面临的一个问题是非常大的参数数目。例如，对于 n 类疾病和 m 种二进制症状，这个最大数为 $(n+1)2^m$。

2）相关症状依赖模型

通过选择每种疾病 E_i 的相关症状的联合集 $Q_i = \{S_{1i}, S_{2i}, \cdots, S_{li}\}$，并假定其他症状是相互独立的，相关症状也是独立的。这表明频率可由下式计算：

$$| E_i \cap S_1 \cap S_2 \cap \cdots \cap S_m | = | E_i \cap (\cap S_j) |_{j \in Q_j} \times \prod_{j \notin Q_j} P_j \qquad (6.4)$$

式中，Q_j 为疾病 E_i 的相关症状的联合集；P_j 为第 j 个非相关症状的概率。这个模型称为相关症状依赖模型，该症状的参数数目不大于 $2^{r+1}n+m$，r 为单种疾病的最大相关症状数。

2. 独立模型

独立模型是最常用的模型。对于某个指定疾病的症状，假定是统计独立的。通常运用下面给出的一般独立模型。这个独立假设允许对式(6.4)重写如下：

$$P(E_i | S_1 \cap S_2 \cap \cdots \cap S_k) = \frac{P(E_i) \times P(S_1 \cap S_2 \cap \cdots \cap S_k | E_i)}{P(S_1 \cap S_2 \cap \cdots \cap S_k)}$$

$$= \frac{P(E_i)}{P(S_1 \cap S_2 \cap \cdots \cap S_k)} \times P(S_1 | E_i) \times P(S_2 | E_i) \times \cdots \times P(S_k | E_i)$$

$$= \frac{| E_i |}{N \times \prod_{j=1}^{k} (| S_j | / N)} \times \frac{| E_i \cap S_1 |}{| E_i |} \times \frac{| E_i \cap S_2 |}{| E_i |} \times \cdots \times \frac{| E_i \cap S_k |}{| E_i |} \qquad (6.5)$$

上式表明新的症状知识如何修正所有疾病的概率。开始时，概率为 $P(E_i)$，然后变为正比于因子 $P(S_j / E_i)(j = 1, 2, \cdots, k)$。值得指出，每个新的症状导致产生一个新的因子和标准化因子 $P(S_1 \cap S_2 \cap \cdots \cap S_m)$ 的变化。对于参数，可选择 $| E_i | (i = 1, 2, \cdots, n)$，$| S_j | (j = 2, \cdots, m)$，$| E_i \cap S_j | (i = 1, 2, \cdots, m)$，$N$。当新的患者进入数据库时，需要更新参数；只要增加相应集合的元素数目就可以了。

独立症状的假设能够显著减少参数的数量。如果有 n 类疾病和 m 种症状，参数的数量为 $nm+m+n+1$ 而不是一般情况下的 $(n+1)2m$。不过，这个数还是太大了，因此这种方法应用不多。这个问题的一种可行解决方案是：对于一定的症状集，假定概率 $P(S_j / E_i)$ 为空集，或者更准确地说，对于某种疾病 E_i，选择一些相关症状 $S_1, S_2, \cdots, S_j$，如果 S_j 不是一种相关症状，那么 $P(S_j / E_i)$ 为空集。采用这种方法，参数的数量不大于 $nr+n+m+1$，其中 r 为每种疾病的最大相关症状数，$r \ll m$。

本方法仍有一些不足之处。如果患者表现出非相关症状，那么疾病就被排除。从实际观点出发，这个结论是不可取的，因为患者表现出某些无助于疾病诊断的特别症状是很常见的。要解决这个问题，可以假设对于所有非相关症状，$P(S_j / E_i) = P_j \neq 0$。这意味着只对某些增加 m 个参数。当需要增加新的患者时，可以更新数据库的参数，但不可能更新 P_j。在许多情况下，由于出现一组症状，使用独立模型是不现实的。这时，依赖模型倒是更合适的。

在基于概率的专家系统模型的研究和设计过程中，还经常应用到 3.5 节介绍的可信度方法及不确定性因子和证据理论等不确定性推理理论与方法。

3. 含有不确定性的控制结构

当专家系统展现出不确定性时，就需要全面搜索所有规则，选择具有为真最大概率的最后结论。要得到某个结果，这可能需要更多的计算机时间；对于确定性系统，需要包括一个诸如正向推理或逆向推理的控制结构，而不是全面搜索。可以采用某些合理的过程，如提供一个比相应的确定性系统可能更好的控制结构，来改善这种状况。

一旦开发了规则集合，就应该在保持连续性情况下赋予全部有证据的输入 1 或 0 的概率，以对专家知识进行评估。接着，需要进行全面的搜索；对于任何应用，每个最后结论可能具有更大的为真概率。专家系统的设计者们必须检验所有这些事实，看看该系统的大多数结论是否真正达到专家水平。例如，某个结论的可能最好概率是 0.4，那么专家系统设计者就应当就此与专家进行对质。如果专家坚持认为，这个概率太小了，而且专家的判断揭示了可能更大的概率，那么，专家就需要检验他的规则的概率，力图设计出能够导致更一致结论的概率。不过，在不佳情况下，专家可能不得不认识到他的判断并不像他想象的那样有效，而且该专家系统也不是可行的。

上述评估结果也可以用于控制结构。对于每个最后的结论，必须设立决策阈值，某个最大值的百分数。如果最后结论有个关于该百分数的值，就可以接受为真。并不需要所有的结论都有一样的阈值，不过可能使用某个简单的一般提法，如"具有超过 0.95 概率乘以其最大可能值的第一个结论，其结果可被接受为真。"对于某些专家系统，需要确定证据的顺序，并对每个输入进行概率分析。

6.4 基于模型专家系统的设计方法

基于模型专家系统的设计一般建立在因果模型基础上，因果时间本体论是一种常用的因果模型理论。本节从以下几个方面介绍基于模型专家系统的设计方法：

(1) 因果时间本体论。

(2) 推理系统设计。

(3) 可变系统的本体论。

6.4.1 因果时间本体论

首先介绍一种因果时间本体论，这是基于模型专家系统设计的基础。

1. 动机和目标

时间因果对人类理解物理系统的行为起到十分关键的作用。人类对因果关系的识别是建立在原因和结果之间的时间延迟（即时间间隔）的识别基础上的。但是很少知道推理系统产生的因果关系的即时含义，也就是说实际物理行为中因果关系的时间间隔有多长，主要有两个原因：其一，有许多建模技术和表示方法，每种都含蓄地暗示模型变量之间的几种即时关系；其二，推理引擎按照推理系统所支持的时间概念解释这些模型。

例如，QSIM 和因果排序过程使用相同性质的微分方程，来生成具有不同临时含义的不同因果关系。这种差异的原因在于推理机具有推理过程支持的不同时间概念。几个含蓄时间概念的结果就是所生成的因果关系的临时含义对推理机不清楚。

本体论的目标在于揭示因果时间的结构，以暗示定性模型和因果推理机。本体论在定性模型中定义 13 种称为因果时间标度（scale）的一般时间概念，如表 6.1 所示。因果时间标度生成以前框架中描述的时间概念。和建模技术相关的因果时间标度表示临时粒度和/或本体论观点。

表 6.1　因果时间的标度

直接建模	组件结构的建模
$ca1$：参数值的改变	组件结构的建模
$Ta1$：共有从属时间标度	$Tc1$：内部组件时间标度
$ca2$：满足一套本质上同时发生的方程	$cc2$：满足组件中的所有参数
$Ta2$：从属时间标度	$Tc2$：组件间的时间标度
$ca3$：完全满足一套约束	$cc3$：满足全局结构中的所有参数
$Ta3$：积分时间标度	$Tc3$：全局时间标度
$Ta3p$：自等积分时间标度	$cc4$：满足整个系统中的所有参数
$Ta3i$：积分到均等的时间标度	$Tc4$：整个系统的时间标度
$ca4$：一套达到均衡的参数	
$Ta4$：均衡时间标度	
时间约束的建模	兴趣期间的建模
$Tb1$：更快机制的时间标度	$Td1$：初始期间的时间标度
$ca2$：更快的机制达到均衡	$cd1$：在时间标度山发生第 1 个事件
$Tb2$：更慢机制的时间标度	$Td2$：中间过渡的时间标度
$ca3$：更慢的机制达到均衡	$cd2$：在时间标度山发生最后 1 个事件
	$Td3$：最后期间的时间标度

根据因果时间标度，可以明确指定模型或因果推理机的临时含义，包括：

（1）因果关系的临时含义。

（2）推理机的临时性能。

（3）一般因果推理议程。

（4）反馈的复杂分析。

首先，推理机所生成的因果关系可以归类为因果时间标度之一。例如，QSIM 生成的因果关系归类为名为 $Ta3$ 的因果时间标度，表示和数学积分运算相关的时间概念。另一方面，因果排序过程所生成的一些关系归类为比 $Ta3$ 更好的时间标度 $Ta2$。

其次，因果时间标度可以指定推理机在因果排序方面的性能，称为因果时间解。对于这个例子，因果时间过程的时间解比 QSIM 的解更好。

第三，一般原始推理议程可以描述传统推理方法的必要部分。

第四，优秀的时间标度可以在反馈循环中进行因果关系的复杂分析，来获取更少的模糊因果排序。

2. 理论基础

在因果时间本体论中，推理机产生的时间上的行为根据事件及其连接的术语表示，这一点类似于历史模型。事件 $e \in E$ 表示参数的定性值及其某时刻上的结果值的即时变化。定性值的变化假定是连续且可区分的。按照模型 M 由旧事件 e_1 使用操作符 $o \in O$ 生成新事件 e_2。按照模型 M，e_1 与 e_2 之间的连接 $l_1 \in L$ 表示因果关系。e_1 与 e_2 之间存在与因果关系 l_1 对应的时间间隔 t_1。时间间隔 t_1 不包括 e_2，但包括 e_1。操作符 $o \in O$ 的作用是传播变化和生成新事件、时间间隔以及局部时间关系。这里，符号 t 总是表示时间间隔，而不是时刻。下面介绍变化传播的时间间隔。

因果时间本体论对这些时间间隔进行归类，称为因果时间标度。因果时间标度表示效果传播的时间间隔概念。符号 $\tau(l)=T$ 表示因果关系 l 的时间间隔 t 归类为时间标度 T。可以说在时间标度 T 上表示因果关系 l。

表示时间标度 T_1 比时间标度 T_2 更短的关系记为 $T_1 < T_2$，定义如下：

$$T_1 < T_2 \leftrightarrow \forall t_1 \in T_1, \quad \forall t_2 \in T_2, t_1 < t_2$$

换句话说，T_1 表示比 T_2 更快的事件。这种关系是传递的。T_1 与 $T_2(T_1 < T_2)$ 之间的关系如图 6.5 所示。

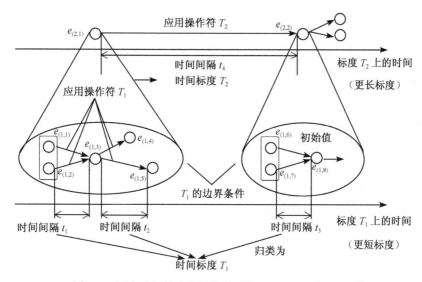

图 6.5　两个时间标度之间的关系[Kitamura Y 等，2002]

在短一些的时间标度 T_1 上的推理过程中，当某个条件变为真时，推理就切换到相邻的更长时间标度 T_2。这样的条件称为 T_1 的边界条件或 T_2 的预备条件。T_1 中的条件 $e_{(1,1)}$、$e_{(1,2)}$、$\cdots$、$e_{(1,4)}$ 编组的事件集合作为 T_2 中的即时事件 $e_{(2,1)}$ 处理。然后，T_2 的推理操作符应用于事件 $e_{(2,1)}$ 上。每个时间标度都有一个操作符。T_2 中的结果值可作为 T_1 中的初始值处理。相同的概念递归地应用于 $T_0 < T_1$ 案例上。总之，时间标度 T 可以定义为三元组 $<$Pc，Op，Bc$>$，其中这些缩写分别表示预备条件(precondition)、操作符(operator)和边界条件(boundary condition)。T_1 的三元分别用 T_1：Pc、T_1：Op 和 T_1：Bc 表示。

从物理观点来看，推理机生成的关系 l 不会总是合理的。连接 l 可能表示物理上不合理的操作顺序。为了澄清因果关系的物理意义，下面介绍每个时间标度的物理意义的两个方面，即间隔意义和顺序意义。前者表示时间标度上时间间隔存在的物理理由。后者表示时间标度上存在事件顺序的理由。

3. 因果时间标度

表 6.3 定义了 13 种因果时间标度。时间标度分为四类，每一类表示具有特定建模原理的建模技术。直接建模描述使用数学微分方程的模型，这个模型直接表示时间上的动态行

为。时间约束建模定性归类为对现象建模的时间约束。组件结构建模引入组件的概念，在于反映目标系统的物理结构的因果关系。诸如最初反应的兴趣期建模允字♯表示每类升序排列。目标表 6.3 中，符号 $cx♯$ 指定的每个条件表示其上时间标度的边界条件和其下时间标度的预备条件。

1）直接建模

对于直接建模，现象的临时特征用模型的数学形式直接表示。时间标度 $Ta3$ 的预备条件就是完全满足的参数集合，其中集合中的每个参数具有满足所有约束的值。当条件成立时，推理机应用积分操作符，从而产生一个新的事件。积分操作符体现定性平均值定理 $x_{new} = x_{old} + dx/dt$。旧的事件和新的事件之间的时间间隔归类为积分时间标度 $Ta3$。QSIM 中的时间对应于 $Ta3$。而且，$Ta3$ 分为两类：$Ta3p$ 和 $Ta3i$。前者表示从和路标值的间隔相同的值集成而来的时间间隔。后者表示从路标值的间隔而来的时间间隔。并且，$Ta3p < Ta3i$。

另一方面，时间间隔归类为 $Ta2$：从属时间标度，直到完全满足参数集合为止。$Ta2$ 的预备条件为本质上同时满足方程的集合。本质上同时发生的方程是不能单独解决的。因果排序理论的时间标度对应于 $Ta2$。这个时间标度归类为 $Ta1$：共有从属时间标度，直到本质上同时发生的方程都被满足为止。尽管这个时间标度具有上面所说的间隔意义，但它没变量有顺序意义。另一方面，$Ta2$ 和 $Ta3$ 可能具有这两种物理意义。当参数集合达到均衡时，推理就切换到 $Ta4$：均衡时间标度。

例如，下面介绍由直接模型 $y = x - z$，$dz/dt = y$ 建模的实例系统。一个具有三个定性值[+]、[0]或[−]中的一个，其中路标值为 0。对于初始状态，除了干扰 $x = [+]$ 之外，所有变量的值为[0]。图 6.6 显示了由 $Ta2$、$Ta3$ 和 $Ta4$ 产生的因果关系。对于这个例子，约束满足的方法是值的简单传播。首先，按照 $y = x - z$，$x = [+]$，$z = [0]$，y 的值变为正值，图中显示为[0]→[+]。然后，这个值传给 z 的微元 dz。在这一点上，每个参数都具有满足所有约束（$Ta3$ 的预备条件）的值。接着推理切换到更长时间标度 $Ta3$。在标度 $Ta3$ 上，

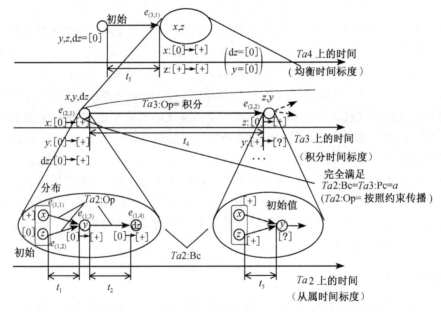

图 6.6　时间标度之间的关系 $Ta2 < Ta3 < Ta4$［Kitamura Y 等，2002］

积分操作符应用于 z；随后 z 变为正值。接下来，在 $Ta2$ 上，z 的新值传给 y ……系统达到均衡时，在时间标度 $Ta4$ 上产生事件 $e_{3,1}$。在时间标度 $Ta3$ 上 y 和 dz（两个事件在相同的时间点上发生）之间没有因果关系，其中在时间标度 $Ta2$ 上的一小段时间间隔 t_1 之后 y 的变化引起 dz 的改变。

当模型设计器根据微分方程的术语描述现象时，建模原理就是捕获 $Ta3$ 的转移行为的动态变化以求其均衡。一般来说，这意味着达到均衡的时间间隔比其他现象更长。

2）时间约束建模

为了表示时间约束的差别，这种建模技术将目标系统分为参数集合，其中达到均衡 $Ta4$ 的时间间隔彼此十分不同。对于这个模型，在时间标度 $Ta1$ 上相对更快的机制首先达到均衡。然后，推理切换到时间标度 $Ta2$ 上。这种建模在推理效率方面具有优势，因为对推理空间进行了分割。

3）组件结构建模

按照基于设备本体论的组件结构，组件结构建模将整个系统分为子部分。这里，最小粒度的设备称为组件。$Tc1$ 表示组件的内部行为，而 $Tc2$ 表示相邻组件之间的行为。$Tc3$ 表示包含组件的全局结构之间的交互。那些更粗粒度的全局结构之间的交互也由 $Tc3$ 表示。$Tc4$ 表示整个系统最终达到均衡的事实。这些时间标度之间的顺序关系体现结构距离。

图 6.7 显示本地组件 c_1 和 c_2 中的因果关系实例。给定 c_1 的干扰 $x = [+]$，c_1 中的值由组件内传播改变。在标度 $Tc2$ 上，y 的值传播给 c_2。

尽管 $Tc2$ 和 $Tc3$ 有间隔意义，但仅有连接信息还不能给予它们顺序意义。另一方面，$Tc1$ 不可能有物理意义。这种建模技术暗示一种建模原理，即因果关系应反映功能组件和结构中的媒介流。

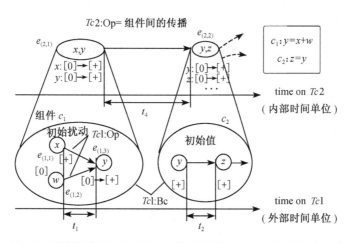

图 6.7　时间标度 $Tc1 \prec Tc2$ 之间的关系 [Kitamura Y 等，2002]

4）兴趣期建模

兴趣期建模允许推理机仅处理特定的临时兴趣期，如最初的行为。时间标度不包含长度，但包含时间间隔的数目。例如，QUAF 系统只对最初的改变 $Td1$ 和最后的响应 $Td3$ 进行推理，而不对中间的时间行为进行推理。这种技术有助于消除推理结果的模糊性，并且避免了一些推理费用。

4. 推理系统中的因果时间标度

下面按照因果时间标度的术语描述现在的一些推理系统。一般来说，推理系统的时间决定由一套原始时间标度的组合指定。符号 T_1：$Tx1 \& Tx2$ 表示标度 T_1 由 $Tx1$ 和 $Tx2$ 组成。表 6.2 显示一些传统的定性推理系统可处理的时间标度。例如，QSIM 系统可仅处理 $Ta3$ 中的行为，因为它只使用数学微分方程，并采用一种生成-测试的约束满足方法。因此，对 $Ta3$ 来说，传递的行为之间没有标识因果关系。QSIM 系统的时间对应于 $Ta3$。QSEA 系统仅处理 $Ta4$ 所表示的均衡状态。时间标度提取是一种 Tb 所表示的时间标度建模。QUAF 系统只对积分时间标度 $Ta3$ 上的初始改变 $Td1$ 和最终响应 $Td3$ 进行推理。

表 6.2　因果关系的需求

必需的因果关系	时间标度
组件之间的交互	$Tc2$
全局现象(热)	$Tc3$
全局同时发生的现象(流)	$Tc3 \& Tb1$
依赖关系	$Ta1$，$Ta2$
动态行为	$Ta3$
最初的和最后的响应	$Td1$，$Td3$

在设备概念的基础上，可按照更好粒度的时间标度 $Ta1$(称为神话时间 mt)生成因果关系。但是，$T1_{mt}$ 中的因果关系不是总有物理意义的，因为 $T1_{mt}$ 由 $Ta1$ 和 $Tc1$ 组成。另一方面，为了给出 $T2_{mt}$ 的物理意义，de Kleer 和 Brown 使用一般启发信息来表示物理直觉知识。但是，由于启发应用的任意性，它们生成的因果关系是模糊的。

因果顺序理论获取 $Ta2$ 中的因果关系，其中顺序意义表示数学从属性。但是，这个理论不会获取 $Ta1$ 中的因果关系。

5. 原始推理议程

系统可处理的时间标度集合指定推理系统的原始推理议程。假设 TS 为这样的集合，E_c 为当前实施的事件集合。当前时间标度 T_c 以及相邻的时间标度 T_1 和 T_2 的一般推理议程定义如下：

(1) 在时间标度 T_c 中，如果事件 $e_1 \in E_c$ 满足预备条件 T_c：Pc，就对 e_1 应用操作符 T_c：Op，然后产生新的事件 e_2 以及 e_1 和 e_2 之间的新连接 l。

$$\tau(l) = T_c$$

(2) 推理进程切换到更短的时间标度 T_1。$T_c \rightarrow T1$ 和 $E_c \leftarrow e_2$，然后它从第一步开始递归执行，其中符号←表示置换。

(3) 如果 e_2 不满足边界条件 T_c：Bc，就进行第一步，且 $E'_c \leftarrow E_c - \{e_1\} + \{e_2\}$。

(4) 如果 e_2 满足边界条件 T_1：Bc，那么推理进程切换到更长的时间标度 T_2。T_c 中的所有事件都转移到 T_2 中的事件 e_3 中。递归执行第一步。

推理进程在 TS 中从最小时间标度 T_{min} 开始，假定初始值为 E_c。这种推理进程递归重复，直到满足最小时间标度的边界条件为止。存在这样的情况，T_{min} 需要一个特定的操作符，来满足 T_{min} 的预备条件。

传统系统的推理进程可由表 6.2 中的时间标度解释。例如，调用时间标度提取的推理方法从最小时间标度 $T1_{ts}$ 开始。因为 $T1_{ts}$ 包含 $Ta3$，所以 $T1_{ts}$ 的操作符就是积分。严格地说，QSIM 的操作符不同于积分。它表示推理效率的可能转换时间。当 $T1_{ts}$ 的边界条件为真时，也就是说更快的系统达到均衡，在 $T2_{dx}$ 中不执行推理。然后，$T3_{ts}$ 中的推理进程就开始，接着生成更慢的行为。原则上，$T3_{ts}$ 上的推理进程返回到更短的时间标度 $T1_{ts}$ 和 $T2_{ts}$。但是，在这种情况下因为 $T2_{ts}$ 处于均衡状态，因而没有更多的事件，只需要检查值。

推理结果由一套事件 E 和一套连接 L 组成，其中每个部分都有相关的时间标度 $T \in$ TS，其中 $\tau(l) = T$。如果在 e_1 和 e_2 之间存在传递的因果关系，那么 $\tau(e_1, e_2)$ 表示一种时间标度，即 e_1 和 e_2 之间的时间间隔，其定义如下：

$$\tau(e_1, e_2) = \max_{l \in L_e} \tau(l)$$

其中，$L_e \subset L$ 由 e_1 和 e_2 之间的连接组成。此定义暗示时间标度所表示的时间间隔链可由相同的时间标度表示。换句话说，时间标度 T_1 上的时间间隔不会出现在比 T_1 更长的时间标度上，因为其时间间隔不够长。在没有因果关系的情况下，如果 $\tau(e_0, e_1) < \tau(e_0, e_2)$，其中 e_0 表示最后的公共事件，即交汇点事件，可以说只有那个 e_1 才发生在 e_2 之前。如果不是这样，在这样的事件之间就没有时间顺序。

6. 反馈和因果时间标度

参数事件的结果最终传播到此参数本身的现象称为反馈。反馈循环中的延时对人类理解反馈起到关键的作用。例如，当反馈的延时非常短，并且建模器对反馈的传递行为不感兴趣时，没有必要在反馈循环中产生事件之间的因果关系，来跟踪参数值的改变。所以，推理机可按照以下启发信息处理反馈。

反馈启发信息：

按照预定义的阀值 T_{s1} 和 $T_{s2} \in$ TS，一个现象是否被看成反馈依赖于传播循环的延时。假设 L 是传播循环中所包含的一套连接，T_1 是此循环上延时的时间标度。

（1）如果 $T_l < T_{s1}$ 或 $T_l = T_{s1}$，那么此现象不会作为反馈处理。L 中的事件顺序没有物理意义。如果反馈后的新值和原来的值不相同，此情况就看作相同时间点上的矛盾。

（2）如果 $T_l > T_{s1}$，并且 $T_l < T_{s2}$ 或 $T_l = T_{s2}$，那么此现象作为半反馈处理。L 中的事件顺序有物理意义。如果在新的值和旧的值之间存在冲突，就忽略新的值。

（3）如果 $T_l > T_{s2}$，那么此现象作为反馈处理。L 中的事件顺序有物理意义。反馈后将改变这些值。

最后一种情况对应于通常的反馈。前两种情况可分别解释为"反馈是虚拟的，由推理方法的序列化操作产生"和"不存在抑制原始瞬间改变的反馈"。

6.4.2 推理系统设计

下面介绍如何设计基于因果时间本体论的因果推理系统，包括如何根据必需的时间粒度决定建模议程、模型的要素和推理过程。这里使用因果推理系统作为实例，此系统可获得比传统系统更好粒度的因果关系。

1. 必需的时间标度

此系统设计用来基于设备本体论获取因果关系。目标系统是有关流的系统，如电厂。此系统处理流的流动状态、压力和热量，假定此流是不可压缩的。其需求就是模型的复用性和推理结果的模糊消除。表 6.2 显示要生成的因果关系及其时间标度的需求。例如，为了处理全局现象，如全局热平衡引起的温度变化，需要层次结构 $Tc3$。有时不相邻的组件中的改变也会同时发生。这些改变称为全局同时发生现象。例如，假设流是不可压缩的，每个组件中这种流的流动速度同时改变。因而，需要时间标度 $Tc3$ 和 $Tb1$ 的组合。

如何处理表 6.2 中必需的原始时间标度的设计决定结果，就是表 6.3 中显示的一套时间标度集合。首先，假定按照均衡方程的术语只有一级更快的机制。因此，全局同时发生时间标度由 $Ta1$ 或 $Tb2$ & $Tb1$ & $Tc3$ 组成，并且在 $Tb2$ 中有组件之间的现象和积分 T_5。然后，作为对组件之间现象的传递行为不感兴趣的反映，组件之间的时间标度 T_2 表示为均衡方程，即 $Ta1$ 或 $Ta2$。最后，尽管组件内部的时间标度 T_1 不仅能表示更快的机制，还能表示更慢的机制，而且 $T_1 < T_4$，因为 T_1 中的 $Tc1$ 表示更好粒度的改变。因为 T_4 表示几乎同时发生的现象，所以 $T_4 < T_2$。

表 6.3　推理系统的时间标度

时间标度的名称	定义
T_1：组件内部	$Ta1/2$ & $Tb1/2$ & $Tc1$
T_2：组件之间	$Ta1/2$ & $Tb2$ & $Tc2$
T_3：全局	$Ta1/2$ & $Tb2$ & $Tc3$
T_4：全局同时发生的	$Ta1/2$ & $Tb1$ & $Tc3$
T_5：积分	$Ta3$ & $Tb2$ & $Tc3$
T_6：局部均衡	$Ta4$ & $Tb2$ & $Tc3$
T_7：完全均衡	$Ta4$ & $Tb2$ & $Tc4$
$T_1 < T_4 < T_2 < T_3 < T_5 < T_6 < T_7$	

而且，推理机有一些假设。首先，假定目标系统有一个没有任何干扰的正常均衡状态。行为表示对干扰的响应，已达到正常的均衡。参数取三种定性值之一，这些值和定义为正常均衡中参数的允许范围的正常值背离有关。[＋]（[－]）表示大于（小于）正常值的数量。[0] 表示等于正常值的数量。接着，推理机有必要推断最初的改变 $Td1$ 和最后的响应 $Td3$，并且跳过 $Td2$ 中的瞬间行为。最后，假定所有约束都是连续的。

2. 必需的模型元素

时间标度的集合作为推理机的性能规范管理模型的要素。换句话说，此模型应该给出所生成的因果关系物理意义的内容。表 6.4 显示每个时间标度的系统建模议程。例如，为了从瞬间行为 $Td2$ 跳到均衡状态 $Td3$ & $Ta4$，有必要知道此行为是否达到均衡，即需要所谓的均衡稳定性。

表 6.4 建模议程

时间标度	建模议程
$Tc1$, $Tc2$	端口之间的组件和连接
$Tb1$, $Tb2$	机制的时间标度描述
$Td2$, $Td3$	参数均衡的稳定性
$Ta1$ & $Tc2$	因果规范

3. 组件的因果关系

基于设备本体论因果排序的主要问题就是模型内容给予组件 $Tc2$ 中的因果关系什么样的物理意义。从前面的介绍中了解到,需要附加的知识。当组件有其自己的因果特征时,其方法就是清晰描述组件中每个参数的内在因果属性,称为因果规范,它是上下文无关的。但是,这样的属性倾向于依赖上下文。为了帮助不通过上下文捕获因果属性,要在组件内标识以下三类因果关系:

(1)孤立的内部因果关系:孤立的内部因果关系表示组件内一个参数的改变通过组件中的事件引起组件中另一个参数的改变的因果关系。

(2)外部的因果关系:外部因果关系表示相连组件之间的直接交互。

(3)组合的内部因果关系:对于组合的内部因果关系,因与果之间的因果链包括其他组件中的事件。

从孤立的内部因果关系的观点来看,因果规范是上下文无关的。

4. 模型表示

系统的整体结构由组件模型和设备本体论基础上的连接组合而成。组件模型由以下部分构成:

(1)参数集。

(2)参数约束。

(3)连接的端口。

(4)表示组件因果属性的因果规范。

(5)现象的时间标度。

按照定性操作符和参数的术语描述约束。$D(p)$ 表示时间方面的参数派生物。其取值为三个定性值 $[+]$、$[-]$ 和 $[0]$,对应于此派生物的符号。并且有积分方程 $p_{(t+1)} = p_{(t)} + D(p)_{(t)}$。约束 $D(p)_{(t)} = [0]$ 的含义是此参数支持均衡状态。参数可能属于组件中一些连接的端口。连接信息由此端口之间的关系表示。存在和本地组件相连的全局约束。

参数的因果规范表示通过以下两个标记担当因果角色的可能性。

(1)因(C):参数值的改变通过组件中的事件可能引起组件内其他参数值的改变:

(2)果(E):参数值的改变可能通过组件中的事件由组件内其他参数值的改变引起。

因果规范可取三个值,即 $\tilde{C}E$、$\tilde{C}E$ 和 CE,其中符号~是否定符号。如果存在这样的参数,其改变影响约束下的参数值,那么标记 E 就和当前参数有关联,并且如果存在这样的参数,约束下的参数值影响其值,那么标记 C 就和当前参数有关联。如果不存在这样的参数,$\tilde{C}(\tilde{E})$ 就有关联。带约束值的参数有因果规范 $C\tilde{E}$。例如,假设电阻 R 未因热而改变,

那么电路中的电阻 R 将有 $C\tilde{E}$。这样的参数值仅受其他参数和/或系统模型的外部因素（如故障）的影响而改变。因而，当且仅当参数有因果规范 $C\tilde{E}$，并且没有其他组件的连接时，此参数才是目标系统模型的外因。外因参数是诊断任务中故障的考虑因素。

为了处理全局现象，描述了本地组件上的全局约束。这样的全局约束由物理实体（如热和流）的一般属性证明。尽管这样的属性由物理行和诸如循环的组件中连接的一般拓扑指定，但是它们可预先为每个一般拓扑做准备，作为域本体论的一部分。例如，一般循环拓扑的一般属性，按照热观察的法则，热能流入和流出之间的差别引起此循环中温度的变化。按照具体的配置实例化全局约束。

推理机可通过现象的时间标度区分全局同时发生的现象，例如不可压缩的流的流速改变 $T4$。表示此现象的全局约束称为全局同时发生约束，其特点就是同时发生的。其他约束和本地组件模型不是同时发生的。

5. 推理

推理方法是建立在上述的原始推理议程上的。给定初始事件，启动最小时间标度 T_1 上组件内部的推理，来决定组件中其他参数的值。一般来说，当从其他组件传播改变时，就调用组件内部的推理。T_1 中的操作符按照因果规范对约束评估。如果 $C\tilde{E}$ 参数的值不由其他组件决定的，那么可假定保持先例中旧的值。接着，T_4 中的组件内推理向其他组件广播事件。然后，推理类似地切换到更长的时间标度 T_2、T_3 和 T_5 上。反馈推理建立在反馈启发信息上。在此系统中，因为 T_1 中的部分因果关系没有物理意义，并且 T_4 表示非常快的机制，所以阀值 T_{s1} 和 T_{s2} 分别设置为 T_1 和 T_4。

6.4.3 可变系统的本体论

下面在核心本体论基础上介绍电厂等流系统的域本体论。本体论的问题是流的流动速度、压力和热量，并且假定此流是不可压缩的。在设备本体论的基础上，整个目标系统的模型由一套组件模型及其之间连接的有关信息组成。

1. 流的因果关系

整体连续性的概念用来捕获不可压缩的流的因果关系。组件的整体连续性显示进入此组件的全部流是否不断流出。例如，调节真空管和箱子不满足整体连续性，并称为部分连续的流组件。整个系统可分解为整体连续流子系统，每个子系统只有一个部分连续流组件，作为流的源。从整体连续性的观点来看，可标识组件上流动速度的因果关系。在整体连续流动子系统中，整体连续流组件上不会改变流动速度，因为这种改变与此流不可压缩的假设矛盾。按照改变流动速度的能力，电厂中所有有关流的组件分为两类，即流动供应的组件和流动接收的组件。流动供应组件不满足整体连续性，可改变流动速度，而包括管道和流动真空管的流动接收组件满足整体连续性。泵的确满足整体连续性，但是泵也是可改变流动速度的特例，因为泵吸取此流。

因果关系由组件内的内部事件组成，并且因果关系影响唯一的定性值。这种类型的关系称为本地确定性的。按照本地的确定机制，压力下降比此本体论中的压力更重要。压力不是本地决定的，但是可由整个系统的均衡全局决定。因此，压力下降和流动接收组件中的压力的因果规范分别为 $\tilde{C}E$ 和 $C\tilde{E}$。

2. 时间标度和全局约束

理想情况下，整体连续流子系统中所有组件上的不可压缩流的流动速度同时发生改变。因此，流动速度的约束是全局的和同时发生的。压力下降和压力也是全局的和同时发生的。另一方面，如果假定不释放热，那么相邻组件之间流动热。但是，在全局循环结构的情况下还有全局约束表示热量守恒法则，此法则与循环中的流循环分子的热能有关。全局热约束不是同时发生的，因为在循环中分子需要流通的时间。

这样的全局约束由物理法则和循环等组件中连接的一般拓扑指定。可为每个一般拓扑预先准备它们，以作为域本体论的一部分。对于形成循环结构的全局连续流子系统，一般存在以下全局约束：

（1）热量守恒法则：循环中每个组件上的温度变化受到热能流入和流出的差别影响。

（2）流动速度：子系统中组件上不可压缩流的所有流动速度都是相同的。它们是同时发生的。

（3）压力下降：子系统中流动接收组件的压力下降总和等于相同子系统中流动供应组件的压力下降总和。

（4）压力：根据子系统中所有的压力下降决定组件的压力。

按照具体的配置实例化全局约束。

3. 和流相关的组件模型

1）泵

泵是流动供应组件之一。它有电力供应、压力头和流动速度等关系。根据压力下降的全局约束，压力头等于流动接收组件的总压力下降。流动速度的因果规范为 $\tilde{C}E$，压力头的因果规范为 $C\tilde{E}$。因而，总压力下降的改变引起流动速度和电力供应的改变。这些改变依赖泵的特征。如果此泵是压力补充类型的，也就是说它控制流动速度，来维护不断的电力供应，那么泵的电力供应因果规范是 $C\tilde{E}$。在这种情况下，泵的因果关系可归类为"泵根据总压力下降和电力供应控制此流动速度"。此泵不是理想的流动供应器。

2）流动真空管

没有排出的流动真空管是流动接收组件之一。它有以下参数：可手动改变的可用流动区域；通过真空管的流动速度；入口压力；出口压力；入口和出口之间的压力差。

此区域的因果规范是 $C\tilde{E}$，流动速度的因果规范是 $C\tilde{E}$，压力和压力下降的因果规范分别是 $C\tilde{E}$ 和 $\tilde{C}E$。因而，在手动关闭此真空管的情况下，区域改变不会引起流动速度的变化，而会引起压力下降的变化。将这些变化传到泵，即一种流动供应组件，然后它可能根据泵的特征引起流动速度的改变。如果此流动速度改变，也就是说，如果通过改变泵的流动速度来尽力补偿增长的负载，那么它引起流动真空管上流动速度的减少。对流动真空管改变流动速度的识别直接关联到对组合的内部因果关系的看法。因为这种关系依赖泵的特征，所以它不是可重用的。

6.5　基于模型专家系统的实例

下面介绍几种基于模型专家系统的示例，包括核电站应用、电路应用和汽车启动部分示例。

6.5.1 核电站应用实例

下面描述上述方法在核核电站的应用。为了集中介绍热能和流的流动行为，构建此电厂的热传递系统模型。此核电站通过两个散热器（IHX 和 AC）向开放的空气传递反应堆容器（RX）中产生的热能。因为这是测试核电站，没有电力生成器。此系统有两个子系统，称为 A 和 B，每个子系统都有两个循环，称为主要循环和次要循环，在此循环中流通着散热剂。

整个系统模型由 27 个组件、143 个参数和 102 个约束组成。主要组件和参数如图 6.8 所示。组件模型是组件类的实例，如散热器和泵。组件类模型建立在流系统的域本体论基础上。

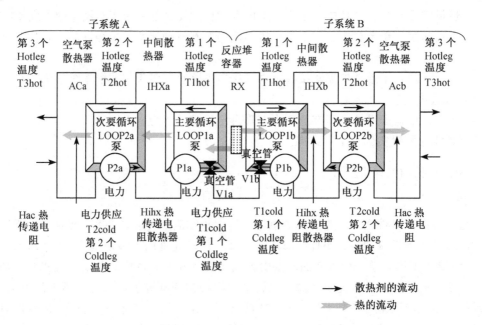

图 6.8　热传递系统的概要 [Kitamura Y 等，2002]

下面给出子系统 A（称为 IHXa）中主要循环的散热器定性模型：

（1）名称：IHXa。

（2）时间标度：非同时发生的。

（3）端口：

符号	连接的计算机	连接的端口
in1	RX	out1a
out1	P1a	in
in2	P2a	out
out2	ACa	in1
heat1	LOOP1a _ HEAT	out
heat2	LOOP2a _ HEAT	in
flow1	LOOP1a _ FLOW	rst2

flow2	LOOP2a _ FLOW	rst1
dp1	LOOP1a _ DP	rst2
dp2	LOOP2a _ DP	rst1

（4）参数：

符号	描述	因果关系规范	端口
T1hot	第 1 个散热剂的入口温度	CẼ	in1，heat1
T1cold	第 1 个散热剂的出口温度	C̃E	out1，heat1
T2cold	第 2 个散热剂的入口温度	CẼ	in2，heat2
T2hot	第 2 个散热剂的出口温度	C̃E	out2，heat2
Q12	传递到第 2 个散热剂的热量	CE	heat1，heat2
Hihx	热传递电阻	CẼ	
Flow1	第 1 个散热剂的流动速度	CẼ	flow1
Flow2	第 2 个散热剂的流动速度	CẼ	flow2
P1io	第 1 个散热剂的压力下降	C̃E	dp1
P2io	第 2 个散热剂的压力下降	C̃E	dp2

（5）约束：

$$Q12 = Hihx * ((T1hot + T1cold)/2 - (T2hot + T2cold)/2)$$

$$Q12 = Flow1 * (T1hot - T1cold)$$

$$Q12 = Flow2 * (T2hot - T2cold)$$

$$P1io = Flow1$$

$$P2io = Flow2$$

接下来，给出泵 P1a 的定性模型：

（1）名称：P1a。

（2）时间标度：非同时发生的。

（3）端口：

符号	连接的计算机	连接的端口
in	IHXa	out1
out	V1a	in
flow	LOOP1a _ FLOW	driver
dp	LOOP1a _ DP	driver

（4）参数：

符号	描述	因果关系规范	端口
Power	供应的电力	CE	
Flow	流动速度	C̃E	flow
Pio	入口和出口之间的压力差	CẼ	dp
Tin	散热剂的入口温度	CẼ	in
Tout	散热剂的出口温度	C̃E	out

（5）约束：

$$Power = Flow * Pio$$

$$Tin = Tout$$

根据本体论，此泵对其电力和循环上的总压力下降的变化做出反应，来改变流动速度。根据域本体论中热和流的 4 个全局属性获取这 16 个全局约束。下面给出子系统 A 中主要循环的热量守恒法则：

（1）名称：LOOP1a_HEAT。

（2）时间标度：非同时发生的。

（3）端口：

符号	连接的计算机	连接的端口
in	RX	heata
out	IHXa	heat1

（4）参数：

符号	描述	因果关系规范	端口
Q01	从 RX 传递来的热	$C\tilde{E}$	in
Q02	传递给 IHX 的热	$C\tilde{E}$	out
T1hot	散热剂的温度（hotleg）	$\tilde{C}E$	in, out
T1cold	散热剂的温度（coldleg）	$\tilde{C}E$	in, out

（5）约束：

$D(T1hot) = Q01\text{-}Q12$

$D(T1cold) = Q01\text{-}Q12$

$\exists t, D(T1hot)_{(t)} = [0]$

$\exists t, D(T1cold)_{(t)} = [0]$

表 6.5 显示仿真结果。给定顶行中 5 个异常混乱之一，当系统最终达到热平衡状态时，此推理机决定其他参数的值。定性值相关联的数字表示因果关系顺序。标记问号（?）的值表示模糊的值。此表中的所有结果与领域专家的结果相对应。尽管当此系统受泵 2b（P2b）的电力供应减少的影响时结果是模糊的，但是领域专家没有流动速度的定性值就不能决定此值。

表 6.5　定性仿真的结果

		RX Q0 [+]	IHXa Hihx [−]	ACb Hac [−]	P1a Power [−]	P2b Power [−]
	Trx	(1)+	(2)+	(3)+	(1)+	(2)+
A	T1hot	(1)+	(2)+	(3)+	(1)+	(2)+
	T1cold	(2)+	(1)+	(4)+	(1)−	(3)+，(4)?
	T2hot	(2)+	(1)−	(4)+	(1)−	(3)+，(5)?
	T2cold	(3)+	(2)−	(5)+	(2)−	(4)+，(6)?
	T3hot	(3)+	(2)−	(5)+	(2)−	(4)+，(6)?
B	T1hot	(1)+	(2)+	(3)+	(1)+	(2)+
	T1cold	(2)+	(3)+	(2)+	(2)+	(1)+，(4)?
	T2hot	(2)+	(3)+	(2)+	(2)+	(1)+，(5)?
	T2cold	(3)+	(4)+	(1)+	(3)+	(1)−，(6)?
	T3hot	(3)+	(4)+	(1)−	(3)+	(1)−，(6)?

图 6.9 显示在减少 P1a 的电力供应的情况下推理机所产生的部分因果关系。当电力供应 Power 取值为 [−] 时，此推理机假设泵 Pio 的压力差 $C\tilde{E}$ 为 [0]，从而获取 T_1 中的流动速度

Flow＝［一］。Flow 的改变通过全局同时发生的流动速度约束同时传播到 T_4 中 LOOP1a（即 IHXa、RX 和 V1a）的所有组件中。在每个组件中，每个压力下降都减少（第 4 个序列），因为压力下降是和流动速度成正比例的。然后，LOOP1a 的总压力下降通过全局同时发生的压力下降约束变为［一］。因为泵的 Pio 等于总压力下降，所以获得 Pio＝［一］（第 5 个序列），然后解除假定的反馈值。于是，Flow 的值变得模糊（第 6 个序列），因为 Power＝［一］，并且 Pio＝［一］。乘法也有相同的结果，因为定性值表示对正常值的背离，不是符号。然而反馈循环上的延时为 $T_4+T_1+T_4+T_1$，表示按照启发信息的实例化现象（即没有实例化的反馈），此系统获取 Flow＝［一］，这和实际情况相吻合（第 7 个序列）。另一方面，RX 中压力下降的减少传播到其他泵 P1b 中（第 5 个序列）。从而引起 LOOP1b 中流动速度的减少。而且，在 RX 和 IHXa 中 LOOP1a 中流动速度的减少也引起散热剂的温度变化（第 4 个序列）。因为这些改变不是同时发生的，即在 T_2 中，在同步现象后它们传播到其他组件中（第 8 个序列）。

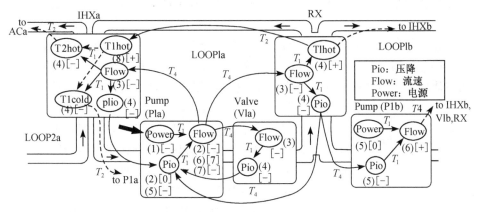

图 6.9　P1a 的电力供应减少时的部分因果关系［Kitamura Y 等，2002］

　　图 6.10 显示 IHXa 的热传递电阻 Hihx 减少时的因果关系。和表 6.5 中的结果相比较，图 6.9 显示只有子系统 A 而没有子系统 B 的系统情况的结果。首先，在 IHXa 中此推理机获取 T1cold＝［＋］和 Q12＝［一］（图 6.9 中的第 2 个序列）。通过 P1a 和 V1a 将 T1cold 的值传播到 RX 中。然后，在 RX 中获得 T1hot＝［＋］和 Q01＝［0］（第 8 个序列）。当

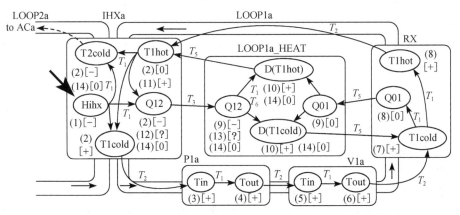

图 6.10　IHXa 的热传递电阻减少时的部分因果关系［Kitamura Y 等，2002］

Q01＝[0]和 Q12 ＝[－]传播到 LOOP1a ＿ HEAT 中时（第 9 个序列），获得 D(T1hot)＝[＋]和 D(T1cold)＝[＋]（第 10 个序列）。这些调节意味着在 T_3 中此循环的温度上升，这是因为热能的流入和流出之间的差别。在 T_6 中异常发生足够长时间后，此循环获得均衡状态，因而温度是稳定的。因此，尽管 Q12 变得模糊（第 12 个序列），但是此推理机在 T_6 中的均衡状态上获取 Q12＝[0]（第 14 个序列）。此推理结果显示 LOOP1a 的温度上升补偿了 IHXa 的热传递电阻的减少，而且 LOOP2a 的温度补偿为正常值。在这种情况下，没有子系统 B，这些现象不会在表 6.5 中发生。

6.5.2 电路和汽车启动部分的实例

基于模型的专家系统采用基于模型的推理方法。基于模型的推理方法是根据反映事物内部规律的客观世界的模型进行推理。有多种模型是可以利用的，如表示系统各部件的部分/整体关系的结构模型，表示各部件几何关系的几何模型，表示各部件的功能和性能的功能模型，表示各部件因果关系的因果模型等。当然，基于模型的推理只能用于有模型可供利用的领域。

有的人工智能研究者提出，运用启发式规则的推理为浅层推理，基于模型的推理为深层推理。浅层推理运用专家的经验，推理效率高，但解决问题的能力较低；深层推理由于接触了事物的本质内容，因此解决问题的能力强，但推理效率较低。因此，又发展了把浅层推理和深层推理结合起来的系统，并称为第二代专家系统。

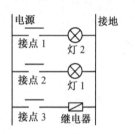

图 6.11 一个简单的电路

本节以因果系统为例，说明基于模型的推理如何用于故障诊断。因果模型由各部件有因果关系的特性组成，其中一个特性的值由另一个或多个其他特性的值所决定。

这些特性有些是可以观察到的，有些则是观察不到的或是很难观察的，因果模型可以用网络表示，其中结点表示特性，结点之间的连线表示因果关系。

如图 6.11 所示，电路由一个开关、一个有两个接点的继电器和两个灯泡组成。如果接地良好，电源接通，且开关闭合，则灯泡亮。

如图 6.12 所示是这个电路的一个因果模型。如果电路发生故障，则有两种可能：一是操作错误，错误地设置了外部的开关或其他的控制；一是部件故障，某些部件已不能正常工作。专家系统应能识别这些错误并提出解决方法。

在上面的例子中，如果电源接通、接地良好，开关和接点都是闭合的，但有一个灯泡不亮，则从图中看出有三种故障的可能：灯泡损坏，相应的接点故障未接通电源，或该接点没有接到电。

利用因果模型完成诊断任务的基本过程可归纳如下：把技术装置用表明各部件的特性之间的因果关系的网络表示；给定装置的状态和一个故障特性，即观察值与期望值不同的特性。寻找对这种故障的解释，即提出发生故障的部件或错误的外部控制。

本节介绍一个利用启发式规则和因果模型的专家系统，也就是说上述的浅层推理与深层推理相结合的系统。系统采用框架结构表示模型。用规则形式表示启发性知识。用元规则表示控制知识，决定何时利用哪些规则进行规则推理，或何时和如何触发基于模型的推理。

如图 6.13 所示为汽车启动部分的因果网络。在这里，汽车启动有三种条件：启动器必

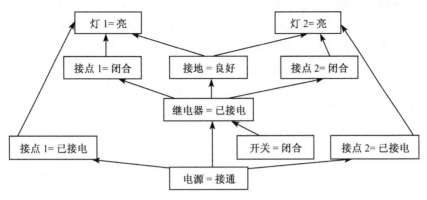

图 6.12 电路的因果模型

须使马达旋转，两个火花塞必须打火，且启动器的传输必须正常。启动器的旋转要求接电，从而要求电池已充电且接点闭合。火花塞的打火要求电缆正常，且点火圈供电等。

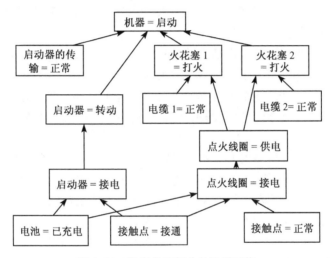

图 6.13 汽车启动部分的因果网络

汽车启动的其他一些要求，如要有汽油，已经由启发式规则描述了。在本例中，下面的规则触发后开始进入因果模型的推理。

关于启动器不旋转的规则：

检验规则

症状：灯＝能亮

〜启动器＝转动

网络：启动器

触发器：启动器＝转动

这时，假设其他一些特性具有下列状态：

启动器＝转动　异常

电池＝已充电　正常

接点＝接通　异常

深度推理从假定的症状开始：启动器＝转动。检查它的原因，查到启动器＝接电，由于这个特性是不可观察的，因此再查找它的起因。启动器＝接电的起因是电池＝已充电和接点＝接通。由于电池＝已充电是正常的，所以不能提供故障的解释。另一方面，由于接点＝接通是异常的，所以这就是故障的解释。

现在可以看出规则推理和深度推理的区别。启发式规则可以提供捷径，它可以跳过中间步骤，把问题与结果联系起来。深度推理可以得到和规则推理相同的结论，但它需要检查很多内部的关系，有些情况在外部很难测试。因此，专家系统把两种推理结合起来，当有启发式规则可用时用规则推理，否则进行深度推理。深度推理的结果不仅产生了问题的解，而且也产生了一条新的启发式规则，该规则尽可能直接地建立了症状与解答之间的联系，因此深度推理也可以作为一种启发式规则的学习机制。

6.6 本 章 小 结

本章讨论了基于模型专家系统，主要包括基于模型的专家系统的概述、基于神经网络的专家系统、基于概率模型的专家系统、基于模型专家系统的设计和应用实例等，并给出了基于模型专家系统的实例。

6.1 节首先说明了为什么要提出基于模型专家系统，认为专家系统是由一些原理与运行方式不同的模型综合而成的，这样的专家系统称为基于模型的专家系统。接着讨论了基于模型知识描述的优点和必要性，并简介本体论工程的理论和作用；本体论工程能够提供知识库的设计原理、感兴趣的核心概念以及基本概念含义的严格定义，能够积累知识和使知识系统化。

6.2 节介绍了基于神经网络的专家系统，它是传统专家系统与神经网络的集成。把神经网络和传统专家系统集成起来是一件富有挑战性的工作，需要解决理论和技术上的问题。

6.3 节讨论了基于概率模型的专家系统中的概率推理的主观概率和概率模型。

6.4 节介绍了因果关系时间本体论，其中包含表 6.3 所示的因果关系时间单元的集合，用来揭示传播改变和建模原理的时间间隔之间的关系。一些传统的推理系统的特征是使用表 6.4 中的时间单元对因果关系排序。而且，还介绍了设计原理和时间解决方案或推理系统。因果时间本体论、推理系统的设计包括以下五部分：

(1)基于模型的专家系统概述：介绍了基于模型专家系统的基本概念，并在知识建模的基础上引入本体论工程。

(2)因果时间本体论：介绍了定性推理系统中时间概念的本体论。因果时间关系对物理系统的人类理解起到关键作用。

(3)推理系统的设计：在本体论的基础上介绍了如何按照给定要求决定因果推理系统的建模议程和推理过程。

(4)可变系统的本体论：介绍了可变系统的领域本体论，如核电站寻求基于模型推理系统的设计原理的清楚描述。

(5)给出了推理系统和领域本体论在热传导子系统中的应用。

6.5 节介绍了两个基于模型专家系统的应用实例，包括核电站应用实例及电路和汽车启动部分实例。

习 题 6

6.1 为什么要提出基于模型的专家系统？

6.2 基于模型的专家系统有何优点和有待进一步研究的问题？

6.3 什么是本体论工程及其作用？

6.4 与传统专家系统相比，神经网络有哪些重要特性？

6.5 基于神经网络专家系统的一般结构为何？与基于规则的专家系统比较，其最主要的特色是什么？

6.6 举例介绍一个用基于神经网络的专家系统，说明其工作原理。

6.7 你是否知道有基于概率模型的专家系统？试述该系统中概率推理的主观概率和概率模型。

6.8 什么是本体论工程？它对知识建模有何作用？

6.9 为什么因果时间关系对人类理解物理系统起到关键作用？

6.10 简述因果推理系统的建模议程和推理过程。

6.11 举例介绍推理系统和领域本体论的应用。

第 7 章　基于 Web 的专家系统

随着 Internet 技术的发展，Web 逐步成为大多数软件用户的交互接口，软件逐步走向网络化，体现为 Web 服务。专家系统的发展也离不开这个趋势，专家系统的用户界面已逐步向 Web 靠拢，专家系统的知识库和推理机也都逐步和 Web 接口交互起来。Web 已成为专家系统一个新的重要特征。

7.1　基于 Web 专家系统的结构

基于 Web 的专家系统是集成传统专家系统和 Web 数据交互的新型技术。这种组合技术可简化复杂决策分析方法的应用，通过内部网将解决方案递送到工作人员手中，或通过 Web 将解决方案递送到客户和供应商手中。

传统的专家系统主要面向人与单机进行交互，最多通过客户端/服务器网络结构在局域网内进行交互。基于 Web 的专家系统将人机交互定位在 Internet 层次，专家、知识工程师和普通用户通过浏览器可访问专家系统应用服务器，将问题传递给 Web 推理机，然后 Web 推理机通过后台数据库服务器对数据库和知识库进行存取，来推导出一些结论，然后将这些结论告诉用户。基于 Web 专家系统的简单结构如图 7.1 所示，主要分为三个层次：浏览器、应用逻辑层和数据库层，这种结构符合三层网络结构。

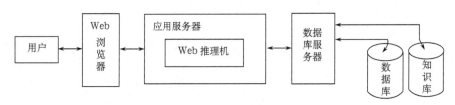

图 7.1　基于 Web 专家系统的结构

根据这种基本的基于 Web 专家系统结构，可以设计多种多样的基于 Web 专家系统及其工具。下面举几个典型的结构配置加以说明。

1. 基于 Web 的飞机故障远程诊断专家系统的结构

在航空机务部门，对飞机故障的诊断，传统的方法是根据故障现象，由现场的机务人员进行故障分析、判断，然后采取相应的措施。对于现场处理不了的技术难题，往往要请教相关的技术人员或外地的有关专家，而联系专家的过程既影响了对故障的及时处理，有时还会给部门造成巨大的损失。Internet 技术的发展为这类问题的解决提供了新的途径，下面介绍一种针对某型号飞机，将互联网技术与故障诊断技术有机结合实现的基于 Web 的飞机故障远程诊断专家系统。该系统充分利用老"机务"、老专家丰富的维护经验，为机务部门提供方便、快捷的故障远程诊断方案，提高部门的工作能力和效率。

远程诊断专家系统主要由三大部分组成：基于知识库的服务器端诊断专家系统、基于

Web 浏览器的诊断咨询系统、专家知识库的维护管理系统。其系统核心是基于知识库的专家系统，它既具有数据库管理和演绎能力，又提供专家推理判断等智能模块。为提高数据传输效率和结构灵活性，系统采用浏览器/Web/服务器三层体系结构，用户通过浏览器向 Web 服务器发送飞机故障现象、咨询请求等，服务器端的专家系统收到浏览器传来的请求信息后，调用知识库，运行推理模块进行推理判断，最后将产生的故障诊断结果显示在浏览器上，实现远程诊断的功能。故障诊断的核心是专家系统，而专家系统设计的关键是知识库的设计。通常知识库的存储采用链表形式。知识库的扩充、删除、修改操作实质上是插入、删除和修改链表的一个节点。与链表比较，用 DBMS 管理知识库，库结构的设计更简单快捷，对知识库的操作也方便可靠。综合分析目前众多的数据库产品，选择 MS SQL Server 2000 作为专家系统的数据库管理系统，它不但是一个高性能的多用户数据库系统，而且提供 Web 支持，具有数据容错、完整性检查和安全保密等功能，可实现网络环境下数据间的互操作。故障诊断专家系统主要由知识库（规则、事实）、推理机、解释器和 Web 接口组成，如图 7.2 所示。

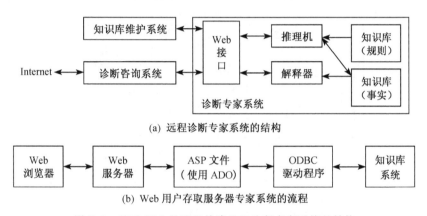

(a) 远程诊断专家系统的结构

(b) Web 用户存取服务器专家系统的流程

图 7.2 基于 Web 的飞机故障远程诊断专家系统的结构

专家系统的知识库由规则库和事实库组成。规则库中存放产生式规则的集合；事实库中存放事实的集合，包括输入的事实或中间结果（事实）和最后推理所得的一些事实。目前，专家系统和数据库的结合主要采用系统耦合——"强耦合"和"弱耦合"来实现。强耦合指 DBMS 既管理规则库又管理事实库；采用这种方法系统设计的复杂程度较高。弱耦合则是将专家系统和 DBMS 作为两个独立的子系统结合起来，它们分别管理规则库和事实库。

为了提高系统的可理解性、可测性、可靠性和可维护性，该专家系统的构建采用弱耦合方式，对规则库和事实库分别进行管理。

推理机是用于记忆所用规则和控制系统运行的程序，使整个专家系统能够以逻辑方式协调工作，它是整个专家系统的重要组成部分，其推理方法的选择对整个专家系统的性能将产生很大影响。

常用的推理方法主要有三种：正向推理、逆向推理、正逆向混合推理。本系统主要采用正向推理，首先验证提交的诊断请求的正确性，然后根据诊断请求读取规则库中相应的规则，搜索事实库中已知的事实表，找到与请求条件相匹配的事实。在整个诊断过程中应始终保持推理逻辑的严密性。

解释器主要负责向用户解释专家系统的行为，包括解释推理的正确性以及系统输出其他候选的原因等。

推理机、解释器由 ASP 技术编程实现，与知识库之间的接口通过 ODBC 实现。

2. 基于 Web 的拖网绞机专家系统的结构

基于 Web 的拖网绞机专家系统采用基于 C/S 的网络结构模型，从总体功能来看，各客户端都只能完成整个拖网绞机专家系统中的部分功能，各客户端之间相互协同工作来完成全局的系统设计。通过网络将分布于各地的多个客户端相互连接起来，并与 Web 服务器相连，再通过 Web 服务器与数据库服务器相连，其系统结构如图 7.3 所示。

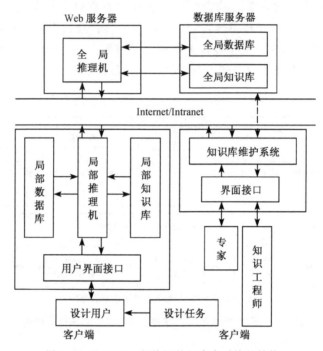

图 7.3　基于 Web 的拖网绞机专家系统的结构

在系统中，Web 服务器处于核心地位，它通过网络向客户端发布设计信息、任务以及最新的进展，同时接收来自各客户端的信息。这样，通过 Web 服务器，就可以在分散的设计者之间建立有效的沟通渠道。另外，通过 Web 服务器还可与数据库服务器建立联系，从而实现对知识库进行管理和利用，实现对各种数据库的管理和调用，实现对透明协作平台的管理以达到异地之间的透明协作。

在客户端，设计者以客户端的方式通过网络与服务器连接，了解最新的设计信息，向服务器传递自己的成果，参加各种非实时的协作；利用透明设计平台进行客户端之间的并行协作设计。而且各客户端间也可通过透明协作平台建立点对点的连接，可以减少协作任务的规模，减轻服务器端协作管理的负担，从而提高协同工作的效率。

该系统中，服务器是一个复杂的系统，协作任务的协调、管理和技术支持都通过服务器实现，它是整个系统正常运作的中心；而客户端的配置则比较简单，只要安装浏览器和相应的软件即可，用户可以自由选择参加协作的方式和时间。对于整个系统，在服务器的管理和协调下，用户可随时加入与退出，这样保证了客户之间协作的实时性和可靠性，也保证了系统的灵活性和开放性。

3. 基于 Web 的通用配套件选型专家系统的结构

通用配套件选型是快速形成企业动态协作的关键技术，它不是简单地把配套件企业理解为配件供应商，而是理解为配件所具有的子功能部件的协同开发者，对配件企业有更高的技术要求。Web 技术的发展为快速形成企业动态联盟提供强有力的支持工具。研究基于 Web 的通用配套件选型专家系统旨在提高企业间的协同工作能力，增加企业的综合竞争能力。

这里存在一个关键前提，即设计师与配套件厂家以及配套件研究单位的有效信息沟通与交流。利用现有网络通信基础设施和计算机软硬件开发支撑产品，构建各厂家、各设计单位的信息共享平台，将是一个快捷、有效、顺应时代潮流的解决方案。

利用配套件存在另一个重要问题是如何选型，怎样进行优选？

为解决上述问题，结合配套件的选型，决定开发设计基于 Web 的通用配套件选型专家系统。Internet 上的专家系统(ES)较之传统的孤立的系统有着更高的共享度，任何网上用户只需要使用浏览器即可访问运行有专家系统的站点，这就大大扩展了知识系统的共享范围，从而产生可观的社会效益和经济效益。

实现该系统的目的就是提供一个平台，实现资源共享，为更多的用户提供选择配套件的技术指导，同时提供相关的生产厂家的信息；此外，还提供论坛，让用户浏览交流技术文章；提供一个聊天室，供用户上网直接交流。该系统的框架如图 7.4 所示。

图 7.4　基于 Web 的选型专家系统的结构

用户管理包括用户的权限设置及身份认证，数据获取及管理主要指获取配套件的产品信息及数据管理，知识获取及管理主要指扩充专家系统的知识库以及知识的管理，推理选型模块主要指经过推理确定配套件的类型，然后选出合适的型号；辅助模块则包括技术论坛、聊天室、留言簿扩展模块，提供用户交流的场所。

4. 基于 Web 的苜蓿生产开发与利用专家系统的结构

农业专家系统之所以受人青睐，是因为其具有两个突出的特点：一是可以用符号和数据结构来表示和处理问题及对问题启发性搜索，为研究难以量化的问题提供了一种思想方法；二是作为一种实用工具提供了存储、传播、使用和评估农业知识的手段。所以，农业专家系统的开发与应用从一开始就受到广泛的重视，并成为信息技术在农业上应用的重要方面。

在草业科学领域中，乔治·达因(George Van Dyne)被认为是把计算机用于草原管理中的先驱，在 20 世纪 60 年代和 70 年代，他就把草原生态系统各个方面的知识结合起来放在一个框架中建立了计算机模型，用于支持管理决策，这就对专家系统的发展起到了抛砖引玉的作用。草业专家系统的应用始于 20 世纪 80 年代，这一阶段的专家系统的设计是基于模拟模型的，杰瑞·瑞奇(Jerry R Richie)于 1989 年建立了基于草原生产与利用模拟模型(simulation of production and utilization of rangeland，SPUR)的专家系统(expert SPUR，EXSPUR)。SPUR 是个结合和模拟物质、环境和生物的进展过程而设计的模拟模型，用于美国西部的草原生产、利用和管理。进入 20 世纪 90 年代，随着专家系统朝着多领域、多功能、多模型库、多知识库和多媒体型及网络化方向发展，应用于天然草场管理的专家系统在发达国家发展得较快。例如，1995 年，克路特(Urs P. Kreuter)等开发的 GAAT 工具。GAAT 是用 Microsoft Access 2.0 编写的以 Windows 操作系统为界面的数据库管理系统开发工具，用于开发分析天然牧场系统经济效益的多知识库专家系统。

在我国，"七五"至"八五"期间，蒋文兰等在云贵高原进行了人工草地培植、管理及放牧系统优化研究，实现了从单项技术到系统集成的突破；"九五"期间，又在云贵高原人工草地土壤养分含量、施肥量、牧草产量三者动态关系定量研究和人工草地放牧系统养分循环动态监测的基础上，构建了人工草地施肥模型和放牧系统养分循环机理模型，并首次提出了人工草地计算机综合推荐施肥专家系统。2001 年 10 月，甘肃省草原生态研究所开发的甘肃省草业生态建设与开发专家系统，以 3S 技术(遥感 RS、地理信息系统 GIS 和全球定位系统 GPS)和国际互联网络为开发基础，解决了在哪里、种什么、怎么种三个问题，包括点查询和面查询两种直接查询方式。其中，点查询和面查询分别是以乡和县为单位，极大地方便了用户。

优质、高产的苜蓿有"牧草之王"之美称，全世界种植约 3200 万 hm^2($1hm^2 = 10.4m^2$)，我国种植 133 万 hm^2，仅次于美国和阿根廷，列世界第三，是我国种植面积最大的牧草。因此，苜蓿产业化是使草业成为支柱产业的关键，也是农业结构调整的需要、畜牧业发展的需要、生态保护的需要和农民增收的需要。本研究目的在于运用先进的信息技术——专家系统和网络技术将苜蓿科学知识、科研成果和实践经验集成起来，建立一套综合性的苜蓿生产开发与利用专家系统，加快有关苜蓿生产开发与利用和管理知识的传播，通过大面积生产实践应用并不断改进完善系统，提高苜蓿草产业科学经营管理水平，加快苜蓿产业化进程。

苜蓿生产开发与利用专家系统开发的理论依据是国内外各品种苜蓿的生物学特性、苜蓿常规栽培管理知识、专家经验知识、牧草生长适宜度模型和适宜于农业专家系统的模糊逻辑推理机制。牧草生长适宜度模型也称气候因子对牧草生长发育匹配的程度，是牧草生长过程中不同的生育阶段对气候生态因子质和量的不同要求，而气候生态因子在时间和空间上的变化很难与这些要求相匹配这个客观事实而建立的，用以判断某地的气候生态因子对牧草生长适宜程度。模糊逻辑推理也是针对草业科学领域特殊的复杂性和模糊性知识(如积温对牧草生长发育的影响等)而建立的一种逻辑推理方法。

基于 Web 的苜蓿生产开发与利用专家系统(Web-based alfalfa production development and utilization expert system，WAPDUES)是采用可视化多媒体编程语言 VBScript、ASP 和 JavaScript 等网络语言、软件和多媒体技术编程开发的，其结构如图 7.5 所示。

从图 7.5 可见，WAPDUES 由用户界面、知识获取和管理部分、知识库、数据库和推理中心四部分组成，知识库和推理机是专家系统的核心部分。当用户输入的咨询内容触发推理机时，推理中心将调用知识库和数据库中的知识规则和数据进行推理，得出决策方案，再将推理结果输出到输出界面，完成咨询过程。知识获取和管理部分是系统的生命力得以维持

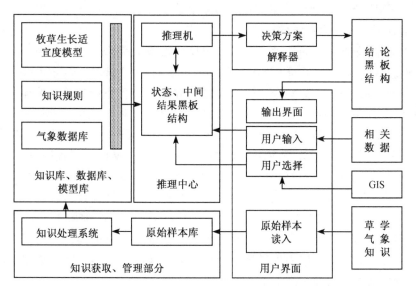

图 7.5　基于 Web 的苜蓿产品加工与利用专家系统的结构

的保障,管理员可以对系统的知识和数据进行修改和完善,也可以不断在服务器端输入新的苜蓿科学知识和研究成果,系统会将新输入的知识添加到相应的知识库和数据库,以增强系统的维护功能。

7.2　基于 Web 专家系统的应用实例

本节介绍几个基于 Web 专家系统的实例,包括前面提到的基于 Web 的飞机故障远程诊断专家系统、基于 Web 的拖网绞机专家系统、基于 Web 的广义配套件选型专家系统和基于 Web 的苜蓿生产开发与利用专家系统。此外,还要详细介绍一种基于 Web 的好莱坞经理决策支持系统。

7.2.1　基于 Web 的飞机故障远程诊断专家系统

基于 Web 的飞机故障远程诊断专家系统的设计涉及内容较多,既有数据库技术、人工智能技术、Web 技术,同时还要结合飞机故障诊断技术,是一个跨学科、多分支的综合信息系统。目前已经针对某种型号的飞机建立了一个原型系统,可以实现对常见故障的远程诊断。不过,还有很多艰苦细致的工作要做,例如,知识库的更新与完善、智能性的进一步提高、诊断速度的加快等。只有不断提高整个系统的总体性能,才能使之更加实用,更好地为部门服务。

前面介绍了基于 Web 的飞机故障远程诊断专家系统的功能和结构,下面讨论该系统的实现,首先是其诊断咨询系统的实现。

1. 诊断咨询系统的实现

为了用户能方便、快捷地使用专家诊断系统,面向用户的应用程序在设计中必须基于浏览器/服务器(B/S)模式,使用户可以通过浏览器快速实现专家咨询,及时排除故障。用户页面设计成 HTML 格式，利用动态交互、动态生成以及 ActiveX 控件技术，并内嵌 ASP 程序，实现与远程服务器专家系统的连接。

要实现 Web 同专家系统的连接，可采用的技术很多，有 CGI(Common Gateway Interface)、ISAP、Java Applet、ASP(Active Server Page)以及 PHP(Personal Home Page)等，综合分析各种技术的特点，选择 ASP 技术来实现 Web 与专家系统的接口编程。

ASP 是微软 Web 服务器端的一个开发环境，它运行在微软的 IIS(Internet Information Server/ Windows NT)或 PWS(Personal Web Server/ Windows 95/98)下。ASP 内置在 HTML 文件中，它采用 JavaScript 或 VBScript 脚本语言书写，提供应用程序对象、会话对象、请求对象、响应对象、服务器对象等，利用这些对象可以从浏览器中接收和发送信息，提供了数据访问组件(ADO)、文件访问组件、AD 转换组件、内容连接组件等。通过 ADO (Active Data Object)组件与数据库交互，可以实现与任何 ODBC 兼容数据库或 OLE DB 数据源的高性能连接。ADO 允许网络开发者方便地将数据库与一个"激活"的网页相连，以便存取与操作数据。由于 ASP 应用程序是运行在服务器端的，而不是在浏览器上的，因此实现了 ASP 与浏览器的无关性，提高了数据处理的效率。

Web 用户存取远程专家系统的具体实现过程如下：

（1）用户端借助浏览器页面填写飞机故障现象表单，指定 URL，通过 HTTP 通信协议从 Web 服务器下载指定的 ASP 文件。

（2）Web 服务器判断 ASP 文件中是否含有脚本程序(JavaScript 或 VBScript)，若有，则执行相应的程序(推理机)。对于那些不是脚本的部分则直接传给浏览器。

（3）若脚本程序使用了 ADO 对象，则 Web 服务器会根据 ADO 对象所设置的参数来启动对应的 ODBC 驱动程序，然后利用 ADO 对象访问专家知识库。

（4）根据推理匹配结果，由脚本程序利用 ASP 所做的输出对象生成 Web 页面，从 Web 服务器传递给客户端浏览器，从而实现飞机故障的远程诊断。

2. 知识库的管理与维护

由于知识库在整个专家系统中占据至关重要的地位，其自身的优劣将直接影响到诊断结果的质量，因此对知识库的管理与维护具有重要的意义。在整个运行过程中，知识库系统应始终保持产生式规则的一致性、事实数据的准确性和完整性。

知识库主要来源于领域专家以及以往的事件记录，因此需要大量的数据收集、分析、加工、整理工作，而且要对这些数据进行结构化、规范化；为此，对各种故障现象进行了分类、标引，并建立了关键词，以便于对数据进行处理和检索。

在收集、分析、整理原始数据的基础上，根据数据结构设计规范，在 SQL Server 系统中建立数据库系统的主表，同时确定各种数据之间的关联关系，集中录入大量的原始数据，构筑系统的基本信息库。

为了方便使用，实现维护操作的简易可靠，提高软件的重用性，对知识库的管理与维护也采用 B/S 模式，嵌入 ASP/ADO 技术，充分利用 SQL Server 的数据库管理功能，提供对库内容的增、删、改等操作，及时更新知识库，充分保证系统数据的正确性、完整性和一致性。

7.2.2　基于 Web 的拖网绞机专家系统

基于 Web 的拖网绞机专家系统采用实例的方法，把设计知识存储于设计实例中。

1. 知识表示和知识库

一个完整的实例一般包含以下三方面信息：问题的初始条件、问题求解的目标、解决方案。但由于设计类问题一般比较复杂，很难用单个实例表达诸方面的信息，即使能表示，在操作上也难以实现。考虑到设计过程中不仅要描述设计对象结构组成的描述性知识，而且要表达由专家经验组成的规则知识和设计中的一些判断决策等过程性知识。为了能较好地解决在设计过程中的静态和动态问题，对于每一实例均采用框架和产生式规则表示，用框架结构表示拖网绞机以及各部件的结构组成，用产生式规则控制设计过程以及相互之间的约束关系。

知识的集合构成知识库，它由客户端的局部知识库和服务器端的全局知识库两部分组成。局部知识库是各客户端自用的知识和数据，主要包含各类拖网绞机特有的子实例、各种特有的设计规则、设计技术要求与规范和各自的参数等。全局知识库包括原有各类拖网绞机实例和设计过程中产生的新实例以及检索这些实例时所需要的规则和求解策略，这类知识将作为公用，通过网络传到服务器，供各客户端扩展设计或处于交叉点设计时检索用。

其中实例库的建立是知识库的重点。为了与设计问题对应，采用分层分解方法将拖网绞机设计实例逐层分解，将复杂的拖网绞机实例表示成子实例的集合，组织成较为复杂的层次关系，从而构成一个完整而复杂的拖网绞机实例库。但是，当产品分解到零部件时将出现产品的所有变型序列，若要为每一零部件都建一实例库，将导致实例库数目庞大，显然管理和检索过程将变得复杂，因而采用逐层分解的数据表格的形式建立其子实例库。子实例库的数据结构分两类：一是同级间的子实例为不相容关系时，应分别建立子实例库，即应在不同的数据库中建立子实例库；二是同级间的子实例为相容关系时，应建立在同一子实例库中。不过，在两种子实例库中，均须有父实例和子实例字段，以保证链接的正确性。

为了减少实例库的数量和便于检索，采用主关联数据库、次关联数据库及子实例相结合的逐层（分层）分解方式。主关联数据库主要用于存储各种类型拖网绞机公有的主要结构属性，并建立和次关联数据库与子实例库之间的链接。对于某类拖网绞机特有的结构部分，相关的部件和零件间的信息应建立次关联数据库与子实例库。通过主关联数据库来确定拖网绞机的结构形式、拓扑结构及其各组成装置间的关系；通过次关联数据库建立部件、子部件间及零件间的关系。子实例库是子部件与零件以及组成机构的各类构件或零件的组合。

2. 推理机

推理机由局部推理机和全局推理机组成。局部推理机是客户端子系统的核心，主要负责从用户接受任务，进行本地求解、或向服务器请求，并把结果送给用户等。全局推理机是整个系统的核心，主要负责从客户端接受请求，利用数据库服务器进行全局求解，并把结果送给客户以及对用户之间协调、全局信息的发布等。推理机的求解策略以基于实例推理为主，辅以基于规则推理。

1）基于实例推理

基于实例推理（CBR）是一种类比推理方法，其思想是用过去成功的实例和经验来解决当前问题，具有良好的自学习功能，较好地解决了知识获取的"瓶颈"问题。该法比较适合于经验积累较为丰富的问题领域，尤其是对于难以形成规则的不完整领域理论问题的求解和产品的变型设计。

对于拖网绞机的设计，很大程度上是属于变型设计。设计时需要以已存在的大量设计经验和实例为基础，通过改进已有的设计实例来适应新的设计要求；同时在设计过程中，又需要有丰富的设计领域知识，贯穿于整个设计过程。所以拖网绞机设计中采用基于实例的推理，先根据给定的原始设计条件和要求，采用类比的方式检索以往的设计经验和实例。经过归纳总结后，发现相似和不相似的地方，对不相似的地方进行改进设计。

设计的实现分为问题描述、实例检索、实例改写、实例存储四个步骤。其中实例检索时首先检索本地实例库中的实例，若检索到的最佳相似实例的相似度小于系统规定的某一阈值，则通过服务器检索公用实例库中的实例，并返回实例结果及相似度。经过检索得到拖网绞机相似实例组，一般只能近似满足当前新的设计任务和要求，因此，必须对求得的最佳相似实例进行适当的改写或重组。实例改写先改写本地实例库中的实例，后改写通过 Web 服务器进行协调分配后其他客户端的实例。两者最终优化作为设计结果，并将改写后的实例作为新的实例存储到全局实例库中。

2）基于规则的推理

基于规则的推理（RBR），又称产生式系统，是基于产生式知识表示方法的一种推理策略，是目前专家系统和人工智能研究领域中应用最为普遍的一种方法。该方法具有模块性强、清晰性好、易于理解等优点，且易于表达专家的启发性知识。在这种推理机制中，所有知识都表示成一条条规则，每条规则都由条件和动作两部分组成，其结构形式为：IF（条件），THEN（动作，结论），即条件→动作→结论。每条规则互相独立，只能依靠上下文来传递信息。

考虑到在设计过程中，既存在着类比设计过程，又存在着演绎推理过程。对于拖网绞机的设计，又有较丰富的专业领域知识和长期的设计经验，而表达启发性知识和各种专家经验，用产生式规则表示比较好。本系统引入了基于规则推理，主要用于系统设计流程的控制和对检索到的不满足设计要求的相似实例进行改写。

3. 实例检索

基于实例的推理的关键技术是实例检索。实例检索时，许多实例属性属于定性属性。对于定性属性的实例检索，本系统采用了推理效率较高的 ID3 算法。该算法是由训练集建立判别树，从而对任意实例判定它是正例或反例的一种递归算法。由于它比较简单且效率较高，因而广泛用于机器学习。实例检索示例如下：

输入设计条件为：船型为远洋渔船；渔船尺度为 100m；渔船吨位为 600 000kg；主机功率为 100hp（1hp＝745.700W）；作业形式为远洋拖网；绞机类型为单卷筒拖网绞机；卷筒负载为 90kN；公称速度为 0.1m/s；绳索直径为 15mm；绳索长度为 300m；作业海域为公海；风浪等级为 8 级以上。

4. 回溯策略

在基于规则推理的拖网绞机修正设计流程中，回溯点的确定先由推理机根据相关性引导回溯策略产生，然后采用人工干预的方式处理，以便根据具体问题进行具体分析。在回溯时，只考虑那些引起失败的假设，而忽略其他无关的决策，描述如下：

如果存在事实 A；

由假设 C→事实 D；

由 A 和 D→结论 F；

则认为(A，C)是 F 的相关论据，结果 F 不满足要求，则将根据 F 的相关性论据(A，C)重新考虑 A 和 C。A 为设计者决定不可改变，C 是产生的假设，所以回溯到 C 重新提出假设。

回溯点确定后的实例改写的具体工作由基于规则的推理机去完成，可以避免人类重复工作，也便于发挥领域知识和专家经验的特长；对改写结果的分析，涉及新的具体设计要求问题，特别是一些隐含约束问题，这些由人工处理较为合适。若上述修正设计过程失败，未能满足当前的主要设计任务和要求，则通过网络借助于 Web 服务器将未能满足要求的设计部分向其他客户端发出设计请求，和其他用户共同完成设计。

5. Web 数据库访问

目前 Web 数据库访问技术主要有 CGI、API、JDBC、ASP 等几种方式。通过分析本系统采用 ASP 技术实现对数据库访问。ASP 与数据库的连接通过 ADO(ActiveX Data Objects)组件来实现。ADO 是一组优化的访问数据库专用对象集，为 ASP 提供了完整的站点数据库访问方案。ADO 使用内置的 RecordSet 对象作为数据的主要接口，使用 VB Script 或 JavaScript 语言来控制对数据库的访问及查询结果的输出显示。其过程如下：

首先，在服务器上设置 DSN，通过 DSN 指向 ODBC 数据库。然后使用"Server.CreatObject"建立连接对象，并用"Open"打开待查询的数据库，如拖网绞机公用实例库。命令格式：

Set Conn＝Server.CreatObject(ADODB.Connection)

Conn.open 拖网绞机公用实例库

在与数据库建立了连接之后，就可以设定 SQL 命令。并用"Execute"开始执行拖网绞机公用实例库查询，并将查询结果存储到 RecordSet 对象 RS。命令格式：

Set RS＝Conn.Execute(SQL 命令)

其中，SQL 命令中的查询条件从 HTML 的 Form 表单中由用户的输入决定。当定义了 RS 结果集对象之后，就可以用 RecordSet 对象命令，对查询结果进行控制，实现查询结果的输出显示。

7.2.3 基于 Web 的通用配套件选型专家系统

基于 Web 的通用配套件选型专家系统的特点是：①在客户端提供统一的浏览器界面，任何会使用浏览器的用户都可以很快掌握该软件的使用；②由于用户使用程序都统一集中在 Web 服务器上，因此对软件的维护和升级就变得十分方便，从而大大降低了软件的开发成本。下面介绍此专家系统的配套件选用逻辑、知识表示和系统实现方法。

1. 合理选用配套件

配套件是指那些不是由产品开发厂家自行设计和制造的部件或零件，而是产品需要选用的一种标准件或者外购件。配套件选择得合适与否对产品性能会产生较大的影响。常规设计时，设计师一般凭经验从配套件样本中尝试性地选择，这不但费时而且不一定选择合适。配套件的选用如果不合理，要么将严重影响主机的使用寿命，要么将造成无谓的浪费。

以回转支承的选型为例，回转支承配套件作为建筑机械的重要基础元件，随着主机行业的迅速发展，近年来得到广泛应用。但主机如何正确选择回转支承的结构形式(单排球式、交叉滚动式、双排球式、三排柱式等)和规格尺寸(滚道中心直径 D_0，滚动体直径 d_0)却因负荷是个复杂力系及滚轴承载机理未被深刻理解而难以决定。在选用中存在着一些不合理的状况，影响了主机行业的经济效益，甚至导致重要质量事故。因此，如何合理地选用回转支承，保证主机使用的可靠性非常重要。

2. 配套件知识的表示

配套件的种类繁多，采用任何一种现有的知识表示方式直接表示，都非常困难。通过分析，发现配套件都可以划分为树状的层次结构。以回转支承为例，其知识可以描述为如图7.6所示的结构。并且每个配套件的知识都可分为技术指标和评价指标；当然这两个指标根据不同的配套件会有所不同。为了找出一种对于所有配套件通用的知识表示形式，对知识表示进行了研究。

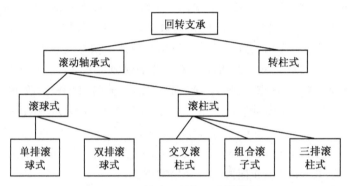

图 7.6　回转支承的知识表示模型

结合配套件的知识特点，应用面向对象的思想和方法学，综合运用产生式规则、框架等多种知识表示方法，设计了一种集成知识表示语言，主要特点是"对象＋规则＋框架＋方法"，来表示配套件的知识。

下面阐述用知识表示的一些定义：

(1) 基本的知识表示形式：采用产生式规则的形式来表达知识。

(2) 基本知识单元：配套件的各种技术指标、评价指标以及通过逻辑关系的适当组合。

(3) 对象定义：根据面向对象的思想，以各种配套件的类名作为对象。

(4) 框架定义：前面提到在知识中要能够描述特征之间的父子关系和兄弟关系，因此采用类似框架的表示方法。在一条规则中可以定义"技术指标"和"评价指标"等，用来表达一条规则中知识之间的关系。技术指标和评价指标互为兄弟关系。为了表示这些规则评价的对象之间的父子关系，通过继承关系来表明，并且用基类、父类、类名以及此对象所处的层数来指出。以回转支承为例，回转支承的知识表示模型如图7.6所示，其中回转支承的类型代表类名，也是此类的典型属性。回转支承的知识的技术性能主要包括工况、轴向力、径向力、倾覆力矩、精度、转速六个方面；选型系统还是一个产品评价系统，选型时，除了必须满足技术指标外，还要从可靠性、维修性、成本、体积等方面进行评价。评价集分为很好、较好、一般、较差、很差五级。成本要做相应的转换，成本越高，评价级别越低。评价指标量化，很好的打 4 分，较好的打 3 分，以此类推，很差的 0 分，然后再给这些评价指标分别赋予权重系数，权重系数可以作为知识库的一部分。因此，配套件类的属性项包括技术指标和评价指标两大部分。

（5）数学表达式约束及其变量定义：传统的知识表示方法中不能表示数学表达式约束，只能通过在程序中定义方法或设计专门的方法定义语言等措施来表示，因此，难以与所涉及的知识融为一体，也限制了知识的独立性。在集成知识表示语言中可以直接在规则中定义表达式约束及其变量，从而保证了知识的独立性和推理机制的有效性。变量定义采用如下形式：

变量名＝变量值

定义完变量之后，就可以用这些变量定义表达式约束，定义表达式的方式与 C 语言中定义表达式的方式相同，可以表达的数学关系为：＝，＞，＜，$\geqslant$，$\leqslant$，＋，－，×，/等。

（6）规则的前提条件间的逻辑关系：与、或、非。缺省逻辑关系为"与"，例如，规则的两个前提条件之间有"或"关系，在第二个前提条件前加上：[或]、[OR]，即[或]，[OR]是指与前面一个前提条件的"或"，因此，这些前提条件应在知识库中前后放在一起。如果要对一个条件进行否定，则在该条件前加上：[非]、[NO]，含义是"没有"、"不是"等。

3. 系统实现

1）Web 服务器及动态 Web 技术的选择

目前 Linux＋Apache＋MySQL 已经成为众多网站的首选建站方案之一，这不仅因为它们三者都是自由软件，可免费使用，更重要的是其性能卓越。三者结合的稳定性、可靠性、安全性等方面都经受住了高并发、大量用户和大规模数据的考验。

目前流行的动态 Web 技术有 JSP、ASP、PHP、ISAPI、NSAPI 等，综合安全性能、开发周期、开发费用等方面考虑，选择 PHP 开发配套件专家系统。

2）主要模块实现

配套件数据库的扩充，既可以由维护人员来整理，也可以由厂家直接扩充。由于配套件的种类繁多，其特性表也各不相同，因此，构件的配套件库的结构如图 7.7 所示，每种配套件都用一个独立的表进行表达，其优点是结构简单，易于扩充。

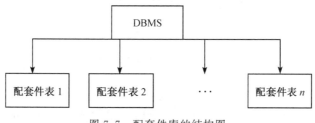

图 7.7　配套件库的结构图

按照现行的标准提供了足够多的配套件产品的格式，每一个标准都是一个独立的表，其数据获取的工作原理如图 7.8 所示。

基于 Web 的知识获取和管理的工作原理与数据的获取和管理相同，现阶段主要靠实验人员整理、扩充。除了技术指标和评价指标外，知识库还对各操作人员的登陆时间以及修改做了记录，以便于知识库的维护。为了适应配套件种类繁多的特点，也为了使系统更容易扩

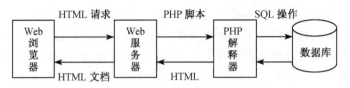

图 7.8 基于 PHP 的 Web 数据获取工作原理

充,每种配套件的知识库采用独立的表来储存,其知识库结构与配套件数据库的结构类似。配套件知识库表的基本结构除了技术指标和评价指标略有不同外,基本相同。

推理机是采用 PHP 和 SQL 语言来实现的,由于 PHP 支持面向对象的编程方法和多态性,所以采用面向对象的推理方法。其推理可以从以下三个方面进行:消息传递推理、继承推理、方法推理,并且其结构和 C++ 相似,所以编程非常方便。根据配套件知识的特点,采用面向对象的推理机制以及宽度优先搜索的策略,可以最大限度地消除分支范围,从而大大提高推理速度。以回转支承为例,其推理流程如图 7.9 所示。需要指出的是,当发生冲突

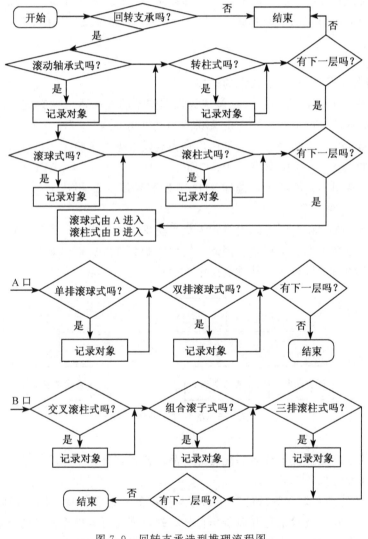

图 7.9 回转支承选型推理流程图

时，可根据评价性能的总分，选择分数较高的子类而进入下一层推理。

此外，需要注意的问题就是与用户的交互问题。目前的 Web 技术能够提供相当好的客户浏览器与数据库服务器之间的对话。在实践中发现，Web 的交互能力很难适应客户浏览器与服务器端专家系统之间的实时对话；处理这种交互需要相当复杂的编程，更主要的是会使网络不堪重负。为此，采取了一次性提交的办法，即用户将本次咨询所需的信息一次性发给服务器，推理程序把这些信息都装入动态事实库，推理开始后就不再与用户对话了。这种咨询办法在现实生活中也是常见的。

以回转支承选型为例，首先需要用户选择回转支承的类型，这可根据推理结果来选择，径向力、轴向力和倾覆力矩的数值当然应该是危险工况下的值，这样才能选出合适的回转支承的型号。用户提交表单以后，系统会根据用户的输入，调用合适的计算公式，同时选择数据库，通过计算安全系数，选择出合适的回转支承型号。

7.2.4 基于 Web 的苜蓿产品开发与利用专家系统

基于 Web 的苜蓿产品开发与利用专家系统主要包括苜蓿种子产业、苜蓿草产业、苜蓿生产技术、苜蓿产品质量标准、苜蓿产业机械设备、苜蓿病虫兽害、苜蓿研究动态、苜蓿相关产业和专家咨询等功能模块，全部包含在系统主界面中。

知识表示力求合乎人的思维习惯，能够清楚地描述问题的求解且易于接受。评价知识表示模式的重要准则是对新知识的获取能力和对已有知识进行检索、推理、利用的效率。在苜蓿产品开发与利用专家系统中，采用的是产生式规则的知识表示。

用户通过登录可进行上述功能的咨询。以苜蓿种子产业功能模块为例，用户进入苜蓿种子产业模块之后，系统提供种子基地建设、种子生产播前准备、播种、田间管理、种子的收获、种子加工、贮藏和运输、种子检验咨询功能。其中，种子基地建设包括适宜当地气候的苜蓿种子生产品种选择，它需要用户选择生产种子类型（基础种子、登记种子和合格种子），提供土壤状况（土壤酸碱度和质地）和气象条件信息后，系统会根据用户提供的信息，采用模糊逻辑推理机制为用户提供当地适宜进行种子生产的苜蓿品种列表。在苜蓿品种资源库中可查询到各品种的特性、栽培管理等技术，用户可以将咨询的结果打印输出。苜蓿产品开发与利用为用户提供了苜蓿干草产品、青贮、青饲和放牧技术支持，苜蓿干草产品包括草粉、草块、草颗粒和叶粉颗粒的技术参数，并可为用户推荐适宜当地的加工方法。

7.2.5 基于 Web 的好莱坞经理决策支持系统

在不断变化的市场竞争中，对任何投资者而言，电影业是当今最具风险的投资项之一。基于 Web 的决策支持系统用来帮助投资者、电影制作商、发行人和展出者及时对各种电影参数做出更好的决策，这些参数包括流派、明星、等级、发布时间等。大量的传统预测模型和现代预测模型，根据其预测的财政成功度将电影分为九种类别，从"失败"到"一鸣惊人"。从 1998 年到 2002 年的 849 部电影历史数据用来开发预测模型。用户可以用到的模型包括神经网络、判别分析、对数回归。许多用户通过基于对象的图形用户界面输入各种电影参数，并且使用用户输入和内嵌算法来在发布电影展览或启动产品之前估计电影的财政效益。除了其预测能力外，电影预测专家系统 MFG 还允许用户运行各种假定情形来对电影参数进行"如果……会……"的分析。此专家系统是按照 .NET 体系结构开发的，其中每个专家预测模型运行为唯一的 Web 服务，使得 MFG 系统成为真正的分布式决策支持系统，如图 7.10 所示。

图 7.10　MFG 专家系统

1. 系统分析与设计

在电影业，管理决策的结果是用数百万美元计算的，经理都期望在最短的时间内做出最好的决策。也就是说，在这样一个经济不稳定、客户需求不断变化的全球市场环境中不容许犯投资决策的错误。成功(或仅生存)大大依赖于将组织资源向市场条件的改变靠齐，来满足(并超过)实际的客户需求。为了在这样一个不宽容的环境中取得成功，经理和其他决策者需要获得所有可能的帮助。决策支持系统(DSS)可以提供这样的帮助。DSS(最近又时髦地称为商务智能系统)是一种可用于复杂决策支持和问题求解的计算机技术解决方案。另一方面，基于 Web 的决策支持系统是通过"瘦客户端"Web 浏览器(如 Internet Explorer 或 Netscape Navigator)将决策支持信息和决策支持工具发送给经理的计算机系统。

在电影业中对电影财政成功的预测应该是决策者所需要的信息中最重要的部分。有关影响电影财政成功的主要因素(及其影响级别)的知识应该对投资和生产决策非常有用。但是，预测特定电影的财政成功被认为是相当困难和富有挑战性的问题。对于一些人来说，由于预测产品需求的不确定性，好莱坞是预感和瞎猜的地方。为了支持这种观察，美国电影协会（MPAA）的前会长兼首席执行官杰克·瓦伦蒂(Jack Valenti)有一次提到："……直到一部电影在黑暗的剧院开始放映了，灯光在荧屏和观众之间飞动了，此前没有人告诉你该电影是如何进入市场的。"

困难已激发研究人员开发理解和预测电影的财政成功模型。在电影开始戏剧性发布后，大多数分析家已经努力预测电影总的票房收入。因为他们努力决定如何根据早期财政数据制作电影。如果这些结果不能用来做投资和生产相关的决策，那么就达不到预期计划。MFG系统在基于Web的决策支持系统中开发和嵌入了基于信息融合的预测引擎，服务于好莱坞经理们。图7.11从总体上显示电影预测专家系统(MFG)的概念结构。

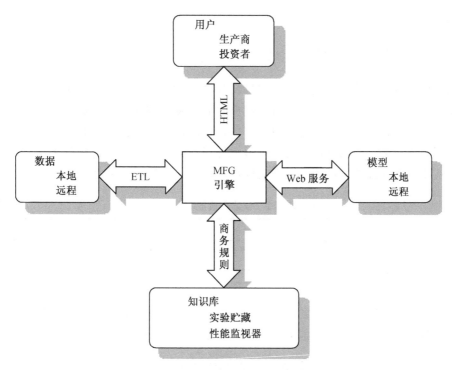

图 7.11　MFG 系统的高层概念结构

MFG系统是一种能对Web浏览器传来的用户请求做出响应的基于Web决策支持系统。其引擎位于Web服务器上，能使用本地/远程数据、本地/远程模型和知识库来完成其任务，包括产生财政成功预测，提供对决策者(投资者、生产商、发行人和展出者)启动的各种电影参数灵敏度分析。所用的每个预测模型都运行在独立的Web服务器上，表示按需询问的专家。核心引擎可以请教每位专家，还可以向用户呈现单个专家和专家组的预测结果。以前性能的编译数据也可以反馈到个别模型，用来改进其预测性能。用户评估的情况存储在数据库中，以供进一步分析或重用。

在电影业中决策支持系统研究的报道并不多见。至今为止，大多数研究努力都局限于开发单个模型，用来预测票房收入和/或解释决策变量。MFG系统使用神经网络来构建在电影发布前预测票房状况的专家系统。但这些模型对终端用户来说是透明的。MFG系统还为用户开发了可以操作的模型。

Web 已成为普遍存在的通信媒介。许多系统都使用 Web 来进行信息发布、在线购物、设计支持在线购物活动的可视组织。除了电子商务及其相关用法外，Web 已用作向经理和其他知识工作者传递信息和知识的机制。WWW 世界正在开发决策支持系统。基于 Web 的决策支持系统已经减少了技术屏障，并使得及时提供决策相关信息更容易，代价更小，还允许经理在任何地方任何时刻按需进行操作。优秀的基于 Web 决策支持系统应该提高决策支持系统工具和技术的使用率，以做出关键的管理决策，因为它有潜力让知识储存访问更快、更容易和更便宜。因为 Web 可以减少与硬件和软件相关的一些技术问题，例如，在客户端机器上安装企业范围应用程序的特定硬件配置和软件组件的需求，Web 被认为是部署下一代决策支持系统的优秀平台。MFG 专家系统是电影业第一个基于 Web 的决策支持系统。

2. 系统实现

下面介绍 MFG 专家系统的实现方法。

1）问题描述

这里的依赖变量是票房收入总额。根据其票房收入将电影分为从"失败"到"一鸣惊人"九类。在有限数目的类别中转换连续变量的过程通常称为"离散化"。许多人喜欢使用离散值而不是连续值来建立预测模型，因为离散值更接近知识表示；通过离散化，数据可以减少和简化；对于用户和专家，离散特征更易于理解、使用和解释；离散化使得许多学习算法更快、更精确。使用以下间隔值将此依赖变量离散化为九类，如表 7.1 所示。

表 7.1　依赖变量的离散化

类的编号	1	2	3	4	5	6	7	8	9
范围/百万	<1（失败）	>1 <10	>10 <20	>20 <40	>40 <65	>65 <100	>100 <150	>150 <200	>200（一鸣惊人）

此专家系统使用了七类不同的依赖变量。依赖变量的选择是以此领域以前进行的研究为基础的。这些变量及其定义和可能取值的列表如表 7.2 所示。

表 7.2　依赖变量的总结

依赖变量的名称	定义	值的编号	可能的取值
MPAA 级别	美国电影协会(MPAA)设置的级别	5	G, PG, PG13, R, NR
竞争	显示每部电影竞争娱乐资助的级别	3	高、中、低
明星	表示演员表上任何票房明星的出席	3	高、中、低
流派	指定电影属的内容类别。一部电影可以同时归类为多个内容类别。所以，每个内容类别用分开的二进制变量表示	9	科技片、史诗剧、现代剧、恐怖片、喜剧、卡通片、动作片、纪录片
特级	显示电影中所用的技术内容和特效(动画、声音、可视效果)的级别	3	高、中、低
结局	指定电影有结局(值为 1)还是没有结局(值为 0)	1	是、否
银幕数目	显示电影计划显示的银幕的数目	1	正整数

2）预测模型和数据集

MFG 专家系统使用四种不同的模型：神经网络、决策树、顺序对数回归和判别分析。

此系统也使用信息融合元模型，来通过这四种模型的输出生成预测。通过从 1998 年到 2002 年 849 部电影的数据集估计这些模型。

（1）神经网络：神经网络常被认为是受生物启发的、高度复杂的分析技术，用来对复杂非线性函数建模。正式定义为，神经网络是认知系统和大脑的神经功能中学习过程后建模的分析技术，它经过所谓的学习过程后能从其他观察值预测新的观察值。在 MFG 专家系统中使用常用的多层感知（MLP）神经网络结构和反向传播有导师学习算法。MLP 被认为是对预测和分类问题的强函数逼近。它当然是最常用、研究得不错的神经网络结构。给定正确的大小和结构，MLP 能按照任何精确度学习任何复杂的非线性函数。MLP 本质上是按照前馈多层结构相互组织和连接的非线性神经元的集合。图 7.12 显示 MFG 专家系统中所用的 MLP 的图形化表示。

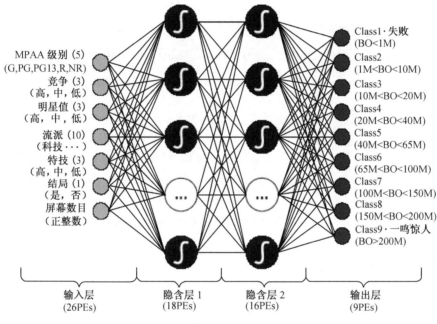

图 7.12　MLP 神经网络模型的图形化表示

（2）决策树：决策树是强有力的分类算法，在信息系统领域中正和数据挖掘技术一起变得流行起来。常用的决策树算法包括 ID3、C4.5、C5 和 CART 算法。正如其名称所暗示的那样，这种技术将观察量反复分离为分支，来构建改进预测精度的树。在这个过程中使用数学算法，例如，信息利润、吉尼索引和第 22 个方块测试，来识别变量及其对应的阈值，此阈值将输入观察值分为两个或两个以上小组。在每个叶节点重复这一步直到构建完整的树。分裂算法的目标在于找到最大化两个或两个以上实例结果分组的同质的变量-阈值对。最常用的分裂数学算法包括信息熵增量（用于 ID3、C4.5、C5）、吉尼索引（用于 CART）和第 22 个方块测试（用于 CHAID）。

（3）对数回归：对数回归是线性回归的生成。它主要用于预测二进制或多类依赖变量。因为响应变量是离散的，所以它不能直接由线性回归建模。因此，它构建模型来预测发生失败的可能性，而不是预测事件本身的点估计。在两类问题中，失败可能性大于 50% 将意味着这种情况设定为"1"类，否则设定为"0"类。尽管对数回归是非常强大的建模工具，但它假定响应变量(日志失败可能性，不是事件本身)对预测器变量的系数是线性的。而且，建模者根据其数据分析经验必须选择正确的输入，并指定其与响应变量的功能关系。MFG系统对参数实体/选择预测如图7.13所示。

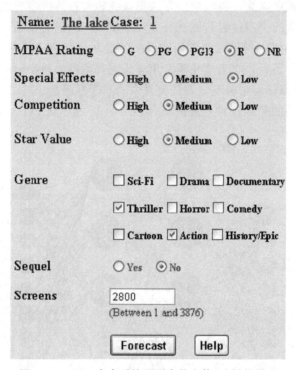

图7.13 MFG专家系统预测参数实体/选择的界面

其预测结果如图7.14所示。

3) 软件体系结构

MFG专家系统的软件体系结构如图7.15所示。这是大多数信息系统应用的实例，MFG专家系统建立在三层体系结构基础上。在第一层有"瘦客户端"Web浏览器(Microsoft Internet Explorer或Netscape Navigator)形式的用户界面。从客户端软件需求的立场来看，MFG系统的客户端不必安装任何附加的软件组件，来使用MFG专家系统。所有必要的软件组件都是基于服务器的。在第二层上，MFG专家系统的核心结构称为MFG引擎。MFG引擎是用ASP.NET编写的软件过程的集合，位于Microsoft IIS Web Server上。用户界面和引擎之间的通信是通过HTTP协议完成的。

第三层是MFG数据库，用来存储用户、电影和实验相关的数据。MFG引擎可以访问外部数据源，来通过提取-传输-装载过程(ETL)定期收集域相关的数据。这些外部数据将成为电影数据库的一部分，用于以下方面：

(1) 测试个别预测模型和系统本身的精确度。

(2) 开发新的模型和/或改善现有的预测模型。

MFG引擎也使用Web服务器以外构建的模型。也就是说，它能访问远程服务器上的预测模型。MFG引擎使用Web服务、XML和SOAP来完成任务。知识库，即商务规则的集合，起到管理层与层之间的交互和远程模型和数据源之间的交互的作用。知识库中有些商务

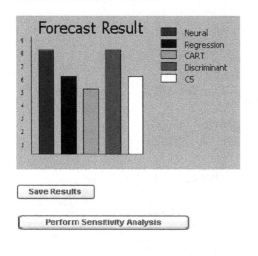

图 7.14　MFG 专家系统预测结果的界面

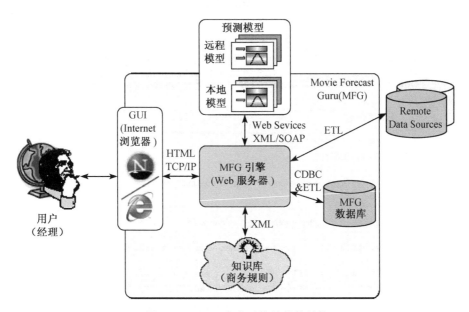

图 7.15　MFG 专家系统的软件结构

规则用来连续监视预测模型的精确度和流通，按需再次创建或改善它们。MFG 专家系统的参数灵敏度分析结果的界面如图 7.16 所示。

　　一项对基于 Web 的用户界面的使用调查已经完成。在美国俄克拉荷马州立大学的管理科学和信息系统系有 41 名学生选了决策支持系统学位课程（分为两个不同部分），他们参与了这次调查。参与者被要求使用 MFG 专家系统，运行实验，进行灵敏度分析，观察和评估结果，然后填写调查表，如图 7.17 所示。用户不需要离开 MFG 网页就能填写此表，提交

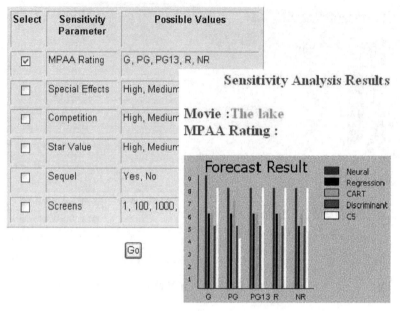

图 7.16 MFG 专家系统的灵敏度分析结果的界面

User Evaluation Questionnaire for Movie Forecast Guru (MFG)

Home   OSU   MSTM   MovieLinks   IRIS   Web-DSS   Privacy Policy

Full Name: _____

Class: Select Class

INFORMATION QUALITY

1. Accuracy: MFG generates seemingly accurate prediction results.

Strongly Agree	Quite Agree	Slightly Agree	Neither (Neutral)	Slightly

2. Believability: Since the results are calculated using multiple sophisticated prediction m

Strongly Agree	Quite Agree	Slightly Agree	Neither (Neutral)	Slightly

图 7.17 MFG 专家系统的使用调查表

调查结果，然后 MFG 系统自动将结果记录到数据库中。

　　用户评估的结果总结在图 7.18 中。小的方框显示平均数，方框两边的两条垂直线显示±1σ（标准方差）的范围。正如结果显示的，用户对 MFG 专家系统原型实现的评价是：系统质量比较高，信息质量高，有效性非常高。尽管图 7.18 中显示的结果是十分明显的，但这个初步的测试产生了一些有趣的见解。小的标准方差和最好的"响应时间"都表明，Web 服务的使用没有阻碍可接受的系统性能。一些低的"易懂"标准可以用"始出之物，其形必丑"解释。

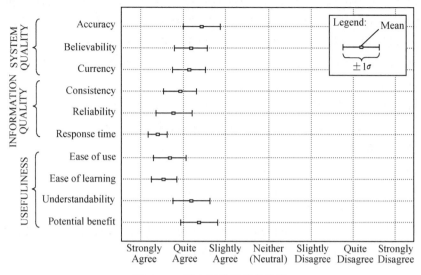

图 7.18　用户评估结果的总结

4）用作 MFG 系统的模型组件的 Web 服务

MFG 专家系统使用分布式决策支持系统框架，每个预测模型都执行为分开的 Web 服务，这样系统更灵活，扩展性更好，有利于接受新的预测模型。它将信息融合的功能集成在一起，来组合多个预测模型的结果，这样系统产生更精确、更少偏差的估计。这些强化的体系结构可看作通向真正可扩展的、高适应性的、分布式的未来基于 Web 决策支持系统的铺路石。

在 MFG 系统的体系结构中，模型管理组件的设计有以下特点：

（1）灵活性：新的模型类型无需改变系统其他部分的代码就可加入到系统中。

（2）模块化：所有模型都开发成孤立的组件，这样它们可按需插拔。

（3）适应性：模型的预测功能全天受到监视，来检测损坏并相应地维护。

为了实现这些目标，MFG 系统中的每个预测模型都设计和实现为孤立的软件组件。基于 Web 决策支持系统的基于组件模型基础组织用法不是新的。远程应用程序和计算模块潜在地可用作远程位置上基于 Web 系统的一部分。为了实现这两个部分之间的通信可以使用许多开发技术，例如，CORBA、XML、COM、DCOM、JavaBeans 和最近的 Web 服务。MFG 专家系统使用 Web 服务，来构建基于组件的分布式模型基础组织。尽管术语"Web 服务"有各种各样的常表面上不一致的动机和用法，下面 W3C 的定义是通用的：

Web 服务是一种由通用资源标识（URI）的软件系统，其公用界面和绑定由 XML 定义和描述，这样其 API 可自动被其他软件系统发现。这些系统通过普遍存在的 Web 协议和数据格式访问 Web 服务，而不必担心每个 Web 服务在内部是如何实现的，其中这些 Web 协议和数据格式包括 HTTP（超文本传输协议）、XML（扩展标记语言）和 SOAP（简单对象访问协议）。

Web 服务可以被用任何语言编写、使用任何组件模型、运行在任何操作系统上的软件应用访问。XML 这种包含结构化信息的文档标记语言常用来格式化请求的输入和输出参数，这样此请求不会被系在任何特定组件技术或对象调用惯例上。MFG 系统使用 XML 和 SOAP 来和本地/远程位置的模型通信。这些预测模型使用 Visual Basic．NET 和 C♯编程语言开发而成。C♯是微软发明的新编程语言，用来为以前语言之间的鸿沟搭桥。C♯是面向组件的语言，设计用来帮助开发者减少编码和少犯错误。C♯是在两种广泛应用的编程语言 C 和 C＋＋基础上建立的。它从 C 语言中获取其语言、许多关键字和操作符，同时使用了 C＋＋定义的对象模型。

在 MFG 专家系统中，数据库驱动的中央注册用来跟踪可用的预测模型及其特征。当新模型被添加到系统中时，就更新注册。每个模型都用其下列特征标识：

(1) 位置：所在服务器的 IP 地址。

(2) 名称：可访问 URI 形式名称。

(3) 安全规范：访问组件所必需的用户名和口令。

(4) API：输入/输出所必需的 API。

MFG 专家系统原型是在 Windows XP 操作系统的微软．NET 环境中实现的。MFG 系统的数据库版本是小型的，运行 Microsoft Access 就足够了。

7.3　基于 Web 专家系统的开发工具

本节以新型专家系统开发工具 Jess 为例介绍基于 Web 的专家系统开发工具的概念、功能、原理和用法。这里主要介绍最新版的 Jess 6.1p5，它修正了其 6.1 版本中的一些小错误，还增加了许多新的特征，强化了 Jess 的性能和可用性。

Jess 是一种完全采用 Sun 公司的 Java 语言编写的规则引擎和脚本环境，由美国加利福尼亚州桑地亚(Sandia)国家实验室的欧内斯特(Ernest Friedman-Hill)开发而成。Jess 最初受 CLIPS 专家系统壳的启发，但是已成为自身完整的、独特的动态环境。使用 Jess，可构建 Java 软件，来使用声明性规则形式的知识进行推理。Jess 是目前小型的、轻量级的、最快的规则引擎之一。

核心的 Jess 语言仍然与 CLIPS 兼容，这样许多 Jess 脚本都是有效的 CLIPS 脚本。像 CLIPS 一样，Jess 使用 RETE 算法来处理规则，这是一种解决多对多匹配问题的有效机制。Jess 增加许多 CLIPS 没有的特征，包括回溯链、工作内存查询和对 Java 对象操作和直接推理的能力。Jess 也是强大的 Java 脚本环境，通过它可创建 Java 对象，并无需编译任何 Java 代码就调用 Java 方法。

1. Jess 壳的 GUI

JessGUI 是在 Jess 专家系统壳的顶部开发的图形用户界面。JessGUI 项目的中心思想是使得基于 Jess 专家系统的构建、修改、更新和测试更容易、更灵活、更友好。有许多其他专家系统开发工具为专家系统设计者提供了丰富的、合适的集成开发环境。但是，它们都是商业产品或私有品。Jess 和 JessGUI 是开放源代码的自由软件，而它们非常适合开发复杂的专家系统应用程序，包括单机版和 Web 版。JessGUI 的重要特征之一就是能将知识库保存为 XML 格式(和原始的 Jess 格式)，从而使得它们更易于 Internet 上的其他知识库协同操作。Jess 和 JessGUI 也用作实际知识工程工具，来支持专家系统的大学课程。

JessGUI 的主要思想是开发 Jess 专家系统壳的图形用户界面，这样使得专家系统开发环境更友好、更易于使用，因而增大其潜在用户的数量。

2. Java 平台的规则引擎

Jess 是智能软件专家系统的建造工具。专家系统是可反复应用于有关世界的事实集的规则集。应用的规则被执行。Jess 使用特定的 Rete 算法，来匹配规则和事实。Rete 算法使得 Jess 比在循环中简单堆垒 if…… then 语句效率快一些。Jess 最初被认为是 CLIPS 的 Java 克隆，但现在有了许多不同于其母体的特征。

Jess 由 Sandia 国家实验室的 Ernest Friedman-Hill 编写，作为内部研究项目的一部分。Jess 的第一个版本写于 1995 年末，那时 Java 还非常新。自那以后 Jess 得到了许多改进。

1）解压发行包

Jess 的发行包是单个 .zip 文件，可以在任何平台上解压并使用。这单个文件包含在 Windows、UNIX 或 Macintosh 平台上使用 Jess 所需要的全部信息。

解压 Jess 时，应该有命名为 Jess70a1/的目录。在此目录中应该有以下文件和子目录：

（1）README：快速启动向导。

（2）LICENSE：有关 Jess 使用版本的信息。

（3）Bin：包含 Windows 批处理文件的目录和用来启动 Jess 命令提示符的 UNIX 壳脚本。

（4）Lib：包含 Jess 本身(Java 存档文件)的目录。这不是一个可单击执行的存档文件，不能双击它来运行 Jess。这是有意安排的。

（5）docs/：文档"index. html"是 Jess 手册的实体点。

（6）examples/jess：按照 Jess 语言编写的小实例程序的目录。

（7）examples/xml：用 Jess 的 XML 规则语言 JessML 编写的小实例程序的目录。

（8）Eclipse：JessDE，即 Jess 的集成开发环境，是一套 Eclipse 3.0 插件。

（9）src（可选）：如果此目录存在，它包含 Jess 规则引擎和开发环境的全部源，包括构建它的 Ant 脚本。

2）命令行界面

Jess 具有交互式的命令行界面。有两种脚本可以运行得到 Jess 命令提示符：一种是用于 Windows 平台的，另一种用于 UNIX 平台。它们都位于 bin/目录中，如图 7.19 所示。

图 7.19　产生 Jess 命令行提示符的脚本

运行其中一个合适的脚本，就会看到以下结果：

C：\Jess70a1＞bin\jess.bat

Jess，the Rule Engine for the Java Platform

Copyright (C) 2004 Sandia Corporation

Jess Version Jess70a1 9/17/2004

    Jess＞

这就是 Jess 的命令行提示符。下面以一个数学计算式为例看看 Jess 命令行的用法，计算表达式：（＋ 2 2），如图 7.20 所示。

Jess＞（＋ 2 2）

4

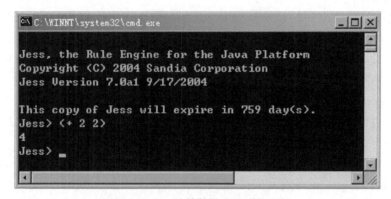

图 7.20　Jess 计算数学表达式的实例

Jess 计算这个函数的值，然后输出结果。要从 Jess 命令行执行其代码文件，就使用以下批处理文件，如图 7.21 所示。

Jess＞（batch../examples/jess/sticks.clp）

Who moves first（Computer：c Human：h）?

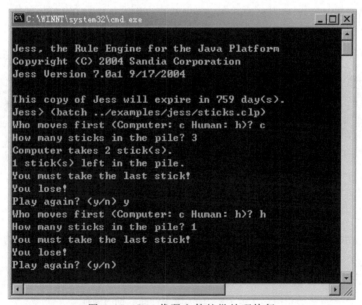

图 7.21　Jess 代码文件的批处理执行

注意在前述例子中，在 Jess＞提示符后输入命令，然后 Jess 就在另一行中做出响应。这是 Jess 命令行的风格。

要从操作系统提示符中执行相同的 Jess 程序，可以将程序文件的名称作为参数传递给启动 Jess 的脚本。

C：\ Jess70a1＞ bin \ jess.bat examples \ jess \ sticks.clp

Jess，the Rule Engine for the Java Platform

Copyright（C）2004 Sandia Corporation

Jess Version Jess70a1 9/17/2004

Who moves first（Computer：c Human：h)?

类 jess.Console 是 Jess 命令行界面的简单图形版本。从 Jess70a1 目录中输入以下命令，来打开此图形化 Jess 命令行界面。

java-classpath lib \ jess.jar jess.Console

在窗口的文本域中可以输入命令行，然后结果显示在上方的卷动窗口中，如图 7.22 所示。

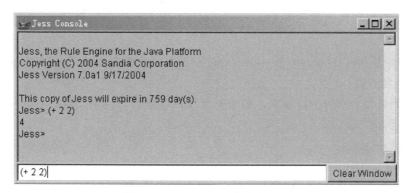

图 7.22　Jess 图形化命令行界面

3）使用 Jess 进行 Java 编程

要通过 Java 程序将 Jess 用作库，在类路径上必须有 jess.jar（在 lib 目录中）文件，作为标准扩展安装，或者必须安装开发工具来识别它。这种任务的完成依赖于系统和环境，但是设定类路径经常涉及环境变量的修改，而且标准扩展的安装单单意味着将 jess.jar 拷贝到 $(JAVA _ HOME)/jre/lib/ext 目录中。

4）Jess 实例程序

Jess 开发工具提供了一些简单的实例程序，位于 examples/jess 和 examples/xml 目录中。它们可用来测试是否正确安装了 Jess。这些实例包括 fullmab.clp、zebra.clp 和 wordgame.clp。fullmab.clp 是经典猴子和香蕉问题的版本。要从命令行运行它，就输入以下命令：

C：\ Jess70a1＞ bin \ jess examples \ jess \ fullmab.clp

这样，此问题应该运行了，产生一些输出屏幕，如图 7.23 所示。

任何 Jess 代码文件都可以按照这种方式运行。许多简单的 CLIPS 程序也可以直接在 Jess 中运行。在命令行给定 Jess 文件名就像在 CLIPS 中使用批处理命令一样。因此，一般需要确定文件以下面符号结尾：

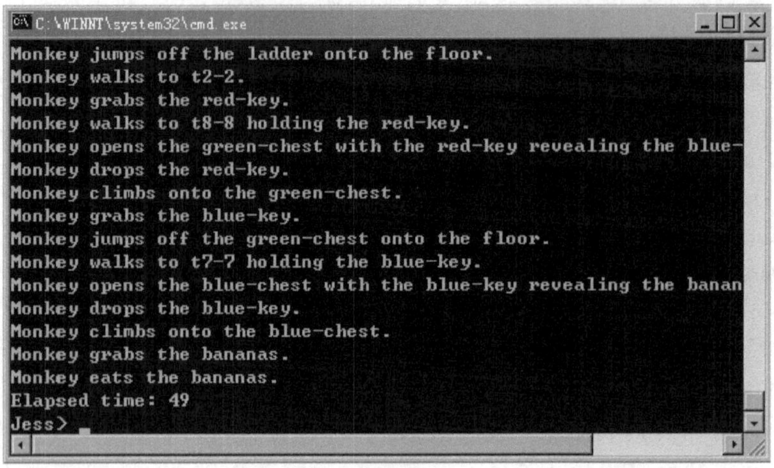

图 7.23　猴子香蕉问题的 Jess 运行结果

```
（reset）
（run）
```

或者不使用规则。zebra. clp 和 wordgame. clp 程序是两个经典的 CLIPS 实例，用来显示 Jess 如何处理难题。

XML 实例是在个别的子目录中，每个子目录都包含运行说明文件。Jess 现在支持基于 XML 的规则语言。

Jess 规则的形式如下：

```
（defrule library-rule-1
    （book（name ? X）（status late）（borrower ? Y））
    （borrower（name ? Y）（address ? Z））
=>
（send-late-notice ? X ? Y ? Z））
```

这种规则语法和 CLIPS 所用的语法是一样的。

7.4　本 章 小 结

基于 Web 的专家系统是随着 Internet 技术的发展应运而生的，这种新型专家系统能够满足 Web 用户对不受时空限制的专家服务的需求。本章主要介绍了基于 Web 专家系统的概念、结构、实例和开发工具。

7.1 节讨论了基于 Web 专家系统的结构分为三个层次，即浏览器、应用逻辑层（Web 推理机）和数据库层（知识库），这种结构与一般三层网络结构相符合。根据这种基本的基于 Web 专家系统结构，可以设计多种多样的基于 Web 专家系统及其工具。列举几个典型的结构配置，包括基于 Web 的飞机故障远程诊断专家系统、基于 Web 的拖网绞机专家系统、基于 Web 的通用配套件选型专家系统和基于 Web 的苜蓿生产开发与利用专家系统的结构，以说明基于 Web 专家系统的结构。这些系统具有各自的特点，但更具有三层网络结构的共性。

7.2 节介绍了基于 Web 专家系统的实例，涉及基于 Web 的飞机故障远程诊断专家系统、基于 Web 的拖网绞机专家系统、基于 Web 的通用配套件选型专家系统、基于 Web 的苜蓿产品开发与利用专家系统和基于 Web 的好莱坞经理决策支持系统，体现基于 Web 专家系统应用的多样性与有效性。

7.3 节以新型专家系统开发工具 Jess 为例介绍了基于 Web 的专家系统开发工具的概念、功能、原理和用法，着重介绍了 Jess 壳、DecisionPro 脚本和基于规则的 Web 引擎等。

随着网络技术的快速发展和远程操控与处理的需要，基于 Web 的专家系统正面临难得的发展机遇，必将获得进一步的发展。

习　题　7

7.1　为什么要提出基于 Web 的专家系统？

7.2　试述基于 Web 的专家系统的一般结构。

7.3　举例介绍一个基于 Web 的专家系统。

7.4　阐述基于 Web 的专家系统开发工具的概念、功能、原理和用法。

7.5　基于 Web 的专家系统有何优点和问题？

7.6　展望基于 Web 的专家系统的发展方向和发展前景。

第8章 实时专家系统

随着专家系统的不断成熟发展,专家系统的强大咨询功能从离线的信息咨询发展到在线的咨询交互,再逐渐向实时的控制、监控、故障诊断、模式识别、优化决策、军事智能指挥、航空航天等应用领域扩展。实时专家系统是工业和军事应用的重要基础,也是确保专家系统的可靠性和适应性的关键。自1979年"专家系统之父"费根鲍姆(Feigenbaum)等研制了第一个实时专家系统,用于患者监护后,实时专家系统在航空、通信、医学、过程监督和控制、机器人等领域得到了不同程度的应用,取得了许多成果。近20年来,在过程(流程)工业中开发和应用专家系统的兴趣与日俱增,其中大部分涉及实时过程控制。

8.1 实时专家系统的定义和技术要求

8.1.1 实时专家系统的定义

定义 8.1 实时系统。

如果一个系统:① 对系统过程表现出预定的足够快的实时行为;② 具有严格的响应时间限制而与所用算法无关;那么这种系统称为实时系统。

用于控制的实时系统就是实时控制系统;而具有实时性的专家系统就是实时专家系统。

定义 8.2 实时专家系统。

如果一个专家系统能够在给定的时限内及时做出反应,依照时序进行推理,并能根据推理时限和突发事件及时调整其推理过程,那么这个系统就是实时专家系统。实时专家系统除了具备常规专家系统的模拟人类专家思考决策功能外,还能在线获取动态信息,实时地完成推理过程。因此,推理过程中不可避免地出现非单调性,动态信息具有非精确性。实时专家系统进行独立的、自动的决策,其推理结果可以是知识条件的修改,也可以是某种算法或模型的触发。

实时系统与非实时系统(如医疗诊断系统)的根本区别在于,实时系统具有与外部环境及时交互作用的能力。换句话说,实时系统得出结论要比装置(对象)快。如果一个系统在组成部件发生爆炸后3min才报告其灾祸即将出现,那就太糟了!某些常见的实时系统包括简单的控制器(如家用电器)和监控系统(如报警系统)等。在飞行模拟、导弹制导、机器人控制和工业过程等系统中,已经应用许多比较复杂的实时系统。这些系统都具有一个共性,即当它们与变化的外部环境交互作用时,都受到处理时间的约束。实时约束意味着专家控制系统应当自动适应受控过程。

专家系统与实时系统的集成是开发专家系统技术和实时系统技术的一个合乎逻辑的步骤。实时专家系统能够在广泛范围内代替或帮助操作人员进行工作。支持开发实时专家系统的一个理由是能够减轻操作者识别负担,从而提高生产效率。

为了提高实时专家系统的执行速度,需要采用特别技术。要实现实时推理与决策。专家系统的知识库的规模不应太大,推理机制应尽可能简单,一些关键规则可用较低级语言(如C语言或汇编语言)编写。对某些软件包采用调试监督程序。知识库可被分区使得不同类型的知识能分别由单独的处理器执行处理,这就是已介绍过的黑板技术;每一单独处理器可看作独立专家,各处理器之间通过把各自的推理过程结果置于黑板来实现通信;在黑板上,另一专家系统能够获得与应用这些结果。

8.1.2 实时专家系统的设计要求和技术要点

1. 实时专家系统的设计要求

实时专家系统的设计要求如下:
(1) 准确地表示知识与时间的关系。
(2) 具有快速和灵敏的上下文激活规则。
(3) 能够控制任意时变非线性过程。
(4) 修正序列的基本控制知识。
(5) 及时获取动态和静态过程信息,以便对控制系统进行实时序列诊断。
(6) 有效回收不再需要的存储元件,并保持传感器的数据。
(7) 接受来自操作者的交互指令序列。
(8) 连接常规控制器和其他应用软件。
(9) 能够进行多专家系统之间以及专家系统与用户之间的通信。

2. 实时专家系统研发的技术要点

实时专家系统研发的技术要点如下[1]:
(1) 时序推理 实时专家系统能正确表示时间变量,针对过去、现在和未来的事件分别进行推理,也能对事件的时序进行推理。
(2) 非单调推理 在传感器信息、推理结论动态变化的情况下,各种数据的合法性也不断变化,实时专家系统的推理机也要在适当条件下自动撤回或取消不再合适的推理结论,存在一个动态修正的过程。
(3) 非精确推理 非精确推理一方面处理不精确的信息(专家经验、传感数据不精确等),另一方面处理不完备的数据(传感数据丢失等)。非精确推理问题的求解可以用可信度、主观 Bayes、证据理论、可能性理论、模糊集等方法。
(4) 时限推理(reasoning under limited time):专家系统在限定的时间区间内给出确切的推理结论,并且尽可能给出最优解。时限推理涉及时间估价机制、最优解评估机制、快速推理机制等,其研究成果包括级进推理、最大深度搜索、高效推理算法、知识库编译等。
(5) 异步事件处理(asynchronous events treating):专家系统针对异步事件中断不太重要的任务,集中处理最重要的事件,涉及优先级排序。
(6) 并行推理(parallel reasoning):将问题求解任务看作一系列并发推理过程的组合,因此需要解决不同推理过程并行推进的同步问题,涉及进程的等待、挂起等操作。并行推理可以通过并行计算机的多个处理机、并行推理算法和并行计算编程等实现。
(7) 集成软件(integrating software):专家系统编程语言与面向对象编程语言、面向过程编程语言的集成编程,构建混杂的软件,发挥符合的软件功能。
(8) 可验证性(verification):实时专家系统的可靠性是其在控制领域应用的首要因素,因而专家系统可靠性的验证研究一直都显得十分重要和缺乏。

8.2　基于单片机的实时专家系统

以智能机器人设计为例,介绍一种基于单片机的实时专家系统,为中小学智能机器人教育提供新型的平台。这种专家系统依然包括知识库、推理机和人机接口等基本模块,运行在机器人上。

8.2.1　基于单片机的实时专家系统结构

面向机器人教育应用,基于单片机的实时专家系统可自动采集传感器的数据,并根据预先设置好的规则库进行推理,从而推导出下一步要执行的指令,用以控制机器人的行动。学生可以监控机器人的各种传感器,通过修改此专家系统的规则库控制机器人。接口程序自动生成专家系统程序,并将专家系统程序输入到机器人单片机上,以启动机器人[方利伟等,2007]。

通过机器人传感器的监控和规则库的修改,基于单片机的实时专家系统可用来培养学生的动手能力、协作能力和创造能力,让学生满怀兴趣探索研究智能机器人,提高学生的逻辑思维能力、规划能力和问题分析求解能力。同时,让学生了解智能机器人的理念和工作方式,破除中小学生对智能机器人的困惑和神秘感,为进一步学习掌握智能机器人的知识和技术打下基础。

此智能机器人建立在上海广茂达 AS-MII 能力风暴机器人基础上,其单片机是 8 位,CPU 是 MOTOROLA 的 MC68HC11,如图 8.1 所示。

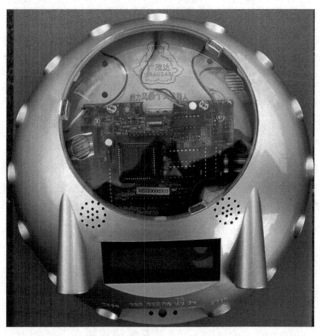

图 8.1　机器人 AS-MII 平台

在图 8.1 中,此机器人前方有红外收发、光敏等传感器,用于障碍物检测。其底盘有由四个微动开关组成的碰撞检测传感器、两组减速电机组、两个万向轮和一组锂电池。

在此机器人基础上，构建其实时专家系统原型，这个专家系统包括推理机、规则库和基于推理结果的执行模块，如图 8.2 所示。

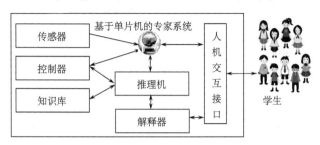

图 8.2　基于机器人 AS-MII 单片机的实时专家系统结构

8.2.2　基于单片机的实时专家系统案例分析

下面对这个智能机器人的实时专家系统分模块进行案例分析，主要分析其推理机、规则库和人机接口。

1. 推理机处理

这个实时专家系统的推理机根据机器人传感器所采集的信息，生成上下文工作区。根据上下文的信息，推理机先识别与上下文信息匹配的规则，在这些相配规则中选择一个最优的，并加以执行。这样，此规则的结论会指示机器人产生动作，从而改变上下文的信息。改变后的上下文又会触发新的最优规则，从而指示机器人产生进一步的动作。如此往复循环下去，就能实现学生所期望的机器人操作。在此专家系统中，推理机的具体算法按照以下步骤进行：

（1）采集传感器的信息，存入上下文工作区。

（2）根据工作区中的信息，在知识库中找到与之匹配的规则条件，并对这些相配规则进行标记。

（3）如果相配规则不止一条，先排除其结论给上下文带来冲突的规则，即去掉这些规则的标记。

（4）如果没有剩下带标记的规则，就结束推理。否则，在带标记的规则中选择序号最小的规则，作为最优规则，并执行该规则的结论部分指令。

（5）清除所有规则的标记，重复步骤(1)。

2. 规则库设计

学生可以定制自己感兴趣的规则库，来实现智能机器人的个性化教育，以加深学生对相关领域知识的理解和实践认知。为了简化规则库设计程序，规定每条规则的 IF 部分最多包含两个条件项，条件项之间可以存在"与"和"或"的关系。规则的结论可能是指令，用来指挥机器人采取动作，也可能是非操作性的结论，只是中间的一个论断。表 8.1 给出了规则格式，而表 8.2 给出了智能机器人走迷宫的一些规则示例。

表 8.1　基于机器人实时专家系统的规则格式

序号	字段	说明
1	id	规则编号，编号小的优先选择
2	condition1	条件 1
3	logic	条件的逻辑关系
4	condition2	条件 2
5	conclusion	结论
6	conclusiontype	结论的类型

表 8.2　智能机器人走迷宫的规则示例

id	condition1	logic	condition2	conclusion	conclusion type
1	无碰撞	与	左边无障碍	向左前方走	指令
2	无碰撞	与	左边有障碍	向右前方走	指令
3	无碰撞	与	前方有障碍	右转 90°	指令
4	有碰撞			后退并右转	指令

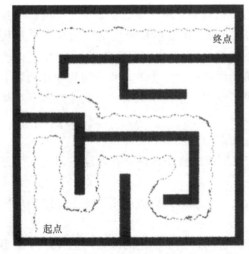

图 8.3　智能机器人在实时
专家系统的指挥下走迷宫

3. 人机接口模块设计

人机接口用来提供规则编辑界面，根据规则库自动生成专家系统程序。这个接口便于学生在"所见即所得"的环境下完成规则的设计、编辑和使用，保证友好的用户体验。

学生通过人机接口输入表 8.2 中所示的走迷宫规则后，生成相应的专家系统程序，并将此程序上传到了机器人的单片机上。这样，该机器人能完成如图 8.3 所示的走迷宫任务，其行走曲线表明了该机器人的运动轨迹，线条粗的地方表示此处停留时间较长。从图 8.3 可以看出，智能机器人在实时专家系统的指导下基本上可以沿着迷宫壁"平滑行走"，在每个拐点都能较好地拐弯，具备了"走迷宫"的导航能力。

总之，基于本实时专家系统，智能机器人能提供中小学机器人教育的新型平台，让学生更便捷地了解和体验机器人的传感器、知识处理、智能导航和避障，有利于培养学生的逻辑思维能力、问题分析能力和实践解决问题的能力。

8.3　基于嵌入式系统的实时专家系统

实时专家系统也可以建立在 ARM 系列等嵌入式系统上，这样计算性能更佳，因为 ARM 芯片和总体性能都比单片机优越。下面以 Cortex-m^3 体系的 STM32 微处理器为例，介绍一种嵌入式隧洞系统实时故障诊断专家系统案例，以满足某型高炮随动系统的实时故障诊断需求[王晓玉等，2010]。这种基于嵌入式系统的实时专家系统根据所选微控制器的存储能力，采用产生式规则和模糊逻辑表示嵌入式故障诊断的经验知识，设计了一种适合于微控制器快速运算的模糊推理机制，通过原型验证了其可行性。

8.3.1 基于嵌入式系统的实时专家系统结构

随着武器装备自动化程度不断提高，武器装备的维修保障显得越发重要。高炮随动系统的在线故障诊断就是其中的一个问题。建立此类故障诊断专家系统，提高其实时性和计算性能，对提高武器系统的整体战斗力和维修功效具有十分重要的意义。

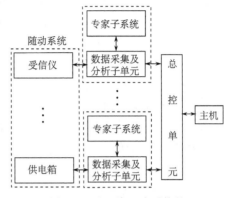

图 8.4　基于嵌入式系统的
实时专家系统组成

嵌入式的故障诊断技术要求高相关性和小的存储空间，传统的故障诊断系统不能满足这些条件。针对某高炮随动系统的故障诊断问题，提出了一种集成故障检测技术和专家系统为一体的嵌入式在线故障诊断系统[王晓玉等，2010]。这种基于嵌入式系统的实时专家系统由嵌入式的网络监测系统、实时故障诊断系统和数据采集系统组成，如图 8.4 所示。高炮随动系统包括方位和高低两套电器随动系统，主要由受信仪、执行电机、电机扩大器、继电器箱、供电箱和电站控制箱内部插件组成。每个子系统的故障诊断都有相应的专家子系统、数据采集及诊断子单元。当所有子系统的故障都处理完后，每个单元通过 CAN 进行实时数据通信，将各个子系统的诊断结果和关键数据发到总体诊断系统总控单元。

嵌入式系统的总控单元负责对整个系统层面的故障进行诊断，构成网络化诊断系统。这

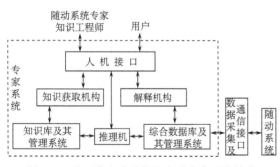

图 8.5　基于嵌入式系统的实时专家系统结构

个总控单元在线对各个子系统的诊断单元进行控制，PC 主机通过总控单元的 USB 接口读取数据。在线故障诊断系统是以专家系统为核心的，与在线诊断技术一起使用，这种基于嵌入式系统的专家系统具有如图 8.5 所示的结构。从图看见，这种专家系统具备通用专家系统的结构，还增加了实时数据采集和随动系统监测的模块。在线故障诊断系统主要由知识库及其管理系统、知识获取机构、推理机、综合数据库及其管理系统、解释机构、人机接口和数据采集及通信接口七个模块组成。

8.3.2 基于嵌入式系统的实时专家系统案例

在线故障诊断专家系统是这种随动系统故障诊断的核心部分，这个专家系统在 STM32F103ZCT6 微处理器中运行。它根据数据采集系统收集的随动系统实际故障数据，模拟专家解决随动系统故障问题的方法，找出故障部位并给出维修建议。

1）知识表示

根据此随动系统的特点，在线故障诊断专家系统的知识表示采用两种方法：

（1）对比经验知识标准值，用带有隶属度的模糊产生式规则表示经验知识；

（2）使用产生式规则和框架表示在线诊断知识。

经验知识是随动系统的设计、建造、使用与维修人员在长期的工作实践中积累的故障诊断维修知识，可用来对专家诊断故障的过程进行建模。模糊产生式规则可以有效地表示经验知识，并可以根据数据可靠性给出可信度因子，实现模糊推理。

将专家诊断故障的经验知识表示为如下形式：

$$IF\ A\ THEN\ B\ with\ MF(R)$$

其中，A 表示产生式规则的条件，B 表示产生式规则的结论或操作；MF 表示隶属度。

例如，一条关于高炮操作的规则如下：

IF（扳动操纵台，则听见扩大机尖叫声，但高炮未动）THEN（高炮堵转），0.4

这种表示方法特别适用于有多个相互独立故障源的故障情况，这时将每个故障源和故障现象都表示为一个独立的知识，而每个知识的隶属度是不同的。

模糊规则是将传统产生式规则模糊化，其模糊化涉及以下几个方面：

（1）前提条件模糊化。

（2）动作或结论模糊化。

（3）规则激活阈值 $\lambda(0 < \lambda < 1)$。

（4）规则隶属度 $MF(0 < CF \leqslant 1)$。

例如，高炮控制的一些模糊规则如下：

$R1$：IF 供油不足 THEN 射角控制不理想（0.6，0.3）。

$R2$：IF 燃油泵发热（0.3） AND 执行机构动作缓慢（0.7） THEN 射角控制不理想（0.9，0.4）。

$R3$：IF 传感器误差失调 THEN 全自动系统失效（0.7，0.5）。

数据采集系统采集数据后，将数据与标准值对比，求出其隶属度。如果供油不足或燃油泵发热不足，执行机构动作缓慢，传感器误差失调，可计算出它们的隶属度区间值分别为 $[0.9，1.0]$、$[0.7，0.9]$ 和 $[0.1，0.5]$。分别取其中间值，就得到它们的隶属度值分别为 0.95、0.8 和 0.3。其中，$R1$ 规则的条件匹配度为 0.5，因为 0.95＞0.5，所以证据匹配成功。

证明燃油泵发热和执行机构动作缓慢的合取隶属度为

$$MF(A) = 0.3 \times 0.8 + 0.7 \times 0.3 = 0.45。$$

$R2$ 规则的条件匹配值为 0.4，该证据匹配成功，因为 0.45＞0.4。

2）诊断推理

在模糊推理中，模糊隶属度的求取是一个关键，常用方法有对比排序法、专家评判法、模糊统计法和概念扩张法等。这里，采用专家评判法，由专家根据经验给出论域中每个函数的隶属度，形成隶属度表。基于模糊推理的诊断专家系统已应用于军用电力系统、集成电路和动态控制等领域。

3）数据采集

其数据采集处理系统采用 ARM Cortex-M3 体系的 STM32F103ZCT6 微处理器完成 USB 与主机的连接、CAN 与监测系统的连接，实现嵌入式故障诊断专家系统的推理等。其硬件组成包括电路板、A/D 转换板、通信板、随动系统调理模板和总线系统，如图 8.6 所示，完成对随动系统实际故障数据的采集、处理和通信功能。

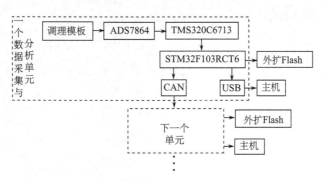

图 8.6   数据采集和通信系统

在图 8.6 中，随动系统运行参数和信息的在线采集和传送是这个故障诊断专家系统的基础环节，这个系统利用随动系统专家在设计和研制过程预留的多个测试口对随动系统运行状态进行检测，利用通信接口向在线故障诊断专家系统传送测试数据。

8.3.3   基于手机的实时专家系统案例

为了利用信息化手段研究"水稻病虫害信息处理系统"，王安炜利用开放的手机 Android 系统，设计了一种水稻病虫害专家系统平台[王安炜，2011]。首先，结合水稻病虫害领域的特点，设计了基于 Android 的水稻病虫害专家体系。利用 SQLite 数据模型建立的水稻病虫害基本信息数据库和水稻诊断规则库，采用混合推理机制建立这个专家系统。采用 Eclipse 开发软件，按照软件工程的开发流程，利用关系数据库和专家系统，实现了水稻病虫害专家诊断模块、每日明白纸、农资查询和数据同步等功能。Android 应用程序可以在实际的设备上运行，在系统开发调试阶段也可以在 Android SDK 自带的 Android Emulator 上运行，其界面环境如图 8.7 所示。

基于手机的实时水稻专家系统可以通过 3G 网络与计算机网络相连接，实时获取新的农业知识，了解农作物虫害预警信息。同时，此智能手机还集成了摄像、GPS、蓝牙、温度传感和上传作物信息的功能。本实时专家系统的开发需求和工作原理如下：

（1）正确识别水稻病虫害。用户通过智能手机输入病害的特征及特征符合程度，并对病害细节进行拍照。专家系统根据用户输入的特征信息推理出可能性最大的病害名称、描述和防治方法，同时将 GPS 模块所获得的地理信息、用户所输入的作物病症、地理信息和图片一起传回到服务器上。

（2）通过智能手机查阅服务器推送的预警信息和注意提示。

（3）对专家系统的知识获取模块进行改进，实现知识库的自学习功能。

（4）专家系统采用手机客户端，通过 Web Services 的异构平台与 3G 网络互连，这个专家系统建立在 Web 基础上，能在多个平台和操作系统上兼容移植，具有高效性和良好的扩展能力。

（5）设计本专家系统时需充分考虑病虫害知识的特点，适当表示病虫害的知识，提高用户体验的便捷性。

（6）水稻病虫害识别模糊专家系统的设计包括水稻信息知识库、水稻病虫害识别模糊规则库、模糊推理机、综合数据库、知识获取机制和人机交互接口。

图 8.7　Android Emulator 的界面环境

这种基于手机的实时专家系统在手机客户端通过知识工程师或专家将本领域的专业知识和经验整理，按照规范化的格式存入知识库中，利用推理机解决本领域的问题，如图 8.8 所

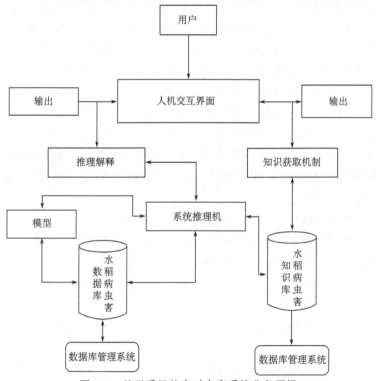

图 8.8　基于手机的实时专家系统业务逻辑

示。同时，将问题和输入的详细条件传给服务器，可以结合 GIS 为农委提供农业病虫害信息，服务器将学习到的知识传给手机客户端，并将搜索到的病虫害防治信息发给用户。

以水稻大叶瘟病害为例，判断了可能发生的病害时期后，再判断病害部位，例如，最外层的是黄色晕圈，内圈为褐色，中部为灰白色。再根据详细症状，确定具体的病害类型。从典型症状推断到详细叶瘟症状，这个过程属于正向推理。从叶瘟病害名称到叶瘟病害症状、病害发病时期、部位倒着推理，这个过程属于反向推理。只有经过正向和反向综合推理，才能使最终的诊断结果更符合实际，从而增加专家系统的有效性。

这种基于手机的实时专家系统按照各个独立的功能划分独立的模块，其登录后的主界面如图 8.9 所示，显示了专家咨询、每日明白纸、农资查询、数据同步、添加应用和关闭等栏目。

总之，针对农户在实际生产过程中可能遇到的水稻病虫害等问题，设计开发了基于手机的实时诊断专家系统。该系统采用 Myeclipse 3.6 和 Sqlite 工具，基本实现了基于 Android 手机的水稻病虫害专家系统，将移动技术和专家系统紧密结合起来，极大改善了农业技术领域中服务覆盖难、指导难到位的实际问题。

图 8.9　基于手机的实时专家系统主界面

8.4　实时控制与决策的专家系统 RTXPS

RTXPS(real-time expert system)是一种实时专家系统环境，设计用于在线动态决策支持(on-line dynamic decision support)、关键任务命令(mission critical command)、控制和通信任务，如下面几个例子：

（1）技术或环境危机的应急管理：洪水、毒气、石油泄漏、海啸、泥石流等灾害的预警等。

（2）复杂控制和评定任务：恢复、清除等。

（3）相关的教育训练应用。

RTXPS 专家系统可用来完成任何调查表、问卷调查、操作手册；它利用人工智能技术，支持上下文解析，能处理分布式客户端/服务器环境的动态需求问题。RTXPS 专家系统为操作员提供广泛的支持和帮助，能保存质量控制的完整实时日志。产生式规则用来管理动态问题知识库和触发器行为，行为与超文本格式的操作通信。这种行为能自动触发数据实体显示、嵌入式逆向专家系统、复杂仿真和优化建模的 GIS 功能。

本专家系统的重要特点包括对各种文档、日志、报告和外部通信的支持，能自动编辑、自动发送 email 或传真，还能自动生成和更新网页。

RTXPS 专家系统也能连接到在线监视和数据获取系统，以确保实时智能和反馈。

就实际案例而言，RTXPS 专家系统是技术风险管理决策支持系统 RiskWare 的核心 DSS 组件，这种决策支持系统用于风险评估、风险管理和风险训练，也是技术风险管理高性能计算(high-performance computing for technological risk management，HITERM)的核心 DSS 组件(http://80.120.147.2/HITERM/SLIDES/slideshow.html),用于意大利、土耳其和瑞典,如图 8.10 所示。RTXPS 专家系统也在课件(CourseWare)训练系统中起到基础支撑作用;这种专家系统还能在 SIGRIC 框架下实现,用于意大利。

图 8.10　RTXPS专家系统的应用例子

8.5　高炉监控专家系统

下面以高炉监控实时专家系统为例,讨论实时专家控制系统的设计和应用问题。

1. 高炉控制概况

高炉生产过程的操作是一个十分复杂的过程。铁矿和焦炭从炉顶加入,而鼓风机则由底部吹风。为保证生铁冶炼的质量,高炉安装了几百个传感器,从采集的数据中观察高炉内的状况。早已采用计算机对炼铁的高炉进行控制和管理;这种管理控制系统往往采用复杂的数学模型,具有以下三个主要功能,如图 8.11 所示。

(1) 数据分析:分析和采集传感器的数据。

(2) 炉内静态状况分析:当操作约束条件改变很大时,要根据分析结果来寻求最合适的操作方法。

(3) 炉况诊断:控制操作过程基本上是基于传感器数据的采集、分析和过程模型的建立。当炉况比较稳定时,这种操作是比较有效的。但是,当炉内状况非常复杂,发生不正常工况而严重干扰炉子运行时,许多操作还是要依靠有经验操作员或专家的知识和经验。因此有必要引入专家系统或智能控制系统来改善高炉运行条件,以求提高生铁的质量。开发和建立专家控制系统对高炉进行控制,其主要目的有三:

(1) 利用人工智能技术,建立准确的控制系统。

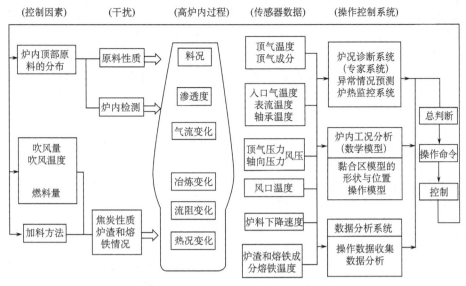

（控制因素）　　　（干扰）　　（高炉内过程）（传感器数据）　（操作控制系统）

图 8.11　高炉监控的操作及功能

（2）将高炉操作技术标准化和规范化。

（3）灵活处理经常性的系统变化要求。

2. 高炉监控专家系统的结构与功能

　　该监控系统由两部分组成。一是异常炉况预测系统（AFS），用于预测炉内炉料滑动和沟道的产生情况；二是高炉熔炼监控系统（HCS），用于判断炉内熔炼过程并指导操作员对高炉进行合理的操作。

　　这是一个观察和控制型的专家系统，能够处理时间序列数据，具有实时性。为了实现这些特性，系统应具有两部分功能，如图 8.12 所示。其一是推理的预处理部分，它用常规的方法在过程计算机上执行。其二是推理部分，它用知识工程技术在 AI（人工智能）处理器上实现。前者采集传感器的数据，并把它们寄存在时间序列数据库中，经预处理后形成推理所需的事实数据，并显示推

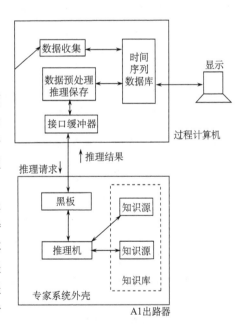

图 8.12　高炉监控专家系统的结构

理结果。后者利用从前者所产生的事实数据和知识库的规则，对高炉的状况进行推理。

3. 监控专家系统开发过程

　　本专家系统的开发工具基于 LISP 语言，常规算法的开发采用 FORTRAN 语言。

　　对于高炉控制与诊断这样具体的专家系统，其开发过程大体如图 8.13 所示。图中各阶段的工作内容说明如下：

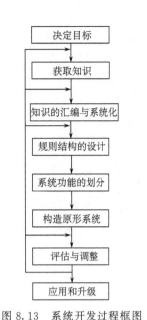

图 8.13 系统开发过程框图

(1) 决定目标。明确系统的功能与所涉及的范围。

(2) 获取知识。研究有关高炉领域的技术文献资料，研究高炉操作员手册；从领域专家搜集知识。

(3) 知识的汇编与系统化。把专家的思维过程进行归纳整理分类；检查其合理性和存在的矛盾；传感器数据模式整理和分类、数据滤波、分级和求导（差分）；知识模糊性（不确定性）的表示。

(4) 规则结构的设计。将规则分组和结构化，考虑推理的速度。

(5) 系统功能的划分。实现在线实时处理；将系统功能划分为预处理和推理两部分。

(6) 构造原型系统。描述规则和黑板模型；将实际系统和测试系统形式化。

(7) 评估与调整。利用离线测试系统调试系统；检查系统的有效性；调节确定性因子的值。

(8) 应用和升级。增加和校正规则。

上述各个步骤中，知识的获取是关键，它要解决的问题涉及：

(1) 如何表达知识库和规则库中的经验知识的不确定性以便构成高度准确的系统。

(2) 如何获取专家自己意识不到或不很明确的知识（对专家而言这种知识也许是常识性的）。

(3) 利用某些条件，对密集性知识进行分解。

在专家系统开发中必须得到专家（包括操作员和工厂职员）的全力协助。

4. 专家系统的知识表示与知识库结构

由高炉工程师和操作员采集到的领域专门知识和启发性规则都存放在 AI 计算机的知识库中，基本上采用产生式规则来表示知识。在高炉监控中，主要问题是根据传感器的信息来判断炉内工况，预测异常炉况的发生并采取合适的操作。因此，专家系统应构造成特征分析型的系统。根据对给定数据的分析结果，选择几种假设中排列在前面的最合适的假设。此外，在高炉熔炼监控系统中采用了基于框架的模型，以表示有关高炉各部分温度和压力的静态知识。用黑板模型来存储时间序列数据，进行知识单元之间的知识传递，并记录推理方法和推理结果。

为了进行实时在线推理，根据传感器的功能属性，将知识库划分为由若干规则集合组成的几个知识单元即子知识库。整个知识库采用递阶结构，如图 8.14 所示。

这种设计具有下列优点：

(1) 知识库按递阶构成，便于以不同的方式来表示各子库的专家知识。

(2) 将规则集合分到各子知识库，便于检查各规则集的有效性。

(3) 采用递阶式多知识库结构来划分规则，可以改善推理效率。

在异常炉况预测系统中，实用的规则具有如下的形式：

IF 炉料下降的速度低于 XX，THEN 有可能发生沟道（确定因子为：X.XX）

IF 炉料下降速度的积分小于 YY，THEN 有可能发生沟道（确定因子为：Y.YY）

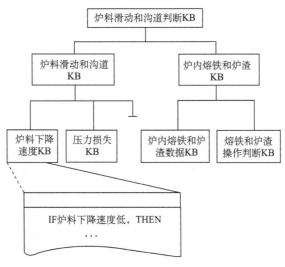

图 8.14　AFS 中知识库的构成

在异常炉况预测系统知识库中，建立了约 100 条规则；在高炉熔炼监控系统的知识库中，约有 300 条规则。

5. 传感数据的预处理

时间序列数据的模式识别以前是由人类专家来完成的，现在可在计算机上来执行，并用人工智能方法来处理。由于高炉的数据量大，且受到实时性的约束，至今还没有合适的工具来处理，所以实际上采用以下两个步骤对传感器数据进行推理前的预处理。

第一步是对传感器数据进行平滑。鼓风炉有 200 多个数据。不同的数据，如炉子的压力和温度，往往受到扰动和由于加料所造成的非周期性变化的影响。为了去除这种影响，采用统计方法作平滑处理（线性回归过程）。炉顶气体温度如图 8.15 所示，为了对它进行预处理，采用了平滑处理过程。

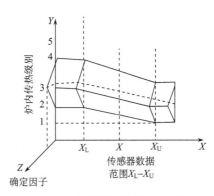

图 8.15　数据预处理第一步例子

在这个回归过程中，利用每分钟测量一次的 N 个数据 $T_c(t)(t=1, 2, \cdots, N)$，并以此拟合成以下的线性方程：

$$f(t) = C_0 + C_1 t \qquad (8.1)$$

使

$$S = \sum_{t=1}^{N} [T_c(t) - f(t)]^2 \qquad (8.2)$$

为最小，由此决定系统 C_0 和 C_1，从 $T_c(N)$ 中计算 $f(t)$。这也就是最小平方法。

第二步则是利用第一步的结果，抽取传感器数据特定的交变模式（这些数据造成炉况变化）。抽取过程如下：

（1）比较数据变化的趋向。例如，计算气体入口温度、炉子轴向温度的变化率，计算气体利用率等。

（2）计算数据的级别。即计算顶部气体压力、吹风压力损失及炉料下降速度等数据所处的范围，看它们是否大于（或小于）极限值。

（3）计算方差。

（4）计算数据的积分值。

（5）预测（拟合）典型的变化模式。

（6）计算变化的量。

在鼓风炉运行的复杂过程中，由于操作员和专家本身所具有的经验不同，即使观察到的数据相同，判断炉况的结果也会有所差别。因此判断总是带有某种程度的不确定性。在有些情况下，即使传感器的数据变化，炉况也并不一定不正常。相反，在发生不正常情况之前，传感器的数据也不一定变化。为了改善系统运行品质，就需要采用确定性因子（CF值）和隶属函数来处理其模糊性。在高炉控制过程中完全可以用模糊集合的原理和方法来确定或选择控制的规则。

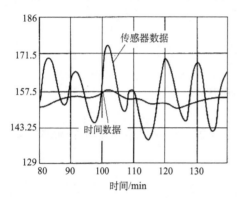

图 8.16　高炉内传热隶属函数

以炉内传热过程为例。炉内传热可以分为 5 级，由于级别本身具有含糊性，也有必要引入隶属函数。对不同的传感器数据，可用图 8.16 所表示的三维隶属函数。通过对隶属函数的复合运算和多种输入的组合，经过推理，系统会采取最合适的动作（或规则）来对高炉进行操作。

高炉采用智能控制以后，不但可以减轻操作工人的劳动强度，在发生故障时能及时、正确地进行处理；而且能够提高生产率 5%～8%。

8.6　实时专家系统研究的难点与生长点

实时专家系统研究的问题往往存在工作环境要求苛刻、变动因素较多、突发事件不可预测、实时性强和便于扩充等难点。鉴于当代各种大型系统的复杂性日益增加，实时地分析、解释和响应大量数据变得越来越困难。例如，Gensym 公司的 G2 于 1988 年推出第一个版本，此后快速成长并不断推广销售，是世界领先的实时专家系统平台。在近 20 年的时间里，G2 被广泛应用于许多实时性要求最严格的领域中，从 NASA 的航天器控制到爱立信的全球通信网络管理，从北美防空司令部的战场模拟到丰田汽车的全球生产管理，G2 都扮演着重要的角色。全世界许多最大的制造、能源、通信、运输、航天、金融和政府机构都应用 G2 来改善重要操作的效率和性能。

但是，实时专家系统又有日益增长的迫切需求，这正是实时专家系统研究与发展的生长点。以 G2 为例，这是一个面向对象的、图形化的、可定制的软件平台，用于快速构建专家系统。这些应用实时获取生产层、控制层和管理层的大量数据，并按照最有能力的人（专家）的方式进行实时处理，提供决策建议或直接采取相应的行动，使过去需要人类专家直接参与的过程实现了自动化。G2 可用于决策支持、智能监控和过程控制、故障诊断等领域。G2 与企业应用系统、数据库、控制系统、网络系统、遥测系统等各种外部系统紧密结合，帮助用户提高操作的有效性和性能。

在实时和任务关键的领域中，基于 G2 的应用具备以下优点：

（1）通过基于知识的推理和分析将复杂的实时数据转化为有用的信息。

（2）在潜在的问题影响操作之前监测到它们。

（3）分析时间紧迫的问题的根源，加速处理过程。

（4）提出建议或采取相应的行动，确保成功解决问题。

（5）调整行动或信息，优化操作过程。

（6）通过动态建模和仿真为决策制定提供支持。

（7）保留和共享专家知识，使人人都成为专家。

（8）将模糊逻辑、神经元网络、专家系统技术无缝地结合起来。

1. 军事领域的应用

现代战场环境的高度复杂性对指挥员提出了空前的挑战。战场上的各种实时数据造成的信息风暴可能将指挥控制系统完全淹没。迅速和正确地制定出应对高度动态、复杂战场环境的决策是克敌制胜的关键。在这种背景下美国军方用 G2 平台建立了世界上最大、最复杂而又反应迅速的后勤供应链指挥系统为其全军提供后勤支持，为各级指挥人员提供决策支持。

在战场指挥与控制中，G2 的规则引擎平台最适合于建立和部署规则驱动的实时性应用系统，如图 8.17 所示（伽略电子公司，http://www.galleric.com）。此类系统从数据库、传感器、仿真器、网络系统、指挥员和其他各种数据源获取实时数据，根据战场模型和作战策略知识库为指挥员提供实时智能决策支持，增强了指挥决策的灵活性和有效性，并降低了风险。G2 模拟了整个战场的运作架构，执行实时仿真模拟并产生指挥命令。在模拟作战时各种交战规则在合适条件下被自动触发。指挥员可以同时模拟多个策略以选取最优的执行。决策制定后作战模型能够立即上线进行实时作战支持。例如，北美防空司令部的 C3 系统（Command，Control and Communication），该系统的目标是对整个北美防空体系建立精确的模型以分析其战时的需求和能力。应用 G2 强大的面向对象建模能力对防空体系从整体到

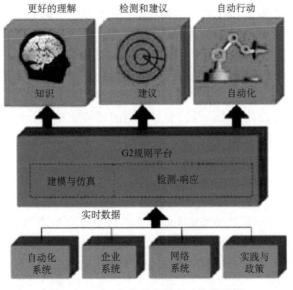

图 8.17　G2 专家系统的实时推理引擎

各个局部，包括控制中心、雷达站、战机、入侵者等都建立了详细的模型并建立作战规则专家系统。该系统还将与 GIS 系统结合发挥更大功效。

从 2001 年开始，美国国家模拟中心（National Simulation Center，NSC）就使用 G2 开发了 JMACE 系统作为模拟工具，提供关键任务的精确模拟。JMACE 系统同时作为军事训练和模拟演练的训练工具，以及军事决策支持工具，用来模拟敌人入侵时的战场策略。JMACE 利用 G2 强大的实时推理引擎在发生真实遭遇战之前评估战场准备情况。

NSC 之所以用 G2 来构建 JMACE 是因为 G2 强大的面向对象开发和部署环境。G2 帮助 NSC 的开发人员将复杂的功能通过容易理解的简明代码实现并部署到具有不同操作系统的各种硬件平台上。G2 使得开发者用结构化的自然语言来描述对象、规则、过程和函数，创建易于理解、验证和修改的模型。

在四年的时间里 NSC 用 JMACE 完成了众多任务。它提供了军事行动的分布式的合作演练，帮助机动战斗部队和运输部队在压力训练中明确获取作战需求。军事指挥院校使用 JMACE 来指导如何做出军事决策并通过计算机网络为学员提供分组的实战模拟演练。

2003 年，美国中央司令部（CENTCOM）使用 JMACE 进行了重大的军事行动演练。JMACE 被 CENTCOM 用于对伊拉克作战的策略模拟和决策支持工具。这次历时两天的实战演练共有 67 位高级指挥员参加。运用事先定义的作战规则，JMACE 提供了对各种不同作战策略的规则驱动的模拟。系统将整个战场的后勤供应，集团军和装备的部署，以及通信系统的波段等因素都包括在其中，甚至包括战场的视线、地形、敌军的抵抗力等。所有这些都是基于 CENTCOM 的指挥官们多年的作战经验。JMACE 使得指挥员能够像在真实的战场上一样模拟各种作战策略，并做出及时的调整。

2. 航天领域的应用

波音（Boeing）公司开发了运行在六台服务器上的基于 G2 的软件，用于对国际空间站（ISS）进行实时监控。该软件对空间站传回的其机械、电力及计算机等子系统的各项数据进行智能监控，确保空间站正常运行和完成特定任务。

基于 G2 的软件能够检测出异常，分析原因，显示重要的警告，并且提供相应的电子文档以供进一步的研究。智能系统能够及时预测到异常情况从而在它们演变成重大问题前采取措施。例如，DESSY（Decision Support System）用来监控航天飞机机械臂的操作，Propulsion Advisory Tool 用来在发射准备阶段监控航天飞机的推进动力系统运转状态，Operations Execution Assistant 用来在地面控制中心为太空任务提供决策支持的专家系统。

基于 G2 的软件为地面控制中心检测和处理空间站潜在的软、硬件问题提供了智能的决策支持，也使得 Boeing 公司成为国际空间站项目的主要软件承包商。

8.7　本章小结

应用案例表明，实时专家系统比非实时专家系统更有竞争力和应用适应性。8.1 节给出了实时系统和实时专家系统的定义及实时专家系统的设计要求和技术要点，从实时专家系统的研发需求出发介绍实时专家系统设计的源头。8.2 节讨论了基于单片机的实时专家系统，包括它的结构和应用案例。8.3 节探讨了基于嵌入式系统的实时专家系统，这种专家系统比基于单片机的专家系统复杂些，性能也更强；也介绍了基于嵌入式系统的实时专家系统的结构和应用案例，特别是基于手机的实时专家系统案例。8.4 节介绍了比较成熟、应用较广的实时控制与决策专家系统 RTXPS 的一般情况。8.5 节举例说明了实时专家控制系统在工业上的应用，即用于控制炼铁高炉温度的实时监控专家系统，讨论了本实时专家控制系统的结构、设计方法与实现。仿真和应用结果已经表明，本实时专家控制系统具有优良的性能，并具有广泛的应用领域。8.6 节分析了实时专家系统研究的难点与生长点，展望了实时专家系统的进一步发展和应用方向。

习 题 8

8.1 怎样定义实时专家系统？你是如何理解实时专家系统的？

8.2 为什么要研发实时专家系统？

8.3 试就系统的构成和各部分的作用说明实时专家系统是如何工作的。

8.4 在设计实时专家系统时，应考虑哪些要求和技术？

8.5 举例说明实时专家控制系统的工作原理及其实现。

8.6 举例分析基于单片机的实时专家系统的结构。

8.7 基于嵌入式系统的实时专家系统具有什么样的结构？请举例分析。

8.8 基于手机的实时专家系统有什么优势？

8.9 实时专家系统的应用和发展前景如何？你对其未来的发展有何建议？

第9章 专家系统的评估

专家系统建立后必须经过相当长时间的运行检验，不断对知识库等进行改进，使系统日臻完善。专家系统的性能与效益如何，则通过对专家系统的评估来做出结论。

如同大型软件项目的开发过程一样，专家系统需要很多的评价和连续的财政支持。当专家系统完成时，需要偿还投资。这种效益可以衡量吗？可以明确断定哪些是已完成的，哪些是需要继续工作的吗？在适当时候进行评估就可得到项目的重要结论。但不恰当的评估工作也可能埋没真正有价值的专家系统开发活动。本章讨论专家系统的评估问题。

9.1 评估专家系统的原因

有人不重视专家系统的评估，认为它只是表示发展专家系统的工作要继续进行，而发展专家系统的工作反正是要做的。此外，还有人认为评估一个专家系统最好的方法是建立这个专家系统，把专家系统交给乐于使用者，并征求使用者的意见和对他们的反映做出回答。但是，这种看法忽略了一个重要的事实：无论是否意识到，从建立专家系统开始，专家系统的设计者始终都在对专家系统进行评估。

评估专家系统是一个连续的过程。一旦完成了专家系统原型的建造，就着手进行某些系统评估，然后利用所得到的结果去改进专家系统。每当专家系统上升一个所企望的台阶时，都要进行评估。当然开始阶段所进行的评估是非正式的，以后随着专家系统的发展评估就越来越正式。当专家系统完成并准备投入实际使用前，就要对专家系统做最后的试验和评估。

9.1.1 发展专家系统的需要

相对开发评估就不那么有兴趣了。为什么要花时间进行试验、收集统计和观察资料并产生图表呢？

有的人以为专家系统不需要评估；他们认为专家系统仍然在发展中，为什么要花费时间和精力评估而不是集中精力建造它们呢？问题是很多的，而且不断开发的新技术使得专家系统不断变化。评估工作只能表明工作应当继续，这是终归要继续的事情。最好的评估方法是完成专家系统后，将它交给用户，征求他们的反馈意见并给予答复。

这种看法忽略了一个重要的事实，即不论你是否意识到，专家系统总是在被评估中。设计和建立一个专家系统是一个就下述问题对专家系统不断地进行评估的过程：

(1) 采用的知识表达方法是否合适，是否需要扩展或修改？

(2) 该系统能否提供正确的答案和进行正确的推理？

(3) 存入专家系统的知识是否和专家知识一致？

(4) 用户和系统相互联系是否方便？

(5) 用户需要系统提供什么方便和要求系统具有什么能力？

专家系统是逐渐生成的。很少有只做一个初始的设计，一次建成系统就行了的情况。从使用者、合作专家以及系统建造者本身来的反馈信息提供了改进意见，这些意见将用来改进专家系统。对专家系统的评估渗透到整个专家系统的建立过程，并且对改进专家系统设计和性能起到关键作用。每当改变、增加、删除知识库中的规则时，每当修改或扩展推理程序的规则时，或每当改进知识表示方法时，所采取的措施都是根据对专家系统的非正式评估。对专家系统进行评估的另一个原因是，在专家系统的评估和改进过程中进行的各种试验，将得到可靠的数据，这将有助于提高人工智能作为一门科学的信誉。

对基于知识的专家系统进行评估仍然困难的原因是很少对专家本人进行客观的评价，因而不可能把对人的标准简单地照搬到机器上。专家们一般要通过某种考试或标准来获得营业执照或证明；但对于专门知识的问题，人们并不能根据数值比来选择医生、地质学者或汽车修理工。很难直接评估基于知识的专家系统或人的类似性能。这种情况是一种挑战，也是研发专家系统评估方法的机会。找到衡量机器性能的方法也可用于对专门知识的评价。在评价过程中，还可学到很多关于如何成为专家的知识。

9.1.2　专家系统评估的受益者

不同类型的人做出的评估可能差别很大：
(1)投资机构希望专家系统性能尽善尽美。
(2)专家系统设计者寻找专家系统操作与性能的差距，并研究改进方法。
(3)终端用户希望能从当前使用的程序改进成目标程序包。

1. 专家系统制造者

所有的评估都会影响专家系统的制造者，他们也在不停地评估其专家系统：测试程序和知识库，发现问题范围和需要改进的薄弱环节，进行修改和扩充等。用户和领域专家的反馈信息进一步评价知识库、搜索和推理方法以及专家系统的人文工程等方面。评估结果将改进与发展专家系统的成果，使专家系统制造者受益匪浅。

2. 合作专家与用户

构造专家系统中涉及的领域专家与领域知识及程序使用方法关系很大。专家反复进行着静态和动态的评估；专家在静态评估中把专家系统的知识库同其自身相比较。他们提出改进知识库和推理方法的建议，使得专家系统的专门知识更接近他们自身。所以，知识获取过程是同领域专家进行的评估紧密联系着的。对专家系统的评估有助于他们构造领域知识和其自身的专门知识，更好地理解这些知识。

评估还可加强开发小组成员之间的交流。专家系统建造者的工作能得到理解和赞赏，同时，专家系统建造者能学到更多关于模型化的领域知识。

能否由专家系统开发者以外的人进行专家咨询也许是专家系统成功的根本标准。要实现这个目标是不容易的，只有少数专家系统达到了这个高度。成功的一个关键因素是在其建造时让用户介入专家系统的评估工作。如果不能清楚地了解用户的需求，专家系统制造者就不可能实现关键的功能，从而使得专家系统的实用性受到限制。

用户在评估过程中可测试专家系统在此领域中的完整性，并确定是否产生有意义的结果。此外，用户评价他们与专家系统的交互功能、输入知识和输出结果的方法以及反应速度，来帮助他们使用专家系统。这些评估帮助用户决定什么能力是有用的，什么是需要的或希望有的以及哪些可被忽略。这种反馈还能使得专家系统制造者提供与用户要求相称的功能。让用户参与开发过程，可使用户对他们将要使用的工具产生兴趣，但不能过分强调让用户感到他们对专家系统开发是重要的这种心理效果。有时用户参加了专家系统制造组并在自己的同伴中成为专家系统的宣传者。

由此可见，在用户接受专家系统前有必要对专家系统进行一些正式的测试和评估，其成功的程度将影响专家系统在用户心目中的可信赖性和使用程度。用户最关心的问题是此系统是否值得使用。

3. 系统研究开发者

评估专家系统能发现人推理的模型，有些认知心理学者这样认为。由于专家系统试图用专家的方法编码，因此，这些用来表示知识、进行概率或逻辑推理以及学习的方法都可和人所用的方法相比较。评估工作常导致新的研究开发工作的开始；例如，慢速的专家系统会促使其提速，知识库很大的专家系统需要更有效的存储管理，接口不好需要寻找新的面向用户的语言、显示和说明。

评估方法本身也使有些研究人员感兴趣。许多专家系统评估方法可用于其他系统和场合。例如，各种测试实例和具体的性能试验可能有广泛的应用性。对评估技术的研究也可引出通用的评估理论，至少可引出评估专家系统许多方面的客观标准。

政府机构和商业公司是专家系统的开发者，这些投资人的评价好坏对以后的财政支持至关重要。投资机构通常要求人工智能研究帮助他们解决问题，从此提供最终可转交为日常操作环境的专家系统。这样的专家系统必须具备各种功能和效益，并且容易掌握运用。开发费用也是一个重要因素，包括建造专家系统、运行、解释结果和提供维护等费用。

公布专家系统的性能报告要经过大量的评估工作，也许还要考虑法律问题。当专家系统获得广泛应用时，专家系统的能力是否得到证明？如果专家系统产生错误结果，谁应负责？另一方面，它是否能发展为超级专家并广为采用，以至于人们认为不经过专家系统咨询，做出的决定就不适当或不合法？在这些方面有效的评估方法将是特别重要的。一个系统在其有限的专门知识领域中能够显示其功能，必须得到整个社会的一致信任，最终促使经济界、科技界和社会合理需求对专家系统给出一个有利的辩解。

9.2 评估专家系统的内容和时机

前面介绍了进行专家系统评估的原因以及评估过程中要避免的问题。下面讨论评估过程的主要内容和评估时机。

9.2.1 评估专家系统的内容

根据计算机性能评估的原则，评估这一术语具有各种含义。它们都集中在系统设计的性能问题上，而忽略或延缓考虑对其他方面的正式评估。在专家系统开发过程中的各阶段，从第一次可行性论证到最终测试，从解决用户具体问题的现场测试到年度统计和回顾都应有证实工作。

应该考虑到评估的对象是执行现实任务的专家系统，它一般要由非计算机专业的科技工作者使用。假设其主要目标是开发一个有用的专家系统，它会成为某个部门日常使用的工具，从而对这一部门产生影响。尽管在专家系统的开发过程中会出现许多基本的科学问题，但这里介绍的是各阶段评价开发工具，而不是衡量其对科学技术的影响。

当专家系统完成时，应对专家系统的各个方面都做出正式的评估，其中包括：

（1）专家系统所做的决定和建议的质量。

（2）所用推理技术的正确性。

（3）人和计算机之间对话的质量：包括对话的内容和机器的输出结果，以及涉及的工程上的问题。

（4）专家系统的效率。

（5）成本效果。

1. 专家系统的决定和建议的质量

至今所发展的专家系统，其中包括 MYCIN 专家系统和 PROSPECTOR 专家系统，在对它们评估研究时，倾向于把重点放在评估这些专家系统完成决策任务时的程序性能。因为可靠而准确的建议是专家咨询系统的一个关键成分，通常这是一个不但有重大的研究价值而且有重大的实用价值的领域，从而理所当然地成为要着重评估的领域。但是，要定义或论证决定一个专家系统的建议是否合适或充分的机理可能是困难的。专家系统往往确实是为这样的领域建立的，在这些领域中专家的决定是起裁判作用和非标准化的。但是，有一点是很清楚的，这就是专家系统如果不能说服别人相信专家系统所做的决定和所给的建议是恰当的和可靠的话，那么预定的使用者就不会接受这个专家系统。通常某些校核的方法是强制性的。

2. 所用推理方法的正确性

只要专家系统能提供适当的建议，并非所有的专家系统设计者都关心他们的程序是否以和人类思维类似的方法得出结论。对 MYCIN 专家系统和 PROSPECTOR 专家系统的评估都不考虑专家系统用来得到结论的推理方法是否和专家所用的可相比较的方法相等价。但是，现在人们日益认识到，要达到专家水平的性能，可能要求更加重视专家用来解决那些通常要求专家系统去解决的问题时所应用的推理机理。

3. 人-机对话的质量

虽然专家系统推理过程的可靠性对专家系统能否最后成功使用是根本的，但现在知识工程师通常承认各种其他因素也会影响专家系统是否被预订的使用者所接受。专家系统和使用者之间能很自然地对话尤其重要。与此相关的问题如下：

（1）在提问和由程序来产生解答时用词的选择。

（2）专家系统解释它如何做出决策的基本能力以及使专家系统的解释适合于使用者专门知识水平的能力。

（3）当使用者对专家系统要求他们做的事情疑惑不解时，或在使用程序时因为某种原因需要帮助时，专家系统对使用者提供帮助的能力。

（4）专家系统以容易理解的方式或以使用者熟悉的术语来提出建议或向使用者进行解释。

因为上述问题中的每一点对于一个专家系统的最后成功地实际使用，与专家系统提供建议的质量同样重要，因此这些方面也有必要正式地评估。现在许多专家系统已经做了很多努力来发展这方面的能力，但是评估这些能力效果的技术以及在研究设计中把一个因素和其他因素分开的技术都还很不成熟。因为在一个专家系统被实际使用之前，上述这些问题通常不宜于正式研究，所以至今在对专家系统进行评定时，往往忽视对上述这些方面的评估。

4. 系统效率

在评估专家系统过程中，必须分析在实际使用环境下专家系统对决策过程的影响。例如，一个专家系统如果要求使用者花费过多时间，即使它在完成所有上面提到的任务方面是很出色的，也难以被使用者接受。类似地，专家系统运行的技术分析一般也是必要的。例如，CPU 的能力没有充分发挥，或磁盘寻找过程设计不善，可能会造成专家系统效率不高，这就严重地限制了专家系统的反应时间或成本效果。

5. 成本效果

最后，如果希望一个专家系统成为市场上的产品，对专家系统的成本效果作某些详细的评估是必要的。

当然，最后要由市场来对产品的成本效果做出判断。在市场上第一个作为商品出售的用于建立专家系统的工具是 AL/X。因为这个系统工具是用于建立专家系统的，所以它本身并不包含专家知识。AL/X 预先并没有经受过正式的评估。因此市场将帮助确定程序所提供的方法是否成功。

专家系统效能评估主要有以下研究内容：

（1）效能评估指标体系的研究。

（2）知识库基础结构评估指标和构造知识库结构的研究。

（3）推理机制效能评估和指标的研究。

（4）专家系统开发阶段检验与验证方法的研究。

专家系统不同于常规软件，为了提高其可靠性、有效性和性能，专家系统实际运用中必须依照严格的、可靠的测试和评估。重点在于专家系统开发时的检验和验证。

测试是一种用于检验和验证处理之后的技术，适合于评估基于知识的专家系统（KBS）的性能，对基于知识的专家系统的评估最终均基于测试，但测试不能证明无错误，仅可能表明错误的存在。检验是对程序功能的检查，即确定程序是否实现了规定的功能。对专家系统而言，确定是否以足够的专门知识完成规定的任务。验证是断定程序是否正确，程序实现是否与程序规范一致。对专家系统的验证是证明专家系统是否实现了预定的"知识"，即确定专家系统在某一阶段的产品是否符合前期开发中提出的所有要求的处理过程。

专家系统原型化的步骤如图 9.1 所示。

专家系统的测试是指按照专门的标准检测专家系统性能的过程，其测试示意图如图 9.2 所示。

专家系统的评估是指汇集所有不同的测试以获取全面的综合结论。由于专家系统是一项复杂的软件工程，进行完全测试难度较大。因此，常将其分为若干个子系统，并将注意力集中在问题而不是系统上。首先要清晰、严格地定义评估指标，然后将问题进行分等级分解，即建立评估指标体系，这样的评估才真正有意义。

专家系统的效能评估是指综合评估专家系统的效率与性能，其基础是建立合理、实用、易于实现的指标体系，用于指导专家系统的研究与开发，从而跟踪专家系统的开发过程，并增加专家系统成功投入应用的概率。

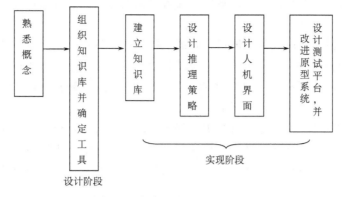

图 9.1　专家系统原型化的步骤

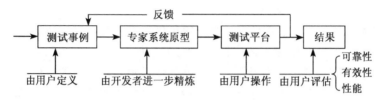

图 9.2　专家系统测试示意图

9.2.2　评估专家系统的时机

专家系统的评估过程应该是连续的,从专家系统设计开始,在开发的早期阶段扩展为非正式评估的形式;当开发中的专家系统达到实际完成阶段时,逐步加强专家系统评估的正式性。专家系统的开发可概括为以下九个阶段:

(1) 高层设计,定义长期目标。

(2) 完成 Mark-Ⅰ模型,说明其可行性。

(3) 系统测试,通常采用的方法是:

① 运行非正式测试的实例,用测试后的 Mark-Ⅱ模型由专家产生反馈。

② 向友好的用户介绍 Mark-Ⅱ模型并征求其反馈意见。

③ 根据用户的反馈意见修改专家系统。

④ 向用户介绍修改后的 Mark-Ⅱ模型,返回到第(3)②步。

(4) 结构化的性能评估。

(5) 用户可接受的结构化评估。

(6) 在模型环境中长期服务运行。

(7) 进行后续研究,以显示专家系统大范围的实用性。

(8) 修改程序,使得专家系统能广泛地移植。

(9) 正式推出,投入市场并制定维护和更新的可靠计划。

专家系统设计者明确其建造专家系统的动机是至关重要的。必须准确地概括出系统的长期目标。在专家系统开发的第一阶段,应准确说明用什么来衡量程序的成功以及怎样评估程序的成败。开始时设计者往往忽略这个问题,把主要精力用于考虑专家系统要完成的决策任务。不过,如果评估目标和长期目标明确了,它们必然会对专家系统的早期设计产生影响。

评估过程要从专家系统的概念开始，有助于改善早期设计，并发现那些在早期阶段过分强调或忽略的问题。

专家系统开发的第二阶段要表明所选定的执行任务是可行的，并不是要显示专家水平的性能。设计者必须表明知识表示对该任务领域是适当的，并采用知识工程技术建立一个能较好地完成该领域中某些子任务的模型系统。这种结果表示，经过知识的增长和推理结构加工，一个高性能的专家系统是可实现的。

专家系统开发的第三阶段是所有知识工程熟悉的。事实上，也是许多实验室专家系统都经历的。这时，非正式的测试是在专家系统开发过程中进行的。观察专家系统的性能，从合作的专家和未来用户那里征求反馈意见。反馈的作用在于确定专家系统开发中的主要问题、部位并指出开发的下一个循环。这种循环过程可能会持续数月甚至数年，这取决于知识领域的复杂性、知识表示的灵活性以及是否有该领域专门控制或策略的处理技术。但可证明，非正式的评估是这种循环的一部分。

所开发的专家系统一旦在多数情况下执行得很好，就应转向对其决策性能的更为结构化的评估。这种评估可在用户环境中适应性的情况下进行。当第三阶段的测试实例顺利地通过，而且相信正式的随机研究可表明专家系统能处理相关知识领域的任何问题时，就可进入第四阶段。只有少数专家系统达到这个评估阶段。主要的例子是斯坦福国际中心（SRI）开发的 PROSPECTOR 专家系统和斯坦福大学的 MYCIN 专家系统。随机选择实例的正式评估，能表明专家系统实际不能以专家水平工作。在这种情况下，要定义新的研究问题和知识获取，专家系统开发回到第三阶段再加工。在程序介绍到用户环境前，必须使得第四阶段的评估成功。

在未来用户使用的地方进行专家系统评估，这是评估的第五阶段。该阶段的根本问题是用户可否接受程序。在当前的专家系统中，只有为 VAX 计算机配套的 R1 程序在这一阶段被正式地评价。R1 合并了第四阶段和第五阶段的评估，它能引起解释结果时的混淆。第五阶段强调程序的对话能力以及提供的硬件环境。为此，在打算进入第五阶段前，必须成功完成第四阶段的评估。否则，终端用户接受程序的失败会引起性能决策错误，而不是由对话或硬件环境的问题引起。如果其他方面的专家水平的性能已在第四阶段证明，那么在第五阶段程序不能接受就是人为因素造成的。

专家系统如果能从形式上做出好的决策并可为用户接受，那么应在某种模型环境中进行持久的第六阶段的考验。这个阶段的目的在于获取大量测试实例的经验以及专家系统设计时不能充分发现的现场运行的错综复杂经验。在这个阶段，必须注意规模的问题，即当专家系统超出专家系统开发人员的控制又面临大批用户时，会出现什么样的新难题。这个阶段的评估倾向于正式评估。它用来认真地观察程序性能，并改变与其交互的人员的态度。

专家系统在模型环境中的服务运行完成后，应开始一些后续研究，来证明专家系统大范围的实用性；这是评估的第七阶段。先要测量有关参数，再把专家系统介绍给大批与原来的模型环境不同的用户。当专家系统以新的面貌出现时，要仔细观察和测量来决定专家系统的影响。有关问题是专家系统的效率、经济效益、未参加早期实验开发的用户对专家系统的接受程度以及对执行任务的影响等。在这个阶段，常会发现一些在投入市场或免费分配前要注意的问题；这由评估的第八阶段来处理，可能要求改动或修改程序，以便满足专家系统在小型机或便携机上运行的要求。

专家系统开发的最后一个阶段，即第九阶段，用来正式推出投向市场的产品。本阶段评估工作的实质是维护知识库和保持当前的可靠计划。也许会有人认为，最终的评估在这里进行，它可以决定专家系统是否能在公开市场上得以成功。然而，如果在前八个阶段中做了很好的研究，那么，其充实的数据就能应付任何有关程序和专家系统的质疑，而且专家系统的可信度就会明显提高。

9.3 专家系统的评估方法

从本质上说，对专家系统进行试验和评估是与对专家的试验和评估相同的。因此，这是一个非常困难的问题。

专家系统的评估基本上有下列几种方法。

1. 轶事法

本法简单地启发式地利用一组例子说明专家系统的性能。描述在哪些情况下专家系统工作良好。这和人们常依据一些医生成功治愈的疑难病症来说明该医生的医术非常高明相似。这种方法有时称为"轶事"法。使用轶事法时，模型设计者介绍他们的好经验以及程序出色运行时的情形。他们甚至可能再现反映程序原有性能的工作过程。在程序运行不利的情况下，他们就尽力修改程序。当新问题出现时，就把新的信息纳入模型，但如果模型包含问题的数量很大，设计者一般总是保持少量的短期存贮，以核查当前模型变化在旧问题实例中可能引起的变动。因此，只能希望新的改动将不会在以前已解决的实例中造成严重错误。希望专家系统的性能像人的智能一样能随经验的逐渐积累而不断提高。但是，和人不能相比的是，目前的专家系统缺乏很强的学习能力，因此，专家系统可能错误地处理一些容易解决并且以前已正确解决的实例。

2. 实验法

这种方法强调用实验的方法来评估专家系统在处理各种储存在数据库中的问题事例时的性能。为此必须规定某种严格的试验过程，以便把专家系统产生的解释与独立地得到的对相同问题事例已确认的解释进行比较。虽然实验的方法显然要比轶事的方法优越，但在具体地实现这种方法和得到有代表性的事例方面，常会遇到严重的困难。在某些领域，如医学，对一些常见病有可能收集比较多的事例。但对一些不常见的疾病，为进行有充分根据的评估，要收集足够多的和有代表性的事例就很困难。在其他的一些领域，如地质勘探，得到样本事例的成本很高，而且仅有很少几种矿物形态可以容易地得到。例如，在 PROSPECTOR 专家系统中，开发了专门的敏感分析程序，来比较由专家系统产生的解释结果与由勘测得到证实的结果。这样做是为了部分地克服得到试验事例数量有限的困难。

纯实验方法还有更为基本的困难。为了准确而有效地分析，分析过程必须有肯定的结束点，这就是说，对每个存放在数据库中的事例，必须知道正确的结论，然后才能在绝对的尺度上判断专家系统的性能：正确决定与错误决定的比例。把专家系统的决定进行分类，并按类分析结果。以这种方式对上述问题进行更详细的分析是很有价值的。例如，在医学方面，每种疾病的正确诊断的病例百分比例，以及由于各种可能的错误造成的误诊的病例百分比例，对评估专家系统的性能来说是很必要的。

3. 人、机分别测试评价法

该方法试图通过比较计算机与人的求解问题的能力，来评价计算机的机器智能。其测试方法是：让被测试的计算机和被测试人分别求解同一个问题，将求解结果(两者的)交给评价者评判，如果评价者不能鉴别两份结果哪份是计算机求解的，哪份是人求解的，那么，就认为该计算机与被测试人对于被测试问题具有同等的解决能力和智能水平。本方法的评价步骤如下：

(1) 准备测试集。准备用于测试的待求解、不重复的问题实例及与问题有关的事实、数据和条件。

(2) 分隔解题。把测试集的输入信息表，分别送给被测试的专家系统和相应的领域专家(模仿的对象)，它们被隔离在不同的地方，分别对问题进行求解，给出测试集所有问题的求解结果，填写统一格式的输出信息表。

(3) 制订指标。由不包括被测试专家在内的若干个专家组成评价委员会，讨论、研究、制订并通过共同约定的评价指标。

(4) 客观比较。评价委员会，根据所通过的评价指标，进行逐项比较其符合程度，给以总分，并按照各种指标的重要性和共同约定的权重系数，计算每个测试问题求解结果符合程度的总分；最后，对测试集的全部样本问题求解结果进行统计处理，给出关于被测试的专家系统与被模仿的专家对测试集问题求解结果的符合率，做出对专家系统的正确性的评价结论。

(5) 用户报告。被测试的专家系统应在用户单位试运行，根据评价指标，由用户单位提出关于专家系统的可用性方面的书面报告，并附以运行记录，一并提交给评价委员会；或由用户直接报告，以便对专家系统的可用性做出评价。

4. 加权分层分析评价法

采用相对重要性加权的方法，对系统进行多层次多指标的综合评价，具体步骤如下：
(1) 明确评价目的。
(2) 与领域专家协商确定系统目标及系统评价的指标体系。
(3) 把系统目标(如系统总体性能等)分解成层次结构。
(4) 逐层、逐项进行测试比较。
(5) 由专家根据结构中每层各项指标相对重要性给出其加权系数。
(6) 自顶向下逐层计算所有指标相对于总目标的权重，根据比较方案的总权重，做出最终决策。

所有这些评估从概念上说都化为二元决定：正确或不正确。不过，并非所有的问题都可以很容易地按这种方式来分类。虽然用于分类的专家系统是以这种方式分类的，但在这种类型的专家系统中，也还有许多描述专家系统性能的方法，而这些方法没有明确的终点。例如，如果应用一个专家系统，这个专家系统根据若干串联的、用作事例结论的陈述作为专家系统解释输出的说明词。可能会得到一个让使用者非常满意的总结论，但这个总结论很难有确定的终点。在这种情况下，很难要求专家独立地评估这些事例，然后去比较结果。因为专家们不加限制的说明词语也可能会与由专家系统产生的说明词语非常不同。即使要求专家从专家系统关于事例的结论表中进行选择，也仍然会在把这些句子组合成总的解释方面碰到问题。要让专家达到准确的匹配是很困难的。在这种情况下，通常的做法是，把专家系统产生的结果给专家看，询问他们是否同意这些结论。虽然这样的做法会引入在采用隐蔽的方法（即不让知道这些结论是由什么产生的方法）时可以避免的偏见，但出于实际的理由，这是最经常用的评估方法。可能请几位相互独立的专家来评估专家系统，情愿他们都来评判专家系统产生的结果，而不是去独立地提供决定性的结论以进行比较。

9.4　专家系统的评估工具

下面介绍一些不同的专家系统评估工具，这些工具较容易且能帮助模型设计者对模型性能进行评估。这些工具无论在容易建造并运用大量实体样本总体评估方面，还是在对具体实例问题进行较为详细的分析方面，都可助模型设计者一臂之力。

9.4.1　一致性检验程序

评估专家系统的一个重要工具就是一致性检验程序，这一程序列出专家系统模型修改前后对保存实例分别做出的结论之间的全部差别。在咨询过程中，表示假设可能性的权参数可同实例一起存入数据库，此权参数是由程序赋值的。对知识库的修改通常导致对结论信任度的重新计算。一种常见的修改就是改动规则以纠正对实例所做出的错误结论。考虑这种修改对数据库中原有实例结论的影响是重要的。当然，考虑加权中的微小变化可能是不必要的，因为只是那些超出指定阈值的变化才预示着实例最后定性解释的变化。

对发现和假设的改动在设计过程中是相当频繁发生的。对一系列发现和假设进行修改后，为了不至于丧失已保存的实例贡献，程序应自动对数据文件重新加以组织，来保持与存放实例的一致。对旧模型和修改后模型的发现和假设都使用一致的助记符号时，这一任务的实现是比较容易的。针对以下具体实例，应用假设助记符号描述了改动对模型性能的影响。

```
［PROCESSING CASE5］
Cadillac
CHOKE  0.8→0.9
FILT  0.6→0.2
［CASE5 PROCESSED］
```

此程序的输出显示了每个假设的变化，如左边的助记符号所示。此测试实例揭示了假设信任权的变化，这一变化是由推理模型的改动引起的。权参数并没有因模型修改而改变的那些假设，这里没有列出。模型设计者考察了对数据库中所有实例的影响后，如果对结果不满意，就可对推理规则和数据元素做进一步的改动。设计者可这样对模型进行快速的会话式敏感度分析，从而可大大加快模型构建的进程。

9.4.2　在数据库中查找模式搜索程序

在实例数据库中进行会话以查找发现和假设的模式搜索程序，对分析模型性能具有极为重要的作用。假定将数据和假设及其信任权都存储在数据库中，然后搜索模式就可确定假设权的不同决策阈值以及不同的发现模式。在数据库中查找具体模式的技术，对决策规则的编制和一致性检验具有不可估量的价值。

让我们以汽车修理模型中的一段工作会话为例，说明如何建立一个按具体模式检索所有实例的统计数据的数据库系统。

要寻找程序推断出节流排粘连(信任度>0.5)并且温度低于40℉的所有实例。

　　　请输入搜索码助记符:

　　搜索:CHOKE>0.5　TEMP<40

程序用搜索模式的完整英语表达回答,这样用户可检验正确性,然后程序指出第3个实例和第5个实例满足模式要求。

　　　　节流排粘连大于0.5

　　且

　　　　室外温度(℉)低于40

　　满足条件的实例:3　5

　　　　实例　2/5　(40%)

下面总结这两个实例的特征,这一总结提供满足这些条件(用+标记)的实例的所有发现与不满足这些条件(用-标记)的实例的统计比较。在会话期间,对每一实例,并不提出所有的提问,同样也不报告所有的发现。"*"符号表示统计意义。MNE是测试助记符,GAS是实例数量。比例仅是说明性的,这个样本对任一有效统计结果来说都显得太小了。

　　　你想做分组搜索码?　　*是

该命令可对两个满足初始搜索模式的实例做进一步的分组搜索。下面输入这一分组的搜索模式说明。也就是寻找温度在20℉以下的实例。其中第5个实例确实满足这一条件。

　　　请输入第1个分组的搜索码

　　　　分组:TEMP<20

　　　　节流排粘连大于0.5

　　且

　　　　室外温度(℉):低于40

　　且

　　　　室外温度(℉):低于20

　　满足条件的实例:5

　　　　在分组中的百分比:1/2(50%)

　　　　在全部实例中的百分比:1/5(20%)

　　　　　　⋮

对模型的假设及其信任度和实例的测量记录同等看待,是特别有价值的。这样,就可在数据库中搜索X>0.5的那些实例,也就是说寻找专家系统推断出假设且其信任度大于0.5的那些实例。

9.4.3　比较计算机结论与专家结论

把对每一实例的专家结论都存储在数据库中,就可应用简单而很有用的工具,来比较专家与模型各自做出的结论,从而取得对专家系统性能的明确评价。然后,就可把那些专家系统和专家结论不一致的实例拿来比较、分析和鉴别。在模型有所改动的情况下,这一点显得特别有用。表9.1列出那些不一致的实例,模型的第1个结论、第2个结论(根据信任度排队)均和其信任度列在一起。从图中可看到,最前面的2个模型结论的信任度比较接近。

表 9.1 　计算机结论与专家结论的比较

实例	医生结论	模型的第 1 个结论		模型的第 2 个结论	
1	MCTD	MCTD	0.550	SLE	0.500
2	RA	RA	0.850	SLE	0.500
3	PSS	PSS	0.700	MCTD	0.600
4	MCTD	SLE	0.700	MCTD	0.550
5	SLE	SLE	0.900	RA	0.000
…	…	…	…	…	…

这样就得到对数据库中全部实例结果的迅速比较，并可用来对具体矛盾问题做详细的考察。

上面讨论了较简单的估价模型在实例数据库中工作性能的工具。这些工具补充了分析单个实例中采用的方法。对于单个实例情况，集中考虑那些得出或排除具体结论的被满足的规则。

9.5 专家系统的评估实例

随着专家系统应用的日益广泛及专家系统原型的日益增多，专家系统评估变得日益重要。这些专家系统究竟好到什么程度，它们能达到预期效果吗？它们的知识库可信、有效吗？它们能够方便用户使用、维护、修改吗？这一系列的问题都需要给出回答，上述几节介绍了专家系统评估的原因、内容和方法。本节给出专家系统评估的一些实例，包括专家系统的多面评估方法及其一些准则，还有 R1 专家系统的评估实例。

9.5.1 多面评估方法实例

专家系统的多面评估方法大体上可分为三个阶段：
(1) 首先是主观评估阶段。
(2) 其次是"黑盒"内部的技术评估阶段。
(3) 再次是经验性评估阶段。

这种评估方法既可用于专家系统开发过程，为开发过程维持正确的轨迹提供反馈，也可应用于专家系统研制结束后评估专家系统的整体效能。

1. 主观评估阶段

1) 评估的目标

专家系统的主观评估阶段是从用户的角度对专家系统进行评估，其目标是专家系统的可用性。这要确定专家系统的效能量度，它提供评估专家系统的可用性所需的信息。效能量度的确定在开发过程开始时特别重要。这些量度对于设计者来说也是非常重要的，因为设计者可以从这些量度弄明白专家系统的动机，从而为专家系统设计或改进提供思路。

多属性应用技术为效能量度概念提供了一个正式的体系。多属性应用技术是一种处理那些难于完全用定量方法来分析复杂问题的手段，是一种定性、定量相结合的方法。这里用多属性效能量度评估方法对专家系统进行主观评估。

2）多属性效用分析法

多属性效用法的基本思想是将全局的效能量度分解成若干层次，在比原有问题简单得多的层次上逐步分析，可以将人的主观评估用数量形式表达，然后再将它们综合生成一个总评估量度。当多属性效用法应用于专家系统评估时，将专家系统从概念上分解成不同属性类，该类再进一步分解，依次下去，直到觉得对专家系统的每一属性都能定义并获得精确、可靠、有效的量度（打分）为止，然后通过将属性打分转换成整体量度，来得到对专家系统的主观评估结果。

2. 技术评估阶段

专家系统的技术评估阶段有三类情况：

（1）一种是评估知识库是否为最小化的形式，评估知识库逻辑一致性和精确性的静态测试。

（2）一种是领域专家评估知识库的功能完整性和预见准确性以及推理能力。

（3）再一种是评估整个专家系统服务需求的软件测试和检验方法。

下面逐一讨论这三种情况。

1）问题最小表示

影响问题最小表示的因素有：

（1）冗余规则。各规则或规则组都基本有相同的结论。如 $p \wedge q \rightarrow h$ 和 $q \wedge p \rightarrow h$；$A \in \{(2, 4)\} \bigcup \{(3, 5)\} \rightarrow g$ 和 $A \in \{(2, 5)\} \rightarrow g$，这两组规则实际上分别是等价的，故是冗余规则，可以直接从库中删除一个。

（2）包含规则。当一个规则或一组规则的含义已在另一个规则中表示出来时，可从类似的但约束条件较少的一个规则中得出结论。

（3）规则的简化。

实际上，上面主要指的是知识的无效表示，一般来说对专家系统的正确性没有大的影响，但是它可以降低专家系统的运行速度，并且在对知识库修改与扩充期间成为问题的根源。冗余规则、包含规则可以被检测出，并被删掉，对专家系统的逻辑推理没有影响，然而，某些情况下，在库中保留较特殊的包含规则可能是有目的的，它可以影响冲突的解决机制和推理控制策略。规则的简化意味着用等价的单个规则替换原来的两个或多个规则。这样，通过以上异常的清除将得到一个逻辑上等价的知识库，只不过是更精巧、更简洁一些而已。

2）逻辑一致性和精确性

逻辑一致性是指两种或两种以上的知识形式、规范一致，知识库中的知识不会发生矛盾、冲突等。知识的精确性要求知识确切、无二义性。下面给出适合于静态测试的知识库异常分类，这里的知识库以"IF…THEN…"的形式生成规则。有了这一分类，可以分别对每一异常做出相应的处理，以保证知识库一致、准确。

一致性特殊地指这样一种情况，一致规则的应用导致结果的模糊或非一致性，含糊的结果缺乏确切性。有两个规则可以应用于同一输入，但输出却不同，这种结果也许是无害的，但是在无功效系统中要认真分析。影响逻辑一致性有下列几个因素：

（1）冲突规则：那些采用了相同（或非常相似）的条件，但导致不同结论的规则（规则组），或其组合违背了逻辑原理（例递推性等）的规则。

（2）圆周规则：那些导致返回初始条件（或中间条件）而非结论的规则。

（3）不必要的 IF 条件：在一个条件上的值并不影响任何规则的结论。

冲突规则是一种危害的规则，依据预想的解释，同时产生的输出可能不全正确。例如，有些设备可以工作在一个或仅一个状态，而推出的结论是设备同时工作在两种不同的状态，这将导致物理上的不协调。

影响逻辑完整性有下列几个因素：

（1）非参考属性值：规则中，条件值推导不出一个结论。

（2）非法值：规则中条件所能接受的值之外的值。

（3）不可得到的结论（或终点）：不能将输入条件和输出结论直接或间接连接起来的规则。

对于小且结构良好的知识库，上述异常的静态测试可以由人工来完成，对于中等规模或大规模的数据库，人工完成静态测试需做出很大的努力，所以目前正在实现由人工向自动静态测试仪的转变，这将代表着评估知识库逻辑一致性和完整性的主要发展进程。

3）功能完整性和预见准确性

知识库的功能完整性和预见准确性一般要经过领域专家参与评估，要用一些典型的测试用例与专家的诀窍来测试其反映，看能否与专家的看法一致或能否提示专家思考更深入的问题。

功能完备性的主要判据包括知识库是否包含了所有希望的输入条件和结论，结论的完整性和知识边界，预见准确性的最终目的是检验知识库能否表现"正确的推理"，即正确的输入能否得到正确的输出，同样的输入能否得到一致的输出。而"正确的推理"又必须以知识库的准确性为基准，知识库准确性的主要判据包括：事实的准确性、规律的准确性、知识表示的准确性，知识库的可改性（控制可扩充性）。

预见准确性用测试器和性能标准来完成，所要求的标准是以事实为根据，预见准确性的测试要通过测试实例来体现。测试时要注意，测试实例的结构是一个重要问题，关键问题不是测试实例的个数，而是测试实例的作用范围，也就是反映输入范围的良好程度。测试实例中应包含那些容易导致专家系统严重故障的实例，也应包含那些模拟专家系统最普通操作的实例。

知识库的完备性也可通过对整个专家系统完备性的分析和执行来获得，在某些情况下（不是太大的专家系统）可以由 PROLOG 的执行机制完成，也可以由某些基于规则的验证专家系统完成，如 CHECK 可以检测循环规则，而 COVER 可用于检测反向推理系统的缺点。确实，一个系统一旦被证实具有完整性，那么该系统可被认为是可靠的，在将来可以安全使用。相反，对于很多复杂的专家系统，这种完整性检测是相当不可行的，尤其是专家系统中掺和了某种语言解释函数，这时可以通过保持执行规则的动态轨迹和在随后阶段获得的结果来验证专家系统的完整性。

4）服务评估

上述两种方法主要是针对知识库而言的，服务评估实际上是对专家系统满足用户需求程度的评估，它包含四个阶段，第一阶段是人工分析，有经验的软件工程师对问题的需求说明分析、设计和实现计划；第二阶段是静态分析，可由人工或自动完成，分析设计文档和软件；第三阶段是动态分析，借助一组测试数据，如随机测试、功能测试，来执行软件；第四阶段是可选的，用来证明程序的正确性。

3. 经验评估阶段

经验性评估阶段侧重于专家系统性能的主要量度，例如，经验性阶段的主要目的是评估是否人作决策更好、更快，利用或不利用该专家系统，哪种方式获得的信息更多？从而为专家系统改进提供好的建议。经验评估首先要有用户参加，有真正的专家和有代表性的用户参与评估比，用户给出对专家系统的主观评估，由专家给出专家系统的技术评估，以便系统性地评估专家系统性能是不是用户类型的功能。经验评估方法可分为：实验、准实验、实例仿真研究和历史数据统计分析。下面仅对实验进行介绍。

经验评估中考虑最经常和最一般的是实验。当用户要实际使用开发好的专家系统时，实验特别适合，因为实验专门帮助用户或参与实验人员完成从一个采样测试到较大抽样群的测试。

要考虑这样两种实验。其一，实验要反映专家系统性能约束的客观基准，如果专家系统通过该实验测试合格，则这个专家系统是有效的，否则将其搁置起来。例如，假设用户借助专家系统在30min内可以做出某种决策，然而，若用户组织要求这项决策在15min内做出，那么专家系统的这种辅助是无效的，若要求这项决策在30min内做出，那么专家系统的这种辅助是有效的。不过这个性能基准对于一些实时的活动是必要的。但对许多专家系统应用，它们是不必要的。其二，反映专家系统非伸缩判决规则的性能基准，即专家系统的其他特征对性能基准的失效没有补偿作用。

4. 综合测试和评估判据的多属性效用分析框架

本节所讨论的不同阶段解决不同的评估和测试判据问题，可由图9.3所示的框架加以总结，而且试图用多属性效用评估体系将其综合起来。这是专家系统的最高级。对于开发者，其目标当然是创造高可用性的技术。该体系有两个分支，第一个分支包括技术评估判据，这些包括设计编码标准、能力（即知识库）和服务（即方便的软件）要求。第二个分支包括经验的和主观判据，这些按性能和可用性判据分组，性能又分解为以事实（或专家打分）为依据的判据和判断，可用性分解成以与专家系统一同工作的参加者的观察为基础的判据和用户的反映意见。

总而言之，本节描述了测试和评估专家系统的多面评估方法实例，该方法由主观的、技术的和经验的评估阶段组成，这些方法可用于在开发和使用的后期评估专家系统，在开发过程中，可用于提供反馈，确保开发按照正确的轨道进行。其实，评估的目的不完全在于评估出这个专家系统好或坏，更主要的目的在于以下几点：

（1）获得准确的反馈。

（2）发现错误，通过测试应该对程序有绝对把握。

（3）使误差数目最小，并使确定误差所需的时间、做的努力和耗资最小，在开发的早期就消除错误或误差。这样使专家系统的生命周期变成"预防性的"。

（4）指导开发向最大限度满足用户需求的方向发展。

虽然讨论了现有的评估专家系统方法中的每个判据，但是仍有很多问题需要进一步研究。例如，这些判据是否充分、足够，此外诸如主观评估阶段中的多属性效用量度代表着将这些多种多样判据的单个评估转换成一个整体可用性量度这样一个机理。这些都有待进一步研究。

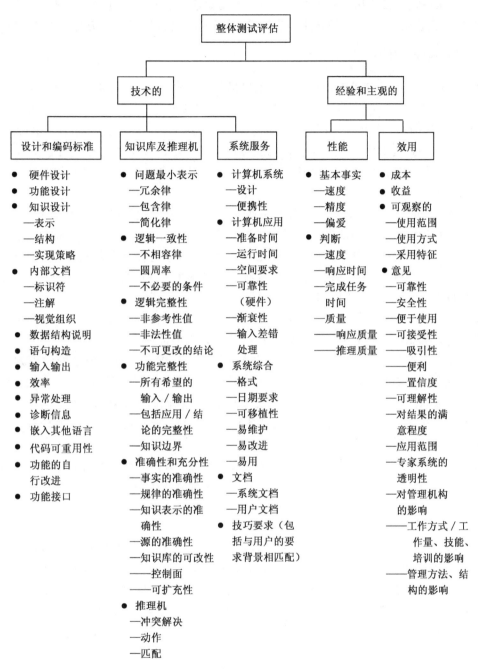

图 9.3　综合测试和评估判据的多属性效用分析框架

9.5.2　R1 专家系统的评估实例

从专家系统的开发阶段来看,最成熟的基于知识的专家系统可能是由麦克德莫特(John Mc Dermott)及其助手在卡内基-梅隆大学开发的 R1 专家系统。这个专家系统用来帮助 VAX 计算机配置,它是根据与数字仪器公司签订的合同开发的。由于此合同确定了专家系统接受测试的形式,此项目的经验提供了专家系统正式评估的独特例子。下面首先简单回顾一下 R1 专家系统的目的和任务范围，然后考查此专家系统的评估过程。在某种程度上，基本材料是从描述 R1 专家系统的技术报告和 R1 专家系统开发阶段的研究论文中获取的。

1. 计算机配置任务

以 VAX-11/780 计算机配置任务为例加以描述。VAX-11/780 是数字仪器公司 VAX-11 结构的第一次实现，它在许多方面类似于 PDP-11，其虚拟地址空间是 2^{32} 而不是 2^{16}。VAX-11/780 采用高速同步总线作为主要的内部连接，称为同步后级内部连接(sbi)。中央处理机、一个或两个存贮控制部件、一至四个多总线接口以及一至四个单总线接口可连接到 sbi 上。多总线和单总线可支持各种外部设备。由于系统变量的数量特别大，VAX 的配置任务就不是可有可无的。

从事 VAX 的配置设计的人员必须具备两种知识。其一，他们必须具备关于客户订货的每个部件与系统配置有关的信息，包括其电压、频率(对控制器)可支持的设备数目、端口数目等。这是"部件信息"。其二，他必须有把几个组件组合成一个局部配置并将几个部分配置组合成一个可行系统配置的规则。这些规则必须指出哪些部件可组合进来，而且组合必须满足哪些约束条件。这就是"约束知识"。

配置人员一般必须了解一个部件的 8 个属性才能适当地配置它。现在 VAX 机约有 420 种部件支持，那么 VAX 配置人员必须使用 3300 条以上的部件信息。

值得指出，在开发 R1 专家系统前，很难精确地估计配置任务所要求的约束知识的数量。多数需要的知识是无据可查的，唯一的来源是个别专家。但专家们发现，他们与约束知识的任务是无关的。当从他们那里总结这些知识时，发现他们的知识有两种：

（1）专家有一个零散的但相当可靠的任务领域概念。当要求他们描述配置任务时，他们用相关子任务及其时间关系描述。

（2）他们还有许多非常详细的知识，这些知识指出了具体的部分配置和未配置的部件的特点。必须具备这些特点，才能使得部分配置按照某种方式扩展。

2. R1 专家系统评估的过程

R1 专家系统的开发经历了 9 个开发阶段。从 1978 年 12 月向数字仪器公司提供想法开始，此公司同意进行非正式的初步研究。在配置专家大约两周的集中介绍后，麦克德莫特开始完成一个模型系统，此任务于 1979 年 5 月完成，这个先驱版本以 OPS4 实现，它包含了大约 300 条规则。尽管还不完善，但这个模型系统却有助于经理部认识这种方法的潜力。因此签订了正式协议，要求当年 10 月完成此专家系统，从 10 月 1 日开始接受试验。

1）初始接受试验说明其可行性

最初的计划要在 10 月 1 日用 R1 专家系统配置 50 份定货。这就要有一组专家评估，他们仔细研究每一份定货单，检查 R1 处理配置时的任何错误和不足，然后三周后，重复这些过程；选择另一批 50 份定货，并在 R1 专家系统上运行(包括上一次的不正确配置)，必要时将结果反馈给专家系统进行修改，继续进行这个过程，直到专家系统表明已达到了满意的准确性和可靠性。

在合同上没有明确定义评价标准，只是规定结果应由所选的专家组证实是可接受的。在多数情况下发现配置系统没有正确的答案，而且似乎没有两个专家会采用相同的方式来配置一份给定的订货。有关配置是否可接受的协议是要求较好。有关约束的知识是 1979 年 5 月

～10月进行系统加工改进得到的。在这个期间内，开发了 R1 专家系统的改进版本，而且规则的数量从 300 增加到 800 多。McDermott 报告说，扩充进行得很顺利，不需要对整个专家设计做重大修改。在设计知识库要考虑的问题中有 McDermott 确定的 5 种主要约束。

（1）违反工程限制可能会使得系统不能正确工作或不能尽可能好地工作。例如，如果 UNIBUS 模型选择低于优化水平，就会产生数据延迟问题。进行配置的一个原因是要决定设备接入母线的最优顺序。其他考虑还包括决定什么时间需要加入一个重复器及后面板上的交流电负荷。有许多这样的工程约束，它们是比较清楚的。

（2）第二类约束按照过去配置过程进行的方式分为两种。以前有两组人员参与配置，即书面配置人员和技术人员。书面配置人员的任务是准备系统设计的高级说明，因此他主要是确定定货的部件是否能一起工作，所以这项任务不需要很丰富的技术经验。书面配置人员只是产生一份定货项目的机柜设计：CPU 机柜和 CPU 扩充机柜（如果有的话）的内容，UNIBUS 机柜和扩充机柜的内容等。

（3）然后设计图由实际组装系统的技术员使用他们所做的高级说明，但在较低级别上自由做决定。McDermott 从制造单位的技术员中发现了许多关于系统应该怎样配置的经验，其中并不是要简化配置工作。然而许多此类经验完全是主观的，可能会有 10 种方法做某事，但一个具体的技术员习惯只有一种方法，而且有些还与工程限制相抵触。尽管如此，这种经验还是构成一种主观决定的重要因素。至少对于技术员来说，用它可决定是否可接受一个配置。

（4）在制造商做出的决定中产生第三类约束。制造厂向装配厂运输组件组，其中一些可能已部分配套，后面板中可能装有模块，或带有多路总线的机柜。这些预装件的安装并不是为了符合任何配置要求。因此在某些情况下，必须在最终装配时改装以适应工程的（或定货的）限制。但是不应让技术员们拆下这些预装的模块，除非有恰当理由要这样做。因此，制造厂部分配置部件的实践必须结合系统配置者所做出的决定。

（5）市场因素构成了约束的最后一个来源。作为一种政策，公司要限制认为是完整系统的部件组合范围。这些有关市场的考虑不直接影响配置任务，但要参加评估系统是否可接受。

2）正式的性能测试

R1 专家系统的知识库强化如期完成，接受测试过程从 10 月 1 日开始，并对最初计划做了一些修改。不是选择 50 份订货做一组分析，而是把每个循环的数量减到 10。选择标准是简单的，要处理的订货最多 10 份，并没有准备选择会使专家系统失败的困难配置任务去处理，许多达到的订货实际上是很少的。

评估组包括 12 人，是从书面配置人员、技术员和工程技术人员中选出的。每个具体订货的评估有 6～7 人参加。在一次评估中，参与者共同工作，而不是分别独立工作再比较结论。第 1 个订货的评估用了 8h，第 2 个用了 4h，其他的只用 1～2h。McDermott 报告说，在处理头几个订货过程中评估者发现他们之间对配置作用的正确方法有严重分歧。这是一个缺乏客观的、可行的黄金标准的明显例子。

评估持续了两个月，此间给了 R1 专家系统 50 份订货进行配置。在检查生成的配置时，有 12 项中含有 7 种类型的错误。纠正这些错误的规则，重新交给 R1 处理，并得出正确的配置。到 1979 年 12 月，继第一次讨论项目后仅一年时间，R1 专家系统就被认为足以称为专家，可常规地用到配置任务中。

3）向用户宣布其反应和局限

评估和接受测试一年后，还不清楚 R1 专家系统对 VAX 配置操作有何影响。书面配置员的工作还在继续，但其责任改变了。现在他们不必准备一张设计图，而是审核 R1 专家系统的输出第 1 页，看是否产生了什么明显的问题。如果发现了问题，就提交运行审核委员会。同样，如果技术员对指令不信任，也就应向该委员会报告。

从实际的 R1 专家系统事后审核中发现的问题之一是程序给订货增加内容，审核人认为这种增加操作代价太高。技术员们不会增加配置系统的内容，除非由顾客提出如何处理，但 R1 专家系统会处理并加入必要的部件，完成系统配置。书面配置员在审核过程中解决这种问题。在这个过程中它把到达技术员手中的 R1 配置减少 40%～50%。

对于配置过程的最后阶段，当技术员实际配置系统时 McDermott 没有显示直接的迹象，来表明 R1 专家系统是否遵循所规定细节的低级设计。但为了找出这个问题的答案，经理部将技术员们召集在一起，进行了事后评论，尽管比较晚，但是它还是得出了被 McDermott 称为极为重要的反馈信息，即执行配置任务时重要的是什么，什么又是不重要的。

3. 经验教训

这个实例的主要经验教训是，在正常使用此专家系统的设计能力前，不能认为专家系统的接受测试过程完成了。在这个实例中，用于 R1 专家系统接受测试的评估过程没有揭示许多接受和完成此系统的障碍。在接受测试过程中遗漏的是没有让用户实际参与专家系统的检验。没有比这些人更能发现专家系统的缺点。只有当这样的专家系统得到持有怀疑态度的用户对其最坏情况实验后的肯定，才能真正为用户接受。

9.6　本　章　小　结

专家系统评估是专家系统技术研究领域中一个很重要的问题。9.1 节讨论了评估专家系统的原因。开发专家系统是长期的反馈过程；在专家系统设计和构造阶段，需要许多方法测量开发过程中每一阶段系统的性能。这是由于专家系统开发过程的反复性和不断增长性，因此，在每一个主要开发阶段之后，都需要评估，以发现错误的设计及构造。在专家系统开发完成后，还未交付给用户之前，必须进行测试，以确认专家系统的性能与预期一致。对专家系统进行评估能够使专家系统制造者、领域专家、开发者（知识工程师）和用户都得到益处。

9.2 节介绍了评估专了家系统的内容和时机。评估内容涉及专家系统决定和建议的质量、推理技术的正确性、人机对话质量、专家系统的效率和成本效果等。专家系统的评估过程应该是连续的，从专家系统设计开始，在开发的早期阶段扩展为非正式评估的形式；当开发中的专家系统达到实际完成阶段时，逐步加强专家系统评估的正式性。

9.3 节综述了专家系统的评估方法。这些评价方法有轶事法、实验法、人机分别测试评价法和加权分层分析评价法等。具体采用哪种或哪几种评价方法，要视问题的特点和开发经验而定。

9.4 节研讨了专家系统的评估工具。可用的评价工具包含一致性检验程序、在实例数据库中查找模式搜索程序、比较专家与模型的结论等。从直观角度看，专家系统评估的最终目标是它的性能。如果把用户需求作为一个参考来评估专家系统的性能，即可得到验证。如果把专家系统的说明作为一个参考来评估专家系统的性能，即可得到检验。检验是把专家系统的行为与专家系统的说明相比较，从而可给出专家系统的一个评估。在实际中，经常通过测试来给出专家系统的评估。但由于测试实例选择有局限性，因此评估结果也并不是都令人满意的。

9.5 节给出了两个专家系统的评估实例 ，即专家系统的多面评估方法实例及其一些准则和 R1 专家系统的评估实例。

习　题　9

9.1　为什么需要对专家系统进行评价？

9.2　哪些人或部门能够从专家系统评价中受益？得到什么益处？

9.3　是否在专家系统建成后才开始对它进行评估？为什么？

9.4　评价专家系统应包括哪些内容？对专家系统进行评价是否有个确定的时间？

9.5　有哪些专家系统的评估方法？其具体方法为何？是否有比较通用的评价方法？

9.6　专家系统的评估工具有哪几种？检验对专家系统评估起到什么作用？

9.7　多面评估由哪几个阶段组成？评估的目的是什么？

9.8　举出一个实例介绍专家系统的评估问题。

第 10 章　专家系统的编程语言和开发工具

实现专家系统需要各种工具，尤其是计算机；而计算机软件设计又是专家系统的关键。为了合适和有效地表示知识和进行推理，以数值计算为主要目标的传统编程语言（如 BASIC、FORTRAN、C 和 PASCAL 等）已不能满足要求。一些面向任务和知识、以知识表示和逻辑推理为目标的逻辑型编程语言、专用开发工具和关系数据库技术便应运而生。

20 世纪 70 年代专家系统的编程语言，如 LISP、PROLOG 和 OPS 促进了专家系统的开发与发展。至今一些专家系统的编程语言，如 LISP 和 PROLOG 仍然有用；不过现在用的常是其升级版本，一般都有可视化编程的功能，更易于使用，开发效率更高，功能更强。

10.1　概　　述

在专家系统的研究过程中，已开发出许多专用和通用程序设计语言。在本章中仅介绍几种通用编程语言，主要为 PROLOG 和 LISP 两种。

1. 对逻辑型编程语言的要求

逻辑型程序设计语言除具有一般编程语言的特性外，还必须具备下列特性或功能：

（1）具有表结构形式。LISP 的处理对象和基本数据结构是 S-表达式（即符号表达式），具有一组用于表处理的基本函数，能对表进行比较自由的操作。PROLOG 的处理对象是项，是表的特例。这类语言都以结构数据作为处理对象，且具有表处理能力，特别适用于符号处理。

（2）便于表示知识和逻辑计算。例如，PROLOG 是以一阶谓词为基础的，而一阶逻辑是一种描述关系的形式语言，很接近于自然语言的描述方式。智能控制（如专家控制）分级系统中的大量知识都是以事实和规则的形式表示的，所以用 PROLOG 表示知识就十分方便。

（3）具有识别数据、确定控制匹配模式和自动演绎能力。PROLOG 具有搜索、匹配和回溯等推理机制，在编制问题求解程序时，无需编写出专用搜索算法。当用 LISP 编程时，不仅要对问题进行描述，而且要编写搜索算法或利用递归来完成求解。

（4）能够建立框架结构，便于聚集各种知识和信息，并作为一个整体存取。

（5）具有以最适合于特定任务的方式把程序与说明数据结合起来的能力。

（6）具有并行处理的能力。

2. 现有的逻辑型编程语言

图 10.1 表示几种人工智能编程语言及其发展关系。其中：

（1）IPL 是很早期的表处理语言。

（2）LISP 是一种广泛应用的逻辑型语言。

（3）INTERLISP 是一种新开发的 LISP 方言，比纯粹 LISP 的规模大，并提供更广泛的数组能力。

（4）SAIL 是 ALGOL 语言的变种，具有支持相关存储器等附加特性。

（5）PLANNER 是一种便于目标定向处理的早期语言。

（6）KPL 是一种能够支持复杂框架结构的语言。

（7）PROLOG 是一种基于规则的语言，把程序写为提供对象关系的规则。

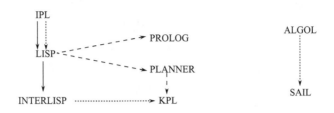

图 10.1 逻辑型编程语言的分类

图 10.1 说明了上述各语言之间的相互关系。有两个起点：IPL 和 ALGOL。这些语言主要沿三个方向发展，即增加自动演绎功能、增加管理更复杂知识结构的机能以及提高句法灵活性等结构机能。

各种编程语言在发展过程中都可能开发出多种型式和不同版本，以满足应用要求。例如，PROLOG 语言就有原 PROLOG、C-PROLOG、H-PROLOG、micro-PROLOG 和 Turbo-PROLOG 等型式。

10.2 LISP

LISP 是最早和最重要的逻辑型编程语言之一，它于 1958 年由美国的 J. McCarthy 提出，并于 1960 年发表了他的第一篇关于 LISP 的论文。之后，LISP 很快受到人工智能工作者的欢迎，获得广泛应用。LISP 是 list processing（表处理)的缩写。

10.2.1 LISP 的特点和数据结构

1. LISP 语言的特点

（1）主要数据结构是表(符号表达式)，而不是作为算术运算对象的数。

（2）特性表简单，便于进行表处理。

（3）最主要的控制结构为递归，适于过程描述和问题求解。

（4）LISP 程序内外一致，全部数据均以表形式表示。

（5）能够产生更复杂的函数和解释程序。

（6）对大多数事物的约束发生在尽可能晚的时刻。

（7）数据和过程都可以表示成表使得程序可能构成一个过程并执行这个过程。

（8）大多数 LISP 系统可以交互方式运行，便于开发各类程序，包括交互程序。

2. 数据结构

在基本 LISP 中，仅有一种数据类型，即表结构。大多数 LISP 程序设计中，数据是以表或者原子为专门形式。原子有标识符，如 I-AM-A-STUDENT、3、XYZ 或者 NIL 等。它们没有组合部分，各种性质或属性可附加到单个原子上。一个原子最重要的属性除其名字外是值，这与变量有值同义。一些原子有标准值：原子 NIL 的值是 NIL，T 的值是 T。任何数字原子，其相应的整数或浮点数是它的值。这里要注意，原子不是"类型"，任何原子，除常数外，可以给予任意值。

一个表递归地定义为括号内零个或 n 个原子的序列：

$$（元素 1，\cdots，元素 n）$$

其中每一个元素是一个原子或是一个表。零或者空表写成（　），或者 NIL。NIL 既是原子又是表。表的固有递归结构非常灵活，便于表示各种信号。例如：

(46791417202476)　一组数

((−B)+(SQRT((B∗B)−(4∗A∗C))))　代数表达式

(I(know((that(gasoline can))explode)))　语法分析句子

(YELLOW TABLE)　断言

(AND(ON A B)(ON A C)(NOT(TOUCH B C)))　合取子句

LISP 表的内部表示是由称为 CONS 单元的基元构成。每个 CONS 单元是一个地址，它包括一对指针，每个指针指到一个原子，或者指到另一个 CONS 单元。

LISP 的表结构可以用来使任何数据结构模型化。例如，二维数组可以表示为由许多行组成的一张表，每行又是一张元素表。当然，对于许多目的，这种数组的实现是相当低效的。

LISP 的控制结构主要是应用函数指导控制流，其中变元又可以是应用函数。这点与大多数程序设计语言的顺序控制结构不同，在那里分离的句子是一句接一句地执行。在 LISP 中，语句与表达式没有区别，过程与函数也没有区别。每个函数，不管是否是一个语言原语，或是由用户定义的，都以指向一个表结构的形式返回一个单值。

3. 变量约束及其辖域

在 LISP 中有三种主要的赋予符号含义的方法。这里将介绍其中最常用的两种：把变量约束到值上和建立函数。

变量本身并无什么含义，它只是一个符号。通过这个符号可以"达到"这个值。变量本身只不过是具有当前值的原子名称而已。当把此名称输入到 LISP 去时，LISP 通过告诉原子的当前值，作为回答。

这个名称与原子当前具有的值之间的联系称为约束，如可把 x 约束到 5。每当在程序中引用 x 时，LISP 都理解为 5。以后可以重新把 x 约束到 pen，这就破坏了原来的联系而代之以 x 和 pen 之间的联系，在这以后，当引用 x 时，LISP 把它理解为 pen。

x 值还可能是一般复杂数据。可以自由地用任意数据段约束任何一个任意选择的符号。在最简单的情况下，变量就是某个对象的名字，变量的值就是对象本身。

因此，可以发明一些名词写入程序，并对这些名词赋予含义。还可以改变这些含义。

希望能够建立函数，以对名词进行运算，产生新的名词。建立函数的方法与用值约束符号的方法相同。不过，这时的值不是事实，而是要做的事情。在完成这些之后，再把符号正确地输入到 LISP 中去，LISP 不像以前那样理解对象，而是把对象理解为需要完成的某件事。当把有关的符号约束到"含义"上时，就规定了这件事。

如前所述，当一个值约束一个变量时，约束一直有效，直到使用者改变它为止。当约束来自最高层即来自键盘时，这总是对的。来自函数内部所建立的约束可以是永久性的，但当函数完成时，这些约束往往消失，变量的名字将成为无约束的。如果在整个程序执行过程中始终保持变量的约束，那么变量被认为是全程变量。如果变量的约束是建立在单个函数的内部，而且当函数约束时，约束就消失，那么这是该函数的局部变量。当然，这二者之间有各种状态；可能希望在程序的某一点被赋值的变量在执行若干个子程序的过程中保持它的值，然后再失掉这些值。

值得指出，如果局部变量已能解决问题，就不需要建立全程变量，以免浪费计算机内存。

10.2.2　LISP 的基本函数

图 10.2 绘出 LISP 所处理的各种对象间的关系：一个 S-表达式（即符号表达式）可以是一张表或一个原子；一个原子可以是一个符号或数；数可为浮点数或定点数。

S-表达式的语法可表示为

〈S-表达式〉∷＝＜原子｜（〈S-表达式〉，〈S-表达式〉）

下面介绍 LISP 的一些基本函数。

1. CAR 和 CDR

函数 CDR 是 LISP 的系统函数，它删除表中第一个元素，返回表的其余部分。函数 CAR 返回的却是表中的第一个元素，例如：

图 10.2　LISP 各对象间的关系

```
(CAR′(FAST COMPUTERS ARE NICE))
        FAST
(CDR′(FAST COMPUTERS ARE NICE))
        (COMPUTERS ARE NICE)
```

CDR 总是返回一张表。当 CDR 作用于一张仅有一个元素的表时，就得到一张空表，表示为（　）。可见，CAR 和 CDR 使表内元素分离。

2. SET 和 SETQ

SET 为赋值函数。一个原子符号的值是用 SET 建立起来的。SET 使它的第二个自变量为第一个自变量的值，例如：

```
(SET′L′(A B))
        (A B)
```

即表达式的值为（A B），其副作用使（A B）变为 L 的值。如果我们打入 L，就会返回（A B）的结果。

```
L
        (A B)
```

SETQ 和 SET 不同处只在于，SETQ 不对第一个变量求值。SETQ 比 SET 更经常用。

3. APPEND、LIST 和 CONS

APPEND、LIST 和 CONS 把表的元素放在一起。

APPEND 把所有作为自变量的表内各元素串在一起，例如：

```
(SET′ L′ (A B))

        (A B)

(APPEND L L)

        (A B A B)
```

必须注意，APPEND 只把其自变量中的所有元素放在一起，而对这些元素本身则不做任何事。

LIST 与 APPEND 不同，LIST 是用它的自变量造出一张表，每个自变量成为表中的一个元素。例如：

```
(LIST L L L)

        ((A B)(A B)(A B))
```

CONS 作用于一张表，在其中插入一个新的第一元素。CONS 为表构造器的助记符。CONS 函数可表示为

```
(CONS〈第一个元素〉〈某张表〉)
```

例如：

```
(CONS′ (A B)′ (C D))

   ((A B) C D)

(CAR (CONS′ A′ (B C))

    A
```

4. EVAL

可直接用 EVAL 函数对一个自变量求值之后，再求一次值。例如：

```
(SETQ A′ B)

    B

(SETQ B′ C)

    C

(EVAL A)

    C
```

原子 A 第一次被求值是因为它是一个函数的未加引号的自变量。求值结果再被求值是因为该函数是 EVAL。EVAL 不管函数值如何，都要再求值。

5. DEFUN

DEFUN 使用户能够建立一些新的函数，其句法如下：

```
(DEFUN〈函数名〉

  (〈参数 1〉〈参数 2〉…〈参数 n〉)

    〈过程描述〉)
```

DEFUN 不对其自变量求值，它仅查看一下自变量并建立一个函数定义，以后这个定义可以用函数名字来调用，只要函数名是被求值表的第一个元素。函数名必须是符号原子。用 DEFUN 时，也像其他函数一样，它也给出一个回答值。DEFUN 回送的值是函数名，但这

个值不是重要的结果，因为 DEFUN 的主要目的是建立函数定义，而不是回送一个有用的值。

函数的回送值称这个值为返回值。函数在返回值之后，它所完成的而且继续保留下来的作用称为副作用。DEFUN 的副作用是给一个原子赋值。

跟在函数名之后的表称为参数表。每一个参数都是可能出现在函数〈过程描述〉部分的符号原子。参数的值在一个函数被调用时由函数的一个自变量的值来确定。例如：

(DEFUN F-TO-C (TEMP)

(QUOTIENT (DIFFERENCE TEMP 32) 1.8))

F-TO-C

当用 F-TO-C 时，它作为第一个元素出现在一张双元素的表中。第二个元素是 F-TO-C 的自变量。自变量被求值之后，这个值就成为函数参数的暂时值。在这个函数中，TEMP 是参数，当 F-T-OC 求值时，自变量的值是已知的。

6. T 和 NIL

更复杂函数的定义需要用到谓词函数。谓词返回两个特殊原子 T 或 NIL 中的一个。T 和 NIL 两个值相当于逻辑上的真与假。常用的谓词函数如下：

(1) EQ(X Y)：比较两个原子 X 和 Y，若它们相等则为真。

(2) EQUAL(X Y)：比较两个 S-表达式，如果它们相等则为真。这个函数更常使用。

(3) ATOM(X)：如果 X 是个原子，则为真。

(4) NUMBERP(X)：如果 X 的值是数字，则为真。

(5) ONEP(X)：如果 X 的值为 1，则为真。

(6) GREATERP(X Y)：如果 X 值大于 Y 值，则为真。

(7) LESSP(X Y)：如果 X 值小于 Y 值，则为真。

(8) NULL(X)：如果 X 值为 NIL，则为真。

(9) MEMBER(X Y)：如果 X 的值是 Y 值表中的元素，则 S-表达式为真。

(10) ZEROP(X)：若数字自变量 X 为 0，则取真值。

(11) MINUSP(X)：若数字 X 为负，则取真值。

一个谓词以 P 结尾，这个 P 是谓词(predicate)的助记符。不过有些例外，如 AUTO 等。

7. AND、OR 及 NOT

AND 和 OR 可以进行组合测试。只有当所有的自变量均为非 NIL 时才返回非 NIL。OR 只要有一个自变量为非 NIL 时就返回非 NIL。这两个谓词都可取任意多个自变量。

NOT 仅当其自变量为 NIL 时才返回 T。

8. PROG

PROG 是个通用函数，它能设立新的变量，提供清晰的迭代过程。PROG 也可以只用于把几个依次执行的 S-表达式组合起来，成为一个序列。

PROG 不对它的第一个自变量求值，第一个自变量必须是一个原子表或空表。一旦遇到函数 RETURN，则 PROG 立即终止。PROG1 能返回第一个自变量的值。

9. GET 和 PUTPROP

GET 函数用于检索特征值，而补函数 PUTPROP 用于存放特征值或替代特征值。

10. LAMBDA

LAMBDA 用于定义匿名函数。为了避免无用函数名的激增，对于局部使用的函数可去掉函数名，采用新的函数定义方法，称为 λ-表达式，它用原子 LAMBDA 代替 DEFUN。

11. READ 和 PRINT

READ 和 PRINT 函数用于进行对话。PRINT 函数对它的单个变量求值，并把其值打印在新的一行上。PRINT 函数回答 T 作为它的值。例如：

```
(PRINT′ EXAMPLE)
    EXAMPLE
    T
```

当遇到（READ）时，LISP 程序暂停并等待用户在键盘上打入一个 S-表达式。该表达式不必求值便成为（READ）的值。例如，在下例中当用户遇到（READ）函数后打入 EXAMPLE（跟着打入一个空格）：

```
(READ) EXAMPLE
    EXAMPLE
```

以上仅介绍 LISP 的基本函数和个别特别重要的函数。下面将介绍 LISP 的递归和迭代。其他函数请读者参阅有关参考文献。

10.2.3 递归和迭代

函数通过简化问题求解过程，将被简化的问题再交给一个或多个与自己完全一样的函数，从而让程序解决此问题。这就叫递归，它是重复地做某件事情的一种方法。

1. 递归

递归是重复完成相同工作的有效方法。SHORTEN 函数所用的是递归，其中包括一行 LISP 码，这行码使 SHORTEN 在它自身内部又发生一次。换句话说，SHORTEN 执行中的一部分涉及再次执行 SHORTEN，例如：

```
(DEFUN SHORTEN (1)
    (CONS ((NULL 1) NIL)
        (T (PRINT 1)
        (SHORTEN (CDR 1)))))←
```

当 LISP 程序运行到求值器到达箭头所示的那行末尾时，已经建立了这个函数的一种新版本。这种新版本的自变量不同于输入数据。当求值器在新的 SHORTEN 中达到相同点时，同样的事情再次发生。如此重复，直到某一点，最后一行建立一个以空表作为自变量的 SHORTEN 的新版本。在最后这个循环中，不能达到箭头所指这点，因为 COND 把求值器引向 NIL 或什么也不做的指令。为便于说明，试对这个函数输入一个很短的表：

```
(SETQ ANIMALS′ (DOG CAT MOUSE))
```

当输入

(SHORTEN ANIMALS)

时所发生的过程如图 10.3 所示。

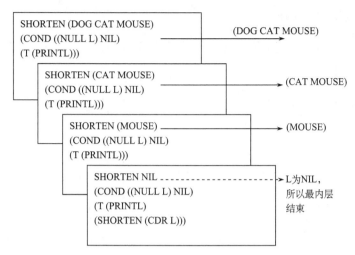

```
SHORTEN (DOG CAT MOUSE)
(COND ((NULL L) NIL)                          (DOG CAT MOUSE)
(T (PRINTL)))

    SHORTEN (CAT MOUSE)
    (COND ((NULL L) NIL)                      (CAT MOUSE)
    (T (PRINTL)))

        SHORTEN (MOUSE)
        (COND ((NULL L) NIL)                  (MOUSE)
        (T (PRINTL)))

            SHORTEN NIL                        L为NIL,
            (COND ((NULL L) NIL)               所以最内层
            (T (PRINTL)                        结束
            (SHORTEN (CDR L)))
```

图 10.3 递归过程示例之一

在数据已经减少为 NIL 的循环中，机器不需要做什么。下一步机器所要做的工作是结束所有那些被部分地完成了的 SHORTEN 版本，并且回到最高层。为了使这个过程更清楚一些，把这个函数改写为

```
(DEFUN SHORTEN (1)
    (COND ((NULL 1)NIL)
    (T (SHORTEN (CDR 1))
        (PRINT 1))))
```

在这种情况下，1 不是在每个向前的循环中被打印，而是留到 CONS 已最终结束递归后再打印。所以，首先打印只留下一个元素的那个版本的 1，因为当 1 中只留下一个元素时，1 的 CDR 是 NIL。这样，在下一个被打印的 1 版本中有两个元素，如此继续，直到整个表为止。整个过程如图 10.4 所示。

2. 迭代

另一种重复地做相同事情的方法要简单得多，称为迭代。迭代不同于递归，迭代函数包含一个循环，仅执行函数的一种版本，并且不涉及展开程序。迭代只是简单的循环，它不同于递归的一个方面是，递归发生在逐渐加深的层次上，而迭代始终在同一层中，迭代循环步骤如下：

（1）约束某些变量。

（2）测试变量，以检查是否适用出口/停止条件。若适用，则进行(3)。

（3）以某种方法改变变量的值。

（4）返回（2）。

在不同的 LISP 方言中，用于实现迭代的指令各不相同，功能也有所区别，以下是一种基本的 PROG 循环的例子：

```
(PROG 〈VARS〉
```

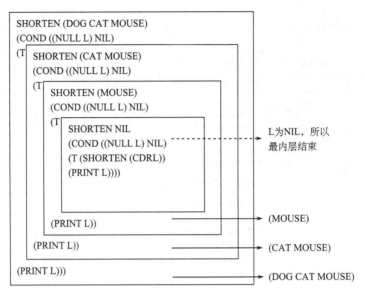

图 10.4　递归过程示例之二

```
TAG
〈停止试验〉
(… 主体 …)
(GO TAG)
```

其中，主体可为所需的任何 LISP 指令序列，但其中至少有一条是用于改变某个变量的值，而且这个变量将在停止试验中被测试。例如：

```
(DEFUN SHORTEN 1)
  (PROG ())
   TAG
   (COND ((NULL 1) (RETURN NIL))
   (T (PRINT 1)
    (SETQ1 (CDR 1))
    (GO TAG)))))
```

其中，COND 的第一个子句是停止试验，T 子句是 PROG 指令的主体。在打印了 1 表的当前值之后，不是重新调用具有被截短的自变量 SHORTEN，而是把 1 重新置为它自己的 CDR，然后重复 TAG 和 GO TAG 这两个指令之间的程序。这样的循环一直继续到试验成功为止，即到 1 是 NIL 止。这时，RETURN 指令停止程序，可 RETURN 所希望的任何 LISP 表达式，这些表达式中最后的值就成为 PROG 的最后的值。在前面的对循环的说明中的第一条指出，约束某些局部变量；约束的含义是对这些变量赋值。在 PROG 指令中，任何变量如果其名字(符号)被直接放在 PROG 后面的括号内，那么这些变量就被约束(置)为 NIL。但 SHORTEN 不需要任何这样的变量，所以在此例子中，上述括号形成一个空表。

10.2.4　LISP 编程举例

前面就 LISP 语言的基本内容做了介绍，下面将通过一个 LISP 程序设计的实例，简单说明程序设计的基本方法和 LISP 程序的基本结构。

曾经提到 LISP 程序的通常形式是一串函数定义，后面跟着一串函数调用，即 LISP 程序的大致格式为

（DEFINE（函数名）（形式参数表）（函数定义体）
　　　　（函数名）（形式参数表）（函数定义体）
　　　　…
　　　　（函数名）（形式参数表）（函数定义体）
（函数名 实在参数表）
（函数名 实在参数表）
　　…
（函数名 实在参数表）

LISP 程序设计的一般步骤如下：

（1）将问题用递归的表处理方式表示，即问题的概念化。

（2）根据问题求解的要求，设计问题求解的搜索推理过程。

（3）根据所设计的求解过程，定义所需要的工作函数。

（4）根据求解过程，给出函数调用的顺序。

（5）根据问题求解的目标和解的评价准则，给出程序结束的标志。

实例——梵塔问题。如图 10.5 所示，放置三根柱子，其中一根从上往下按尺寸大小由小到大顺序串有若干个圆盘，要求通过三根柱子移动圆盘。若规定每次只能移动一个圆盘，且不许大盘放在小盘之上，最后要将全部圆盘从某一根柱子移动到另一根柱子上。

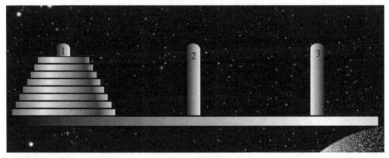

(a) 初始状态

(b) 目标状态

图 10.5　梵塔问题

1. 梵塔问题的描述

设三根柱子为 A、B、C(图中, 1 表示柱子 A, 2 表示柱子 B, 3 表示柱子 C), n 个圆盘从小到大为 1, 2, …, n(n 为有限正整数)。初始状态: 圆盘 DISK=(1, 2, …, n)全在柱子 A 上。目标状态圆: 盘全在柱子 B 上。移动规则为每次只移动一个圆盘, 而且大盘不能放在小盘上。

2. 问题求解步骤

用递归算法求解梵塔问题的步骤如下:
(1) 先将 A 柱上 n 个圆盘中上面的($n-1$)个圆盘移至缓冲的 C 柱上。
(2) 再将最大的圆盘 n 从 A 柱移到 B 柱。
(3) 逐一将圆盘(1, 2, …, $n-1$)从 C 柱移到 B 柱。
实际上这是对梵塔问题进行降阶处理, 以递归方式求解。

3. 定义函数

定义一个 TRANSFER 函数, 以实现将 n 个圆盘从 X 柱(开始为 A 柱)移到 Y 柱(开始为 B 柱)并利用 Z 柱(开始为 C 柱)过渡。定义一个 MOVE 函数, 其功能为移动一个圆盘, 并打印输出。

梵塔问题的 LISP 程序及运行结果如下:

```
(DEFINE HANOI (N)
     (TRANSFER "A"B"C N))
(DEFINE MOVE(X Y)
     (PRINT (LIST "MOVE (CAR (EVAL X))
              "FROM X
              "TO Y))
     (COND ((NULL (EVAL X)) (PRINT
         (LIST X"EMPTY)));柱子无圆盘
         ((OR (NULL (EVAL Y)); 柱子为空
         (GREATERP (CAR (EVAL Y))
         (CAR (EVAL X))));柱子上有一比移动圆盘大的圆盘
(SET Y (CONS (CAR (EVAL X)) (EVAL Y)));圆盘加到新柱子上
(SET X (CDR (EVAL X)));圆盘从老柱子上移走
(T (PRINT (LIST "CANNOT"MOVE;非法移动
                    (CAR (EVAL X))
                        "ONTO
                    (CAR (EVAL Y)))))
(LIST (LIST "MOVE (CAR (EVAL Y))
         "FROM X"TO Y)))
(DEFINE TRANSFER (X Y Z NUMBER)
     (COND ((EQN NUMBER 1)
     (MOVE X Y));移动一个圆盘
     (T (APPEND (TRANSFER X;从 X 移到 Z 上
```

```
                                        Z
                                        Y；利用 Y 作临时存放柱
                                        (SUB1 NUMBER))；移动(n-1)个圆盘
                   (MOVE X Y)；搬走最下面的一个圆盘
                   (TRANSFER Z
                             Y
                             X
                   (SUB1 NUMBER))))))；移动(n-1)个圆盘
```

将 n 个圆盘从 A 柱移到 B 柱，只需调用函数 HANOI，并以所需移动圆盘数为实参。如移动 3 个圆盘从 A 柱到 B 柱：

```
(SETQ"(1 2 3) B NIL C NIL)
(HANOI 3)
```

运行后程序将打印出下面的结果：

```
MOVE 1 FROM A TO B
MOVE 2 FROM A TO C
MOVE 1 FROM B TO C
MOVE 3 FROM A TO B
MOVE 1 FROM C TO A
MOVE 2 FROM C TO B
MOVE 1 FROM A TO B
```

10.3 PROLOG

法国的柯尔迈伦(Alain Colmerauer)和他在马赛大学的助手于 1962 年发明了 PROLOG 语言，它是一种高效率逻辑型语言，其主要基础就是逻辑程序设计(PROgramming in LOGig)的概念，本身就是一个演绎推理机，具有表处理功能，通过合一、置换、消解、回溯和匹配等机制来求解问题。PROLOG 已被应用于许多符号运算研究领域。

10.3.1 PROLOG 语法与数据结构

用 PROLOG 语言编程包括规定操作对象以及关系的某些事实，规定操作对象及关系的规则，询问操作对象以及关系的问题。

1. 项的定义

PROLOG 的操作对象是项，所有程序和数据均由项表示。项的定义如下：

　　　〈项〉∷＝〈常量〉|〈变量〉|〈复合项〉

　　　〈常量〉∷＝〈原子〉|〈整数〉

　　　〈原子〉∷＝〈标识型原子〉|〈字符串原子〉|〈特殊原子〉

　　　〈复合项〉∷＝〈原子〉(〈项〉{，〈项〉})|〈项〉〈原子〉〈项〉{〈原子〉〈项〉}

原子用来标识事物的名字及谓词、函数名，变量则用来表示暂时不能命名或不需命名的事物以及未知的数字。为了区别两者，有的 PROLOG 系统要求变量一律用大写字母开头。

2. 子句

PROLOG 中，称一个语句为子句(horn)。语句有事实、规则和问题三种形式。

(1) 事实。

事实的句型为 P_1，是 P_1：-的缩写。P_1 的成立不依赖于别的目标，P_1 恒为真。

(2) 规则。

规则的句型为

$$P_1 ：- P_2 ，P_3 ，\cdots ，P_n.$$

其中，"：-"的含义为"蕴涵于"，等价于一阶谓词逻辑中的"←"，而"，"（逗号）表示合取（即 AND 逻辑）。此句型的语义表示如下：

> 如果 $P_2 \wedge P_3 \wedge \cdots \wedge P_n$ 为真
>
> 那么 P_1 为真

(3) 问题。

问题又叫目标子句，其句型为

$$? -P_1 ，P_2 ，\cdots ，P_n.$$

其中，P_1、P_2、$\cdots$、P_n 均为谓词。问题的含义表示如下：

> $P_1 \wedge P_2 \wedge \cdots \wedge P_n$ 为真吗？

3. 表结构

PROLOG 的基本数据结构也是表。表是有若干元素的有序序列，表中元素可为常量、变量、项，也可以为表。PROLOG 中采用一对方括号[]把表元素括起来。每个元素间用逗号或空格分开。例如：

> [m，n，d，f]
>
> [the，[robot，moves]，down]

在 PROLOG 内引入"｜"符号，如[X｜Y]表示一个以 X 为首，以 Y 为尾的表。"｜"的引入省去了 LISP 语句中的 CAR、CDR 和 CONS 运算。例如，表[m，n，d，f]中，表头为 m，表尾为[n，d，f]。

10.3.2 PROLOG 程序设计原理

PROLOG 的程序分为两部分，即前提部分和问题部分。前提部分是所有规则和事实；问题部分为一目标子句序列。

PROLOG 程序的执行过程就是定理证明过程。如果目标子句为

$$? -Q_1 ，Q_2 ，\cdots ，Q_n.$$

其执行过程从左到右检测目标 Q_1，Q_2，$\cdots$，Q_n。

1. 匹配 (matching)

PROLOG 对目标的处理原则是：

(1) 设法满足一个目标。

从事实和规则的顶部开始搜索，有两种可能：

(a) 找到一个与之匹配的事实或规则的头。这时，目标获得匹配。如果匹配的是事实，

则例示已匹配的且未曾例示过的变量。如果是与一条规则的头相匹配，将首先满足此规则。这个目标匹配成功，PROLOG 设法满足规则右边的目标。

（b）找不到相匹配的事实或规则的头，则目标失败。此时，PROLOG 设法重新满足这个目标左边的第一个目标，即返回前一目标的含义。

（2）设法重新满足这一目标。

在这种情况下，首先必须把先前满足这个目标时例示的所有变量恢复成原来的未例示状态，即"忘记"先前由此目标所做的工作。其次，PROLOG 从上次匹配的事实或规则处开始查寻。现在这种新的"回溯"目标，或者成功，或者失败，即或者到（1）（a），或者到（1）（b）。

由此可见，PROLOG 程序的执行是通过合一和回溯实现的。

2. 合一（unification）

在 PROLOG 中，两子句的合一是指其谓词名和参数个数相同，且对应参数项可合一。未受囿的自由变量可与自身或任何不含该变量的项合一，并把变量受囿为与其合一的项。如果非受囿变量相互合一，则称为其变量共享。一组共享变量，如果其中一个变量受囿为某一项，则其他变量也自动地受囿为该项，常量只能与自身或变量合一。一个复合项与另一个复合项的函数符和参数数目都相同，且对应的参数项相互合一，则这两个复合项可合一。

在 PROLOG 中，一个目标与一个事实合一是指目标子句与事实子句合一。一个目标与一个规则合一是指目标子句与规则头部合一，其合一原则如下：

（1）对事实子句（或规则）中的变量进行换名，使其不与目标中的变量同名，对变量受囿表进行初始化。

（2）检查目标子句与事实子句（或规则）的下一个相异项是否不存在；若不存在，则结束合一过程，合一成功，返回合一过程中产生的变量受囿表；若存在，则转（3）。

（3）根据合一原则，判断目标子句与事实子句（或规则）的下一个相异项是否可合一。若可合一，就把这两项加入到变量受囿表中，并对目标子句和事实子句（或规则）中的有关变量进行置换，然后转（2）；若不可合一，则结束合一过程，释放变量受囿表，返回不可合一信息。

3. 回溯（backtracking）

PROLOG 中的回溯过程如下：

（1）在系统执行问题语句时，先把问题语句作为初始目标，并置其为激发状态，开始执行该目标。

（2）系统处于激发状态时，首先为该目标保存必要的回溯信息，然后判断它是否是单一子句组成的目标。如果是就转（3）；否则就依次从左到右求解激发目标的各个子目标。当所有的子目标都得到满足时，激发目标就成功返回。否则，激发目标就失败返回。

（3）系统执行一个由单一子句组成的激发目标时，就从事实规则库中取出与激发目标子句句首谓词符号相同的子句子集，从该子句子集的顶部开始查找可与激发目标合一的子句。可分为五种情况处理：

（a）找到与激发目标合一的事实，对它们进行合一，并将合一结果通知激发目标的父辈目标，把父目标中的有关变量进行置换，并通过父辈目标把激发目标的兄弟目标中的有关变量进行置换。

（b）如果找到与激发目标合一的规则，就先把规则中受囿过的变量置换为其受囿值，然后把规则中作为激发目标的子目标进行求解。如果子目标成功返回，就把执行完子目标后激发目标中变量的受囿情况通知激发目标之父目标，对父目标中的有关变量进行置换，并通过父目标把激发目标的兄弟目标中的有关变量进行置换，如果子目标执行失败，系统就从下一条事实或规则开始查找可与激发目标合一的事实或规则，重新求解该激发目标。

（c）如果系统找不到可与激发目标合一的事实或规则，该激发目标执行失败，系统收回该激发目标所占用的内存空间，并回溯到激发目标被执行前的最后一个成功目标，对其进行重新求解。目标失败返回时，系统自动撤销它。

（d）如果所有目标都得到满足，那么问题就获得解决，系统把初始目标中变量的受囿情况作为结果输出。

（e）如果系统找不到解或找不到新的解，即系统已回溯到初始目标，且事实规则库中不再有另外的可与初始目标合一的事实或规则，那么系统就回答"NO"，并收回求解该问题时所占用的全部空间，开始执行下一语句。

10.3.3 PROLOG 编程举例

PROLOG 已在专家系统、数据库和知识库系统、定理证明系统、决策支持系统、过程智能控制系统以及机器人规划与控制系统等方面得到成功应用。下面仍以梵塔问题为例，看看如何用 PROLOG 程序实现梵塔问题求解。

实例——梵塔问题。梵塔问题已在上面讨论 LISP 语言中加以举例，这里考虑的是怎样用 PROLOG 程序实现梵塔问题的求解。

```
hanoi (N)：-move (N, left, centre, right).
move (0, -, -, -, )：-！.
move (N, A, B, C)：- M is N-1, move (M, A, C, B),
                    inform (A, B)
move (M, C, B, A).
inform (X, Y)：- write ([move, a, disc, from, the, X, pole, to, the, Y, pole]), n1.
? -honoi (3).
[move a disc from the A pole to the B pole]
[move a disc from the A pole to the C pole]
[move a disc from the B pole to the C pole]
[move a disc from the A pole to the B pole]
[move a disc from the C pole to the A pole]
[move a disc from the C pole to the B pole]
[move a disc from the A pole to the B pole]
```

本例中谓词 honoi 只有一个变元，表示如果有 N 个圆盘在 A 柱上，则 hanoi 将输出 N 个圆盘由 A 柱移到 B 柱的移动轨迹序列；谓词 move 有四个变元，其中，第一个为要移动的盘的个数，第二、第三、第四变元分别为源柱子、目标柱子、临时存放柱子；谓词 inform 利用 write 来输出移动的轨迹。

10.4 基于 Web 专家系统的编程语言

基于 Web 的专家系统是一种与网络的发展密切相关的新型专家系统，为适应其程序设计的需要，已经开发与应用了许多基于 Web 的专家系统编程语言，如 Java 语言、JavaScript 语言、JSP 语言、PHP 语言和 ASP. NET 语言等。下面逐一对这些语言加以简要介绍，而对这些语言的深入了解需要进一步参阅相关编程语言文献。

10.4.1 Java 语言

Java 语言是随互联网同步发展起来的新型 Web 编程语言，最初的 Java 主要设计用于嵌入式智能家电的远程通信，其核心程序是 Java 小程序（Applet）。现在，这些小程序可以直接嵌入到 Web 网页中，在客户端的浏览器上运行。随后立即得到了许多网络厂商的大力支持，纷纷在浏览器上加入用 Java 编写的小应用程序 Applet，迅速通过 Internet 在世界各地进行传播，使得 Java 在网络中的地位同 HTML 语言一样重要，赋予网页运行动态程序的能力。

Java 语言自从 1995 年春季由 SUN 公司发布以来，一些著名的计算机公司纷纷购买了它的使用权，如 Microsoft、IBM、Netscape、Norvell、Apple、DEC、SGI 等。1995 年，Java 语言被美国的著名杂志 *PC Magazine* 评为 1995 年十大优秀科技产品。此后，出现了大量用 Java 编写的软件产品。至今，Java 已成为广泛使用的网络编程语言，是一种新的计算概念，受到工业界的重视与好评。随着网络技术的迅猛发展，基于 Java 语言的各种分布式计算技术日益趋向成熟和完善，实现广域范围内的协同计算。

Java 语言已成为基于 Web 的专家系统设计的又一利器和主流编程语言，这是因为 Java 语言具有以下特点。

（1）使用简单性。

Java 在设计时就强调其简单性，因为其最初的目的是为家用电器产品而设计的，便于推广。Java 程序编译后生成的可执行代码短小精悍，有利于网络传输和下载。此外，Java 语言采用了 C/C++ 的语法规则，这使得众多的 C/C++ 程序员和学习者很容易就可以转化为 Java 程序员。此外，Java 语言还去掉了 C/C++ 许多烦琐的、易引起混淆的语法，例如，Java 不支持指针的使用，不支持 goto 语句，略去了运算符重载、多重继承等模糊的概念，提供异常处理语句。为了支持大软件的模块化开发模式，Java 采用了包（package）的概念；另外，Java 也适合于在小型机上运行。所有这些都使得 Java 语言变得简单易学、深受程序员的喜爱，为专家系统的 Web 设计提供了简化途径。

（2）可移植性。

可移植性是 Java 最亮丽的一个特点，是它得以在网上广泛应用的根本原因，也是 Java 设计基于 Web 专家系统的优势之一。实际上，Java 是一种解释语言，其解释器就是 Java 虚拟机（Java virtual machine，JVM）。要运行 Java 程序，相应的机器必须有 Java 虚拟机，此外，没有更多的要求。所以，Java 程序在任何拥有 JVM 的计算机上运行的结果都一样，而与运行平台无关，这是它具有移植性的原因。Java 的可移植性促进了网络计算和分布式计算，给软件开发带来了新的思路。它在网络中得以应用，同时又促进网络的发展，其可移植性更使得它成为网络世界的"通用语言"。此外，Java 类库中也实现了与不同平台的接口，保证了这些类库的可移植性。同时，基于 Java 语言的专家系统也具有可移植性。

(3) 纯面向对象。

可以说，Java 程序是由对象构成的，对象是 Java 程序的基本单位，其程序程序代码是以类的形式组成的。因此，用 Java 设计的专家系统也是以对象为基本单位的。

(4) 结构中立性。

Java 程序首先编译为字节码，然后由 JVM 解释执行。字节码与硬件设备无关，与计算机结构无关。任何装有 JVM 的计算机都可以运行这种字节码，而且结果都一样。所以说，Java 语言在计算机结构上是中立的，这种结构的中立性正是可移植性的基础。因此，用 Java 设计的专家系统，必须在 JVM 基础上运行。

(5) 计算分布性。

Java 主要是支持 B/S 计算模式。它通过预定义的包 java.net 来提供网络能力，由此可以处理 TCP/IP 协议。用户可以通过 URL 地址在网络上访问对象，还可以使用 Java 访问远程和本地文件，可用于建立局部网上的 C/S 计算模式。利用 Java 语言和 Web 技术框架，可以设计分布式的专家系统。

(6) 鲁棒性强。

Java 对如何定义和使用对象有明确的说明，其内存模型自动进行垃圾回收，减少类的运行错误；不支持对指针的直接使用，消除了由于指针的读写错误而引起系统崩溃等问题；对于异常处理，除了可以捕获系统异常外，还可以由用户定义自己的异常，适时捕获，从而增加了一种潜在错误的处理机制。因此，Java 语言可以设计鲁棒性良好的专家系统。

(7) 安全性好。

由于 Java 不支持指针数据类型，一切对内存的访问都必须通过对象的实例变量来实现，所以欲通过运用地址标量(如指针)来获取计算机资源的病毒就无法"生存"，同时也避免了指针操作中容易产生的错误。另外，Java 不允许直接对内存进行读写，而类的内存分配和布局是由 Java 环境透明地完成，所以病毒也很难知道内存的实际布局，从而难以访问 Java 程序的内部数据结构。所以，Java 语言对提高专家系统的安全性也有好处。

(8) 多线程机制。

Java 语言提供了多线程机制，这使得应用程序能够并发执行，同时 Java 的同步机制保证了对共享数据的正确操作。多线程机制赋予了 Java 程序具有同时完成不同任务的能力，对提高专家系统的并发性能有所帮助。

10.4.2 JavaScript 语言

JavaScript 是一种基于对象和事件驱动并具有相对安全性的客户端脚本语言，也是一种广泛用于客户端 Web 开发的脚本语言，常用来给 HTML 网页添加动态功能，如响应用户的各种操作。它最初由网景(Netscape)公司的 Brendan Eich 设计，是一种动态、弱类型、基于原型的语言，内置支持类。JavaScript 是 Sun 公司(已被 Oracle 收购)的注册商标。Ecma 国际(其前身为欧洲计算机制造商协会)以 JavaScript 为基础制定了 ECMAScript 标准。JavaScript 也可以用于其他场合，如服务器端编程。完整的 JavaScript 实现包含三个部分：ECMAScript、文档对象模型、字节顺序记号。

Netscape 公司在最初将其脚本语言命名为 LiveScript。在 Netscape 与 Sun 合作之后将其改名为 JavaScript。JavaScript 最初受 Java 启发而开始设计，目的之一就是"看上去像

Java",因此语法上有类似之处,一些名称和命名规范也是借用 Java 的。但 JavaScript 的主要设计原则却源自 Self 和 Scheme。为了取得技术优势,微软推出了 JScript 脚本语言。Ecma 国际创建了 ECMA-262 标准(ECMAScript)。现两者都属于 ECMAScript 的实现。尽管 JavaScript 作为给非程序人员的脚本语言,而不是作为给程序人员的编程语言来推广应用,但是 JavaScript 具有非常丰富的特性。基于 Web 的专家系统常使用 JavaScript 语言设计前台界面,以便于与用户交互。

10.4.3 JSP 语言

JSP(Java Server Pages)是一种动态网页技术标准,它是由著名的 Sun Microsystems 公司倡导、许多公司参与一起建立和发布的,现已成为创建动态 Web 应用的有效技术支撑和开发环境。JSP 与 Java 是密切相关的。实际上,JSP 是以 Java 平台为基础(以 Java 语言作为脚本语言)的一种集成技术。具体地讲,它是在传统的网页 HTML 文件(*.htm, *.html)中加入 Java 程序片段(Scriptlet)和 JSP 标记(tag)而构成的网页(*.jsp)。Web 服务器在遇到访问 JSP 网页的请求时,首先执行其中的程序片段,然后将执行结果以 HTML 格式返回给客户。其工作原理可用图 10.6 表示。当接受到来自客户端的服务请求时,Web 服务器通过 JSP 引擎将提交上来的 JSP 页编译为 Servlet,然后执行 Servlet,最后将结果以 HTML 格式返回给客户。

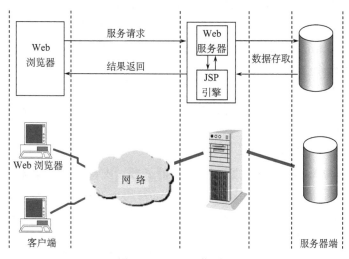

图 10.6 JSP 工作原理

JSP 具有以下特点:

(1) 程序简洁有效性。

JSP 文件与静态的 HTML 网页文件一样,都是 ASCII 文本代码。不同的是,JSP 文件是在 HTML 网页文件中嵌入一些 Java 程序片段和 JSP 专有的标签而形成的。因此,对于熟悉 HTML 和 Java 语法的程序员,可轻松开发出简洁、高效的 JSP 程序。

(2) 内容逻辑与显示分离。

产生内容的逻辑被封装在 JSP 标识和 JavaBeans 群组件中,并且捆绑在小脚本中,所有的脚本都在服务器端执行。在服务器端,JSP 引擎解释 JSP 标识,产生所请求的内容,并将这些内容(结果)以 HTML 格式返回给客户端。可见,产生内容的逻辑与内容的显示是分离的，这既有助于程序员保护自己的代码不被别人窃取，又保证了任何基于 HTML 的 Web 浏览器的完全可用性。

（3）运行平台的独立性。

JSP 程序是以 Java 语言为脚本语言，是 Java API 家族的一部分。而 Java 具有与平台无关的特性，因此 JSP 亦有独立于具体运行平台的特性。

（4）程序的兼容性。

兼容性是现代程序开发的一个重要指标。JSP 中的动态内容可以以多种形式显示，最常见的是显示于 HTML/DHTML 浏览器。此外，还可以显示于多种无线设备，以及使用 XML 的 B2B 应用等。因此，JSP 兼容多种显示设备，可以为各种客户提供服务。

（5）程序的可重用性。

在 JSP 页面中连接数据库的 Java 代码通常被做成一个 JavaBean，编译后的 JavaBean 类可以在多个页面中被引用，从而避免重复编写 Java 代码，达到代码可重用性之目的。

（6）良好的可扩展性。

JSP 技术很容易整合到其他的应用体系结构中，例如，可扩展到支持企业级的分布式应用当中，因而具有良好的可扩展性。

10.4.4　PHP 语言

PHP（Personal Home Page 的缩写，后更名为 Hypertext Preprocessor，超文本预处理器）是一种通用开源脚本语言，于 1994 年由 Rasmus Lerdorf 设计。PHP 网页程序可以在 Windows、UNIX、Linux 的 Web 服务器上执行，支持 IIS、Apache 等 Web 服务器。其特点主要体现在以下几个方面。

（1）执行速度快。

PHP 是一种强大的 CGI 脚本语言，其语法混合了 C、Java、Perl 和 PHP 式的新语法，执行速度比 Perl 和 ASP 等更快。

（2）广泛支持多种数据库。

PHP 可以编译成具有与许多数据库相连接的函数，支持包括非主流数据库在内的多种数据库，如 MySQL、Microsoft SQL Server、Oracle 等。其中，与 MySQL 是现在绝佳的组合，这种组合可以跨平台运行。

（3）支持面向对象编程。

PHP 提供了类和对象。PHP4 及更高版本提供了包括对象重载、引用技术等在内的多种支持面向对象的编程技术。这对基于 Web 的专家系统设计也是有用的。

（4）开放性和可扩展性好。

10.4.5　ASP. NET 语言

ASP . NET 的前身 ASP 技术，是在 IIS2.0 上首次推出的，当时与 ADO 1.0 一起推出，在 IIS 3.0 发扬光大，成为服务器端应用程序的热门开发工具。在 1994~2000 年，ASP 技术已经成为微软推展 Windows NT 4.0 平台的关键技术之一，数以万计的 ASP 网站也是这个时候开始如雨后春笋般出现在网络上。它的简单和高度可定制化能力，也是它能迅速崛起的原因之一。不过，ASP 面向过程型的程序开发方法，让程序维护的难度提高很多，尤其是大型的 ASP 应用程序。解释型的 VBScript 或 JScript 语言，让其性能无法完全发挥。扩展性由于其基础架构的不足而受限，虽然有 COM 元件可用，但开发一些特殊功能（如文件上传）时，没有来自内置的支持，需要寻求第三方控件商的控件。

在 2000 年第二季时，微软正式推动 .NET 策略，ASP＋也顺理成章地改名为 ASP.NET，经过四年的开发，第一个版本的 ASP.NET 在 2002 年 1 月亮相，Scott Guthrie 也成为 ASP.NET 的产品经理。后来，Scott Gu 主导开发了数个微软产品，如 ASP.NET AJAX、Silverlight、SignalR 以及 ASP.NET MVC。ASP.NET 也可以作为基于 Web 专家系统开发的备选工具。

10.5 其他语言

近年来，数据库技术取得很大进展，并获得了广泛的应用，包括在人工智能系统中的应用。本节对关系数据库作简要介绍。

10.5.1 关系数据模型

1. 数据库形式化模型的目标

数据库的形式化模型必须满足三个目标，据此可以判断关系模型在数据分析中的适用程度。第一个目标是确定用户需求，为满足这个目标，关系模型必须能够作为用户和计算机专业人员间的媒介，这个界面必须是清晰的、无二义性的。特别重要的是，这个界面必须独立于计算机上关系的具体实现方法。这种独立性允许我们在设计的早期不必考虑物理设备所带来的限制，从而能着重考虑用户在逻辑上的需要，以产生用户说明。

关系模型是用表格作为用户和计算机专业人员之间的界面，数据的组织模型用若干个表格表示，表也称为关系。表 10.1 所示为一个名为 PERSONS 的关系。该关系表述了某组织中人员的信息，存贮了每个人的姓名（NAME）、地址（ADDRESS）和出生日期（DATE-OF-BIRTH）。可通过若干个关系对一个组织做出全面的说明。

表 10.1 PERSONS 关系

NAME	ADDRESS	DATE-OF-BIRTH
JACK	NATICK	010363
JOHN	NEWTON	030465
JIM	CONCORD	070961

关系的表格表示法满足了数据分析的第一个目标。这种表示法既利于用户理解，也利于计算机人员理解。这种表示法在意义上是完整的。它可以说明任一组织的数据。第二个目标是易于转化为物理实现，关系模型也是满足这个目标的。一个显而易见的方法是直接在计算机上实现关系模型，为此，必须在计算机系统中采用直接支持关系模型的数据库管理系统。使用该系统提供的定义语言，可以直接说明各个关系。

当然这并不意味着，为用关系模型说明用户需求，必须有关系型的数据库管理系统，关系说明完全可以转化为其他物理结构。例如，我们可用传统的文件系统来实现关系模型，每个关系（或表格）可转化成一个文件，关系的每个列转化成一个数据项，每个行转化为一个记录,这样也能达到第二个目标。

第三个目标涉及下列评价数据逻辑结构优劣的三个准则:

(1) 在数据库中每件事实只存贮一次;

(2) 数据库必须对于数据库的操作保持一致性;

(3) 数据库必须富于柔性,从而易于修改。

第一个准则,即每件事实只存贮一次,不仅消除了存贮的冗余性,而且保证了数据的一致性。如果同一件事(如个人地址)存贮了两次,则在复杂操作中可能会出现只有其中的一处被修改的情况,这样数据库就不一致了。在一个不一致的数据库中,同一件事在不同的场合可能有不同的输出结果,这样势必对数据库中信息的可靠性产生怀疑。所以第一和第二两项准则是相互关联的。第二项准则要求数据库在任何时候都保持一致,而每件事实只存贮一次能保证在数据库任一次操作完成后由数据库获取信息的一致性,因此可改善数据库的一致性。第三个准则涉及的是另一个方面,这个方面强调的是数据库与其所在环境的关系,这个环境通常是不断变化的,从而数据库必须不断地重新架构,以满足不断变化的用户需求。

2. 关系模型术语

关系模型已有一套正式的术语(图 10.6)。非形式化地说,一个数据库由若干个关系构成,每个关系有个关系名,例如,图 10.6 的关系名为 PERSONS。前已述及,一个关系可看成由若干行、若干列组成的表,每一列称为一个属性(attribute),且给以一个属性名,例如,图 10.6 中属性名是:PERSON-ID、NAME、DATE-OF-BIRTH、STATE-WHERE-BORN、CITY-WHERE-BORN。关系中的行称为元组(tuple),元组是构成关系的数据,例如,图 10.7 中第一行包含与一个标识为 PERSON-ID = P1 的人有关的数据,该人名为 JILL,1961 年 3 月 3 日出生在 MASS 州的 BOSTON 市。每行中每个列的值均来自某个值域(domain),每个属性总是和一个值域联系在一起,值域确定了该属性的取值范围。例如,STATE-WHERE-BORN 的取值范围是 MASS、NY 等,而 NAME 的取值范围是任何字母。关系的状态 (instance)是指某特定时刻关系的内容。

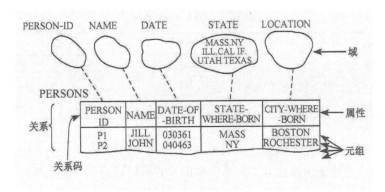

图 10.7　关系模型的术语

1) 关系的域和属性

可能有人会问,为什么要把域和属性区别开来? 例如,在图 10.6 中,为什么不将它们取同一个名字呢? 这是因为域是值的集合(set),不同关系中可能有相同的域,在同一个关系中一个域也可出现多次，例如，考察表 10.2 的 PARTS 域，这个域是该组织包括的所有部件的名称。在 MANUFACTURE(制造)关系中存贮了组成每个部件的组件名，例如，1 辆 AUTO(汽车)是由 1 个 ENGINE(发动机)、4 个 WHEEL(车轮)和 1 个 CHASSIS(底盘)组成，1 个 WHEEL 又是由 1 个 TIRE(轮胎)和 6 个 NUT(螺母)组成，1 个 ENGINE 有 4 个 CYLINDER(汽缸)。所以，在 MANUFACTURE 关系中，PARTS 域就出现了两次，在一个关系中需要区分出现在同域中的值的前后两个集合，所以我们必须使用属性。属性 AS-SEMBLY(装配)和 COMPONENT 都映射到同一个 PARTS 域。尽管不同列的值来自同一个域，但它们具有不同的含义。例如，ASSEMBLY 列中的 WHEEL 意味着 WHEEL 是一个由某些其他组件组成的部件或装配件，而 COMPONENT 列中的 WHEEL 意味着它又是组成某个部件或装配件的一个组件。

表 10.2　MANUFACTURE 关系

PARTS	PARTS	INTEGER 域
ASSEMBLY	COMPONENT	QTY 属性
AUTO	ENGINE	1
AUTO	WHEEL	4
AUTO	CHASSIS	1
WHEEL	TIRE	1
WHEEL	NUTS	6
ENGINE	CYLINDER	4

一般情况下，选择值集合的名字作为域名，例如，用 INTEGER(整数)、ALPHA-NU-MERIC(字母数字)等作为域名；属性名的选择则力图反映这个属性对组织的含义。例如，表 10.3 的 WORK 关系中，选择的属性名就是力图尽可能贴切地表示这一列的含义。属性名代表的列值为该属性所映射的域的值集。在 WORK 关系中，PERSON-ON-PROJECT 映射到 ALPHANUMERIC 域，因其值是组织中的所有人员姓名(字母数字类型)的集合，同样，PROJECT-WORKED-ON 属性映射到 PROJECT-NUMBERS 域，HAS-WORKED-ON-PROJECT 属性映射到 INTEGER 域。

使用具有含义的属性名能更为清晰地表达关系。我们可把表 10.3 和表 10.4 进行比较，尽管它们含有相同的行，但各列的属性名却不相同。显然，为解释表 10.4 中每个列的含义，还必须再给出一些信息；而这对于表 10.3 是不必要的，因为属性名已足以表达这一切。

表 10.3　WORK 关系

PERSON-ON-PROJECT	PROJECT-WORKED-ON	HRS-WORKED-ON-PROJECT
RYAN	P#	15
SMITH	P#	23
BROWN	P#1	2

表 10.4　A 关系

X	Y	Z
RYAN	P♯1	5
SMITH	P♯2	3
BROWN	P♯3	2

我们还要注意到，一个属性可能由多个域组成，例如，表 10.5 的 NAME(姓名)属性就映射到两个域：FIRST-NAME 和 LAST-NAME。

表 10.5　AMES 关系

PERSON-ID	NAME	
	FIRST-NAME	LAST-NAME
S7530	JACK	LONDON
S7601	JILL	INGLES
S7903	JOHN	EVERETT
S8017	JOCK	STEWART

还可能存在这样的关系，其属性值也是个关系。该属性的域是这个关系的状态。例如，表 10.6 表示的 LIVED-IN(居住)关系说明了某些人的居住情况，其中 RESIDENCE(居住)属性的域也是一个关系，这个关系的属性是 CITY(城市)和 DATE-MOVED-IN(迁入日期)，该属性值反映的是一个人居住的城市和迁入该市的日期。

表 10.6　LIVED-IN 关系

PERSON	RESIDENCE	
	CITY	DATE-MOVED-IN
JACK	NEW YORK	030371
	BOSTON	070780
	WASHINGTON	080881
MARTHA	BOSTON	040573
	PHILADELPHIA	070675
	CHICAGO	080877

2) 关系的特性

关系具有下列特性：

(1) 在关系中每个属性作为关系的一个列，每个列都要有一个在关系中为唯一的列名。

(2) 一个列的所有值来自同一个域。

(3) 列的次序(即属性的次序)对关系是不重要的。

(4) 行的次序也是无足轻重的。

(5) 关系中不允许存在重复行。

3) 关系码

现在研究关系的最重要的一个概念：关系码（relation key）。关系码是关系中属性或属性集合，它唯一地标识了关系的元组。关系码可以形式化地定义为关系的一个属性或多个属性的连接所构成的属性集合，在任何时刻对于关系的任何状态，关系码都应保持下列特性：

（1）唯一性（unigueness）：该属性集合的每个值唯一地确定了关系的一个元组。

（2）非冗余性（nonredundancy）：如果由该属性集合中抽去任一属性，则该属性集合不再具有唯一性。

（3）有效性（validity）：关系码中任一属性都不能取空值。

一个关系可能有多个关系码，这些码由不同的属性集合组成。例如，图 10.6 PERSONS 关系中，每个元组代表一个人，其码是 PERSON-ID。表 10.3 WORK 关系的关系码是由 PERSON-ON-PROJECT 和 PROJECT-WORKED-ON 这两个属性组成；这两个列的值的组合才能唯一地标识 WORK 的元组。PERSON-ON-PROJECT 不能单独构成关系码。这是由于同一个 PERSON-ON-PROJECT 的值可能对应于多个元组，即一个人可能从事多个项目。与此类似，由于多个人可能从事同一个项目，PROJECT-WORKED-ON 也不能单独构成关系码。

关系码往往称为候选码（candidate key）。如果有一个码是该关系的唯一码，则称其为主码（primary key）。若多于一个候选码，可以从中选择一个作为主码。在这里我们不再区分候选码和主码，而通称之为关系码。

3. 关系的一致性

在了解了描述关系的若干术语以后，我们转而研究评价关系优劣的准则。关系设计的目标是选择在数据库操作中能保持一致性且每件事实只在数据库中存贮一次的关系。满足这种条件的关系称为规范化的关系。

非规范化关系中，对数据库的元组执行操作可能出现异常的结果。在确定关系规范化的准则前，先介绍对数据库元组的操作和因关系设计得不好而可能出现的异常现象。

1）元组操作

对数据库的元组可以进行三种操作：

（1）add tuple（关系名，〈属性值〉）。

这一操作向关系中增加新的元组，元组属性的值由操作的一部分给出。例如：

    add tuple(PERSONS，〈BILL, CAMBRIDGE, 060969〉)

向表 10.1 的 PERSONS 关系中增加新的一行。如果增加的元组造成关系中关系码的重复，则这一操作无效。

（2）delete tuple（关系名，〈属性值〉）。

这一操作从关系中删除一个元组。例如：

    delete tuple(PERSONS，〈JACK, NATICK, 010363〉)

从表 10.1 的 PERSONS 关系中删去第一行。

（3）update tuple（关系名，〈属性旧值〉，〈属性新值〉）。

这一操作修改关系中的元组。例如：

    update tuple(PERSONS，〈JIM, CONCORD, 070961〉，

    〈JIM, CAMBRIDGE, 070961〉)

修改了表 10.1 PERSONS 关系中 JIM 的地址。如果修改的结果造成关系码的重复，则

这个修改无效。

　　在规范化的关系结构中，对任何属性值的集合进行上述三种操作，都不致产生异常；但如果是非规范化的关系，则可能会出现种种异常。

　　2）异常

　　通过表 10.7 的 ASSIGN(工程分配)关系来说明异常问题。这个关系记述了施工人员在工程项目上所花费的时间(TIME-SPENT-BY-PERSON-ON-PROJECT)及工程项目的预算(PROJECT-BUDGET)。

表 10.7　ASSIGN 关系

PERSON-ID	PROJECT-BUDGET	PROJECT	TIME-SPENT-BY-PERSON-ON-PROJECT
S75	32	P1	7
S75	40	P2	3
S79	32	P1	4
S79	27	P3	1
S80	40	P2	5
—	17	P4	—

　　可以看出，项目的预算存在着不必要的重复，"项目 P1 的预算是 32"这一事实出现了两次，此外，为存储那些尚无人施工的项目(如项目 P4)的预算值，就必须在 PERSON-ID(人员标识)、TIME-SPENT-BY-PERSON-ON-PROJECT(花费时间)这两个列中存以空值，关系中空值的出现就是一种异常。

　　再考虑对该关系中元组的某些操作。假设通过执行操作：

　　　　add tuple(ASSIGN, ⟨S85, 35, P1, 9⟩)

　　准备加入这样一个事实：S85 这个人从事于 P1 这个项目，这个操作就会产生插入异常，因为同一个项目 P1 的项目预算值在该关系的两个元组中互相矛盾。

　　再例如，我们要删去"S79 这个人从事于 P3 项目"这一事实：

　　　　delete tuple (ASSIGN, ⟨S79, 27, P3, 1⟩)

　　这一操作同时也无意地抹去了 P3 项目的预算，从而产生了删除异常。

　　最后，再看看修改 P1 预算的情况，使用操作：

　　　　update tuple(ASSIGN, ⟨S75, 32, P1, 7⟩, ⟨S75, 35, P1, 7⟩)

将使得在两个元组中 P1 的预算具有不同的值，即产生了修改异常。

　　如果将 ASSIGN 关系分解成表 10.8 和表 10.9 所示的两个关系，就可以消除这些不希望出现的异常情况。于是可得一致性如下。

表 10.8　PROJECTS 关系

PROJECT	PROJECT-BUDGET
P1	32
P2	40
P3	27
P4	17

表 10.9 ASSIGNMENTS 关系

PERSON-ID	PROJECT	TIME-SPENT-BY-PERSON-ON-PROJECT
S75	P1	7
S75	P2	3
S79	P1	4
S79	P3	1
S80	P2	5

3）一致性

（1）如果项目预算的修改通过操作：

  update tuple（PROJECTS,〈P1, 32〉,〈P1, 35〉）

来完成，不会产生修改异常。

（2）如果某项目尚无人承担，存贮该项目的预算时，也不会出现空值。

（3）如果删除某个人员参与项目的信息，不会出现删除异常，例如：

  delete tuple（ASSIGNMENTS,〈S79, P3, 1〉）

不会删除项目 P3 的预算。

（4）在新的人员投入到某项目的信息增加到 ASSIGNMENTS 关系中时，也不会产生异常，例如：

  add tuple(ASSIGNMENTS,〈S85, P1, 9〉)

不会因不当心而产生插入异常。

10.5.2 关系模型的操作语言

为对关系进行存取，必须提供关系模型的操作语言。迄今已经提出许多关系语言，在关系语言的开发中特别要考虑如何适应人的因素，这是由于自然的人机界面是关系模型的优点。计算机用户很容易理解关系的表格结构，所以关系语言也同样应当很容易为用户所理解。

关系语言的另一个重要测度是其所具有的选取数据的能力，无论数据选取要满足什么条件，也无论这种条件可能涉及多少关系，关系语言都应当具有检索这种数据的能力。

早期的关系语言关注的是这种数据选取的能力。科德（Codd）于 1970 年定义了关系模型，其后，1971 年又定义了关系代数和关系演算，从而奠定了关系语言的基础。关系演算采用了专用于关系模型的谓词演算形式。在关系模型中，关系演算被用作关系语言选取能力的测度，从而具有特别重要的意义。一种关系语言如果能检索由关系演算的表达式所能检索的任何数据，则这种语言称为关系上完备的（relationally complete）。

科德定义了关系演算，开发了基于关系演算的 ALPHA 语言，同时还定义了关系代数，且证明了关系代数是关系上完备的。到目前已经提出了若干关系语言，这些语言遵循关系完备的准则，同时不断改进用户界面。我们先简单地讨论一种关系演算的变形——元组关系演算，继而提及近期的一些关系语言，并描述关系代数。

1. 关系演算

用形式化方式将关系演算（relational calculus）表达式定义为合适公式。定义中用元组变量（tuple variable）表示元组，元组变量名与关系名相同。如果在任一给定时刻元组变量 R 表示一个元组 r，A 是 R 的一个属性，则 $R.A$ 表示 r 的一个 A 分量。连接项（term）定义为

$$\langle 变元 \rangle \langle 条件 \rangle \begin{matrix} \vdash \langle 变元 \rangle \\ \vdash \langle 常数 \rangle \end{matrix}$$

$$\langle 变元 \rangle : \langle 元组变量 \rangle. \langle 属性名 \rangle$$

其中，条件包括＝，NEQ，＞，≥，＜，≤等二目运算。例如：

```
STORES. LOCATED-IN-CITY = BOSTON
ITEMS. WEIGHT>30
```

都是有效的连接项，连接项中所有的元组变量都要定义为自由的（free）元组变量。

在定义 WFF 时，还用到谓词演算中通用的符号¬（否定量词）、∃（存在量词）和∀（全称量词）。

关系演算表达式举例：

（1）RETRIEVE STORES. STORE-ID WHERE STORES. LOCATED-IN-CITY = 'BOSTON'

检索位于 BOSTON 市的所有商店。

（2）RETRIEVE HOLD. STORE-ID WHERE ∃ITEMS（1TEMS. SIZE = 'SMALL' AND ITEMS. ITEM-ID = HOLD. ITEM-ID）

检索备有小（SMALL）尺寸货物的商店。

（3）RETRIEVE STORES. STORE-ID WHERE ∀ITEMS（∃HOLD（ITEMS. ITEM-ID＝HOLD. 1TEM-ID ∧ HOLD. STORE-ID＝STORES. STORE-ID））

检索备有所有货物的所有商店。

2. 关系代数

关系代数（relational algebra）中包括若干关系代数运算符，这些运算符的运算对象是一个或多个关系，运算结果生成一个新的关系。四种基本的关系代数运算是：SELECTION（选取）、PROJECTION（投影）、JOINING（连接）和 DIVISION（除法）。

1）选取（select）

SELECT 操作由某个关系 R1 中选取那些属性满足给定条件的所有元组，其结果产生一个包含所选元组的新关系。

例如，对表 10.10 所示的 STORES 关系，操作

```
R1 = SELECT STORES WHERE LOCATED-IN-CITY = 'BOSTON'
```

选取所有那些位于 BOSTON 市的商店元组，构成表 10.11 所示的新关系 R1。

2）投影（project）

PROJECT 操作由某个关系中选择部分所需的属性构成一个新的关系，同时在所构成的关系中删去重复的元组。例如：

```
R3 = PROJECT STORES OVER STORE-ID, LOCATED-IN-CITY
```

生成表 10.12 所示的关系 R3。

```
R4 = PROJECT STORES OVER LOCATED-IN-CITY
```

生成表 10.13 所示的关系 R4，其中已消除了一个重复行。

表 10.10　STORES 关系

STORE-ID	PHONE	LOCATED-IN-CITY	NO-BINS
ST-A	667932	ALBANY	200
ST-B	725172	BOSTON	310
ST-C	636182	BOSTON	75
ST-D	679305	CHICAGO	105

表 10.11　R1 关系

STORE-ID	PHONE	LOCATED-IN-CITY
NO-BINS	ST-B	725172
BOSTON	310	ST-C
636182	BOSTON	75

表 10.12　R3 关系

STORE-ID	LOCATED-IN-CITY
ST-A	ALBANY
ST-B	BOSTON
ST-C	BOSTON
ST-D	CHICAGO

表 10.13　R4 关系

LOCATED-IN-CITY
ALBANY
BOSTON
CHICAGO

3）连接（join）

JOIN 操作是将两个或多个关系组合为一个关系的方法。JOIN 操作首先要选择这些关系的匹配属性。在匹配属性上具有相同值的不同关系的元组，组合为结果关系的一个元组。除了 STORES 关系外，还有一个描述各商店存货情况的 ITEMS 关系（表 10.14），用这两个关系的共同属性 STORE-ID 将这两个关系连接成一个新的关系，其操作是

```
R5 = JOIN ITEMS, STORES OVER STORE-ID
```

结果是产生表 10.15 所示的 R5 关系。

表 10.14　ITEMS 关系

STORE-ID	ITEM-NO	QTY
ST-A	11	50
ST-A	12	17
ST-B	13	20
ST-C	11	30
ST-C	14	11
ST-C	13	56

表 10.15 R5 关系

STORE-ID	PHONE	LOCATED-IN-CITY	NO-BINS	ITEM-NO	QTY
ST-A	667932	ALBANY	200	11	50
ST-A	667932	ALBANY	200	12	17
ST-B	725172	BOSTON	310	13	20
ST-C	636182	BOSTON	75	11	30
ST-C	636182	BOSTON	75	14	11
ST-C	636182	BOSTON	75	13	56

STORE-ID 选择作为这两个关系的匹配属性。将 ITEMS 和 STORES 关系中匹配属性具有相等值的两个元组构成新关系 R5 的一个元组，这是一种等于连接的条件。当然除等于连接条件外，还可以定义大于连接或小于连接。

在等于连接中，组合的是两个在属性上具有相等值的元组；在大于连接中，一个元组的匹配属性值，如大于另一个关系中某元组的匹配属性值，则将其组合成新关系的一个元组。

4）除法（division）

DIVISION 运算最简单的形式是：以二元关系 $R(X,Y)$ 作为被除数，包含 Y 的一元关系作为除数，运算的结果是 X 的值的集合 S，其中，对除数中每个 y 值，如果行 (x,y) 都在 R 中，则 $x \in S$。

如果有表 10.16 所示的两个关系 R5 和 R6，R5 作为被除数，R6 作为除数，R7＝R5/R6。表中 C3 是唯一的一个既在 BOSTON 又在 NEW YORK 的公司（即〈C3，BOSTON〉和〈C3，NEW YORK〉均在 R5 中），其他诸如 C1 和 C2 公司都不满足这一条件。

表 10.16 除法运算

(a) R5 关系

COMPANY	LOCATION
C1	BOSTON
C2	CHICAGO
C1	WASHINGTON
C3	BOSTON
C2	NEW YORK
C3	NEW YORK
C3	CHICAGO

(b) R6 关系

LOCATION
BOSTON
NEW YORK

(c) R7 关系

COMPANY
C3

实用的关系模型操作语言有 QUEL 语言和 SQL 语言等。其中，QUEL 是一种接近关系演算的语言，而 SQL 是一种关系上完备的语言。它们是为关系数据库管理系统而开发的，也可用于一般人工智能系统，尤其是知识管理系统和知识库系统等。

10.6　专家系统的开发工具

由于专家系统具有十分广泛的应用领域，而每个系统一般只具有某个领域专家的知识。因此，在建造每个具体的专家系统时，如果一切都从头开始，这就必然会降低工作效率。不过，人们已经研制出一些比较通用的工具，作为设计和开发专家系统的辅助手段和环境，以求提高专家系统的开发效率、质量和自动化水平。这种开发工具或环境，就称为专家系统开发工具。

熟练的专家系统设计人员是能工巧匠，尊称这种人为知识工程师。知识工程师熟悉行业的工具，并且更重要的是给定任务后他们知道何时使用特定的工具。看看熟练的木匠，他们知道如何使用锯子、锤子和刨子，他们也知道何时需要这些工具。通过正确选择和使用工具，工匠完成了一件家具，建造了一个房间，创造了一幢房子。在职业生涯中，知识工程师要面对各种专家系统开发工具。首先，他们必须学会如何使用给定的工具。这个阶段常是在学术环境中完成的，在那里他们听到专家系统开发工具的理论，可能看到它的一些用法演示，甚至可能有机会使用工具建造小型专家系统。尽管这样可以获得有价值的经验，但没有充分训练他们认识到精通工具的必要性。只有在使用工具开发几个项目过程中才能变得精通，这样他们既学到创建有效专家系统的必要科学，也学到必要的技术。有个古老而智慧的谚语说到了这一点：

我听到了，然后忘记了。

我看到了，然后记住了。

我做到了，然后理解了。

花时间熟悉给定的工具后，在各种应用中使用工具将手用脏，这样工程师们就应该精通这个工具，并把它放到自己的工具箱中。这时就开始熟悉其他工具，如此重复下去。过了一段时间，他们应该精通了各种工具，对它们的用法和位置了如指掌，他们就是工匠。

专家系统开发工具是在 20 世纪 70 年代中期开始发展的，它比一般的计算机高级语言 FORTRAN、PASCAL、C、LISP 和 PROLOG 等具有更强的功能。也就是说，专家系统工具是一种更高级的计算机程序设计语言。

现有的专家系统开发工具，主要分为骨架型工具(又称外壳)、语言型工具、构造辅助工具和支撑环境 4 种传统的开发工具以及基于框架的开发工具、基于模糊逻辑的开发工具、基于神经网络的开发工具、基于 Web 的开发工具和基于 Matlab 的开发工具等 5 类其他新型开发工具。本章后续各节将介绍这些开发工具，包括这些工具的开发历史、工作原理、适用范围和应用等。

10.6.1　骨架开发工具

专家系统一般都有推理机和知识库两部分，而规则集存于知识库内。在一个理想的专家系统中，推理机完全独立于求解问题领域。系统功能上的完善或改变，只依赖于规则集的完善和改变。由此，借用以前开发好的专家系统，将描述领域知识的规则从原系统中"挖掉"，只保留其独立于问题领域知识的推理机部分，这样形成的工具称为骨架型工具，如EMYCIN、KAS 以及 EXPERT 等。这类工具因其控制策略是预先给定的，使用起来很方便，用户只需将具体领域的知识明确地表示成为一些规则就可以了。这样，可以把主要精力放在具体概念和规则的整理上，而不是像使用传统的程序设计语言建立专家系统那样，将大部分时间花费在开发系统的过程结构上，从而大大提高了专家系统的开发效率。这类工具往往交互性好，用户可以方便地与之对话，并能提供很强的对结果进行解释的功能。

因骨架型工具的主要骨架是固定的，除了规则以外，用户不可改变任何东西，因而存在以下几个问题：

（1）原有骨架可能不会适合于所求解的问题。

（2）推理机中的控制结构可能不符合专家新的求解问题方法。

（3）原有的规则语言，可能不能完全表示所求解领域的知识。

（4）求解问题的专门领域知识可能不可识别地隐藏在原有系统中。

因此，骨架型工具的应用范围很窄，只能用来解决与原系统相类似的问题。

EMYCIN 是一个典型的骨架型工具，它是由著名的用于对细菌感染病进行诊断的 MYCIN 系统发展而来的，因而它所适应的对象是那些需要提供基本情况数据，并能提供解释和分析的咨询系统，尤其适合于诊断这一类演绎问题。这类问题有一个共同的特点是具有大量的不可靠的输入数据，且其可能解空间是事先可以列举出来的。

10.6.2　语言开发工具

语言型工具与骨架型工具不同，它们并不与具体的体系和范例有紧密的联系，也不偏于具体问题的求解策略和表示方法，所提供给用户的是建立专家系统所需要的基本机制，其控制策略也不固定于一种或几种形式，用户可以通过一定手段来影响其控制策略。因此，语言型工具的结构变化范围广泛，表示灵活，适应的范围要比骨架型工具广泛得多。像 OPS5、CLIPS、OPS83、RLL 及 ROSIE 等，均属于这一类工具。

然而功能上的通用性与使用上的方便性是一对矛盾，语言型工具为维护其广泛的应用范围，不得不考虑开发专家系统中可能会遇到的各种问题，因而使用起来比较困难，用户不易掌握；对于具体领域知识的表示也比骨架型工具困难一些，而且在与用户的对话方面和对结果的解释方面也往往不如骨架型工具。

语言型工具一个较典型的例子是 OPS5，它以产生式系统为基础，综合了通用的控制和表示机制，向用户提供建立专家系统所需要的基本功能。在 OPS5 中，预先没有规定任何符号的具体含义和符号之间的任何关系，所有符号的含义和它们之间的关系，均由用户所写的产生式规则决定。控制策略作为一种知识对待，同其他的领域知识一样地用来表示推理；用户可以通过规则的形式来影响系统所选用的控制策略。

CLIPS(C language integrated production system)是美国航空航天局于 1985 年推出的一种通用产生式语言型专家系统开发工具，具有产生式系统的使用特征和 C 语言的基本语言成分，已获广泛应用。

10.6.3　辅助构建工具

专家系统的系统构造辅助工具由一些程序模块组成，有些程序能帮助获得和表达领域专家的知识，有些程序能帮助设计正在构造的专家系统的结构。它主要分两类，一种是设计辅助工具，另一种是知识获取辅助工具。AGE 系统是一个设计辅助工具的典型例子，而 TEIRESIAS 则为知识获取辅助工具的一个范例。其他系统构造辅助工具有 ROGET、TIMM、EXPERTEASE、SEEK、MORE、ETS 等。

1. AGE

AGE 是由美国斯坦福大学用 INTERLISP 语言实现的专家系统工具，这一系统能帮助知识工程师设计和构造专家系统。AGE 给用户提供了一整套积木块一样的组件，利用它们能够"装配"成专家系统。AGE 包括以下四个子系统：

（1）设计子系统：在系统设计方面指导用户使用组合规则的预组合模型。

（2）编辑子系统：辅助用户选用预制构件模块，装入领域知识和控制信息，建造知识库。

（3）解释子系统：执行用户的程序，进行知识推理以求解问题，并提供查错手段，建造推理机。

（4）跟踪子系统：为用户开发的专家系统的运行进行全面的跟踪和测试。

2. TEIRESIAS

知识获取是专家系统设计和开发中的难题，研制和采用自动化或半自动化的知识获取辅助工具，提高建造知识库的速度，对于专家系统的开发具有重大意义。TEIRESIAS 系统能帮助知识工程师把一个领域专家的知识植入知识库，是一个典型的知识获取工具，它利用元知识来进行知识获取和管理。TEIRESIAS 系统具有下列功能：

（1）知识获取：TEIRESIAS 能理解专家以特定的非口语化的自然语言表达的领域知识。

（2）知识库调试：它能帮助用户发现知识库的缺陷、提出修改建议，用户不必了解知识库的细节就可方便地调试知识库。

（3）推理指导：它能利用元知识对系统的推理进行指导。

（4）系统维护：它可帮助专家查找系统诊断错误的原因，并在专家指导下进行修正或学习。

（5）运行监控：能对系统的运行状态和诊断推理过程进行监控。

10.6.4 支持环境

支撑设施是指辅助程序设计的工具，它常被作为知识工程语言的一部分。工具支撑环境仅是一个附带的软件包，以便使用户界面更友好。它包括四个典型组件：调试辅助工具、输入输出设施、解释设施和知识库编辑器。

1）调试辅助工具

大多数程序设计语言和知识工程语言都包含有跟踪设施和断点程序包。跟踪使用户能跟踪或显示系统的操作，这通常是列出已激发的所有规则的名字或序号，或显示所有已调用的子程序。断点程序包使用户能预先告知程序在什么位置停止，这样用户能够在一些重复发生的错误之前中断程序，并检查数据库中的数据。所有的专家系统工具都应具有这些基本功能。

2）输入输出设施

不同的工具用不同的方法处理输入输出，有些工具提供运行时实现知识获取的功能，此时的工具机制本身使用户能够与运行的系统对话。另外，在系统运行中，它们也允许用户主动输入一些信息。良好的输入输出能力将带给用户一个方便友善的界面。

3) 解释设施

虽然所有的专家系统都具有向用户解释结论和推理过程的能力，但它们并非都能提供同一水平的解释软件支撑。一些专家系统工具，如 EMYCIN 内部具有一个完整的解释机制，因而用 EMYCIN 写的专家系统能自动地使用这个机制。而一些没有提供内部解释机制的工具，知识工程师在使用它们构造专家系统时就得另外编写解释程序。

4) 知识库编辑器

通常的专家系统工具都具有编辑知识库的机制，最简单的情况下，这是一个为手工修改规则和数据而提供的标准文本编辑器。但大部分的工具在它们的支撑环境中还包括语法检查、一致性检查、自动笔记和知识录取等功能。

专家系统的迅速发展，使得知识工程技术渗透到了更多的领域，单一的推理机制和知识表示方法，已不能胜任众多的应用领域，对专家系统工具提出了更高的要求。因此，又推出了具有多种推理机制和多种知识表示的工具系统。ART 就属于这一类系统。ART 把基于规则的程序设计、符号数据的多种表示、基本对象的程序设计、逻辑程序设计及其黑板模型，有效地结合在一起提供给用户，使得它具有更广泛的应用范围。国内的典型实例如"天马"开发环境。专家系统开发环境"天马"有中、英文两种版本，是由四部推理机（常规推理机、规划推理机、演绎推理机和近似推理机）、三个知识获取工具（知识库管理系统、机器学习、知识求精）、四套人机接口生成工具（窗口、图形、菜单、自然语言）等三大部分共 11 个子系统组成的综合性环境。它可以管理和操作六大类知识库，包括规则库、框架库、数据库、过程库、实例库和接口库，并有与 DOS、dBASE Ⅲ 和 AUTOCAD 交互的接口，全部可执行代码约占 2.5MB。此外，四套人机接口生成工具都有两个版本，其中第二套版本与其余的七个子系统构成"天马二号"，可供用户选用。专家系统开发环境"天马"已用来生成暴雨预报、台风预报、寒潮预报、脑内科诊断、石油测井数据分析、长沙旅游咨询等多个实用专家系统，使用效果良好。

10.7　专家系统的新型开发工具

10.6 节介绍了骨架型工具、语言型工具、构造辅助工具和支撑环境 4 种传统的开发工具，本节将逐一讨论基于框架的开发工具、基于模糊逻辑的开发工具、基于神经网络的开发工具、基于 Web 的开发工具和基于 Matlab 的开发工具等 5 类其他新型开发工具。

10.7.1　基于框架的开发工具

尽管基于规则的专家系统已占优势，而在 20 世纪 80～90 年代基于框架的专家系统开始热起来。这个新方向主要是基于框架的工具所提供的丰富编程技术的产物，这种工具优于基于规则的工具。也可以认为，设计人员之所以转向基于框架的开发工具，是因为系统设计的自然风格的需要。开发基于框架的系统不仅是不同的编程技术，而且它是一种完全不同的编程风格：将问题看成自然描述问题的相关对象的集合。

基于框架的专家系统的研究工作，已对认知心理学家研究的早期人类问题求解产生影响，这些认知心理学家创建了人类如何形成精神模型来辅助问题求解的理论。巴特勒特

(Bartlett)进行一项研究显示人类依赖于可用来处理当前相似情形的过去经验所形成的离散知识结构。巴特勒特用议程(agenda)这个术语来描述包含有关给定概念的信息的这些知识结构。当面对给定问题时，人类依赖于一些相关议程作为一种模板，来包含问题求解所需的类信息列表。

按照巴特勒特的议程思想，明斯基提出一种数据结构，来对一些概念的计算机典型信息编码，并提出框架这个术语来描述这个结构。一个框架有一个名称、描述概念主要属性的槽的值和每个属性的可能值。而且，框架可能已经附加获取有关概念的过程性信息。当遇到概念的特定实例时，其属性值就输入到框架的槽值中。例如，考虑下面两个表示人概念和称为杰克(Jack)的实例的框架。

概念框架→实例框架

人　　杰克

年龄：未知→年龄：30

♯腿：2→♯腿：2

穿衣服：过程1→穿衣服：过程1

人类框架列举所有人共有的几个属性。一些诸如"年龄"的属性在概念级具有未知值。如果大多数实例都具有其他诸如"腿"的属性，那么赋予这个属性默认值。例如，估计大多数人都有两条腿。也可以向描述典型行为的框架分配过程，称为方法。例如，多数人穿衣时都遵循一些设定的脚本，如过程。杰克框架表示人框架的一个实例。它从人框架继承其属性和默认值。但是，它也可能包含自身特定的属性值，如年龄值。

基于框架的专家系统扩展了以前实例的思想，常包括大量内部相关的框架和加强这些专家系统威力的工具。举例来说，考虑图10.7所示的人类世界。图中的框架按照分级结构组织，从高级别的抽象概念向低级别的实例变化。这种类型的结构形成了大多数典型应用中相连框架之间的某种关系。这些框架也可以按照其他方式相连，如图或网络。图中顶级的框架表示人的抽象概念。这种框架也称为类，因为它提供了一组或一类共同对象的一般描述。这种类框架包含这种类的对象所共有的一组属性。这个类的所有低级框架将继承所有这些属性。每个属性都有一个名称、一个值，还可能有一个提供有关属性的更多信息的面集合。面可以用来定义属性值的约束，或定义获取属性值或处理变化值的方法。这些方法也支持消息传递，这是借用了面向对象编程的技术，使得框架能相互通信。

在第5章讨论基于框架的专家系统时，图5.2曾经介绍过人类框架的分层结构，其中间层有两个其他框架表示相对抽象的男人和女人的概念。也要注意这两个框架很自然地附带到其父辈框架人上。这些框架也是类框架，但由于他们附加到了一个上级类框架上，索引这种类框架常叫做子类。在底层，特定的实例加到了中间层框架上。这些最低层的对象框架经常称为实例或例。也就是说，它们的父辈框架的特定实例或特定例。

一些基于框架的专家系统使用一个目标议程和一套规则。议程提供要执行的任务的列表。规则集合包括强大的模式匹配规则，这些规则能从整个框架世界中通过扫描所有的框架查找支持性信息来进行推理。

由于基于框架的工具能简便地表示描述的和行为的对象信息，以及它们为表提供了强大的工具套件，所以和基于规则的工具相比，它们能开发更复杂、更灵活的应用程序。它们的应用领域正在扩展和增大。

许多早期的基于框架的系统都提出仿真问题。这是一种好的选择，因为仿真问题本质上涉及交互性对象。STEAMER 系统就是基于框架的仿真程序的好例子，它是一种教育性的专家系统，用来向热心的海军工程师仿真和解释海军 1078 类护卫舰蒸汽推动工厂。这个系统对各种工厂组件仿真，如阀和开关，用户可以调整这些仿真件，来观察诸如压力和温度等改变对工厂的整体运转的影响。

控制领域中，基于框架的专家系统的应用已经非常热了，特别是金森（Gensym）发明了强大的壳 G2 之后，这种壳用来创建基于框架的控制应用。使用 G2 壳构建的一个非常成功的专家系统就是 EPAK 专家系统。EPAK 专家系统是一个在生成过程中提高纸质的在线实时专家系统。这个专家系统评定纸的质量，推荐控制行为，并使用仿真结果来预测所推荐的行为的效果。EPAK 专家系统向质量工程师提供了不断更新的设备，来处理客户的需求和当前过程以及质量数据。

今天，基于框架的专家系统也开发用来进军传统的基于规则专家系统提出的问题。例如，在 20 世纪 70 年代和 80 年代的大部分时间内，专家系统曾用基于规则的工具处理诊断、设计和规划任务。设计者现在明白这些任务用基于框架的工具解决效果更好。

10.7.2 基于模糊逻辑的开发工具

许多日常问题都是使用常识解决的。例如，有人说："摩托运转得确实热时，我就减速一些。"我们已经熟悉地听到诸如"确实热"和"一些"的模糊词语描述的问题，理解这个语句基本没有困难。但是，如何在计算机中使用模糊词语表示和推理呢？这就要靠模糊逻辑。

前面第 2 章已经介绍了模糊逻辑的知识表示和推理，这里主要介绍基于模糊逻辑的专家系统开发工具。在模糊逻辑中描述了模糊集和模糊规则，通过模糊规则使用模糊集。例如，对于以下模糊规则：

"如果温度是冷的，那么就将速度设置为低速。"

这条规则包含了定义在温度上的模糊集"冷"和定义在通用速度上的模糊集"低"。具体操作时，首先测出当前的温度，然后判断它和模糊集"冷"的关系。使用模糊推理，就能得出语言变化的速度对模糊集"低"的预定关系。大多数模糊专家系统使用包含相同事件的多个模糊规则。例如，假设给定过程温度的信息，要模糊系统告诉给过程控制应用设置什么样的速度。可以编写以下模糊规则，来描述温度和速度的关系。

IF 温度是冷的 A_1
THEN 设置速度为高的 B_1
IF 温度是适中的 A_2

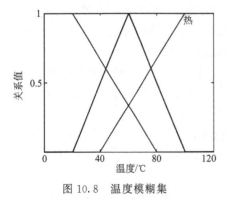

图 10.8 温度模糊集

THEN 设置速度为中等的 B_2
IF 温度是热的 A_3
THEN 设置速度为低的 B_3

要生成速度模糊集，类似于温度模糊集的形成，如图 10.8 所示。在大多数模糊应用中，规则来自问题领域的专家。但是，在有些情况下，如没有专家时，可以使用神经网络技术从训练数据来学习规则。

说明模糊系统如何处理这些规则的例子如图 10.9 所示。

图 10.9 中，给定输入的温度测量值（A'）应用到

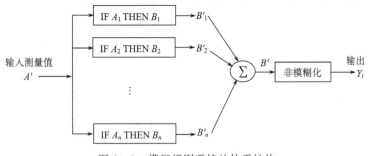
图 10.9　模糊规则系统的体系结构

IF 部分模糊集，这样提供了温度是冷、适中还是热的可信度。然后每个规则产生一个速度设定(B_i')的可信度。也就是说，第一个规则形成速度设定高速的可信度，第二个规则形成速度为中速的可信度，而第三个规则形成速度为低速的可信度。这些可信度实际上是一种模糊集推导形式，其 THEN 部分模糊集是大规模的(最大产量推导)或者省略一部分的(最大-最小推导)，这依赖于所使用的模糊推理技术。然后这些导出子集通过合并操作，生成一个组合的模糊集(B')。为了获取所需要的速度值(Y_i)，下一步以 B' 为质心执行非模糊化处理。整个过程有效地进行单个温度的测量，提供单个速度设置。

在这个例子中，模糊逻辑系统是相当简单的，相对容易构建。同样明显的是它只用了一些常识规则就执行得很好。可以快速完成模糊集和模糊规则的开发。困难耗时的部分是调整这个专家系统，常要编辑、添加或者删除规则的模糊集。例如，佳能(Canon)公司构建的模糊控制器，它提供 H800 照相机的自动聚焦功能。它只用了一周时间来开发最初的模糊规则和模糊集，但花了几个月调整系统，来获取满意的性能。

开发有效的模糊系统的关键在于使用一些规则。如果正确构建了关系函数，那么只需要一些规则。佳能公司在自动聚焦照相机中只用了 13 个规则。小型规则库的另一个好例子由福特摩托公司演示，这个模糊系统只用三个规则就成功将拖拉机-拖车倒退到停车场。大多数应用程序也只用了少数输入和输出。但是，模糊系统是高度非线性的，并且没有模型，大多数控制应用都需要大量仿真测试，来研究其灵敏性和稳定性。另一个开发专题是如何获取关系函数和规则。更好、更直接的方法之一就是询问专家。

大多数模糊专家系统已经应用到难以或不能使用经典控制技术解决的控制应用领域。日本已在众多领域开发模糊逻辑专家系统，例如，洗衣机、可携式视频摄像机、铁路系统等不同应用，仅模糊设计的专利就超过 1000 项。模糊控制器的全球销售额在 1990 年为 1.5 亿美元，几年后就上升到大约 13 亿美元。

模糊控制专家系统工作有多好对大多数人都是惊奇的。模糊控制专家系统只用了少数常识规则就超过了传统控制技术，甚至有些时候比人类操作还好。真正适合模糊专家系统开发的商品化工具和环境并不多见。下面介绍可能适用于模糊专家系统开发的一般思想。

1. 知识表示和处理语言

这类语言比较专用，一般提供一两种知识表示的固定模式，只要这类语言中规定的知识表示模式适用于具体应用的知识表示，在具体实现专家系统时就会节省许多工作量，比采用 LISP 等通用人工智能语言方便得多。

语言中除了定义知识的表示形式的各种说明性语句外，还将提供若干个可执行语句，来存取、运用和处理这些知识，以便于编制专家系统时使用。

这类语言较典型的代表有 OP-5、FRL、KRL、CLIPS 和 Babylon 等。其实可将这些语言模糊化，使之适合模糊专家系统的开发。

2. 专家系统外壳

这种外壳系统的应用针对性强。虽然不像专家系统那样只适用于很窄的特定领域，外壳系统可用来开发一类类似领域中的专家系统。在外壳系统中，知识表示、推理或执行方式以及解释等机制都已基本固定形成一些"空架子"。它给用户提供了一些友好的接口。原则上只要求用户将某特定领域中的知识按照外壳系统的要求填入或装上空架子，一个专家系统就告完成。所以作为专家系统开发工具使用起来十分方便，可大大缩短专家系统的开发周期。但是可想而知，这种开发工具的局限性较大，灵活性较差，只能适应一个较窄的应用范围。国内外已开发了很多此类外壳系统，如早期的 EMYCIN 和 EXPERT 都是比较著名的。

3. 专家系统的开发环境

从上述讨论可见，专家系统开发工具从通用的程序设计语言开始，到相当专用的专家系统，可以适用于不同用户的不同要求。但是，到目前为止，应该说集成得十分方便可用的专家系统开发环境还不多见。比较理想的专家系统开发环境应该是一个工具齐备、方便灵活、集成组织的专家系统开发工作台，一般它应包括：

（1）知识获取或自动获取的工具，或辅助抽取的工具。这种工具生成的专家系统应具有较强的自学功能。

（2）由各种知识表示模式组成的库及其管理系统。其中不但含有丰富多样的知识表示模式，包括精确的和模糊的，而且有一个管理系统能根据所获取的知识的特点，向知识工程师推荐最合适的知识表示模式，或提示如何将几种模式改造并集成起来。所以这种知识表示模式库的管理系统本身又是一个专家系统。

（3）知识编辑器。这是一种能将获取的知识按选定（或特别设计）的表示模式存入知识库，还具有在知识库中查询、选择、删除或修改等功能的知识编辑工具。

（4）知识一致性检查工具。即检查并保证知识库中知识的无矛盾（或一致性）的软件。

（5）多种方便灵活的知识表示和处理语言（一种相当高级的语言）及其编译器或解释器。

（6）专家系统的调试工具。这是一组在专家系统中辅助查错和纠错的软件。

更高级的专家系统开发环境还应该支持专家系统的自动生成，即提供：

（1）一种专家系统描述语言。它能用来形式化描述专家系统的功能和性能要求，结合一种领域知识描述语言可完整地描述专家系统。这里所谓的描述是指专家系统"做什么"和"有什么性能"，而并不需要具体描述"如何做"。

（2）专家系统生成系统。它是一种能根据上述专家系统的形式化描述自动生成专家系统的软件。

（3）非常友好的智能接口生成器。它生成的用户接口能识别声、文、图、像，能理解自然语言，能以人类容易理解的方式与用户进行交互。显然，做到这些要有很强的硬件支持。所以从某种意义上讲，这种系统可以说已经是一种具有智能的计算机系统。

上面描述了一种较理想的专家系统开发环境，目前离此还有较大距离，但相信这种环境还是能实现的。

10.7.3　基于神经网络的开发工具

尽管神经网络工具在技术上不属于专家系统的符号处理范畴，但是由于神经网络是一种处理现实世界模式识别问题的强大工具，用它作为专家系统的开发工具也就不足为奇。神经网络已经成为过去几十年内发展最快的人工智能技术之一，现在仍然比较热。

神经计算的开始经常归功于 1943 年麦卡洛克（McCulloch）和皮茨（Pitts）的论文工作。前面第 2 章已经介绍了人工神经网络的知识表示和推理，这里着重介绍基于神经网络的专家系统开发工具。神经网络的优点使其成为许多领域常用的工具。数据分类是这门技术最常见的应用之一。例如，神经网络已成功应用于几个目标市场项目，其中神经网络用来决定如何管理增长的材料。另一个多产领域就是预报。这方面的例子包括预测利息率、存货级别和股票指数趋势。下面看几个典型的实例。

自主车辆导航和智能机器人控制在人工智能研究中已经热了 30 多年。在近 20 年内，神经网络已经在这些领域获得相当的成功。显示神经网络在自主车导航中应用的简单和强大的更好应用之一就是 ALVINN（神经网络自主登陆车）专家系统，这是由卡内基·梅隆大学（CMU）开发的。ALVINN 专家系统用来对 CMU 的 Navlab 自主车在正常流量的高速公路上导航。Navlab 自主车装有视频照相机和激光传感器。ALVINN 专家系统的体系结构考虑了 960 个输入节点（从图像节点输入）、4 个节点的单隐含层和 30 个输出节点，每个输出节点表示一个指导性决策。ALVINN 通过观察一个人驾驶使用反向传播算法训练。训练对由输入图像数据和驾驶员的响应构成。也就是说，这个专家系统学习驾驶员如何按照他或她所看到的指导车子。在 ALVINN 专家系统的控制下，Navlab 自主车在高速公路上以 88.5km/h 的平均速度导航了 34.1km。

模式识别问题对神经网络来说是自然的。事实上，在模式识别方面，正试图对可用数据分类，以找出感兴趣的对象。在神经网络设计者中信号处理领域已经成为常见的模式识别活动。雷达数据处理、图像处理和机器振动数据处理都是神经网络应用的例子。但是，语音处理，特别是语音识别，可能已成为最热的领域。已经研究了许多使用神经网络处理语音识别问题的不同方法。下面看一个用神经网络开发的最成功的语音识别项目。

科霍宁（Kohonen）开发了一个语音打字机，可以接收语音，并使用神经网络将语音转换为打印出的文本。这个神经网络是独立于说话者的语音识别系统，接收无限量的连续语音。它也能用于孤立单词的识别。在训练期间，说话者 10min 说 100 个词。快速傅里叶转换分析得到的 15 个不同频段的光谱能量输入到神经网络。然后这个神经网络通过自组织的训练过程形成音位集输出。在测试过程中，这个专家系统为连续语音识别提供了 92%～97% 的准确率，而为单个词的识别提供了 98% 的准确率。

神经网络后来在经济领域也非常热，如 TOPIX（东京股票交易价格索引）预报专家系统。通过神经网络工具，大量的应用已经涉及欺诈检测、贸易、部门管理和债券评级等方面。神经网络在使用传统统计工具难以或不能揭示参数关系的应用方面特别有价值。

10.8 专家系统的 Matlab 开发工具

对于专家系统的开发者，直接应用专家系统生成工具或其他高级语言通过直接编程来完成专家系统开发，不仅工作量巨大，而且容易引发程序员的编程错误。Matlab 是一种科学与工程计算的工具软件，近年来在信号、结构分析等领域得到了越来越广泛的应用，并且取得了很好的效果。下面举一个 Matlab 工具在机械设计专家系统开发中的应用例子，在后台应用 Matlab 强大的计算功能和完备的专用工具箱，以达到降低编程人员工作量、提高系统质量的目的。

Matlab 引擎是一组函数，通过这组函数，用户可以在自己的应用程序中实现对 Matlab 的控制，来完成计算和图形绘制等任务，这相当于把 Matlab 当成一个计算引擎。这些函数能启动和结束 Matlab 进程，能从 Matlab 发送和接收数据，能向 Matlab 发送命令。

1. Matlab 程序生成 C++代码的方式

以 YM160 型液压履带式土锚杆钻机的主梁传动结构中主链轮的设计参数计算为例，来说明 Matlab 在机械设计专家系统中的应用。为了在 Visual C++集成开发环境下能够使用 Matlab 的数学库，首先要正确配置编译环境，其中包括设置 Matlab 中头文件(. h)及动态链接库文件(. dll)的路径、定义预处理宏和设置运行时动态链接库这三个步骤。

在前台生成 C++应用程序，并利用 Matlab 编译器从 m 文件生成 C++代码(. hpp，. cpp)，然后将用 mcc 命令生成的代码包含到项目中，并添加一个接口函数(. cp)到工程中，其基本格式如下：

```
#include "stdafx. h"
#include "Matlab. hpp"
…
void Demo()
{
…
}
```

在应用中，最终用户可以在前台界面中根据自己的实际需要输入主链轮的基本参数和主要尺寸。系统在后台调用由 m 文件生成的函数，其计算的中间结果存储在"黑板"数据库中，并最终将分度圆直径、齿根圆直径、轮毂厚度和轮毂长度等尺寸设计参数返回给用户。

2. Matlab 程序方式

下面再举一个例子[*1]，利用 Matlab 实现一个水泥窑生产专家控制决策系统。首先对司炉控制转炉进行决策分析，提出水泥生产控制算法。司炉的任务就是保持转炉的合适状态，而对合适状态的判断建立在司炉使用经验基础上。为司炉的专家系统必须控制两个参数，即转炉的旋转速度(KR)和烧煤速度(CWR)。而这两个参数又取决于司炉对转炉四个参数的观测，即燃烧区的温度(BZT)、燃烧区的颜色(BZC)、烧结颗粒(CG)及炉内矿物颜色(KIC)。司炉的工作可以用决策表描述，其中，BZT、BZC、CG 和 KIC 是条件属性，KR 和 CWR 是决策属性。

根据司炉记录的原始数据表，构建决策表。决策表用来表示经验丰富的司炉工对转炉操作的知识总结，是通过观测司炉控制转炉的操作积累的数据记录。从而，$C=\{a, b, c, d\}$表示条件属性，$D=\{e, f\}$表示决策属性。由于许多决策是相同的，因此，相同的决策规则可以合并，当司炉观察到的条件满足指定的值时，专家系统就根据决策表进行控制。

根据司炉操作的经验，利用司炉工的知识设计转炉的控制算法，为此要先分析司炉决策所采用的观测数据，即根据观测数据讨论司炉知识的控制性，并进行化简，接着设计出控制算法。其实验过程如下：

（1）合并原始决策规则的相同项。

（2）对决策表进行条件属性的简化，即如果某条件属性去掉以后决策表仍旧保持协调，则该属性是冗余的，可以去掉。

（3）为了去掉表中的条件属性冗余值，首先计算每个规则的核值，形成决策表的核值表。

（4）根据核值表和协调原则，简化核值，去掉冗余项，即可得到去掉冗余的核值简化表，根据该表就可以求出最小决策规则。

下面给出用 Matlab 编写的生产系统简化和决策控制部分程序。

```
function y = sam _ del(x)    % 其中 x 表示原始决策表矩阵
y(1,:) = x(1,:);
[n, p] = size(x);
k = 2;
for i = 2：n
num = 0;
for j = 1：i
s = x(,:);
[u, v] = size(s);
l = ones(u, v);
s = s * l';
if s = = p
break；
end
num = num + 1;
end
if num = = i - 1
y(k,:) = x(i,:);
k = k + 1;
end
end

function [y, a] = attr _ red(x, m, n)
% 其中 x 表示决策表，m 表示条件属性个数，n 表示决策属性个数
z = zeros(1, m + n);
z(m + 1, m + n) = 1;
for l = 1：m
```

```
a = x(1,:);
a(1) = 0;
f = find(a>0);
a = x(:, f);
b = sam _ del(a);
[u, v] = size(b);
for j = 1: u - 1
for k = j + 1: u
s = b(j, 1: m - 1) = = b(k, 1: m - 1);
t = b(j, m: v) = = b(k, m: v);
[c1, d1] = size(s);
[c2, d2] = size(t);
l1 = ones(c1, d1);
l2 = ones(c2, d2);
s = s * l1;
t = t * l2;
if (s = = 3)&(t~ = 2)
z(l) = 1;
j = u - 1;
break;
end
end
end
end
...
```

3. Matlab 模糊工具箱

下面介绍 Matlab 模糊工具箱的用法，包括如何添加输入变量和输出变量，编辑其论域和隶属度函数，以及建立模糊规则。

首先调用模糊工具箱，生成后缀名为 .fis 的文件，其文件名就是在工具箱里定义的名称，如图 10.10 中的位置 4 所示。

接着，打开菜单【File】|【Import】|【From File】，导入已编辑好的 .fis 文件，然后加以修改。使用菜单【File】|【Export】，可以将编辑好的模糊推理器导出到文件中。

在图 10.10 中的位置 1，单击选中一个模块时，这个模块的边框就会变色。双击这个模块，就可以对其进行编辑，对输入进行模糊化，对图 10.10 中位置 3 所示的输出进行去模糊化。双击图 10.10 中位置 2 所示的模块，添加相应的模糊推理规则，可以生成 .fis 文件的规则。而图 10.10 中位置 5 和位置 6 所示区域的内容基本上不用变，因为大部分模糊推理都用这种配置。选中上面部分的模块时，图 10.10 中位置 7 所示的区域会显示相应的模块信息，可以修改模块名称，但不能编辑其他信息。

图 10.11 显示模糊推理输入输出的成员函数（membership function）编辑器，选中图 10.11 中位置 1 所示的一个模块，就可以修改其隶属度函数。

在图 10.11 的菜单【Edit】中单击【Add MFs···】项，就能批量添加隶属度函数，如图

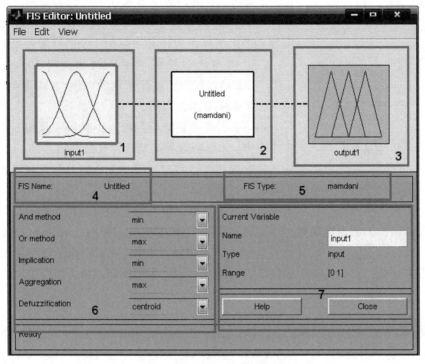

图 10.10 新建模糊工具箱的 .fis 文件

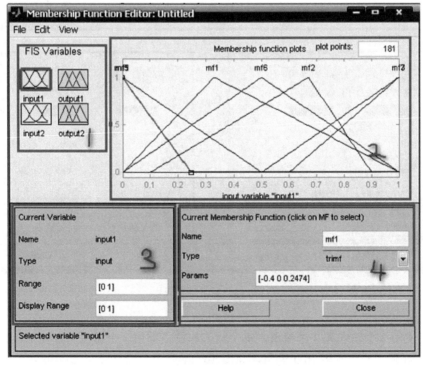

图 10.11 修改成员函数

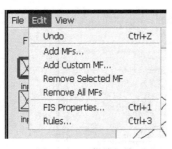

图 10.12 菜单 Edit

10.12 所示。这时，要求隶属度函数的类型相同，如都用三角函数或高斯函数。也可以单击【Add Custom MF…】项，添加单个隶属度函数，其中可能涉及的变量包括：

（1）模糊语言变量名称：例如，图 10.11 中的变量 mf1、mf2 等，对应于实际所用的 NB、NM 之类的量。

（2）隶属度函数类型。

（3）隶属度函数对应的端点：高斯函数和三角函数都有三个端点，s 型函数和 z 型函数有两个端点。

添加隶属度函数时，可以先确定其形状和函数类型，然后确定所用函数的个数，接着先把隶属度函数添加进来，进行试用。之后，可以在图 10.11 中位置 2 修改隶属度函数。选中隶属度函数后，移动各个小方块，再进行细改。

确定输入输出的隶属度函数后，就可以编辑模糊规则，如图 10.13 所示。在图中位置 1 可以添加设计好的规则，在位置 2 可以输入组合逻辑，例如，mf1、mf2 等分别对应各个输入的模糊语言变量。可以对某个模糊语言变量执行 not 逻辑操作，输入组合逻辑时还可以选择连接方式 and 或者 or，其权重一般都设置为 1。

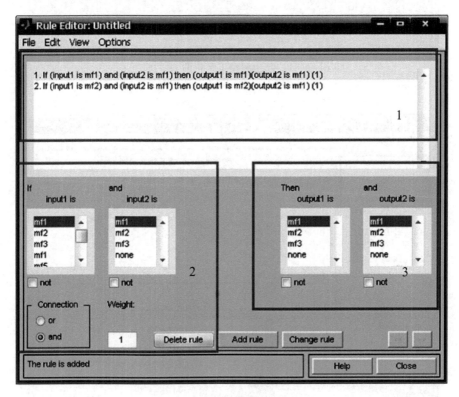

图 10.13 编辑模糊规则

例如，使用 2 个输入和 3 个输出，每个输入和输出都用 7 个模糊语言变量，这样共生成 7×7＝49 个规则，构建模糊 PID 控制，如图 10.14 所示。设计完成后，可以单击模糊工具箱的菜单【File】|【Export】|【To Workspace…】，将模糊推理器导入到工作空间中，也可以单击菜单【File】|【Export】|【To File…】，将模糊推理器导出到文件。这个文件的名称就是

下次使用 Simulink 调用模糊逻辑块时要写的名称，要加上后缀名。

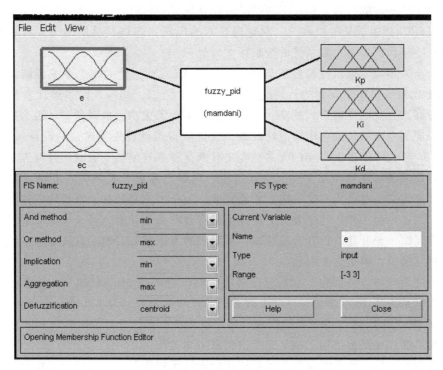

图 10.14　模糊 PID 控制器的设计

模糊控制器设计的难点主要在于输入输出的匹配、隶属度函数的划分、关键点的处理和模糊规则的设计。

10.9　其他开发工具

除了以上常用的专家系统开发工具，还有许多形形色色的专家系统开发工具，如基于规则的工具，这是传统的专家系统开发工具，再如归纳工具，能在没有专家的情况下根据事实集合推导出一般原理或者规则。下面简要介绍开发专家系统的其他工具，包括基于规则的工具、归纳工具和基于案例推理的工具等。

1. 基于规则的工具

大多数 20 世纪 60 年代和 70 年代开发的专家系统都是基于规则的，包括经典的 MYCIN 专家系统、DENDRAL 专家系统和 R1 专家系统（后来叫做 XCON 专家系统）。在那个时候选择基于规则的方法是自然的。早期思考的领域就是专家使用拇指规则解决问题。专家系统开发者看到专家使用一些规则，努力证明一些假设，或者推导出特定问题的数据。专家所用的这些规则和推理技术形成了基于规则的专家系统的早期模型，并促使了对专家系统技术的广泛兴趣。

在 20 世纪 80 年代，许多大学和公司开始致力于专家系统研究与开发。大多数大学迅速开发并提供了专家系统课程。公司启动专家系统项目，并经常形成内部的人工智能小组。超过三分之二的财富 1000 强企业涉足这门技术在日常商业活动中的应用。十年内这门技术的升温也推动了新产业的出现，提供了易用的专家系统开发软件，叫做壳。这些壳工具用于从个人计算机(PC)到主框架的机器上。对这门技术的广泛兴趣以及易用的壳工具的可行推动了 20 世纪 80 年代部署的专家系统的数目很大增长。

到此为止大多数专家系统都是基于规则的。20 世纪 70 年代的一个专家系统调查显示大约 80％的专家系统是基于规则的。对此可以分析几个原因。其一，许多设计者都认为人类专家知识最好按照规则集的形式捕获。其二，成功孵化了成功。也就是说，因为这个领域已经有了基于规则专家系统的应用的成功故事，设计者自然就首先考虑这种设计风格。其三，在 20 世纪 80 年代早期占据市场的大多数壳工具都是基于规则的专家系统开发工具。

一些复杂问题可能需要几个专家一起解决。例如，考虑形成新产品市场策略的商业任务，这就可能需要通过公司专家的协作才能完成。每个专家将对这个市场问题的专业见解放到桌面上。通过一起工作，这个委员会就能形成有效的商业计划。基于规则专家系统非常适合解决此类问题。分开建造包含合适领域专业知识的专家系统，然后这些专家系统通过一个黑板结构相互通信，解决这个问题。

第一个使用这种方法创建专家系统以解决复杂问题的是 HEARSAY-1 语音理解专家系统。这个专家系统从 1000 个单词的词汇表中解释连续的语音。为了实现这个目标，HEARSAY 专家系统使用了 12 个专家系统模块，每个模块都有自己分开的语音识别问题的专业知识。这些模块通过在黑板结构上相互交换信息来协同工作。

基于规则的工具应该继续成为专家系统开发者的常用选择。它们提供了获取依赖拇指规则求解问题的专家的知识的自然方法。这种工具常用于诊断、规划和设计。可以快速开发基于规则专家系统，这一点对于使用原型法开发的项目很重要，在正式完成专家系统之前还要开发和评估这个原型。基于规则的壳常比其他类型的壳便宜得多，这也是大多数项目考虑的因素。

2. 基于归纳的工具

大多数专家系统项目涉及人类专家，他们有相应领域的问题求解所需的专业知识。专家在知识工程师的帮助下提供了专家系统设计所必需的知识。但是，在有些情况下并没有真正的专家存在。这时，知识工程师就必须找到替代方法，来获取问题求解的知识。

专家系统设计者遇到这种情况时爱用的方法之一就是看是否存在以前提取出知识的例子。一个例子包括一套条件和一些找到的结果。举个例子，在天气预报领域，条件可能是温度、风向和气压，而结果就是是否会下雨。通过这些例子集合，知识工程师可以使用归纳工具开发一个天气预报的专家系统。

归纳是从给定事实集合推导出一般原理或规则的过程。例如，如果知道朱蒂(Judy)同学喜欢足球、棒球和篮球，可能就合理归纳出朱蒂同学喜欢运动。归纳工具寻找可用信息中的模式，来推导出合理的结论。

归纳学习是人工智能研究和专家系统开发中的重要课题。温斯顿(Winston)使用归纳学习，提取对积木世界结构分类的概念描述。Meta-DENDRAL 项目使用归纳技术，来发现一套从大量的光谱数据推导出化学结构的方法。

归纳工具使用归纳算法，已经开发了几个归纳算法。专家系统建造最常用的归纳算法是 ID3 算法，这是由昆兰(Quinlan)开发的通用规则归纳算法，并常用于今天大多数基于归纳的专家系统壳。ID3 算法使用一个问题例子的集合，并归纳出一个决策树。一个例子就是决策因子、决策因子值和特定动作的组合。例如，一套天气预报的例子集合如表 10.17 所示。这个例子集合可能来自天气模式的过去记录。

表 10.17　天气预报的决策表

决策因子				结果
温度	风	天空	气压	（预测）
零度以上	西	多云	下降	雨
零度以下	不关心	多云	稳定	雪
零度以上	东	多云	上升	晴
零度以上	不关心	几乎无云	稳定	晴
零度以上	南	无云	下降	雨
零度	北	有云	稳定	雪

给定这个集合，ID3 算法现在能得出捕获天气预测知识的决策树。为了生成这个决策树，这个算法使用了启发式方法，即以最优解搜索的方式在树的节点中设置属性。这个算法也能判定一些属性是否与最终结果的预测有关。对表 10.17 中的例子集合使用 ID3 算法就产生这个决策树，如图 10.15 所示。

归纳学习可以看成在问题空间的搜索问题解的过程。问题空间由问题的主要概念以其相连的使用问题例子归纳过程组成。考虑图 10.15 中的决策树，可以使用给定的当前天气条件的决策因子值搜索这棵树，来决定预定的预报。

一些归纳算法产生反映通过问题空间搜索的规则。如果归纳工具在基于规则专家系统的开发中担任支持角色，那么这种能力很重要。例如，再次考虑图 10.15，能得出以下规则：

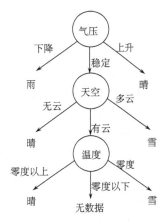

图 10.15　天气预报的决策树

　　　　IF　气压是稳定的

　　　　AND　天空是无云的

　　　　　THEN　天气预报是晴天

归纳工具的最大优点就是它提供了从以前的例子直接获取系统知识的技术，这一点在没有专家存在的问题领域很重要。即使有专家，直接使用例子集合而不是通过专家获取知识，避免了经常困难而费时的知识获取任务。另一个能力就是知识发现。通过诸如 ID3 的算法处理例子，可以发现甚至领域专家都不知道的特定领域规则。归纳工具开发的专家系统有 AQ11、MASK、READY REFERENCE ADVISOR 和 WILLARD 等。归纳工具也开发成了壳，如归纳壳 1STCLASS，这样更便于归纳专家系统的开发。

3. 基于案例推理的工具

许多人喜欢老医生。即使刚从学校毕业的医生有最新的诊断和医疗问题的书本知识，人们仍然趋向于选择已经工作多年的医生。人们对有经验的医生更放心的主要原因是他们已经治疗过和自己有类似疾病的人，所以更能得到有效的治疗。结果是，人们更多地按照医生治疗的案例数目而不是医疗诊断技能评价他们。

基于案例推理(CBR)就是一种使用以前的经验(案例)求解当前问题的技术。和老医生治疗患者十分相似，基于案例推理的系统获取当前问题的信息，并寻找最相似的以往案例。如果找到了合理的匹配，这个系统就建议和过去所用的相同的解。当搜索定位相似的案例失败时，这个搜索本身就成为新案例的基础。结果是，基于案例推理的系统能学习新的经验。基于案例推理的专家系统能从其案例库快速而准确地找回相关案例，并学习案例，以获取力量。基于案例推理的专家系统的基本操作遵循四步过程：①输入与当前问题有关的信息；②找到过去相似的案例；③采用适用于当前问题的案例；④提供推荐的解，如图 10.16 所示。

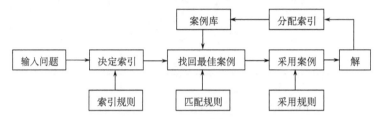

图 10.16　基于案例推理的系统流程图

对于最简单的形式，一个案例就是一组得出特定输出的特征值，如伴随相应诊断的患者症状集合。决定合适的特征是设计基于案例推理的专家系统的最重要任务之一。

基于案例推理的专家系统力求从案例库中寻找与当前问题的条件最匹配的一个案例。这一步叫做找回最佳案例。最常用的匹配技术是最近邻方法。通过对基于案例推理技术潜力的理解，研究者们寻求人们依赖于当前问题与过去经验的比较来求解问题的领域。这个搜索时间不长。在许多领域，如医学、法律、制造等，都找到了这门技术的应用，如 CASCADE 系统、HYPO 系统、JUDGE 系统和 CLAVIER 系统等。当人们开始发觉基于案例推理的技术潜力时，出现了更多基于案例推理的专家系统，它们总是利用了归纳方法。

10.10　本 章 小 结

本章第 1 部分介绍了人工智能的编程语言。由于人工智能要处理的问题一般都比较复杂或困难，所以往往要采用多种编程语言，甚至包括与传统编程语言结合使用，才能有效描述和求解面临的问题。

首先讨论了逻辑型语言 LISP 和 PROLOG。LISP 语言是迄今为止功能最强和最广泛应用的表处理人工智能语言，并成为专用开发工具的基础语言。PROLOG 语言是 20 世纪 80 年代发展起来的一种新的人工智能语言，它以一阶谓词演算为基础。由于采用了合一、置换、回溯和匹配等机制来搜索解答，所以用户不必编写求解搜索程序，只需把待解问题输入计算机系统就可以了。PROLOG 的功能还不如 LISP 强，但它具有较好的发展前景，曾被用作第五代计算机开发研究的核心语言。此外，已经开发出多种基于 Web 的专家系统编程语言，适应了网络的发展和基于 Web 的专家系统的开发与应用。

本章第 2 部分讨论了专家系统的开发工具。过去 20 多年中，知识工程师的工具箱已经继续增长到极点，今天已有一套开发专家系统的强大工具，以处理许多领域的现实问题。每个工具经常提供与某种类型的问题相适应的唯一特征。熟练的知识工程师不但知道如何使用给定的工具，而且知道这个工具何时适用，知识工程师就像工匠一样。常用的专家系统开发工具有骨架开发工具、语言开发工具、辅助创建工具和支持环境等；专家系统的新型开发工具则包括基于框架的开发工具、基于模糊逻辑的开发工具、基于神经网络的开发工具、基于Web的开发工具、专家系统的 Matlab 开发工具以及其他开发工具，如基于规则的工具、基于归纳的工具和基于案例推理的工具等。

关系数据库技术用于人工智能程序设计是个值得注意的动向。关系数据库一般以有序的和易于操作的形式存贮大量数据。关系模型能为用户所理解和易于在计算机上实现。

尽管今天的专家系统开发工具已经很有价值了，但随着现有工具的改进和新工具的产生，明天的工具箱将更强大，能处理的问题更多。

专用开发工具最主要是专家系统开发工具或环境，它比 LISP 和 PROLOG 的水平更高，能够帮助用户较有效和快速地开发出专家系统，因而备受欢迎。新的专家系统开发工具仍不断出现，功能和性能均有所提高。

值得指出的是，人工智能编程语言擅长于知识处理，而数值计算能力往往较差。所以，在求解具体系统时，可能要混合使用传统编程语言和人工智能型编程语言。此外，也并不是说传统语言不能表示知识，只是效果较差而已。一些语言，如 C++ 和 PASCAL 等，也可以用于表示和求解人工智能系统。

习　题　10

10.1　什么是专家系统的开发工具？什么是专家系统的编程语言？两者有何贡献？

10.2　说明 LISP 语言和 PROLOG 语言各自动特点。

10.3　计算下列各 LISP 函数值：

(1) (EQ(CAR"(A　B))(CDR"(C　B)))。

(2) (EQ(CDR"(A))(CDR"(B)))。

(3) (ATOM(CDR(CDR"((A　C)　B))))。

(4) (CAADR"(A(BC)D))。

(5) (CADDR(LIST"A"B"C))。

10.4　用 LISP 或 PROLOG 语言编写一个求解下列某个问题的程序：

(1) 旅行商问题。

(2) 八数码难题。

(3) 传教士和野人过河问题。

10.5　假设有 9 块积木 B1，B2，…，B9，其中有一块最轻。试用天平把这个最轻的积木找出来，并用 LISP 语言编写一个程序来描述与求解这个问题。

10.6　假设有下列 PROLOG 字句：

　　　father(X，Y)，X 是 Y 的父亲

　　　mother(X，Y)，X 是 Y 的母亲

　　　male(X)，X 是男性

　　　famale(Y)，Y 是女性

　　　parent(X，Y)，X 是 Y 的父辈

　　　diff(X，Y)，X 和 Y 不是同一个人

写成满足下列关系的 PROLOG 规则：

is-mother(X)，X 是一位母亲

is-father(Y)，Y 是一位父亲

is-son(X)，X 是一位儿子

grand-pa(X，Y)，X 是 Y 的祖父

sibling(X，Y)，X 是 Y 的同胞

10.7 试用 PROLOG 语言编写下列命题的规则：

桌子 T 上放着两块积木 A 和 B，用机械手拿起积木 A，并放到积木 B 上。

10.8 有哪些专家系统开发工具？其中哪些是新发展的开发工具？这些开发工具各有何特点？

10.9 在设计开发专家系统时应怎样选择专家系统开发工具？

10.10 为什么需要基于 Web 的开发工具？它适用于什么场合？

10.11 什么是专家系统的 Matlab 开发工具？其特点和功能是什么？

第 11 章　专家系统的展望

作为人工智能最重要的一个应用研究领域,专家系统在过去 30 多年中取得很大进展,对其基础理论的研究不断深入,有所创新;技术水平不断提高,应用领域不断扩大,研发队伍更加壮大。仅是一年一度的"世界专家系统大会"(World Congress on Expert Systems),每年都有数以千计的来自世界各国的代表与会报告与交流;专家系统的经济效益也十分显著,其价值以数亿美元计。

专家系统的成功开发与应用,对实现脑力劳动自动化具有特别重要的意义。正如国际知名人工智能专家吴文俊教授所说:"现在由于计算机的出现,人类正在进入一个崭新的工业革命时代,它以机器代替或减轻人的脑力劳动为其重要标志。"专家系统已为人类物质文明建设和精神文明建设做出重要贡献,并将在未来岁月中,与时俱进,不断发展和走向成熟,并在发展中为人类社会做出新的更大的贡献。

11.1　专家系统的发展趋势

人工智能的近期研究目标在于建造智能计算机,用以代替人类从事脑力劳动,即使现有的计算机更聪明更有用。正是根据这一近期研究目标,我们才把人工智能理解为计算机科学的一个分支。专家系统的近期研究目标是建造专家系统用于代替人类进行智能管理与决策,即代替人类进行一类高级脑力劳动或为人类的高层决策提供咨询。人工智能还有它的远期研究目标,即探究人类智能和机器智能的基本原理,研究用自动机(automata)模拟人类的思维过程和智能行为。这个远期目标远超出计算机科学的范畴,几乎涉及自然科学和社会科学的所有学科。专家系统也有其远期研究目标,要实现具有更新概念、更佳技术性能和更高智力水平的决策与咨询系统,开发出更高级的智能助手。下面让我们讨论专家系统的未来发展问题。

11.1.1　专家系统的发展要求

尽管专家系统的发展和成果已获得社会的认可,然而与社会和科技的要求仍然相差甚远,与人类专家的水平也相差甚远。如同其他科学技术和方法一样,专家系统作为一种科学方法也有其局限性。专家系统有必要在理论基础研究、基本技术方法及其应用等方面寻找新的生长点,以保证专家系统真正"更上一层楼"。

1. 建立更新的理论框架

无论是与近期目标或远期目标相比,专家系统研究尚存在不少问题。人脑的结构和功能要比人们想象的复杂得多,专家系统研究面临的困难要比我们估计的重大得多,专家系统的研究任务要比我们讨论过的艰巨得多。要从根本上了解人脑的结构和功能,弄清人脑的决策机理,解决面临的难题,完成专家系统的研究任务,需要寻找和建立更新的专家系统框架和理论体系,打下专家系统进一步发展的理论基础。

以数理逻辑为基础的逻辑主义(符号主义),从命题逻辑到谓词逻辑再至多值逻辑,包括模糊逻辑和粗糙集理论,已为人工智能的形成和发展做出历史性贡献,并已超出传统符号运算的范畴,表明符号主义在发展中不断寻找新的途径、理论和方法。基于规则的专家系统需要不断寻找新的指导理论和发展途径;基于框架的专家系统的理论研究需要加强;基于模糊的专家系统也有待新的发展与推广应用。

传统人工智能(我们称之为 AI)缺乏比较严格的数学计算和完整的数学体系。除了模糊计算外,近年来,许多模仿人脑思维、自然特征和生物行为的计算方法(如神经计算、进化计算、自然计算和群计算等)已被引入人工智能学科。我们把这些有别于传统人工智能的智能计算理论和方法称为计算智能(CI)。计算智能弥补了传统 AI 缺乏数学理论和计算的不足,更新并丰富了人工智能的理论框架,使人工智能进入一个新的发展时期。对生物信息学、生物机器人学和基因组的研究,可望为人工智能理论和应用研究提供新的思路与借鉴。基于模型的专家系统,如基于神经网络的专家系统,显示出新的作用,并促进专家系统的发展。不过,由于模型的多样性和对象的复杂性,对基于模型专家系统的基础理论研究还有许多问题需要进一步研究与解决。

我们需要经过持续奋斗,进行多学科联合协作研究,寻找和建立新的和比较完整的专家系统理论框架或体系,基本上解开智能管理和决策之谜,使专家系统理论达到一个更高的水平。

2. 实现更好的技术集成

人工智能和专家系统技术是其他信息处理技术及相关学科技术的集成。实现这一集成面临许多挑战,如创造知识表示和传递的标准形式,理解各个子系统间的有效交互作用以及开发数值模型与非数值知识综合表示的新方法,也包括定量模型与定性模型的结合,以便以较快速度进行定性推理。

要集成的信息技术除数字技术外,还可能包括计算机网络、远程通信、数据库、计算机图形学、语音与听觉、机器人学、过程控制、并行计算、量子计算、光计算和生物信息处理等技术。除了信息技术外,未来的专家系统还要集成认知科学、心理学、社会学、语言学、系统学和哲学等。近年来艾真体(agent)技术和数据挖掘技术的开发,也为专家系统注入新的血液,为专家系统的技术开发和集成提供广泛的支持。多专家系统的研究与应用,特别要集成技术的支持。而基于 Web 的专家系统离不开网络技术和远程监控等技术发挥的作用。

计算智能为人工智能的发展做出重大贡献,也为专家系统开发提供了新的工具。计算不仅是专家系统支持结构的重要部分,而且是专家系统以至所有智能系统的活力所在,就像血液对于人体一样重要。

智能系统、认知科学和知识技术基本科学的发展,必将对未来工业和未来社会产生不可估量的影响。我们需要对人类文明及其相关知识过程的进一步了解。专家系统作为智能技术大家庭的重要一员,既是社会进步的成果,也是一个重要的不断发展过程。了解人类自身的社会文化发展过程,是开发智能系统的一个基本目标,也是开发专家系统的重要目标。

3. 开发更成熟的应用方法

专家系统的实现固然需要硬件的保证,然而,软件应是专家系统的核心技术。许多专家系统问题需要开发复杂的软件系统,这有助于促进软件工程学科的出现与发展。软件工程能为一定类型的问题求解提供标准化程序；知识软件则能为专家系统问题求解提供有效的编程手段。由于专家系统应用问题的复杂性和广泛性，传统的软件设计方法显然是不够用和不适用的。专家系统软件所要执行的功能很可能随着系统的开发而变化。专家系统方法必须支持专家系统的开发实验，并允许系统有组织地从一个较小的核心原型逐渐发展为一个完整的应用系统。

已有的专家系统编程语言和开发工具已为各种专家系统的开发发挥过重要作用，但仍然不能满足广大开发者和用户的更高要求。对于专家系统开发者或知识工程师，他们需要有一定适应性和易用性的开发软件；而对于用户，他们希望提供"傻瓜式"或"智能式"的用户界面（接口），只要通过一般培训学习，就能够独立应用他们领域的专家系统。应当有信心地期望将要研究出更通用更有效的专家系统开发工具和方法。更高级的 AI 通用语言、更有效的 AI 专用语言与开发环境或工具以及专家系统开发专用机器将会不断出现及更新，为专家系统研究和开发提供有力的工具。在应用专家系统时，还需要寻找与发现问题分类与求解的新方法。已有的方法很不完善，也不够用。通过开发和设计专家系统和机器学习的新工具和新程序，我们确信，最终定能研究出使专家系统成功地应用于更多的领域和更成熟的方法。

在当前的专家系统应用方法研究中，有几个引人注目的课题，即多种方法混合技术、多专家系统技术、机器学习（尤以神经网络学习和知识发现）方法、网络技术、硬件软件一体化技术以及并行分布处理技术等。

随着人工智能应用方法的日渐成熟，专家系统的应用领域必将不断扩大。除了工业、商业、医疗和国防等领域外，专家系统已在交通运输、农业、航空、通信、气象、文化、教学、航天技术和海洋工程、博弈与竞技、情报检索等部门的管理与决策获得应用。从基础研究到新产品开发，都有专家系统用武之地。可以相信，专家系统、人工智能、智能机器和智能系统一定会比现在的电子计算机有广泛得多的应用领域。哪里有人类活动，哪里就将应用到智能技术，哪里就有专家系统用武之地。

11.1.2 专家系统的研究方向

专家系统具有众多的研究方向，这些方向有着雄厚的理论和技术基础以及广阔的应用前景。这些研究方向大致如下。

1. 改进和创建专家系统新的知识表示方法

在原理上很可能无法确定哪种表示方案能够以熟练的性能和特别适用的上下文关系最好地趋近人类问题求解系统。这种猜测是建立在下列基础上：每个表示方案不可避免地要与一个较大的计算结构及搜索策略相联系。对人类技巧的仔细分析表明，不大可能充分说明控制过程以便能够确定表示；或者对可能是唯一确定的过程建立表示。根据物理学的不确定性原理，现象可能被测量它的过程所变更，这是建立智能模型特别关注的重要问题。

但是，更重要的是，同样的评论可能处在自身计算模型水平上，在那里，对丘奇和图灵假设的上下文关系及符号和搜索的偏差仍然在系统约束之下。对某些最佳表示方案的感觉可能是理性主义者的残梦，而社会主义者则仅需要充分鲁棒的模型以约束实验问题。对模型质量的证明在于它提供解释、预测和更新能力。

目前存在众多的知识表示方法。可以把它们分为表层表示、深层表示和混合表示三种。表层表示只表示相关事物间表面上的联系，基本上属于经验型表示，存在较大局限性。例如，产生式系统采用"IF-THEN"经验规则，其推理效果有赖于规则的逐条链接，任何一个环节失误或无效都将使推理中止。当知识库中的规则很多时，对规则的选择也会遇到困难。深层表示说明了相关事物间的本质联系，能够提高专家系统的性能和灵活性。即使在没有选中知识库中的规则时，系统也能进行推理。

混合表示是知识表示研究的一个研究方向。在专家系统的实际开发设计中，也往往需要选择和采用多种知识表示方法，包括模糊和神经网络表示方法。要把多种知识表示方法有机地结合起来，不仅能够解决单一知识表示方法有限表达能力的弱点，而且提高了专家系统的工作效率。

应当更加重视混合型和创新型知识表示方法的研究；有些专家提出要建立统一的知识表示方法，要做到这一点，需要艰苦的努力，尤其需要新的思路。

2. 解决知识获取这个"瓶颈"问题

知识获取被称为开发专家系统以至所有智能系统的"瓶颈"问题，在专家系统开发中占有十分重要的地位。知识获取要研究的问题也较多，主要有：

1）有效地获取专家知识

领域专家（如医生）一般不熟悉计算机，更不是知识工程师，他们很难系统和全面地表达所掌握的知识，他们的经验往往"只能意会，不能言传"。因此，要求专家系统开发者，特别是知识工程师，对相关领域知识的概念、分类及其内在联系方面予以深入研究，与领域专家形成"共同语言"，以便尽可能好地提取专家知识。当访问多位同领域或相关不同领域专家时，这些专家的看法可能并不一致，或者从不同的背景/角度提出和回答问题。这时，需要深入分析各种意见，经过去粗存精和去伪存真的反复过程，形成统一的领域知识框架或体系，使知识表示建立在科学的领域知识基础上。

2）充分发挥知识库的作用

一个知识库所包含的知识量要适当，要尽可能保持在某个领域之内。否则，将会影响系统的工作效率和针对性。要不断修改和更新知识，删去过时的知识，添加新的知识，包括使用自然语言来表示知识。要逐步完善知识库的设计与操作。在使用框架和语义网络表示知识时，要研究和解决如何提高系统效率的问题。

3）研究自动知识获取问题

专家知识的自动获取是一个令人感兴趣的研究方向，也是一个十分困难的研究任务。互联网技术和数据挖掘技术的进一步发展，为自动知识获取提供重要的技术支持。有必要在总结已有知识获取经验的基础上，初步实现和不断改进专家知识的自动知识获取。以焊接专家系统为例，充分利用焊接数据库，研究以当前快速发展的焊接数据库作为知识源的自动知识获取机制，是焊接工程各种专家系统的值得重视的研究方向。

3. 采用机器学习方法来提高系统推理能力

现有专家系统的推理功能是建立在演绎推理的基础上的，具有较大的局限性，因其推理要求较为苛刻而限制了系统的问题求解能力。有必要寻找新的推理途径来提高专家系统的推理能力。其中，一条很重要的途径就是采用机器学习的方法，如归纳学习、类比学习、示例学习、解释学习、遗传学习和知识发现等机器学习方法。这些机器学习方法可能提高更有效的专家系统推理技术，但要注意保证专家系统的透明性。

4. 进一步开发实时专家系统

实时专家系统是专家系统中最有挑战性的一个领域。目前运行的大多数专家系统，对实时性没有严格的要求。但是，对于一些实时过程，如现代化战场的作战决策与指挥及生产过程的控制等，时间关系对决策就有很大影响，就需要应用实时专家系统。模型使用的观测可能是某段时间区间内取得的，但分类模型却没有时间的直接描述。在模型中考虑时间因素，情况可能复杂得多，推理模型就要考虑不同时刻或时间段对象的状态和变化趋势。要加大对实时专家系统的开发力度，提高实时专家系统的实时反应能力，扩大实时专家系统的应用领域。

专家系统必须引入新的深层次知识来描述推理的结论，对问题发生本质的原因加以解释。目前，实时重构解释技术为提高专家系统的解释能力提供了新的途径。

开发实时专家系统很可能要采用时序推理(temporal reasoning)技术。时序推理是由艾伦(Allen)提出的一种表示时间知识和进行时间区间推理的方法，能够处理事件之间的时序关系。它不是建立在逻辑的基础上的，消除了一阶逻辑(谓词演算)的局限性，因而具有较大的实用价值，已获得广泛应用。

5. 研制功能更强的系统开发工具

要实现专家系统需要各种工具，尤其是计算机；而计算机软件设计又是专家系统的关键。为了合适和有效地表示知识和进行推理，一些面向任务和知识、以知识表示和逻辑推理为目标的逻辑型编程语言、专用开发工具和关系数据库技术便应运而生。

目前专家系统构造存在的问题是构造专家系统所耗费的人力和机时太大。造成这个问题的一个重要原因是缺乏构造适合于专家系统所需的开发工具，使开发中大部分人力和机时耗费在重复已有的劳动上。有必要增强专家系统开发工具的开发研究。

开发专家系统可以应用通用编程语言和专用开发工具，但已有工具系统远不能满足专家系统设计的需要。有必要不断研出更多功能更强的系统开发工具，包括具有多媒体功能的工具。研制这些工具系统的目的是为了提高系统的开发速度，减少研发代价，避免不必要的重复劳动，加快专家系统的商品化过程。

6. 开发各种新型专家系统

我们将11.3节讨论新型专家系统，它们具有许多新的特点，表现出更强大的功能，并获得日益广泛的应用。

协同式多专家系统是克服一般专家系统局限性的一个重要途径。例如，由于高炉冶炼工艺很复杂，生产过程中影响炉况的因素很多，因此需要各部分协同工作。高炉专家系统可分为三个组成部分：炉体状态专家系统、顺行状态专家系统、热状态专家系统。每部分又可分成若干个子系统，各子系统分别解决高炉冶炼工艺中的具体问题，整个系统分工协作，保证高质量地完成冶炼任务。

分布式专家系统具有分布处理的特征，主要是把一个专家系统的功能经分解以后分布到多个处理器上并行地工作，从而总体上提高专家系统的处理效率。例如，采用分布式专家系统技术设计高炉专家系统，可将判断高炉异常炉况(悬料、管道、崩料等)及高炉热状态的知识按功能分布和知识分布原则经合理划分后分配到各处理节点上并行地工作，同时使专家系统各部分之间互相通信和同步运行，这样就大大提高了高炉专家系统的知识处理能力和推理效率。

7. 在专家系统中采用新型智能技术

专家系统与人工神经网络、面向对象技术及模糊系统等智能技术结合起来形成混合系统，克服单一技术的不足，是当今智能系统和专家系统的发展趋势。例如，人工神经网络具有从大量不完全、非精确或模糊的经验数据中抽取专家知识的能力，而专家在以往进行各类工程设计经历中，已经形成一个以工程特性-系统结构为模式的设计知识空间。如果在进行新的工程设计时利用人工神经网络得出一个设计的可行域，然后进行方案优选及设计，同时进一步充实设计知识空间的内容。这无疑为专家系统的知识获取开拓了新的思维方式。

多媒体技术将在专家系统中得到进一步应用。多媒体技术因其具有生动的图、文、声效果和强大的感染力等优点而有着广阔的发展空间。专家系统的人机界面引入动画、音频、视频等多媒体技术，可使系统更加生动和人性化，使系统的推理、演示更加丰富、直观和逼真，并可帮助用户更快更好地掌握和使用系统。随着计算机软、硬件环境的进一步发展，多媒体技术会方便地应用到各种专家系统中。

8. 其他研究方向

专家系统尚有其他一些研究方向，例如，开发专用专家系统电脑，便于用户对专家系统的应用；进一步开展多领域专家交叉合作研究，注重开发多专家系统；实现模块化设计；建立专家系统示范工程以及扩大专家系统应用领域；加强对基于 Web 的专家系统的研究与应用，建立与 Web 连接的新型关系数据库和知识库等。由于网络技术的普及以及网络给人类带来的极大便利，基于网络的专家系统已经出现，而且呈现出强劲趋势，通过网络（局域网或广域网）可实现异地协同工作、资源共享和远程咨询等，使专家系统的应用范围更加宽泛和便捷，还可大大提高专家系统的使用效率与价值。

11.2 专家系统的研究课题

专家系统要更上一层楼，更加成熟，取得更大成功，还有大量工作要做，尚有许多课题值得研究。根据目前专家系统的研究现状和所具有的条件，建议开展以下一些研究课题：

分布式专家系统；

面向专家系统新体系结构的语言及其高级编程语言；

专家系统的性能评价技术和方法；

专家系统的设计原理及理论研究，如基于模型的专家系统和基于 Web 专家系统的研制；

专家系统工具和环境，如专家系统网络化问题，使专家系统成功地在网上运行；

专家系统的推理机制，如基于模糊逻辑的推理、基于神经网络对推理等；

混合各种知识的知识表示方法研究；

智能数据库、知识库管理系统及知识库应用；

知识获取系统，如学习机制及其在知识获取中的应用；

军事专家系统，特别是现代化军事装备应用和现代化作战指挥专家系统的开发与应用；

图形、图像识别及图形、图像库管理系统及多媒体技术在专家系统中的其他应用；

科学发现的启发方法及知识结构研究；

面向研究者的专家系统；

专家系统的优化问题，特别是基于智能优化技术的专家系统优化和混合优化技术；

用户与专家系统的接口；

解释机制与自动程序设计技术；

直接用于指导特定地区农作物生产的农业专家系统的研制，其目的主要是将特定地区（一般以县级以下为宜）的一些农作物高产优质栽培的经验加以总结，并指导生产。

11.3 新型专家系统

近年来，在讨论专家系统的利弊时，有些人工智能学者认为：专家系统发展出的知识库思想是很重要的，它不仅促进人工智能的发展，而且对整个计算机科学的发展影响甚大。不过，基于规则的知识库思想却限制了专家系统的进一步发展。

发展专家系统不仅要采用各种定性模型，而且要运用人工智能和计算机技术的一些新思想与新技术，如分布式、协同式和学习机制等。

11.3.1 新型专家系统的特征

新型专家系统具有下列特征。

1. 并行与分布处理

基于各种并行算法，采用各种并行推理和执行技术，适合在多处理器的硬件环境中工作，即具有分布处理的功能，是新型专家系统的一个特征。系统中的多处理器应该能同步地并行工作，但更重要的是它还应能作异步并行处理。可以按数据驱动或要求驱动的方式实现分布在各处理器上的专家系统的各部分间的通信和同步。专家系统的分布处理特征要求专家系统做到功能合理均衡地分布，以及知识和数据适当地分布，着眼点主要在于提高系统的处理效率和可靠性等。

2. 多专家系统协同工作

为了拓广专家系统解决问题的领域或使一些互相关联的领域能用一个系统来解题，提出了所谓协同式专家系统(synergetic expert system)的概念。在这种系统中，有多个专家系统协同合作。各子专家系统间可以互相通信，一个(或多个)子专家系统的输出可能就是另一子专家系统的输入，有些子专家系统的输出还可作为反馈信息输入到自身或其先辈系统中去，经过迭代求得某种"稳定"状态。多专家系统的协同合作自然也可在分布的环境中工作，但其着眼点主要在于通过多个子专家系统协同工作扩大整体专家系统的解题能力，而不像分布处理特征那样主要是为了提高系统的处理效率。

3. 高级语言和知识语言描述

为了建立专家系统，知识工程师只需用一种高级专家系统描述语言对系统进行功能、性能以及接口描述，并用知识表示语言描述领域知识，专家系统生成系统就能自动或半自动地生成所要的专家系统。这包括自动或半自动地选择或综合出一种合适的知识表示模式，把描述的知识形成一个知识库，并随之形成相应的推理执行机构、辩解机构、用户接口以及学习模块等。

4. 具有自学习功能

新型专家系统应提供高级的知识获取与学习功能。应提供合用的知识获取工具，从而对知识获取这个"瓶颈"问题有所突破。这种专家系统应该能根据知识库中已有的知识和用户对系统提问的动态应答，进行推理以获得新知识，总结新经验，从而不断扩充知识库，这即所谓自学习机制。

5. 引入新的推理机制

现存的大部分专家系统只能作演绎推理。在新型专家系统中，除演绎推理之外，还应有归纳推理(包括联想、类比等推理)，各种非标准逻辑推理(如非单调逻辑推理、加权逻辑推理等)，以及各种基于不完全知识和模糊知识的推理等，在推理机制上应有一个突破。

6. 具有自纠错和自完善能力

为了排错首先必须有识别错误的能力，为了完善首先必须有鉴别优劣的标准。有了这种功能和上述的学习功能后，专家系统就会随着时间的推移，通过反复的运行不断地修正错误，不断完善自身，并使知识越来越丰富。

7. 先进的智能人机接口

理解自然语言，实现语声、文字、图形和图像的直接输入输出是如今人们对智能计算机提出的要求，也是对新型专家系统的重要期望。这一方面需要硬件的有力支持，另一方面应该看到，先进的软件技术将使智能接口的实现大放异彩。

以上罗列了一些对新型专家系统的特征要求。应该说要完全实现它们并非一个短期任务。下面要简略地介绍两种在单项指标上满足上述特征要求的专家系统的设计思想。

11.3.2 分布式专家系统

这种专家系统具有分布处理的特征，其主要目的在于把一个专家系统的功能经分解以后分布到多个处理器上去并行地工作，从而在总体上提高系统的处理效率。它可以工作在紧耦合的多处理器系统环境中，也可工作在松耦合的计算机网络环境里，所以其总体结构在很大程度上依赖于其所在的硬件环境。为了设计和实现一个分布式专家系统，一般需要解决下述问题：

1. 功能分布

即把分解得到的系统各部分功能或任务合理均衡地分配到各处理节点上去。每个节点上实现一个或两个功能，各节点合在一起作为一个整体完成一个完整的任务。功能分解"粒度"的粗细要视具体情况而定。分布系统中节点的多寡以及各节点上处理与存储能力的大小是确定分解粒度的两个重要因素。

2. 知识分布

根据功能分布的情况把有关知识经合理划分以后分配到各处理节点上。一方面要尽量减少知识的冗余，以避免可能引起的知识的不一致性；另一方面又需一定的冗余以求处理的方便和系统的可靠性。可见这里有一个合理地综合权衡的问题需要解决。

3. 接口设计

各部分间接口的设计目的是要达到各部分之间互相通信和同步容易进行，在能保证完成总的任务的前提下，要尽可能使各部分之间互相独立，部分之间联系越少越好。

4. 系统结构

这项工作一方面依赖于应用的环境与性质，另一方面依赖于其所处的硬件环境。

如果领域问题本身具有层次性，如企业的分层决策管理问题，这时系统的最适宜的结构是树形的层次结构。这样，系统的功能分配与知识分配就很自然，很易进行，而且也符合分层管理或分级安全保密的原则。当同级模块间需要讨论问题或解决分歧时都通过它们直接上级进行。下级服从上级，上级对下级具有控制权，这就是各模块集成为系统的组织原则。

对星形结构的系统，中心与外围节点之间的关系可以不是上下级关系，而把中心设计成一个公用的知识库和可供进行问题讨论的"黑板"（或公用邮箱），大家既可往"黑板"上写各种消息或意见，也可以从"黑板"上提取各种信息。而各模块之间则不允许避开"黑板"而直接交换信息。其中的公用知识库一般只允许大家从中取知识，而不允许各个模块随便修改其中内容。甚至公用知识库的使用也通过"黑板"的管理机构进行，这时各模块直接见到的只有"黑板"，它们只能与"黑板"进行交互，而各模块间是互相不见面的。

如果系统的节点分布在一个互相距离并不远的地区内，而节点上用户之间独立性较大且使用权相当，则把系统设计成总线结构或环形结构是比较合适的。各节点之间可以通过互传消息的方式讨论问题或请求帮助（协助），最终的裁决权仍在本节点。因此这种结构的各节点都有一个相对独立的系统，基本上可以独立工作，只在必要时请求其他节点帮助或给予其他节点咨询意见。这种结构没有"黑板"，要讨论问题比较困难。不过这时可用广播式向其他所有节点发消息的办法来弥补这个缺陷。

根据具体的要求和存在的条件，系统也可以是网状的，这时系统的各模块之间采用消息传递方法互相通信和合作。

5. 驱动方式

一旦系统的结构确定，系统中各模块应该以什么方式来驱动的问题必须很好研究。一般下列几种驱动方式都是可供选择的：

1）控制驱动

即当需要某模块工作时，就直接将控制转到该模块，或将它作为一个过程直接调用，使它立即工作。这是最常用的一种驱动方式，实现方便，但并行性往往受到影响，因为被驱动模块是被动地等待着驱动命令的，有时即使其运行条件已经具备，若无其他模块来的驱动命令，它自身不能自动开始工作。为克服这个缺点，可采用下述数据驱动方式。

2）数据驱动

一般一个系统的模块功能都是根据一定的输入，启动模块进行处理以后，给出相应的输出。所以在一个分布式专家系统中，一个模块只要当它所需的所有输入（数据）已经具备以后即可自行启动工作；然后，把输出结果送到各自该去的模块，而并不需要有其他模块来明确地命令它工作。这种驱动方式可以发掘可能的并行处理，从而达到高效运行。在这种驱动方式下，各模块之间只有互传数据或消息的联系，其他操作都局部于模块内进行，因此也是面向对象的系统的一种工作特征。

这种一旦模块的输入数据齐备模块就自行启动工作的数据驱动方式可能出现不根据需求盲目产生很多暂时用不上的数据，而造成"数据积压问题"。为此提出了下述"要求驱动"的方式。

3）需求驱动

这种驱动方式亦称"目的驱动"，是一种自顶向下的驱动方式。从最顶层的目标开始，为了驱动一个目标工作可能需要先驱动若干子目标，为了驱动各个子目标，可能又要分别驱动一些子目标，如此层层驱动下去。与此同时又按数据驱动的原则让数据（或其他条件）具备的模块进行工作，输出相应的结果并送到各自该去的模块。这样，把对其输出结果的要求和其输入数据的齐备两个条件复合起来作为最终驱动一个模块的先决条件，这既可达到系统处理的并行性，又可避免数据驱动时由于盲目产生数据而造成"数据积压"的弊病。

4）事件驱动

这是比数据驱动更为广义的一个概念。一个模块的输入数据的齐备可认为仅是一种事件。此外，还可以有其他各种事件，如某些条件得到满足或某个物理事件发生等。采用这种事件驱动方式时，各个模块都要规定使它开始工作所必需的一个事件集合。所谓事件驱动即当且仅当模块的相应事件集合中所有事件都已发生时，才能驱动该模块开始工作。否则只要其中有一个事件尚未发生，模块就要等待，即使模块的输入数据已经全部齐备也不行。由于事件的含义很广，所以事件驱动广义地包含了数据驱动与需求驱动等。

11.3.3 协同式专家系统

当前存在的大部分专家系统，在规定的专业领域内它是一个"专家"，但一旦越出特定的领域，系统就可能无法工作。

一般专家系统解题的领域面很窄，所以单个专家系统的应用局限性很大，很难获得满意的应用。协同式多专家系统是克服一般专家系统的局限性的一个重要途径。协同式多专家系统亦可称"群专家系统"，表示能综合若干个相近领域的或一个领域的多个方面的子专家系统互相协作共同解决一个更广领域问题的专家系统。例如，一种疑难病症需要多种专科医生们的会诊，一个复杂系统（如导弹与舰船等）的设计需要多种专家和工程师们的合作等。在现实世界中，对这种协同式多专家系统的需求是很多的。这种系统有时与分布式专家系统有些共性，因为它们都可能涉及多个子专家系统。但是，这种系统更强调子系统之间的协同合作，而不着重处理的分布和知识的分布。所以协同式专家系统不像分布式专家系统，它并不一定要求有多个处理机的硬件环境，而且一般都是在同一个处理机上实现各子专家系统的。为了设计与建立一个协同式多专家系统，一般需要解决下述问题：

1. 任务的分解

根据领域知识，将确定的总任务合理地分解成几个分任务（各分任务之间允许有一定的重叠），分别由几个分专家系统来完成。应该指出，这一步十分依赖领域问题，一般主要应由相关领域专家来讨论决定。

2. 公共知识的导出

把解决各分任务所需知识的公共部分分离出来形成一个公共知识库，供各子专家系统共享。对解决各分任务专用的知识则分别存放在各子专家系统的专用知识库中。这种对知识有分有合的存放方式，既避免了知识的冗余，也便于维护和修改。

3. 讨论方式

目前很多作者主张采用"黑板"作为各分系统进行讨论的"园地"。这里所谓的"黑板"其实就是一个设在内存内可供各子系统随机存取的存储区。为了保证在多用户环境下黑板中数据或信息的一致性，需要采用管理数据库的一些手段(如并发控制等技术)来管理它，使用它，因此黑板有时也称作"中间数据库"。

有了黑板以后，一方面，各子系统可以随时从黑板上了解其他子系统对某问题的意见，获取它所需要的各种信息；另一方面，各子系统也可以随时将自己的"意见"发表在黑板上，供其他专家系统参考，从而达到互相交流情况和讨论问题的目的。

4. 裁决问题

这个问题的解决办法往往十分依赖于问题本身的性质。例如：

(1)若问题是一个是非选择题，则可采用表决法或称少数服从多数法，即以多数分专家系统的意见作为最终的裁决。或者采用加权平均法，即不同的分系统根据其对解决该问题的权威程度给予不同的权。

(2)若问题是一个评分问题，则可采用加权平均法、取中数法或最大密度法决定对系统的评分。

(3)若各分专家系统所解决的任务是互补的，则正好可以互相补充各自的不足，互相配合起来解决问题。每个子问题的解决主要听从"主管分系统"的意见，因此，基本上不存在仲裁的问题。

5. 驱动方式

这个问题是与分布数据库中要考虑的相应问题一致的。尽管协同式多专家系统、各子系统可能工作在一个处理机上，但仍然有以什么方式将各子系统根据总的要求激活执行的问题，即所谓驱动方式问题。一般在分布式专家系统中介绍的几种驱动方式对协同式多专家系统仍是可用的。

因此，有必要对上述问题进一步开展讨论，以求促进专家系统的研究与发展。

11.3.4 基于免疫计算的专家系统

免疫计算技术融入专家系统的设计，主要是为了增强专家系统的安全性、鲁棒性、免疫力和自然计算能力。如果说专家系统模仿的是专家，基于免疫计算的专家系统就是模仿具有免疫力的专家。人离开了免疫力，生命就有危险。基于免疫计算的专家系统无疑能提高专家系统的生存能力和应用范围，是一种新型的专家系统。

按照知识表示与推理的结构表示方法，基于免疫计算的专家系统可按图 11.1 进行设计。

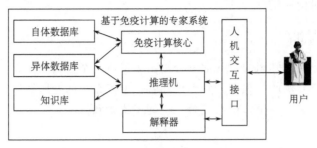

图 11.1　基于免疫计算的专家系统框图

基于免疫计算的专家系统包括自体数据库、异体数据库、知识库、免疫计算核心、推理机、解释器和人机交互接口等模块。用户通过人机交互接口与推理机进行专家咨询，遇到不理解的中间结果和推论时用户可以从解释器获得帮助信息，辅助用户理解专家系统的建议。

在图 11.1 中，自体数据库用来存储这种专家系统中正常组件的时空属性集合，建立在该系统的正常模型基础上。异体数据库用来存储各种已知计算机病毒和软件故障的特征信息，这些特征信息构成异体特征空间。知识库中存储专家的领域知识和规则，如智能教学助手的教学知识和评判规则等。免疫计算核心具备正常模型构建、自体/异体检测、已知异体识别、未知异体学习、异体消除、受损系统修复等功能。推理机能根据知识库的专家经验和规则进行推理，推导出新的事实和规则。解释器对推导过程和免疫计算过程进行解释，帮助用户理解并接受结果。

基于免疫计算的专家系统除了具备传统专家系统的功能和用途，还具有正常模型构建、自体/异体检测、已知异体识别、未知异体学习、软件故障检测与修复、重构等功能，能扩展其用途到网络安全、机器学习、模式识别等领域。

下面要详细介绍的智能教学助手就是一种基于免疫计算的专家系统，是用来辅助教学人工智能、免疫计算和智能控制课程的。一方面，免疫计算知识和相关案例都是这个智能教学助手所辅助课程的教学内容。另一方面，这个智能教学助手也用免疫计算技术构建了专家系统的正常模型、自体/异体检测模块、异体识别与学习模块、异体消除模块和受损系统修复模块等，因而具有一定的免疫力和网络安全维护功能。

11.3.5　无处不在与随时随地的专家系统

"无处不在"是 Java 语言的标签，无处不在的专家系统是指用 Java 语言开发的专家系统，具体是指面向 PC 机、嵌入式系统、手机等移动终端的兼容专家系统。

"随时随地"是 Web 技术的标签，随时随地的专家系统是指基于 Web 的专家系统，由于这种专家系统部署在 24h 不间断的 Web 服务器上，所以只要能上浏览器或移动应用客户端，就能使用这种专家系统服务。例如，中南大学的"人工智能"网络课程专家系统（http://net-class. csu. edu. cn/jpkc2003/rengongzhineng/rengongzhineng/kejian/index. htm）和"智能控制"网络课程专家系统（http://netclass. csu. edu. cn/JPKC2006/China/02ic/ index. htm），如图 11.2 和图 11.3 所示，就是随时随地的专家系统，曾被评为国家教育部优秀网络课程、国家级精品课程和国家级精品资源共享课。

在图 11.2 中，学生用户可以随时随地打开"人工智能"网络课程专家系统的网站，学习

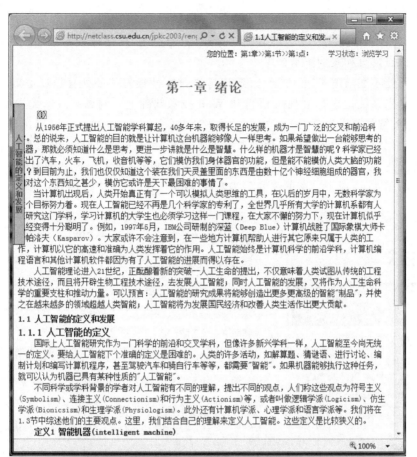

图 11.2　中南大学的"人工智能"网络课程专家系统

图 11.3　中南大学的"智能控制"网络课程专家系统

该课程的文字、图片、视频、Flash 动画、Java 小程序等形式知识点，不限于课堂上使用。

在图 11.3 中，学生用户可以随时随地打开"智能控制"网络课程专家系统的网站，学习该课程的知识点网页和案例演示程序。

所以，无处不在与随时随地的专家系统是指兼容性很好、处处移植在 24h 不间断 Web 服务器上的专家系统，建立在 Java 语言和 Web 技术基础上。例如，东华大学的"智能系统控制"网络课程智能教学助手(http://autodept.dhu.edu.cn：8080/isc)，通过可爱可亲的卡通形象、个性化定制的对话语言、无处不在的兼容程序和随时随地的 Web 服务器，为广大师生提供智能化、个性化的教学辅助服务，模拟传统课堂的助教。此智能教学助手在 PC 机的兼容界面如图 11.4 所示，该屏幕的分辨率是 1366×768，浏览器是 IE9。

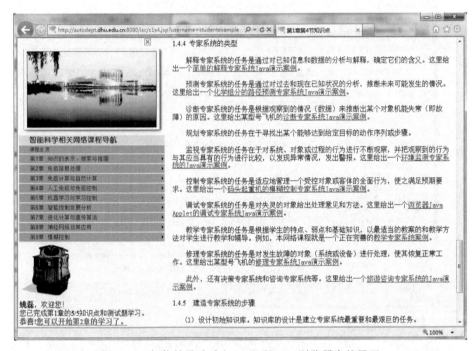

图 11.4　智能教学助手在 PC 机的 IE9 浏览器中的界面

智能教学助手能跟踪学生学习的进度，记忆学生浏览知识点网页的痕迹，归纳学生性格的特征信息；智能提醒学生学习的章节完成度，根据学生的练习结果提示复习犯错的章节知识点，根据师生的交互需求启动个性化的拓展教学服务。智能教学助手在网络课程中起到关键的沟通枢纽作用，如图 11.5 所示。智能教学助手能辅助教师和学生完成以下过程：

知识点网页教学；

章节习题练习；

最后学习页面记忆与载入；

知识点学习轨迹记忆评估；

学生个性信息采集与归纳；

学生学习问卷调查归总。

例如，在图 11.5 中，智能教学助手提示学生用户："欢迎您！您已完成第 1 章的 5/5 知

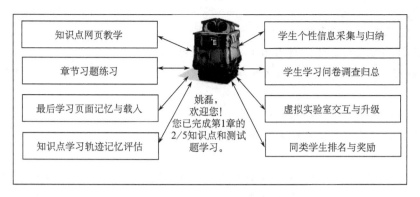

图 11.5　智能教学助手在网络课程中的作用

识点和测试题学习。"这个事实触发的一个规则条件,其规则结论就是:"恭喜!您可以开始第 2 章的学习了。"智能教学助手建立在学生的学习模型基础上,既要满足学生的基本知识学习需求,还要满足学生个性发展的定制教学服务需求。智能教学助手是基于 Web 的专家系统,也是无处不在、随时随地的专家系统,同时还是基于免疫计算的专家系统。其内核是基于 Web 的免疫程序和基于规则的推理机,其数据库包括自体数据库、异体数据库、用户信息数据库、习题数据库等,其知识库包括知识点库、智能教学规则库、免疫学习规则库等,如图 11.6 所示。智能教学助手的解释界面也是基于 Web 的,通过卡通形象的艾真体(agent)给学生用户及时的引导和帮助。本智能教学助手专家系统研发得到了上海市学位办研究生教育创新计划项目(SHGS-KC-2012003)等教改项目资助,已结题通过验收。

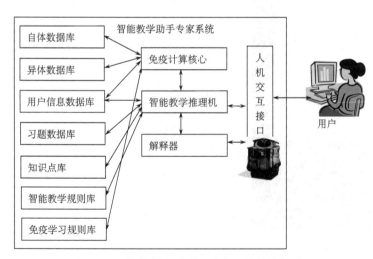

图 11.6　智能教学助手的专家系统结构框图

智能教学助手进行学习进度跟踪的规则举例如下:

规则 1

　　IF 学生完成了第 1 章的知识点学习

　　THEN 授予学生学习第 2 章知识点的权限钥匙

规则 2

　　IF 学生在第 1 章存在漏学的知识点

　　AND 该学生的第 1 章练习未完成或未达标

　　THEN 引导学生学习其漏掉的知识点

规则 3

　　IF 学生的第 1 章练习已达标完成

　　THEN 授予学生学习第 2 章知识点的权限钥匙

　　……

　　现在，网络课程的在线练习与自动阅卷主要针对客观题，包括选择题和填空题。而对于问答题、讨论题等主观题需要用到自然语言理解和模式识别技术，其自动阅卷的准确率很难达到 100%，需要教师参与阅卷或审核。智能教学助手进行习题智能指导的规则举例如下：

规则 4

图 11.7　智能教学助手专家系统在
iPhone 5 手机上运行的界面

　　IF 学生的第 1 章练习答题全对

　　THEN 授予学生学习第 2 章知识点的权限钥匙

　　AND 给予学生个性化学习的任务和排名积分奖励

规则 5

　　IF 学生的第 1 章练习答题达标

　　AND 学生的第 1 章练习答题存在错误

　　THEN 授予学生学习第 2 章知识点的权限钥匙

　　AND 引导学生复习其犯错的知识点

　　……

　　提交练习答卷后网络课程平台会自动阅卷。对于犯错的题目，系统会找出与之相关的知识点页面，提醒学生复习相应的知识点。这样，就能及时地给予学生指导，引导学生提高学习效果。之所以说这种智能教学助手专家系统是无处不在的，是因为这种专家系统在手机（如 iPhone 5，如图 11.7 所示）、嵌入式系统移动终端（如 iPad 4，如图 11.8 所示）上都能兼容使用。

　　这种无处不在与随时随地的专家系统还有很多扩展用途，可以用于网页游戏（如渊龙志，http://www.ytxxchina.com）的新手入门智能教学和玩家个性发展的剧情引导。当然，这种专家系统也可以用于电子商务定制服务、VIP 定制的金融数据分析服务等系统。

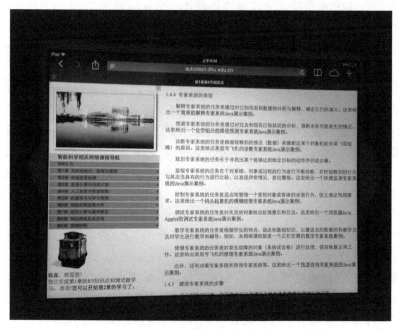

图 11.8　智能教学助手专家系统在 iPad 4 上运行的界面

11.4　本 章 小 结

本章讨论了专家系统的发展趋势和研究课题，介绍了新型专家系统的特征及两种新型系统。

11.1 节探讨了专家系统的研究趋势和发展方向。专家系统的近期研究目标是建造专家系统用于代替人类进行智能管理与决策，即代替人类进行一类高级脑力劳动或为人类的高层决策提供咨询。专家系统的远期研究目标是要实现具有更新概念、更佳技术性能和更高智力水平的决策与咨询系统，开发出更高级的智能助手。专家系统有必要在理论基础研究、基本技术方法及其应用等方面寻找新的生长点，以保证专家系统真正"更上一层楼"。

从专家系统的发展要求来看，需要建立更新的理论框架、实现更好的技术集成及开发更成熟的应用方法。无论是与近期目标或远期目标相比，专家系统研究尚存在不少问题。要从根本上了解人脑的结构和功能，弄清人脑的决策机理，解决面临的难题，完成专家系统的研究任务，需要寻找和建立更新的专家系统框架和理论体系，打下专家系统进一步发展的理论基础。符号主义在发展中不断寻找新的途径、理论和方法。基于规则的专家系统也需要不断寻找新的指导理论和发展途径。基于模型的专家系统，如基于神经网络的专家系统，显示出新的作用，并促进专家系统的发展；随着网络技术的快速发展和普及应用，基于 Web 的专家系统必将获得迅速发展；基于免疫计算模型的专家系统也逐渐显示出潜在优势。

专家系统具有众多的研究方向，这些方向有着雄厚的理论和技术基础以及广阔的应用前景。这些研究方向涉及改进和创建专家系统新的知识表示方法，解决知识获取这个"瓶颈"问题，采用机器学习方法来提高系统推理能力，进一步开发实时专家系统，研制功能更强的系统开发工具，开发各种新型专家系统，在专家系统中采用新型智能技术，开发专用专家系统电脑，，进一步开发多专家系统，实现模块化设计，加强对基于 Web 的专家系统的研究与应用，建立专家系统示范工程以及扩大专家系统应用领域等。

11.2 节概述了专家系统的研究课题。专家系统技术是其他信息处理技术及相关学科技术的集成。实现这一集成面临许多挑战。计算智能（CI）为人工智能的发展做出重大贡献，也为专家系统开发提供了新的工具。了解人类自身的社会文化发展过程，是开发智能系统的一个基本目标，也是开发专家系统的重要目标。专家系统的实现固然需要硬件的保证，然而，软件应是专家系统的核心技术。许多专家系统问题需要开发复杂的软件系统，这有助于促进软件工程学科的出现与发展。专家系统方法必须支持专家系统的开发实验，并允许系统有组织地从一个较小的核心原型逐渐发展为一个完整的应用系统。应当有信心地期望将要研究出更通用而有效的专家系统开发方法。

在当前的专家系统应用方法研究中，有几个引人注目的课题，即多种方法混合技术、多专家系统技术、机器学习（尤以神经网络学习和知识发现）方法、网络技术、硬件软件一体化技术以及并行分布处理技术等。

11.3 节展望了新一代专家系统。首先讨论新型专家系统的特征和代表性系统，包括分布式专家系统和协同式专家系统，阐述了它们的主要技术特色和研究课题。接着研究一种崭新的基于免疫计算的专家系统，综论无处不在、随时随地的专家系统。

专家系统必将成为 21 世纪人类进行智能管理与决策的更加得力工具，成为人类的重要智能助手。我们期望，专家系统即将成为一种无处不在、随时随地的智能系统。随着人工智能应用方法的日渐成熟，专家系统的应用领域必将不断扩大。哪里有人类活动，哪里就将应用到智能技术，哪里就有专家系统用武之地。

习　题　11

11.1　国际上专家系统的发展现状和前景如何？试分析 21 世纪专家系统的发展趋势。

11.2　经过调查研究，总结我国专家系统的发展现状，并与国际现状进行比较。

11.3　专家系统有哪些研究方向？你认为哪些方向显得特别重要？

11.4　专家系统有哪些研究课题？你能否补充一些专家系统的研究课题？

11.5　什么是新型专家系统？它有哪些特征？

11.6　分布式专家系统和协同式专家系统的实现需要解决哪些技术问题？

11.7　试述基于免疫计算的专家系统的工作原理。

11.8　为了使我国的专家系统 21 世纪在国际上占有一席之地，我国应当做些什么？

11.9　专家系统的发展和应用，对社会产生何种正面和负面作用？试从社会、经济和人民生活等方面加以阐述。

11.10　专家系统的智能是否会超过人类专家的智能？为什么？

11.11　如何理解下列两个论断：

(1) 专家系统必将成为 21 世纪人类进行智能管理与决策的更加得力工具，成为人类的重要智能助手。

(2) 专家系统即将成为一种无处不在、随时随地的智能系统。

11.12　你是如何理解无处不在和随时随地的专家系统？

参 考 文 献

安峰，谢强，丁秋林.2010.基于 Ontology 的专家系统研究.计算机工程，36(13)：167-169

安秋顺，马竹梧.1995.专家系统开发工具发展现状及动向.冶金自动化，19(2)：8-11

敖志刚.2002.人工智能与专家系统导论.合肥：中国科学技术大学出版社

敖志刚.2010.人工智能及专家系统.北京：机械工业出版社

白润，郭启雯.2004.专家系统在材料领域中的研究现状与展望.宇航材料工艺，(4)：16-20

卞玉涛，李志华.2013.基于专家系统的故障诊断方法的研究与改进.电子设计工程，21(16)：83-87

蔡自兴，Durkin J，龚涛.2005.高级专家系统：原理、设计及应用.北京：科学出版社

蔡自兴，傅京孙.1987.ROPES：一个新的机器人规划系统 模式识别与人工智能，1(1)：77-85

蔡自兴，姜志明.1993.基于专家系统的机器人规划.电子学报，21(5)：88-90

蔡自兴，徐光祐.2004.人工智能及其应用，研究生用书.3 版.北京：清华大学出版社

蔡自兴，徐光祐.2010.人工智能及其应用，4 版.北京：清华大学出版社

蔡自兴，陈白帆，刘丽珏，等.2011.多移动机器人协同原理与技术.北京：国防工业出版社

蔡自兴，等.2014.智能控制原理与应用，2 版.北京：清华大学出版社

蔡自兴，贺汉根，陈虹.2008.未知环境中移动机器人导航控制的理论与方法.北京：科学出版社

蔡自兴，江中央，王勇，等.2010.一种新的基于正交实验设计的约束优化进化算法.计算机学报，33(5)：
      855-864

蔡自兴，王勇.2014.智能系统原理、算法与应用.北京：机械工业出版社

蔡自兴，姚莉.2006.人工智能及其在决策系统中的应用.长沙：国防科技大学出版社

蔡自兴.1988.一个机器人搬运规划专家系统.计算机学报，11(4)：242-250

蔡自兴.1995.一种用于机器人高层规划的专家系统.高技术通讯，5(1)：21-24

蔡自兴.2009.机器人学.2 版.北京：清华大学出版社

蔡自兴.2010.人工智能基础.2 版.北京：高等教育出版社

蔡自兴.2013.智能控制导论.2 版：北京：中国水利水电出版社

陈建华，徐红阳.2012.高炉专家系统：应用现状和发展趋势.现代冶金，40(3)：6-10

陈洁，方敏.1999.基于事实的自动解释机制及其实现方法.合肥工业大学学报(自然科学版)，22(4)：48-51

陈世福，潘金贵.1989.知识工程语言与应用.南京：南京大学出版社

陈卫芹，熊莉媚，孟昭光.1994.专家系统的解释机制和它的实现.太原工业大学学报，25(3)：69-75

程伟良.2005.广义专家系统.北京：北京理工大学出版社

戴汝为，王珏.1988.综合各种模型的专家系统设计.知识工程进展//第二届全国知识工程研讨会论文选集.
      武汉：中国地质大学出版社，97-105

段隽喆，李华聪.2009.基于故障树的故障诊断专家系统研究.科学技术与工程，8(7)：1914-1917

段韶芬，李福超，郑国清.2000.农业专家系统研究进展及展望.农业图书情报学刊，(5)：15-18

段琢华，蔡自兴，于金霞.2008.不完备多模型混合系统故障诊断的粒子滤波算法.自动化学报，34(5)：
      581-587

方利伟，张剑平.2007.基于实时专家系统的智能机器人的设计与实现.中国教育信息化，69-70

傅京孙，蔡自兴，徐光祐.1987.人工智能及其应用.北京：清华大学出版社

龚涛，蔡自兴.2011.基于正常模型的人工免疫系统及其应用.北京：清华大学出版社

谷明琴，蔡自兴，何芬芬.2011.形状标记图和 Gabor 小波的交通标志识别.智能系统学报，6(6)：526-530

谷明琴，蔡自兴.2013.基于无参数形状检测子和 DT-CWT 的交通标志识别.计算机研究与发展，50(9)：

1893-1901

顾沈明，刘全良. 2001. 一种基于 Web 的专家系统的设计与实现. 计算机工程，27(11)：100-101，134

关守平. 1996. 实时专家系统技术. 计算机工程与科学，18(4)：42-45

何新贵. 1990. 知识处理与专家系统. 北京：国防工业出版社

黄朝圣，姚树新，陈卫泽. 2013. 浅谈专家系统现状与开发. 控制技术，2：71-74

江璐，赵捧未，李展. 2011. 基于知识服务的专家系统研究. 科技情报开发与经济，21(2)：113-116

江中央，蔡自兴，王勇. 2010. 求解全局优化问题的混合自适应正交遗传算法. 软件学报，21(6)：1296-1307

姜福兴. 2010. 采煤工作面顶板控制设计及其专家系统. 北京：煤炭工业出版社

李朝纯，张明友. 1997. 基于框架的机械零部件失效分析诊断专家系统的研究. 武汉汽车工业大学学报，
　　19(1)：74-77

李峰，庄军，刘侃，等. 2007. 医学专家决策支持系统的发展与现状综述. 医学信息，20(4)：527-529

李卫华，汤怡群，周祥和. 1987. 专家系统工具. 北京：气象出版社

李志伟. 2002. 基于 Web 的飞机故障远程诊断专家系统的设计. 计算机应用与软件，(12)：64-65

林潇，李绍稳，张友华，等. 2010. 基于本体的水稻病害诊断专家系统研究. 数字技术与应用，11：109-111

林尧瑞，陆玉昌，马少平. 1988. IBM PC 计算机人工智能语言 GCLISP 和 Micro PROLOG. 北京：清华大学
　　出版社

林尧瑞，张铍，石纯一. 1988. 专家系统原理与实践. 北京：清华大学出版社

刘金琨，吴士杰，刘汉武，等. 1997. 高炉专家系统技术展望. 钢铁研究学报，19(3)：59-62

刘文礼，路迈西，刘旌. 1997. 解释机制在动力煤选煤厂设计专家系统中的实现策略. 选煤技术，(4)：14-
　　15，40

刘孝永，王未名，封文杰，等. 2013. 病虫害专家系统研究进展. 山东农业科学，45(9)：138-143

卢培佩，胡建安. 2011. 计算机专家系统在疾病诊疗中应用和发展. 实用预防医学，18(6)：1167-1171

陆汝钤. 2001. 世纪之交的知识工程与知识科学. 北京：清华大学出版社

马岩，曹金成，黄勇，等. 2011. 基于 BP 神经网络的无人机故障诊断专家系统研究. 长春理工大学学报(自
　　然科学版)，34(4)：137-139

马竹梧，徐化岩，钱王平. 2013. 基于专家系统的高炉智能诊断与决策支持系统. 冶金自动化，37(6)：7-14

梅云华，徐凌云. 2006. CD8＋T 细胞在多发性硬化中的致病性作用. 生命科学，18(3)：244-246

蒙祖强，龚涛. 2008. JSP 程序员成长攻略. 北京：中国水利水电出版社

牛江川，高志伟，张国兵. 2004. 基于 Web 的广义配套件选型专家系统的研究与实现. 计算机工程与应用，
　　(2)：126-128

盛畅，崔国贤. 2008. 专家系统及其在农业上的应用与发展. 农业网络信息，(3)：4-7

石群英，郭舜日，蒋慰孙. 1997. 专家系统开发工具的现状及展望. 自动化仪表，18(4)：1-4

孙京孙，蔡自兴，徐光祐. 1987. 人工智能及其应用. 北京：清华大学出版社

孙娟，蒋文兰，龙瑞军. 2003. 基于 Web 的苜蓿产品加工与利用专家系统的开发. 现代化农业，(11)：32-33

孙敏，姚海燕. 2012. 园艺植物专家系统研究概况与发展趋势. 安徽农业科学，40(2)：1213-1216

王安炜. 2011. 基于 Android 的手机农业专家系统的设计与实现. 山东大学硕士学位论文

王培强，王占峰，杨龙杰. 2010. 浅谈专家系统在采矿行业的应用现状及发展前景. 煤矿现代化，(6)：5-6

王晓玉，彭进业，王国庆. 2010. 嵌入式随动系统实时故障诊断专家系统研究. 计算机测量与控制，18(3)：
　　498-500，507

王晓玉，彭进业，王国庆. 2010. 嵌入式随动系统实时故障诊断专家系统研究. 计算机测量与控制，18(3)：
　　498-500，50

王勇，蔡自兴，周育人，等. 2009. 约束优化进化算法研究及其进展. 软件学报，20(1)：11-29

王智明，杨旭，平海涛. 2006. 知识工程及专家系统. 北京：化学工业出版社

危阜胜，肖勇，陈锐民. 2013. 故障诊断技术在计量自动化系统中的应用. 电测与仪表，50(8)：93-97

韦洪龙，田文德，徐敏祥. 2013. 基于石化装置的专家系统研究进展. 上海化工，38(11)：18-21

文志强，蔡自兴. 2007. Mean Shift 算法的收敛性分析. 软件学报，18(2)：205-212

吴春胤，陈壮光，王浩杰，等. 2013. 基于本体的专家系统研究综述. 农业信息网络，(3)：5-8

吴明臻，梁琼. 2012. 烧结专家系统发展现状综述. 矿业工程，10(1)：61-63

吴信东，邹燕. 1988. 专家系统技术. 北京：电子工业出版社

武波，马玉祥. 2001. 专家系统. 北京：北京理工大学出版社

夏钰. 2006. 城市公交线路运力合理配置方法研究. 东南大学硕士学位论文

谢锦，蔡自兴，唐琎. 2011. 基于 MSA 不变矩的道路导向标线分类. 中国图象图形学报，16(8)：1418-1423.

谢小婷，胡汀. 2011. 专家系统在农业应用中的研究进展. 电脑知识与技术，7(6)：1329-1330

杨兴，朱大奇，桑庆兵. 2007. 专家系统研究现状与展望. 计算机应用研究，24(5)：4-9

尹朝庆，尹皓. 2002. 人工智能与专家系统. 北京：中国水利水电出版社

迎战，吴中梅，余宇航. 2012. 一种基于图像的农作物病虫害诊断专家系统研究. 现代计算机，6：64-67

张博锋，谭建荣，蔡青. 1999. 驾驭式解释系统的实现. 计算机工程，25(12)：49-51

张殿波，汪玉波. 2008. 农业宏观决策专家系统的研制. 农业与技术，28(3)：24-27

张吉峰. 1988. 专家系统与知识工程引论. 北京：清华大学出版社

张建勋. 2001. 焊接工程计算机专家系统的研究现状与展望. 焊接技术，30(s)：11-13

赵红云，赵福祥，马玉祥. 2001. 专家系统效能评估的研究. 系统工程理论与实践，(7)：26-31，57

赵瑞清. 1987. 专家系统原理. 北京：气象出版社

郑伟，安佰强，王小雨. 2013. 专家系统研究现状及其发展趋势. 电子世界，(2)：87-88

钟清流，蔡自兴. 2008. 基于统计特征的时序数据符号化算法. 计算机学报，31(10)：1857-1864

周志杰. 2011. 置信规则库专家系统与复杂系统建模. 北京：科学出版社

Albus J S, Meystel A M. 2001. Intelligent Systems: Architecture, Design, Control. Hoboken: Wiley-Interscience

Aly S, Vrana I. 2006. Toward efficient modeling of fuzzy expert systems: a survey. Agriculture Economics-CZECH, 52(10)：456-460

Anjali B, Tilotma S. 2013. Survey on Fuzzy Expert System. International Journal of Emerging Technology and Advanced Engineering, 3(12)：230-233

Bezdek J C. 1994. What is Computational Intelligence? //Zurada J M, et al. Computational Intelligence Imitating Life. New York: IEEE Press

Bruno J T F, George D C C, Tsang I R. 2013. Auto Associative Pyramidal Neural Network for one class pattern classification with implicit feature extraction. Expert Systems with Applications, 40(18)：7258-7266

Cai J F. 2008. Decision Tree Pruning Using Expert Knowledge. Berlin, VDM Verlag Dr. Müller

Cai Z X, Fu K S. 1988. Expert-system-based robot planning. Control Theory and Applications, 5(2)：30-37

Cai Z X, Fu K S. 1986. Expert planning expert system//Proc IEEE Int'l Conf on Robotics and Automation, 3：1973-1978, San Francisco: IEEE Computer Society Press

Cai Z X, Gong T. 2006. Natural computation architecture of immune control based on normal model. Proceedings of the 2006 IEEE International Symposium on Intelligent Control, Munich：1231-1236

Cai Z X, Gu M Q, Chen B F. 2013. Traffic sign recognition algorithm based on multi-modal representation and multi-object tracking. The 17th International Conference on Image Processing, Computer Vision, & Pattern Recognition, Las Vegas

Cai Z X, Jiang Z. 1991. A Multirobotic Pathfinding Based on Expert System//Preprints of IFAC/IFIP/IMACS Int'l Symposium on Robot Control. Oxford: Pergamon Press：539-543

Cai Z X, Tang S X. 1995. A Multi-robotic Planning Based on Expert System. High Technology Letters, 1(1)：76-81

Cai Z X, Wang Y. 2006. A multiobjective optimization-based evolutionary algorithm for constrained optimization. IEEE Transactions on Evolutionary Computation, 10(6): 658-675

Cai Z X. 1985. A study combined expert system and robot planning (academic report). Purdue University, West Lafayette, IN, USA

Cai Z X. 1985. Task planning with collision-free using expert system. 1984-1985 Annual Research Summary, School of EE, Purdue University

Cai Z X. 1986. Some research works on expert system in AI course at Purdue//Proc IEEE Int'l Conf on Robotics and Automation, 3: 1980-1985, San Francisco: IEEE Computer Society Press

Cai Z X. 1989. Robot path-finding with collision-avoidance. Journal of Computer Science and Technology, 4(3): 229-235

Cai Z X. 1990. An assembly sequence planner based on expert system. IASTED International Conference on Expert System and Neural Network, Honolulu

Cai Z X. 1991. High level robot planning based on expert system//Xie C X, Makino H, Leung T P : Proc. of Asian Conf. On Robotics and Application, Hong Kong Polytechnic: 311-318

Cai Z X. 1992. A knowledge-based flexible assembly planner. IFIP Transactions, B-1 : Applications in Technology : 365-372

Cai Z X. 1992. The design and application of expert intelligent fuzzy control system. Proc. Second Int. Conf. on Automation, Robotics and Computer Vision, Singapore

Cai Z X. 1997. Intelligent Control: Principles, Techniques and Applications. Singapore-New Jersey: World Scientific Publishers

Cai Z X. 1988. An expert system for robot transfer planning. Journal of Computer Science and Technology, 3(2): 153-160

Cai Z X. 2010. Research on navigation control and cooperation of mobile robots (Plenary Lecture 1). 2010 Chinese Control and Decision Conference, Xuzhou

Caribbean Vacation Advisor. 2011-1-1Exsys Inc. http://www. exsyssoftware. com/FlashDemos/ Caribbean-IslandSelector/IslandSelector. html

Cessna AirLine. 2001-12-31. Citation Encore Expert System. http://www. exsys. com/Demos/Cessna2/ MENUFRM. htm

Chen B Fan, Cai Z X. 2012. Research on mobile robot SLAM in dynamic environment. Applied Mechanics and Materials, 130: 232-238

Clark K L, McCabe F G. 1982. PROLOG, A Language for Implementing Expert Systems. Machine Intelligence

Clark K L. 1987. Micro PROLOG 逻辑程序设计语言. 北京: 清华大学出版社

Collopy F, Adya M, Armstrong J S. 2001. Expert systems for forecasting//Armstron J S. Principles of Forecasting: A Handbook for Researchers and Practitioners. Boston: Kluwer Academic Publishers

Duan Y, Fu Z, Li D. 2003. Towards developing and using web-based tele-diagnosis in aquaculture. Expert Systems with Applications: An International Journal, 25(2): 247-254

Durkin J. 1990. Research review: Application of expert systems in the sciences. The Ohio Journal of Science, 90(5): 171-179

Durkin J. 1994. Expert System Design and Development. New York: Macmillan Publishing Company

Durkin J. 1996. Expert systems: a view of the field. IEEE Expert, 11(2): 56-63

Durkin J. 2002. History and applications//Leondes C T. Expert Systems. San Diego: Academic Press

Eliashberg J, Jonker J-J, Sawhney M S, et al. 2000. MOVIEMOD: An implementable decision support for prerelease market evaluation of motion picture. Marketing Science, 19(3): 226-243

Fischer M. 1994. Applications in Computing for Social Anthropologists. London and New York: Routledge

Fogel D B. 2000. Evolutionary Computation: Toward a New Philosophy of Machine Intelligence: 2nd Edition. Piscataway: IEEE Press

Gallant S I. 1993. Neural Network Learning and Expert Systems. Cambridge: MIT Press

Gen M, Cheng R. 2000. Genetic Algorithms and Engineering Optimization. New York: A Wiley-Interscience Publication

Genesereth M R, Nilsson N J. 1987. Logic Foundation of Artificial Intelligence. Los Altos: Morgan Kaufman

Giarratano J, Riley G. 1998. Expert Systems Principles and Programming. 3rd Edition. PWS Publishing Company

Giarratano J, Riley G. 2005. Expert Systems Principles and Programming. 4th Edition. Thomson Learning

Goldberg D E. 1989. Genetic Algorithms in Search, Optimization, and Machine Learning. Readings: Addison-Wesley

Gong T, Cai Z X. 2008. Tri-tier immune system in anti-virus and software fault diagnosis of mobile immune robot based on normal model. Journal of Intelligent & Robotic Systems, 51: 187-201

Greter M, Heppner F L, Lemos M P, et al. 2005. Dendritic cells permit immune invasion of the CNS in an animal model of multiple sclerosis. Nature Medicine, 11(3): 328-334

Gu M Q, Cai Z X. 2012. Traffic sign recognition using dual tree-complex wavelet transform and 2D independent component analysis. 10th World Congress on Intelligent Control and Automation: 4623-4627

Hayes R F, Waterman D, Lenat D. 1983. Building Expert Systems. New York: Addison Wesley. 刘开瑛，樊廷杰，张永奎，等译. 1986. 专家系统建造. 太原：山西人民出版社

Hertz J, Krogh A, Palmer R G. 1991. Introduction to the Theory of Neural Computation. Reading: Addison-Wesley

Holtz F. 1985. LISP, The Language of A I. TAB Books Inc

http://80. 120. 147. 2/HITERM/SLIDES/slideshow. html

http://gamerboom. com/archives/23124

http://lucy. ukc. ac. uk/ExpertSys/ExpertSys. html

http://pan. baidu. com/share/link? shareid=509722&uk=386295843&fid=2929561348

http://www. amobbs. com/thread-509251-1-1. html

http://www. exsys. com/Demos/Cessna2/MENUFRM. htm

http://www. exsyssoftware. com/FlashDemos/CaribbeanIslandSelector/IslandSelector. html

http://www. galleric. com

http://www. intelligent-systems. info/neural _ fuzzy/loadsway/LoadSway. htm

Jovanovic J, Gasevic D, Devedzic V. 2004. A GUI for Jess. Expert Systems with Applications, 26(4): 625-637

Khanna T. 1990. Foundation of Neural Networks. New York: Addison Wesley

Kitamura Y, Ikeda M, Mizoguchi R. 2002. A model-based expert system based on a domain ontology//Leondes C T. Expert Systems San Diego: Academic Press

Kosko B. 1992. Neural Networks and Fuzzy Systems: A Dynamical Systems Approach to Machine Intelligence. New York: Prentice Hall

Lagappan M, Kumaran M. 2013. Application of expert systems in fisheries sector——A review. Research Journal of Animal, Veterinary and Fishery Sciences, 1(8): 19-30

Leondes C T. 2002. Expert Systems, The Technology of Knowledge Management and Decision Making for the 21st Century, Vol. 1. New York: Academic Press

Li D, Fu Z, Duan Y. 2002. Fish-Expert: A web-based expert system for fish disease diagnosis. Expert Systems with Applications: An International Journal, 23(3): 311-320

Liu H, Cai Z X, Wang Y. 2010. Hybridizing particle swarm optimization with differential evolution for constrained numerical and engineering optimization. Applied Soft Computing, 10(2): 629-640

Luger G F. 2002. Artificial Intelligence: Structures and Strategies for Complex Problem Solving, 4th Edition. Pearson Education Ltd.

Luis M T T, Indira G E S, Bernardo G O et al. 2013. An expert system for setting parameters in machining processes. Expert Systems with Applications, 40(17): 6877-6884

Matzinger P. 2002. The danger model: a renewed sense of self. Science, 296: 301-305

Metaxiotis K, Psarras J. 2003. Expert Systems in business: applications and future directions for the operations researcher. Industrial Management & Data Systems, 103(5): 361-358

Meystel A M, Albus J S. 2002. Intelligent Systems: Architecture, Design and Control. Hoboken: John Wiley & Sons

MFG. http://mfg. iris. okstate. edu/MovieForecastGuru/MFG _ Home. aspx

Negoita C V. 1985. Expert Systems and Fuzzy Systems. Benjammin/Cummings Publishing Company Inc

Netea M G, Brown G D, Kullberg B J, et al. 2008. An integrated model of the recognition of Candida albicans by the innate immune system. Nature Reviews Microbiology, 6(1): 67-78

Nilsson N J. 1998. Artificial Intelligence: A New Synthesis. Morgan Kaufmann

Parijs L V, Abbas A K. 1998. Homeostasis and self-tolerance in the immune system: Turning lymphocytes off. Science, 280: 243-248

Prabhu D, Zhong H, Shimon Y N. 2013. Collaborative intelligence in knowledge based service planning. Expert Systems with Applications, 40(17): 6778-6787

Rebecca F, Ardeshir F, Li M X. 2014. The development of an expert system for effective countermeasure identification at rural unsignalized intersections. International Journal of Information Science and Intelligent System, 3(1): 23-40

Russell S, Norvig P. 1995. Artificial Intelligence: A Modern Approach. New Jersey: Prentice-Hall

Samy A N, Aeman M A. 2013. Variable floor for swimming pool using an expert system. International Journal of Modern Engineering Research, 3(6): 3751-3755

Sazonov E S, Klinkhachorn P, GangaRao H V S, et al. 2002. Fuzzy logic expert system for automated damage detection from changes in strain energy mode shapes. Non-Destructive Testing and Evaluation, 18(1): 1-17

Schlobohm D A. 1984. Introduction to PROLOG. Robotics Age, (11): 13-19 and, (12): 24-25

Schneider D, Shahabuddin M. 2000. Malaria parasite development in a drosophila model. Science, 288: 2376-2379

Srinivas M, Patnaik L M. 1994. Genetic algorithms: A survey. IEEE Computer

Tipawan S, Kulthida T. 2012. Data mining and its applications for knowledge management: A literature review from 2007 to 2012. International Journal of Data Mining & Knowledge Management Process, 2(5):13-24

Tripathi K P. 2011. A review on knowledge-based expert system: Concept and architecture. IJCA Special Issue on"Artificial Intelligence Techniques-Novel Approaches & Practical Applications": 19-23

Walker T C, Miller R K. 1990. Expert Systems Handbook. An Assessment of Technology Applications. The Fairmont Press Inc

Wang M H, Wang H Q, Xu D M, et al. 2004. A web-service agent-based decision support system for securities exception management. Expert Systems with Applications, (27): 439-450

Wang S, Raymond A N. 2010. Knowledge sharing: A review and directions for future research. Human Resource Management Review，（20）：115-131

Wang X H，Wong T N，Fan Z P. 2013. Ontology-based supply chain decision support for steel manufacturers in China. Expert Systems with Applications，40(18)：7519-7533

Wang Y，Cai Z X. 2012. A dynamic hybrid framework for constrained evolutionary optimization. IEEE Transactions on Systems，Man，and Cybernetics，Part B：Cybernetics，42(1) ：203-217

Wang Y，Cai Z X，Guo G Q，et al. 2007. Multiobjective optimization and hybrid evolutionary algorithm to solve constrained optimization problems. IEEE Transactions on Systems，Man，and Cybernetics. Part B，37 (3)：560-575

Wang Y，Cai Z X，Zhang Q F. 2011. Differential evolution with composite trial vector generation strategies and control parameters. IEEE Transactions on Evolutionary Computation，15(1)：55-66

Wang Y，Cai Z X，Zhou Y R，et al. 2008. An adaptive trade-off model for constrained evolutionary optimization. IEEE Transactions on Evolutionary Computation，12(1)：80-92

Wang Y，Cai Z X，Zhou Y R，et al. 2009. Constrained optimization based on hybrid evolutionary algorithm and adaptive constraint-handling technique. Structural and Multidisciplinary Optimization，37 (4)：395-413

Wang Y，Cai Z X，Zhou Y R. 2009. Accelerating adaptive trade-off model using shrinking space technique for constrained evolutionary optimization. International Journal for Numerical Methods in Engineering，77(11)：1501-1534

Wang Y，Cai Z X. 2011. Constrained evolutionary optimization by means of $(\mu+\lambda)$-differential evolution and improved adaptive trade-off model. Evolutionary Computation，19(2)：249-285

Wang Y，Cai Z X. 2012. Combining multiobjective optimization with differential evolution to solve constrained optimization problems. IEEE Transactions on Evolutionary Computation，16(1)：117-134

Wang Y，Liu H，Cai Z X，et al. 2007. An orthogonal design based constrained evolutionary optimization algorithm. Engineering Optimization，39(6)：715-736

Weiss S M，Kulikowski C A. 1984. A Practical Guide to Designing Expert Systems. Rowmand and Allenkeld Publishers，宫雷光，陈守孔译. 1986. 专家系统设计实用指南. 长春：吉林大学出版社

Wich M R，Thompson W B. 1992. Reconstructive expert system explanation. Int. J Artificial Intelligence

Winston P H，Horn B K P. 1983. 黄昌宁，陆玉昌译. LISP 程序设计. 北京：清华大学出版社

Winston P H. 1992. Artificial Intelligence. 3rd Edition. New York：Addison Wesley

Xiao X M，Cai Z. 1997. Quantification of uncertainty and training of fuzzy logic systems. IEEE Int. Conference on Intelligent Processing Systems：321-326

Xie B，Guo F，Cai Z X. 2012. Fast haze removal algorithm for surveillance video. Measuring Technology and Mechatronics Automation in Electrical Engineering，135：235-241

Zadeh L A. 1984. Making Computers think like people. IEEE Spectrum，August

Zadeh L A. 2001. A new direction in AI：toward a computational theory of perceptions. AI Magazine：73-84

Zadeh L A. 1965. Fuzzy sets. Information and Control.，8：338-353

Zinkernagel R M，Hengartner H. 2001. Regulation of the immune response by antigen. Science，293：251-253

索　引